小样本/零样本

算法与应用研究

杨　关　许进忠　著

中国商业出版社

图书在版编目（CIP）数据
小样本/零样本算法与应用研究 / 杨关，许进忠著. 北京 : 中国商业出版社，2024. 9. -- ISBN 978-7-5208-3153-6
Ⅰ. TP181
中国国家版本馆CIP数据核字第20243HN844号

责任编辑：吴　倩

中国商业出版社出版发行
（www.zgsycb.com　100053　北京广安门内报国寺 1 号）
总编室：010-63180647　编辑室：010-83128926
发行部：010-83120835/8286
新华书店经销
北京七彩京通数码快印有限公司印刷
*
710 毫米 ×1000 毫米　16 开　17.75 印张　350 千字
2024 年 9 月第 1 版　2024 年 9 月第 1 次印刷
定价：50.00 元
* * * *
（如有印装质量问题可更换）

前　　言

随着机器学习等相关技术的快速发展，计算机视觉和人工智能等技术已经取得了显著的进展。但是，实际应用中需要识别的类别标签不断增多，利用监督学习方法来处理海量数据的传统分类方式已经无法完全满足现实需求。为了让机器能在有限条件下识别出新的类别，一些研究者开始将小样本/零样本方法应用于分类任务中，即通过已知的先验知识对训练集中不存在的类别进行识别。小样本/零样本学习是机器学习领域中的重要研究方向，它们主要关注如何在数据量有限的情况下提高模型的泛化应用能力，这对于解决实际问题具有重要意义。

基于此，本书就小样本/零样本算法与应用进行研究。全书共五章，首先对小样本/零样本分类算法、学习算法、识别算法和检测算法的相关基础内容进行了阐述，以便对小样本/零样本算法有一个初步的认识，随即对小样本/零样本分类算法、学习算法、识别算法和检测算法及相关应用进行了分析。

小样本/零样本学习可以大幅降低针对不同应用场景的语言模型适配难度，提升模型在小样本学习和零样本学习场景的泛化应用能力。这让学术界和产业界可以使用一种通用巨量语言模型的方式，来大幅降低针对不同应用场景的语言模型进行适配难度；同时提升在小样本学习和零样本学习场景的模型泛化应用能力。

总之，小样本/零样本算法在计算机视觉、自然语言处理和统计建模等领域都有广泛的应用，它们的发展有助于提高模型在数据稀缺情况下的性能，推动人工智能技术的进步。

目　　录

第一章　概　述 …………………………………………………………………… 1

　第一节　小样本/零样本分类算法概述 ………………………………………… 1

　第二节　小样本/零样本学习算法概述 ………………………………………… 22

　第三节　小样本/零样本识别算法概述 ………………………………………… 35

　第四节　小样本/零样本检测算法概述 ………………………………………… 48

第二章　小样本/零样本分类算法与应用 ……………………………………… 61

　第一节　小样本分类算法与应用 ……………………………………………… 61

　第二节　零样本分类算法与应用 ……………………………………………… 90

第三章　小样本/零样本学习算法与应用 ……………………………………… 110

　第一节　小样本学习算法与应用 ……………………………………………… 110

　第二节　零样本学习算法与应用 ……………………………………………… 137

第四章　小样本/零样本识别算法与应用 ……………………………………… 160

　第一节　小样本识别算法与应用 ……………………………………………… 160

　第二节　零样本识别算法与应用 ……………………………………………… 185

第五章　小样本/零样本检测算法与应用 ……………………………………… 218

　第一节　小样本检测算法与应用 ……………………………………………… 218

　第二节　零样本检测算法与应用 ……………………………………………… 252

参考文献 ………………………………………………………………………… 269

第一章 概 述

由于高性能计算设备的普及和超大型数据集的出现，深度学习在智能交通、医学、军事、地理空间智能和金融等任务上取得了良好的表现。但是，训练这些模型需要用到非常大的数据集。相比之下，人类只需要几张照片就能理解新的概念。受到二者学习能力之间差距的启发，小样本/零样本学习的研究逐渐展开。本章就小样本/零样本分类算法、学习算法、识别算法及检测算法的相关理论和技术进行阐述，为后续研究奠定基础。

第一节 小样本/零样本分类算法概述

一、小样本分类算法理论及技术

小样本学习（Few-Shot Learning，FSL）利用有限的标记样本数据进行学习，并对新的、未见过的数据进行识别。零样本学习（Zero-Shot Learning，ZSL）通过训练可见类样本，利用相关的辅助信息（如语义特征和词向量等）将知识从可见类迁移至不可见类，从而预测不可见类样本的类别标签。小样本/零样本学习能更好地模拟人类的学习方式，从而更好地模拟人类智能。在此，着重介绍小样本分类算法的基础理论知识和技术。首先是介绍小样本图像分类的知识、研究的属性，并且也将重点介绍深度学习的基础知识、基本算法和模型，这些知识在后面的实验部分将会被重点应用。

（一）小样本图像分类预备知识

1. *N-way K-shot* 任务

在小样本数据集中，通常采用 *N-way K-shot* 任务的设定来评估模型的性能。其中 *N-way* 指的是任务中的类别数量，比如说 $N=5$，代表当前任务中的类别总数为 5 个。*K-shot* 代表每个类别的样本数，例如 $K=1$ 表示支持集中每个类别只有 1 个训练样本。通常来说，每个支持集的类别随机选择 K 张图片，一共 N 个类，再随机选若干张作为查询集样本。

在 *N-way K-shot* 设定下，模型需要根据少量的样本学习如何区分 N 个类别，进而对查询集中的未知样本进行分类。这种设定下对模型的泛化能力和鲁棒性提出了更高的要求，也更符合实际应用场景中数据集规模较小的情况。

需要注意的是，实际上 *N-way K-shot* 的设定是可以灵活调整的，N 和 K 的大小可以根据具体任务的需求来设定。例如，在较小的数据集中，N 可能只有 2~3 个类别，而在较大的数据集中，N 可能达到 20~30 个类别，K 也可以根据情况设置为 1、2、3 等，查询集中的未知样本的个数往往被设定为 15。

2. 小样本预训练

预训练（Pre-training）是机器学习中的一种常用的技术，通常用于训练深度神经网络。在预训练期间，模型在数据上进行训练，用以捕捉数据中的特征和结构。这些预训练好的模型在后续的任务中进行微调，往往能有不错的性能。目前而言，在小样本学习领域中，最常用的预训练方式是全监督预训练，以及最近开始流行的自监督预训练。接下来对这两种预训练方式进行详细说明。

（1）全监督预训练。全监督预训练是指使用已标注的数据对模型进行预训练。在全监督预训练中，使用大规模的标注数据集，如 ImageNet 等，训练一个基本模型，通常是一个深度神经网络模型，如 AlexNet、VGG、ResNet 等。在预训练过程中，模型通过多次迭代学习到了对输入数据的有效特征表示，这些特征表示通常可以应用于其他任务中，如图像分类、目标检测、分割等任务。

（2）自监督预训练。自监督预训练是指使用无须人工标注的数据进行模型预训练。在自监督预训练中，模型根据输入数据的内部结构或其他自身属性来学习特征表示。例如，在图像领域中，可以使用数据增强技术来生成无标注的图像数据，对图像进行旋转、裁剪等操作，然后让模型学习从旋转后的图像中预测原始图像的旋转角度。

自监督预训练方法的优点是：无须昂贵的标注过程，可以使用更多的数据进行预训练，从而提高模型的泛化性能。缺点是：预训练任务的设计可能需要更多的专业知识，预训练模型的性能通常不如使用标注数据进行训练的模型。

（3）任务测试。和传统的机器学习任务不同，小样本分类任务的测试集是由模型从未见过、与训练集不重合的数据组成。这是因为在小样本分类任务中，需要测试的是模型在应对新的分类任务时的性能。

在测试的过程中，通常会把数据集划分为若干个 *N-way K-shot* 任务，其中，每一个任务被用来测试模型的泛化能力，如图 1-1 所示，展示了一个 5-*way* 1-*shot* 测试任务的结构。

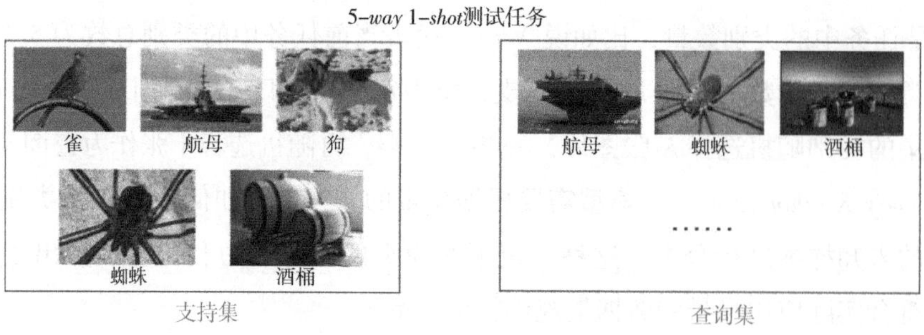

图 1-1　5-*way* 1-*shot* 测试任务

如图 1-1 所示，任务中左边的为支持集，右边的为查询集，支持集中有 5 个类，每个类的样本个数为 1，查询集中的样本数量为 15。模型在训练好后，传入新的小样本分类任务，利用支持集对模型进行微调，然后用查询集测试微调后的模型性能，完成小样本分类任务。

（二）小样本分类

在小样本分类领域，其根本任务就是在数据集很小的情况下，对未知类别进行有效分类，通常采用的分类方式往往是基于相似度的分类方式，其相似度分类的主要方式如下。

1. 欧式距离

欧式距离（Euclidean Distance）是一种度量向量距离的方法，对于两个向量 x 和 y，它们之间的欧氏距离可以表示为：

$$d(x, y) = \sqrt{\sum_{i=1}^{n}(x_i - y_i)^2} \tag{1-1}$$

式（1-1）中，x_i 和 y_i 代表 x 和 y 的第 i 个分量，Σ 表示对所有分量进行求和操作。欧式距离度量方法具有易于理解、计算简单等优点。在分类任务中，通常使用度量函数丈量样本的距离，然后通过一些分类算法（如 KNN、SVM 等）来进行分类。

2. 余弦距离

余弦距离（Cosine Distance）是一种用于度量两个向量间的相似度的方法，它通常用于处理文本、图像等高维度数据。对于两个向量 x 和 y，它们之间的余弦距离可以表示为：

$$\cos(x, y) = cosine(x, y) = \frac{(x \cdot y)}{||x|| \, ||y||} \tag{1-2}$$

式（1-2）中，x 和 y 分别表示向量，$\cdot$ 表示向量的内积，$||x||$ 和 $||y||$ 分别表示 x 和 y 向量的模长。余弦距离的取值范围为 $[-1, 1]$，值为负数，代表为负相关；值为正数，代表为正相关。

（三）属性信息相关知识

1. 属性定义

属性能够代表事物的某一方面的性质和特点，比如说人的身高体重，通常用于区分不同的事物和对象。属性可以是实体的、形容词的、动词的等，具体的定义和描述方式会因为应用场景有所不同。

图像属性可以根据不同的应用场景和需求来定义。在机器学习和计算机视觉领域，属性（Attribute）通常指的是一些描述对象特征的标记或者特征值，用于对目标进行分类或识别。这些特征可以是对象的物理属性，如颜色、形状、纹理等；也可以是对象的语义属性，如“有翅膀”“有尾巴”等；还可以是代表图像的特征，比如说样本原型、样本特征，样本向量的平均值或方差等。属性通常用向量或者数字表示，因此可以方便地被计算机处理和利用，比如原型网络（Prototypical Networks）的小样本学习方法。具体而言，原型网络将每个类别的样本计算特征图，对特征图计算平均得到该类别的原型，原型作为样本的代表，以向量的方式表示样本，便于计算机计算。Cheng① 将样本的各个局部信息作为属性，比如大象的腿和鼻子，长颈鹿的脖子等，他们对图像属性的定义是根据具体的应用而决定。在许多机器学习的任务中，属性是一种非常重要的特征，它的提出和应用可以提高模型的准确性和泛化能力。

2. 属性信息

在此，根据不同的应用场景和情况采用了不同的属性特征，所出现的图像属性有以下几种。

（1）整体属性原型。这一属性源自原型网络，它的形成基于元学习的思想，将不同类别的样本编码为它们的原型（Prototype），并且使用欧几里得距离或者余弦距离度量查询样本与原型之间的距离。

（2）共有属性原型。共有属性的提出来源于 Cheng② 和 Zhang③，对于样本的描述并非只有整张图片经过特征提取器计算获得的特征向量可以表示，它还可以由图像各个部分的特征向量描述，或者说根据指导信息的引导获得图像的共有属性。在这里提出的具体的计算方式可以与整体属性原型类似。

（3）前景属性和后景属性。前景属性和后景属性的概念来自图像分割和图像分类，用于将图像中的像素分为属于前景属性或背景属性两个类别。前景属性是指图像中具有重要信息或重点关注的部分，而后景属性是指除此之外的属性部分。前景是指所有像素点被标记为前景的图像，而后景则是指所有像素点被标记为后景的图像。在计算机视觉领域中，前景图和后景图是非常重要的概念，因为它们为计算机算法提供了关键信息，帮助计算机识别图像中的对象并进行自动处理。

背景信息可以对分类任务产生很大的影响。在计算机视觉领域中，背景信息通常包括图片的背景颜色、纹理、亮度、复杂度等，这些信息可能会干扰图像中目标物体的特征提取和分类。例如，当一张图片中的目标物体和后景颜色相近或者后景纹理复杂时，会使目标物体的边缘或形状较难被准确识别。此外，当目标物体与后景颜色相近时，可能会导致模型将后景误认为目标物体，从而产生误判。

为了减少后景信息对分类的影响，可以采用一些方法来处理。一种方法是将图片裁剪

① Cheng J, Hao F, Liu L, et al. Imposing semantic consistency of local descriptors for few-shot learning [J]. IEEE Transactions on Image Processing, 2022, 31: 1587-1600.

② Cheng J, Hao F, Liu L, et al. Imposing semantic consistency of local descriptors for few-shot learning [J]. IEEE Transactions on Image Processing, 2022, 31: 1587-1600.

③ Zhang B, Li X, Ye Y, et al. Prototype completion with primitive knowledge for few-shot learning [C] //Proceedings of the IEEE/CVF Conference on Computer Vision and Pattern Recognition. 2021: 3754-3762.

成目标物体周围的区域，这样可以减少后景信息对目标物体的影响，提高分类准确度。另一种方法是在训练过程中引入数据增强技术，来增加数据的多样性和泛化能力，从而降低后景信息对分类的影响，经典的数据增强方式如图 1-2 所示。

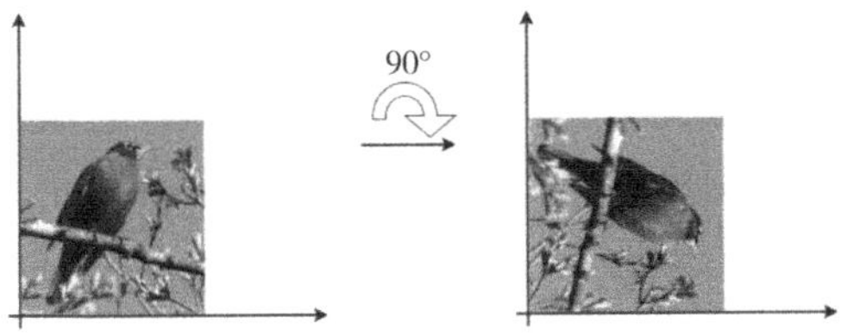

(a) 图片旋转

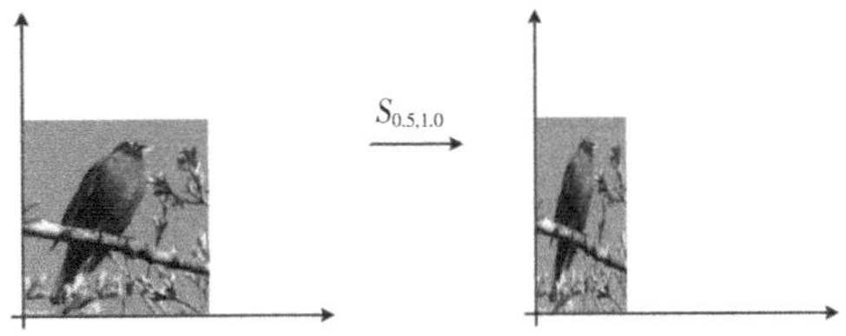

(b) 图片缩放

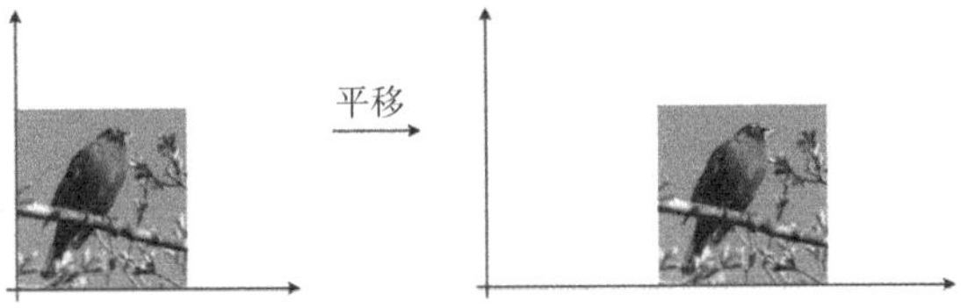

(c) 图片平移

图 1-2 数据增强

除此之外，注意力机制也可以被应用于处理后景信息。通过引入注意力机制，模型可以在特征提取的过程中，更加关注目标物体的重要特征，而忽略掉后景信息。例如，在提取图像特征时使用卷积神经网络，可以引入空间注意力机制，模型便更关注目标物体的所在区域，并降低后景信息对分类的影响。

前景信息是待识别图像中模型关注的信息。例如，在一张狗的照片中，狗的身体、脸部和四肢就是前景信息。这些信息对于正确识别图像非常重要，因为它们能提供有关图像类别的重要线索。

在小样本学习领域，后景信息被认为是一种捷径学习，也就是说如果一张图片上后景信息过多，则会使模型花费更少的注意力在前景图上，这将影响模型分类性能。而前景信息在模型的训练中无法迁移到新类中，其能帮助模型获得更好的泛化能力。

（四）深度学习基本技术

1. 度量学习

度量学习（Metric Learning）是一种机器学习方法，其主要目标是学习一个度量函数，使在该度量函数下不同样本之间的距离能够反映它们之间的相似性或距离。度量学习是一种典型的距离学习（Distance Learning）方法，其应用范围十分广阔。度量学习通常涉及以下几个问题。

（1）度量学习的目标函数。度量学习的目标函数通常是设计成最大化同类别样本之间的相似度、最小化不同类别样本之间的相似度，或者将同类别样本之间的距离控制在一个较小的范围内、将不同类别样本之间的距离尽可能扩大到一个比较大的范围内。

（2）度量函数的设计。度量函数的设计通常会考虑到不同特征之间的相互作用关系、样本之间的距离度量方式、距离度量的可优化性等因素。

（3）采样策略的选择。度量学习中的采样策略通常是为了避免样本不平衡、过拟合等问题，例如可以通过对每个类别的样本进行加权采样或者欠采样等方式来进行优化。

度量学习的优点在于可以通过学习一个度量函数，将数据进行可度量化，在空间上计算相互之间的距离关系。同时，度量学习可以有效解决数据稀疏、维度灾难等问题，提高模型的准确性和泛化能力。在实际应用中，度量学习通常会涉及多种度量函数的设计和优化方法，例如最小二乘学习、对比损失学习、三元组损失学习等。度量学习还可以结合深度学习方法进行联合优化，从而实现更加高效和准确的特征提取和匹配。

总之，度量学习是一种重要的机器学习方法，具有广泛的应用前景和研究价值，它在深度学习的多方面均有被广泛应用。

2. 对比学习

对比学习（Contrastive Learning）是一种机器学习方法，它的主要目标是通过学习一个特征表示空间，将相似的样本靠近，不相似的样本远离。对比学习最初用于学习图像特征，近年来也被广泛应用于自然语言处理、推荐系统、行为识别等领域。

对比学习的基本思想是利用同类别样本之间的相似性和异类别样本之间的差异性来优化模型。通常情况下，对比学习会构造一组样本对，其中同类别样本对应的特征表示向量尽可能接近，而不同类别样本对应的特征表示向量则尽可能远离。在对比学习中，相似性和差异性的度量通常使用欧氏距离、余弦相似度、曼哈顿距离等距离度量方法。

对比学习中最常见的方法是使用对比损失函数，该函数通常由同类别样本对应的相似性度量和不同类别样本对应的差异性度量组成。具体来说，对比损失函数通常涉及以下几个问题。

（1）样本对的构造方式。样本对的构造方式通常可以采用随机构造、硬样本对构造、随机和硬样本对构造等方式。

（2）相似性和差异性的度量方法。相似性和差异性的度量方法通常可以采用余弦相似度、欧氏距离、曼哈顿距离等距离度量方法。

（3）对比损失函数的设计。对比损失函数的设计通常涉及同类别样本之间的相似性度量、不同类别样本之间的差异性度量以及对比损失的边界值等因素。

对比学习的优点在于它可以利用大量的无标签数据进行训练，从而提高模型的泛化性能。同时，对比学习还可以帮助解决数据稀疏、标注困难等问题，从而实现更加高效和准确的特征提取和匹配。

总之，对比学习是一种重要的机器学习方法，具有广泛的应用前景和研究价值。它在深度学习的各个方面、各个子领域都有很深的应用，使机器学习有了新的思维和途径。

3. 模型微调

模型微调（Fine-tuning）是一种基于迁移学习的技术，用于将一个已经训练好的模型（称为预训练模型）应用于一个新的任务上。模型微调通常用于解决当新的任务的数据集太小而无法单独训练一个高性能的模型时的问题。在这种情况下，可以利用预训练模型的已学习的特征，通过微调（Fine-tuning）来优化模型以适应新的任务。

在模型微调中，首先将预训练模型加载到内存中，并根据新任务的数据集重新训练一些顶层网络层。这些顶层网络通常是用于分类的输出层或全连接层。这样做的原因是底层网络层通常对图像的一些低级特征进行编码，而这些特征在新任务中通常仍然有用。在微调过程中，底层网络层的权重通常被冻结，以避免破坏已学习的特征。然后顶层网络层将针对新任务进行训练，以优化模型以适应新的任务。这个过程通常需要一些轮次的训练，并使用一些优化算法，如随机梯度下降（SGD）等。最终，微调后的模型可以用于新任务的分类或回归等任务。

而且 Fine-tuning 在众多领域上都有发展，比如说医学领域上，Fine-tuning 可以用于医学图像分析，如 MRI、CT 等医学图像的分割和识别。传统的图像分割算法需要手工提取特征，复杂且容易出错。而利用深度学习中的卷积神经网络（CNN）对医学图像进行分割和识别，可以减少手工特征提取的工作量，同时提高准确度和稳定性。例如，Fine-tuning 一个在大型数据集上训练好的卷积神经网络模型，将其应用于医学图像中，可以很好地识别出肿瘤的边界，对肿瘤的分割和定位有很好的效果。

模型微调的主要优点是它可以通过利用已经训练好的模型来加速模型训练，并提高模型的性能。此外，由于模型微调通常只需要微调少量的参数，因此它可以有效地处理数据集较小的情况。不过，模型微调的缺点是，由于它需要预训练模型，因此需要大量的计算资源和时间来训练预训练模型，同时需要确保预训练模型的特征与新任务的数据集具有一定的相似性。

（五）基础算法和模型

1. 注意力机制

注意力机制是一种关注数据中重要信息的机制，其目的是通过对输入数据的不同部分进行加权，实现对关注点的聚焦和提升模型的性能。注意力模块可以应用在多个领域中，如自然语言处理、图像识别、语音识别等。在深度学习中，注意力机制的实现方式有很多，其中比较常用的包括以下几种。

（1）全局池化注意力机制（Global Pooling Attention）。全局池化注意力机制是一种常见的注意力机制，在深度学习中广泛应用于目标检测、图像分类等任务。其主要作用是通过对特征图进行全局池化操作，生成特征图的全局描述向量，再通过注意力机制的权重计算，得到加权的特征图向量，从而实现对特征图的精细调节和关注。在卷积神经网络中，经过多个卷积层和池化层的处理，得到的特征图中包含了丰富的图像信息。但是，对于不同的图像分类任务，特征图中的不同区域可能对于分类结果的贡献程度不同。因此，全局池化注意力机制通过对整个特征图进行池化操作，得到全局池化向量，然后再根据特定的注意力机制计算不同区域的权重，从而实现对不同区域的加权调节。

（2）SE（Squeeze-and-Excitation）注意力机制。SE 注意力机制是一种广泛应用于卷积神经网络中的注意力机制，旨在提高模型对重要特征的关注度，从而提高模型的性能。SE 注意力机制最初在 2018 年被提出，随后被广泛应用于图像分类、目标检测、语音识别等任务中。

SE 注意力机制的核心思想是将卷积神经网络中每个通道的特征图进行“压缩”和“激励”，以更好地关注每个通道的重要性。

SE 注意力机制可以嵌入在卷积神经网络中的任何层中，通常嵌入在卷积层的后面。在训练过程中，SE 注意力机制通过反向传播优化得到每个通道的权重向量。在测试时，SE 注意力机制通过使用训练好的权重向量来计算每个通道的注意力特征图。

SE 注意力机制的优点在于，它可以有效地提高模型的性能，同时保持模型的计算效率。它不仅在图像分类任务中取得了优异的结果，而且还被应用于目标检测、语音识别等其他领域，取得了显著的性能提升。

（3）Channel Attention 模块。Channel Attention 模块是深度学习中的一种注意力机制，主要用于提升模型的性能和精度。该模块是在 SE 模块的基础上发展而来的，它通过对通道的权重进行调整，从而更加关注对模型最有用的特征。Channel Attention 机制的公式如下。

假设输入特征图为 $X \in R^{C\times H\times W}$，其中 C 是通道数，H 和 W 分别是高和宽。

首先进行全局平均池化（Global Average Pooling）操作，将特征图的每个通道的特征值求平均，得到每个通道的全局平均值 z_j：

$$z_j = \frac{1}{HW}\sum_{i=1}^{H}\sum_{j=1}^{W}X_{j,\ i}^{(j)} \tag{1-3}$$

然后将全局平均值输入两个全连接层中，分别进行特征变换：

$$W_1 = f_1(W_{g1}z) \tag{1-4}$$

$$W_2 = f_2(W_{g2}W_1) \tag{1-5}$$

式（1-4）、式（1-5）中，$W_{g1} \in R^{\frac{C}{r}\times C}$ 和 $W_{g2} \in R^{C\times\frac{C}{r}}$ 是两个可学习的参数矩阵，r 是通道缩放比例，f_1 和 f_2 是激活函数。

将特征变换后的权重矩阵 W_2 与输入特征图 X 进行点击操作，得到加权后的特征图 Y：

$$Y_j = W_2^T \cdot W_1^T \cdot X_j \tag{1-6}$$

通过一个 Sigmoid 函数进行归一化，得到每个通道的权重系数 F_c：

$$F_c = \frac{1}{1 + e^{-Y_j}} \tag{1-7}$$

最后，将输入特征图乘以权重系数 F_c，即可得到加权后的特征图。

Channel Attention 模块在图像分类、目标检测等任务中得到了广泛的应用。在图像分类任务中，它可以有效地捕获图像中有用的信息并且加以关注。在目标检测任务中，它可以使模型更加关注对目标检测最有用的通道特征，从而使目标检测准确率和鲁棒性有所提高。

（4）CBAM（Convolutional Block Attention Module）注意力模块。CBAM 是一种基于卷积神经网络的注意力模块，可以自适应地对不同通道和空间位置的特征进行加权，从而提升模型在图像分类、目标检测等任务中的表现。

CBAM 可以插入不同深度的卷积层中，自适应地对每个通道和空间位置进行特征加权，从而提升模型的表现。在图像分类、目标检测、语义分割等任务中，CBAM 已经被广泛应用，取得了良好的效果。

2. K-最近邻算法

K-最近邻算法（K-nearest Neighbor，KNN）是一种基于实例的学习，它通过计算新实例与已知实例之间的距离，找到最近的 k 个已知实例，并将其标签赋予新实例。KNN 算法中的 K 表示最近的邻居数，通常由用户指定。

在分类问题中，当一个新的样本到来时，KNN 算法将训练集中所有样本和新样本计算距离，然后找到距离该样本最近的 k 个训练样本，根据 k 个样本中类别的众数进行分类。

在回归问题中，KNN 算法计算新样本与训练集中所有样本的距离，然后找到距离该样本最近的 k 个训练样本，并取它们的标签的平均值作为该样本的预测值。这一思想和原型网络的分类思想在本质上是一致的，查询样本需要计算和所有类别原型之间的距离，寻找出距离最短的类别原型，即为预判类别。

KNN 算法的公式如下。

对于一个测试样本 x，其 k 个最近邻样本集合为 $N_k(x)$，其中每个样本都有一个类别 y_i，则该测试样本 x 的类别可以通过以下公式进行估计：

$$y = \arg\max_{c_j} \sum_{x_i \in N_k(x)} [y_i = c_j] \tag{1-8}$$

式（1-8）中，$[y_i = c_j]$ 为指示函数，如果 $y_i = c_j$ 则返回 1，否则返回 0。

KNN 算法的优点是设计思路简单，应用简易。它不需要对数据进行训练，因此可以快速处理大量的数据。首先，KNN 算法对数据分布的假设很少，因此在处理复杂数据时具有较强的鲁棒性。KNN 算法的缺点在于需要耗费比较多的计算资源，特别是在处理大量的数据时。其次，在面对高维数据时，KNN 算法效果相对较差，这是因为“维数灾难”

的问题在高维数据中十分常见，并且会导致计算不准确。最后，在分类问题中，KNN 算法可能会受到类别不平衡的影响，即某些类别的数量较少，导致分类效果不佳。

3. 局部线性嵌入

局部线性嵌入（Locally Linear Embedding，LLE）算法能尽可能地保留数据原有的局部特征和全局结构。它通过线性组合的方式，用低维空间的数据来近似表示高维空间的数据。它的基本思想是，在高维空间中找到每个数据点的 k 个最近邻，并用这些最近邻点之间的线性关系来近似表示该点，k 个最近邻线性表示过程如图 1-3 所示。

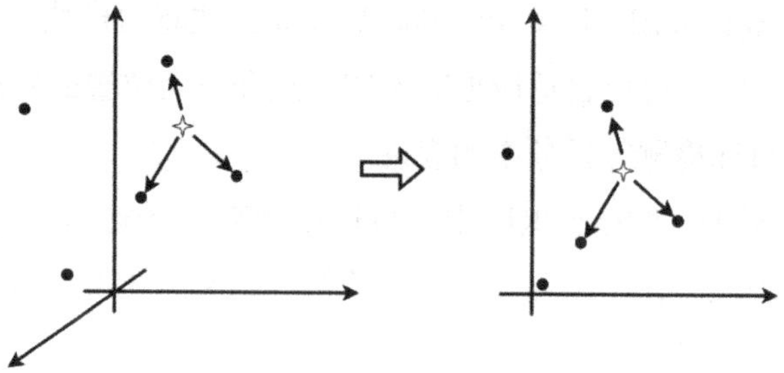

图 1-3　k 个最近邻线性表示过程

LLE 算法公式如下。

$X=x_1, x_2, \cdots, x_n$ 给定输入数据和一个正整数 k，首先需要找到每个数据点的 k 个近邻，可以用欧氏距离来计算数据点之间的距离。

然后，需要计算每个数据点与其 k 个近邻之间的权重 w_{ij}，该权重用于表示数据点 x_i 其近邻 x_j 的重构系数。LLE 算法的关键就在于如何计算这些权重。

对于每个数据点 x_i，需要解出一个系数向量 w_i，使得 x_i 与其近邻 x_j 的重构误差最小化，即

$$\min_{w_i}\sum_{j\in N_i} | x_i - \sum_{k\in N_i} w_{ij}x_j |^2 \tag{1-9}$$

同时，还需要满足以下约束条件：

$$\sum_{j\in N_i} w_{ij} = 1 \tag{1-10}$$

$$\sum_{j\in N_i} w_{ij}x_j = 0 \tag{1-11}$$

式（1-10）、式（1-11）中，N_i 表示数据点 x_i 的 k 个近邻。解上述约束最小化问题，得到系数向量 w_i。

然后，将所有的系数向量 w_i 组成矩阵 $W=[w_1, w_2, \cdots, w_n]$，再求解一个低维表示 Y，使得：

$$\min_{Y}\sum_{i=1}^{n} | y_i - \sum_{j=1}^{n} w_{ij}y_j |^2 \tag{1-12}$$

同时，需要满足以下约束条件：

$$\sum_{i=1}^{n} y_i = 0 \tag{1-13}$$

$$YY^T = I \tag{1-14}$$

式（1-14）中，$Y=[y_1, y_2, \cdots, y_n]$ 为低维表示矩阵。

LLE 算法名称中包含“线性”这个词，但它仅指投影到低维空间时，数据点之间的关系可以通过线性组合来描述。在原始高维空间中，数据点之间可以存在非线性的关系。因此，在进行 LLE 降维时，需要对每个数据点的局部结构进行分析，才能得到有效的降维结果。

LLE 算法具有很好的局部保留性，即在低维空间中，与原数据点邻近的点在低维空间中的位置也会比较邻近。但是它在全局结构的保留上可能会有问题，因为它只考虑了每个点与其最近邻点之间的关系，可能忽略了全局结构的信息。因此，在应用 LLE 算法时需要综合考虑数据的局部特征和全局结构。

4. 卷积神经网络

卷积神经网络（Convolutional Neural Networks，CNN）可以自动从图像中学习特征，并用这些特征来识别和分类不同的物体。卷积神经网络的优点在于可以自动提取特征，同时也具有良好的鲁棒性和普适性。

卷积神经网络的训练过程通常采用反向传播算法（Backpropagation）和梯度下降优化算法，以最小化损失函数来优化网络权重。下面对卷积神经网络的组成部分的相关知识进行介绍。

（1）卷积层。卷积层在模型中作为提取图像的特征的层次，正被广泛地应用。卷积的具体操作过程如图 1-4 所示。

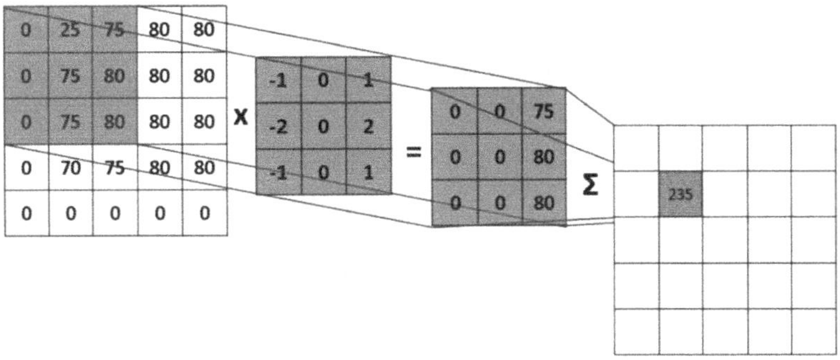

图 1-4　卷积的具体操作过程

具体而言，假设输入图像为 X，大小为 $C_{in} \times H_{in} \times W_{in}$，卷积核为 K，大小为 $C_{out} \times C_{in} \times k_h \times k_w$，其中 k_h 和 k_w 分别表示卷积核的高度和宽度。则卷积操作的公式如下：

$$Y_{i,j} = b_j + \sum_{m=1}^{C_{in}} \sum_{p=1}^{k_h} \sum_{q=1}^{k_w} X_{m,\, i+p-1,\, j+q-1} \cdot K_{j,\, m,\, p,\, q} \tag{1-15}$$

式（1-15）中，Y 表示输出特征图，大小为 $C_{out} \times H_{out} \times W_{out}$，$H_{out} = H_{in} - k_h + 1$，$W_{out} =$

$W_{in}-k_w+1$。b_j 是偏置项，$X_{m,i+p-1,j+q-1}$ 表示输入图像 X 的第 m 个通道在（$i+p-1$，$j+q-1$）位置的像素值，$K_{j,m,p,q}$ 表示卷积核 K 的第 j 个通道、第 m 个通道、在（p，q）的位置上的权重值。

（2）池化层。池化层（Pooling layer）是一种降低特征图的尺寸、减少模型计算量、增强模型不变性的网络层。池化层的作用是对输入数据的特征进行降维操作，接下来介绍常见的操作。

最大池化（Max Pooling）对特征图中的局部区域进行最大化选择，挑选其中最大值作为输出。这样可以保留输入特征图中的主要特征，同时丢弃一些不重要的信息，有效减少特征图的尺寸。如图 1-5 所示。

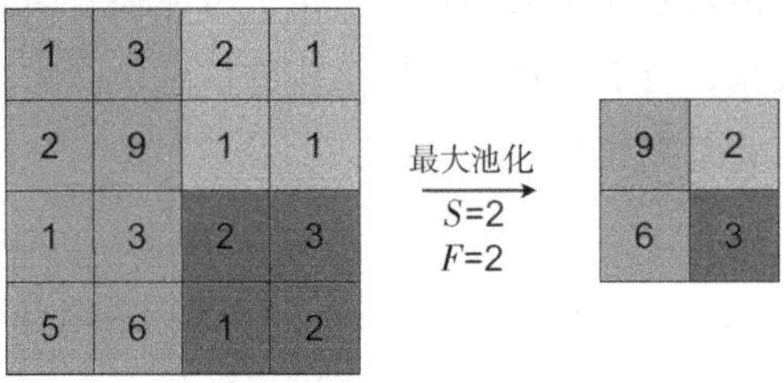

图 1-5　最大池化

平均池化（Average Pooling）与最大池化类似，只是将最大值替换成了平均值。相比于最大池化，平均池化更加注重细节信息，但可能会丢失一些重要的特征。如图 1-6 所示。

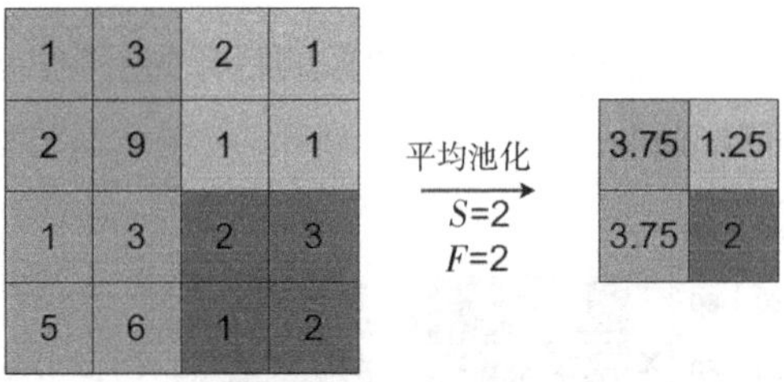

图 1-6　平均池化

L2 范数池化（L2-Norm Pooling）是对特征图的每个局部区域进行 L2 范数归一化，用于提高网络对输入的不变性，同时也可以对网络进行正则化，防止过拟合。如图 1-7 所示。

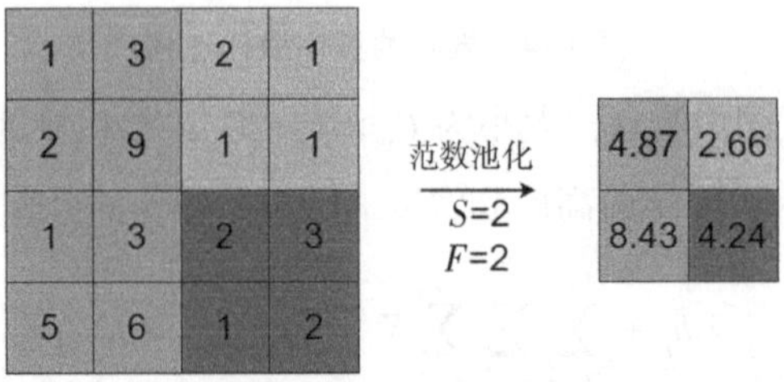

图 1-7　L2 范数池化

池化层可以增强网络的鲁棒性，然而过多的池化操作可能会丢失一些重要的特征，因此需要根据具体任务来设计池化层的操作。

（3）激活函数。激活函数是神经网络中的一种非线性函数，其作用是对模型当中的输入进行非线性的转换，从而增强了网络的表达能力，并提高了网络的拟合能力。

常用的激活函数有 Sigmoid、ReLU、LeakyReLU、Tanh 等。

Sigmoid 函数被广泛地应用于分类任务中，它的输出值在 0～1 之间，可以表示为 $f(x)=1/(1+\exp(-x))$。

ReLU 函数可以解决梯度消失和梯度爆炸的问题，可以表示为 $f(x)=\max(0, x)$，它被广泛地应用各个领域当中。

LeakyReLU 函数是 ReLU 的一种改进版本，当 $x<0$ 时，将斜率设置为一个小的正数，可以避免 ReLU 的“死亡神经元”问题。

Tanh 函数也被广泛地应用，它的形状类似于 Sigmoid 函数，但输出值在 -1～1 之间，可以表示为 $f(x)=(\exp(x)-\exp(-x))/(\exp(x)+\exp(-x))$。

不同的激活函数适用于不同的场景，选择合适的激活函数可以提高神经网络的性能。

（4）全连接层。全连接层通常出现在卷积层之后。全连接层将前一层的特征图转化为类别的概率分布，全连接层在卷积神经网络中的地位和作用十分重要。

全连接层的输入和输出都是一个一维的向量，其中输入向量的维度等于前一层的神经元个数，输出向量的维度等于类别的数量。

二、零样本分类算法

零样本分类技术的目的是识别出不可见类，并最大限度地提高分类的准确率。因具有需要人工标注的样本少和训练的类别少等优势，零样本分类技术被越来越多的研究学者关注，也出现了多种不同类型的算法。接下来，对现有的算法进行简单的介绍。

零样本分类算法的分类标准有很多，例如，根据测试过程中测试集是否含有可见类别进行分类，分为传统零样本分类算法和广义零样本分类算法；根据训练过程中不可见类的无标签样本是否可用进行分类，分为归纳式零样本分类算法和直推式零样本分类算法；根据模型的类别不同进行分类，分为基于属性预测的零样本分类算法、基于空间嵌入的零样本分类算法和基于样本生成的零样本分类算法，其中，根据嵌入空间的不同进行分类，分为基于语义嵌入空间的算法、基于视觉嵌入空间的算法和基于公共嵌入空间的算法。零样本分类算法如图 1-8 所示。

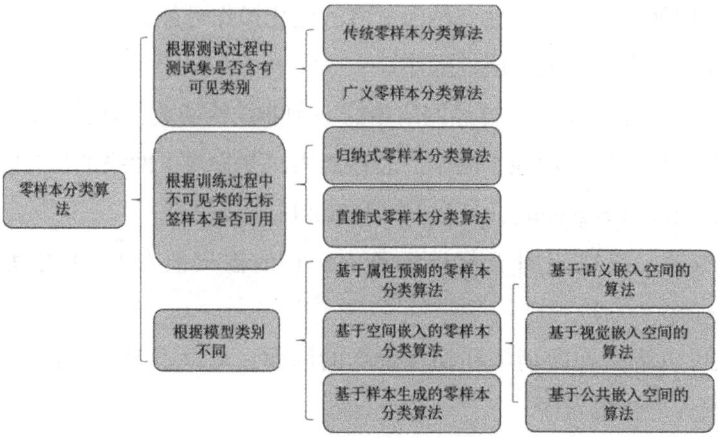

图 1-8　零样本分类算法

（一）传统零样本分类算法和广义零样本分类算法

根据测试集中是否含有可见类的类别进行分类，可以将零样本分类算法分为传统零样本分类算法和广义零样本分类算法，两种算法区别如图 1-9 所示，图中带箭头的红色实线表示传统零样本分类算法实现的过程，带箭头的绿色实线表示广义零样本分类算法实现的流程。

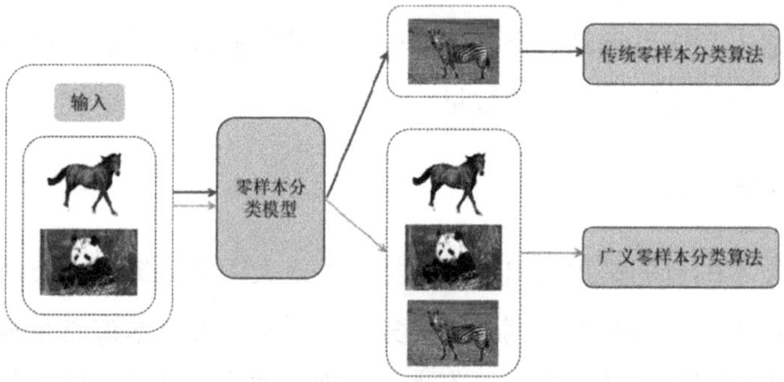

图 1-9　传统零样本分类算法和广义零样本分类算法

分析上述两种算法最终实现的功能可知，传统零样本分类算法在实际应用中存在一定的局限性。因为在现实情况下，大多数模型不能确定需要识别出的类别是属于可见类还是不可见类，所以，现如今大部分研究工作都是基于广义零样本分类算法展开的。

虽然广义零样本分类算法的定义十分简单，但在实际研究中仍会出现不可见类的识别准确率较低的问题。出现上述现象的原因是：模型在训练过程中只使用了可见类样本进行训练，也就是说，可见类相关的特征描述更为充足，这会使可见类在模型中占主导地位，从而导致在测试阶段中，模型更加倾向于把不可见类的类别标注为可见类的标签，最终造成与传统零样本分类算法相比，广义零样本分类算法的准确率大幅度降低的现象。

为了解决上述问题，如今的工作一般都是运用以下两种方法来提高识别的准确率：一是在训练过程中加入不可见类的视觉特征来帮助模型训练；二是在训练过程中加入通过学习得到的不可见类预测的视觉特征来帮助模型训练。上述两种方法可以在一定程度上缓解广义零样本分类算法识别准确率低的问题。与此同时，技术的进步也对精准地提取或预测类别的视觉特征提供了帮助，研究人员也在逐步地提升零样本分类的准确率。

（二）归纳式零样本分类算法和直推式零样本分类算法

根据不可见类的无标签样本是否可用进行分类，可以将零样本分类算法分为归纳式零样本分类算法和直推式零样本分类算法。

归纳式零样本分类算法指在训练过程中只使用可见类数据训练模型，然后在测试过程中预测出所有不可见类的标签。在归纳式零样本分类算法中，比较经典的算法是 Lampert 等人①提出的直接属性预测（Direct Attribute Prediction，DAP）模型、间接属性预测（Indirect Attribute Prediction，IAP）模型和 Kodirov 等人②提出的语义自编码（Semantic Autoencoder，SAE）模型。

直推式零样本分类算法指在训练阶段中通过加入不可见类的无标签数据来提升分类器对不可见类的识别能力。但是，受现实因素的影响，在训练过程中，有很多不可见类的无标签数据不能轻易得到。所以，归纳式零样本分类算法是目前零样本分类问题中比较常用的一种方法。

（三）基于属性预测的零样本分类算法

属性是效果最好和使用最广泛的一种语义表示，在早期的零样本分类算法的研究中，基于属性预测的算法是研究人员使用最多的算法。基于属性预测的零样本分类算法框图如图 1-10 所示。

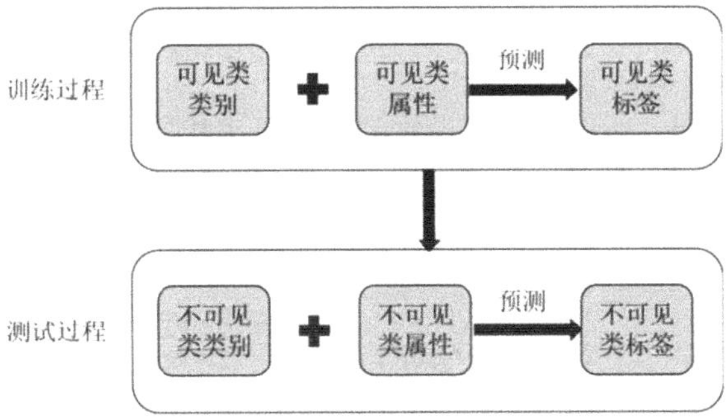

图 1-10 基于属性预测的零样本分类算法框图

在基于属性预测的零样本分类算法实现过程中，模型首先把通过人工定义或属性学习方式得到的属性作为语义空间，然后在训练过程中根据可见类数据为每一个属性分别训练

① Lampert C H, Nickisch H, Harmeling S. Learning to detect unseen object classes by between-class attribute transfer [C]. Proceedings of the 2009 Conference on Computer Vision and Pattern Recognition. Miami, Florida, USA. 2009: 951-958.

② Kodirov E, Xiang T, Gong S. Semantic autoencoder for zero-shot learning [C]. Proceedings of the 2017 IEEE Conference on Computer Vision and Pattern Recognition. Honolulu, HI, USA. 2017: 4447-4456.

出分类器，最后在测试过程中利用训练好的属性分类器预测出不可见类。基于属性预测的最典型的算法是 Lampert 等人提出的直接属性预测模型（DAP）和间接属性预测模型（IAP）。接下来，对这两种模型进行简单介绍。

DAP 模型是零样本分类中最基础的属性学习算法，在此算法中，为了实现零样本分类功能，模型为每个属性训练出属性分类器，然后将分类器和类别与属性的关系组合到类别概率中。DAP 模型示意如图 1-11 所示，图中，y 表示可见类别，z 表示不可见类别，a_m 表示属性特征，M 表示属性的维度，x 表示输入的类别视觉的特征。

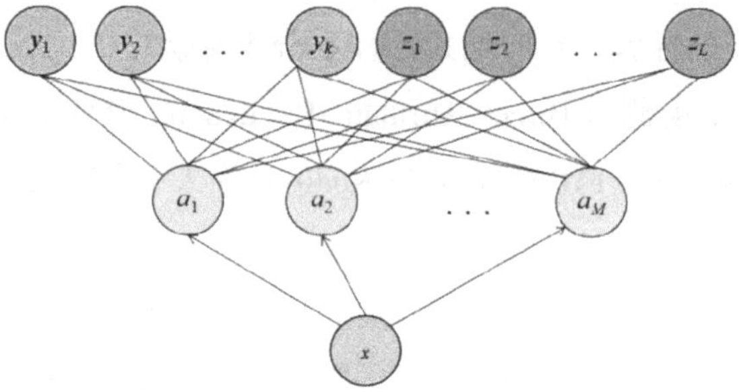

图 1-11　DAP 模型示意

对于 DAP 模型，模型首先使用监督学习的方式得到图像—属性层的概率表示，即 x 对于所有 a_m 的后验概率的乘积 $P(a|x)$：

$$P(a|z)=\prod_{m=1}^{M}P(a_m|x) \tag{1-16}$$

在测试过程中，每一个类别 z 可以用一个属性向量 a_z 表示，模型利用贝叶斯公式即可得到概率公式 $P(z|x)$：

$$P(z|x)=\sum_{a\in(0,1)}P(z|a)P(a|z)=\frac{P(z)}{P(a^z)}\prod_{m=1}^{M}P(a^z|x) \tag{1-17}$$

由于 z 是不可见类别，所以可以假设它的先验概率相同，即每个 $P(z)$ 的值相同；先验概率 $P(a)$ 由训练过程中学习到的属性层值的平均值表示。最后，模型采用最大后验估计 MAP 进行分类：

$$f(x)=\underset{l=1,\cdots,L}{\operatorname{argmax}}\prod_{m}^{M}\frac{P(a_m^{z_1}|x)}{P(a_m^{z_1})} \tag{1-18}$$

通过上述 DAP 模型的原理可知，该模型在实际应用中存在缺陷，由于其对所有的属性分类器单独学习，所以 DAP 模型对属性分类的效果比较好，对类别分类的效果却比较差。为了解决这个问题，Lampert 等人又提出了 IAP 模型。

IAP 模型的分类过程与 DAP 模型相同，区别在于在预测过程中，IAP 模型直接在特征层与属性层之间加入可见类别的标签层，即学习可见类别对应属性的概率的方式不同：

$$P(a_m|x)=\sum_{k=1}^{K}P(a_m|y_k)P(y_k|x) \tag{1-19}$$

IAP 模型示意如图 1-12 所示，图中，z 表示不可见类别，a_M 表示属性特征，M 表示属性的维度，y 表示可见类别，x 表示输入的类别视觉的特征。

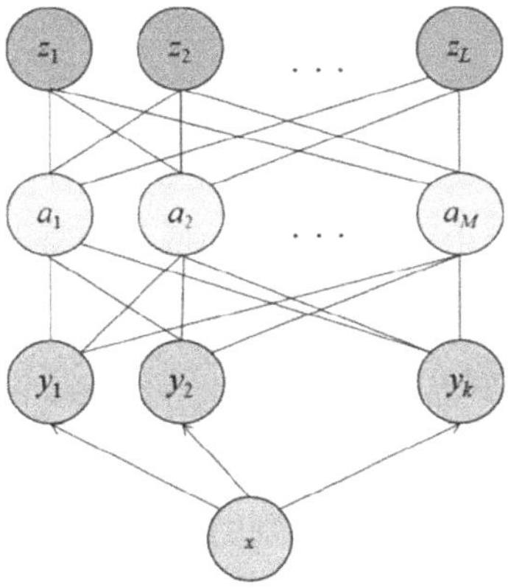

图 1-12 IAP 模型示意

近年来，基于属性预测的零样本分类算法的研究也取得了一定的进展，逐渐出现了许多识别准确率较高的工作。

为了显著地提高基于属性预测的算法的准确率，Jayaraman 等人①利用一种新的随机森林方法来训练零样本分类模型，该模型通过统计每一个属性的预测错误率来提升属性预测的准确性；Fu 等人②提出了一个新的半隐属性空间（Semilatent Attribute）的概念，并将其与通用的人工定义的属性合并在一个框架中进行属性表示，最后利用 K 邻近算法（KNN）来实现零样本分类功能；为了解决现有的视觉属性学习算法只注重与类别最相关的属性，而忽略不太相关属性的问题，Jayaraman 等人③利用与语义相关的边信息提出了一种多任务学习方法，该方法通过使用结构化稀疏性来实现不相关属性之间的特征竞争和相关属性之间的特征共享功能；为了促进类别的视觉特征与属性更好地结合，Huang 等人④提出了一种基于超图的属性预测框架，该框架通过利用超图来描述类别中的属性关系，进而将属性预测问题转换为正则化的超图分割问题。

（四）基于空间嵌入的零样本分类算法

基于空间嵌入的零样本分类算法通过利用视觉和语义之间的映射关系完成分类任务，根据嵌入空间的不同进行分类，可以分为基于语义嵌入空间的算法、基于视觉嵌入空间的

① Jayaraman D, Kristen G. Zero-shot recognition with unreliable attributes [C]. Proceedings of the Advances in Neural Information Processing Systems 27: Annual Conference on Neural Information Processing Systems 2014. Montreal, Quebec, Canada. 2014: 3464-3472.

② Fu Y W, Hospedales T M, Xiang T, et al. Learning multimodal latent attributes [J]. IEEE Trans Pattern Anal Mach Intell, 2014, 36 (2): 303-316.

③ Jayaraman D, ha F, Grauman K. Decorrelating semantic visual attributes by resisting the urge to share [C]. Proceedings of the 2014 IEEE Conference on Computer Vision and Pattern Recognition. Columbus, OH, USA. 2014: 1629-1636.

④ Huang S, Elhoseiny M, Elgammal A, et al. Learning hypergraph-regularized attribute predictors [C]. Proceedings of the IEEE Conference on Computer Vision and Pattern Recognition. Boston, MA, USA. 2015: 409-417.

算法和基于公共嵌入空间的算法，接下来，分别对上述三种算法进行介绍。

1. 基于语义嵌入空间的算法

基于语义嵌入空间的算法的主要研究思路是将图像的视觉特征映射到语义空间中，此类方法的研究重点是视觉特征映射到语义空间的方式和语义空间的选取。例如，Socher 等人①提出了一种将文本中词语的分布视为语义空间来理解对象视觉特征的方法，该方法将不可见类的视觉特征映射到一个由词向量构造的低维的语义空间中，并利用无监督的语义词向量对不可见类别进行分类；为了更好地识别图像中的多个不可见标签，Huynh 等人②提出了一种基于共享多注意机制的多标签框架，该框架通过利用每个标签的语义向量选出最合适特征来计算标签的预测分数；为了解决常用的语义特征不能准确描述复杂场景的问题，Song 等人③通过整合语义空间中相似类别的多个语义特征的来源来得到更具有区分性的语义特征。但是，利用视觉特征语义嵌入空间的方法比较单一，不同的语义空间标签匹配时十分困难，影响了分类的准确性。为了解决上述问题，研究人员尝试将图卷积神经网络和知识图谱应用到基于语义嵌入空间的算法中，也陆续出现了不错的研究工作。例如，Wang 等人④提出了一种利用语义嵌入和类别关系来预测分类器的方法，该方法使用知识图谱中不同的节点来表示类别的语义特征嵌入，并利用图卷积神经网络来得到不同类别的分类器；Liu 等人⑤提出了一种属性传播网络，该网络由一个为类别生成属性向量的图传播模型和一个参数化的最近邻分类器组成，通过利用每个类别在图中的邻域和相关类的特征来细化类别的语义属性，并使用 KNN 方法进行类别预测；为了充分利用图卷积神经网络的结构信息和远距离的节点，Kampffmeyer 等人⑥提出了一种密集图传播模型，该模型可以直接关联图卷积神经网络中相对较远节点，并通过加权的方式学习节点间距离的权重，该模型如图 1-13 所示。图中，α 表示学习权重。

---

① Socher R, Ganjoo M, Manning C D, et al. Zero-shot learning through cross-modal transfer [C]. Proceedings of the Advances in Neural Information Processing Systems 26: 27th Annual Conference on Neural Information Processing Systems 2013. Lake Tahoe, Nevada, United States. 2013: 935-943.

② Huynh D, Elhamifar E. A shared multi-attention frame-work for multi-label zero-shot learning [C] Proceedings of the 2020 IEEE/CVF Conference on Computer Vision and Pattern Recognition. Seattle, WA, USA. 2020: 8773-8783.

③ Song X, Zeng H, Zhang S, et al. Generalized Zero-shot learning with multi-source semantic embeddings for scene recognition [C]. Proceedings of the 28th ACM International Conference on Multimedia. Seattle, WA, USA. 2020: 3976-3985.

④ Wang X, Ye Y, Gupta A. Zero-shot recognition via semantic embeddings and knowledge graphs [C]. Proceedings of the IEEE conference on computer vision and pattern recognition. Salt Lake City, UT, USA. 2018: 6857-6866.

⑤ Liu L, Zhou T, Long G, et al. Attribute Propagation Network for Graph Zero-Shot Learning [C]. Proceedings of the Thirty-Fourth AAAI Conference on Artificial Intelligence. New York, NY, USA. 2020: 4868-4875.

⑥ Kampffmeyer M, Chen Y, Liang X, et al. Rethinking knowledge graph propagation for zero-shot learning [C]. Proceedings of the IEEE Conference on Computer Vision and Pattern Recognition. Long Beach, CA, USA. 2019: 11487-11496.

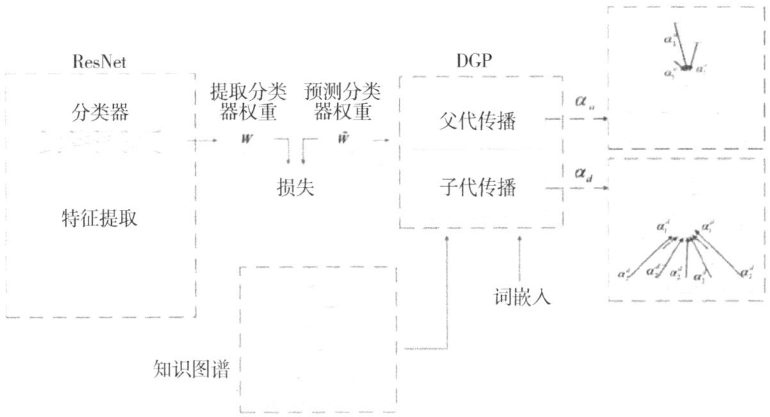

图 1-13 密集图传播模型

2. 基于视觉嵌入空间的算法

基于视觉嵌入空间的算法的主要研究思路是把视觉空间作为嵌入空间，然后将语义特征映射到视觉特征中。此类方法一般将图像的全局特征或判别性区域特征作为类别的视觉特征，然后将类别的语义特征嵌入视觉特征中。例如，Li 等人①提出了一种可以自动发现图像判别性区域的零样本分类模型，该模型通过联合学习图像的判别性区域特征和全局特征来实现零样本图像分类功能；Wan 等人②提出了一种视觉中心自适应的方法，该方法通过采用在视觉空间中对不可见类进行结构对齐的方式来让模型更好地匹配语义特征，并大幅度地缓解了语义一致性问题；Demirel 等人③提出了一种与视觉特征更一致的词向量和标签嵌入模型，该模型将词语的表示形式转换为与视觉特征相关的语义特征，并以端到端的学习方式将属性进行迁移；Zhang 等人④设计了一种深度嵌入模型，该模型将人工定义的属性和词向量等语义特征映射到视觉空间中，并通过使用循环神经网络（Recurrent Neural Network，RNN）来实现对语义表示的端到端学习，该模型如图 1-14 所示。

① Li Y，Zhang J，Zhang J，et al. Discriminative learning of latent features for zero-shot recognition［C］. Proceedings of the 2018 IEEE Conference on Computer Vision and Pattern Recognition. Salt Lake City，UT，USA. 2018：7463-7471.

② Wan Z，Li Y，Yang M，et al. Transductive zero-shot learning via visual center adaptation［C］. Proceedings of the Thirty-Third AAAI Conference on Artificial Intelligence. Honolulu，Hawaii，USA. 2019：10059-10060.

③ Demirel B，Cinbis R G，Ikizler-Cinbis N. Learning visually consistent label embeddings for zero-shot learning［C］. Proceedings of the 2019 IEEE International Conference on Image Processing. Taipei，Taiwan，China. 2019：3656-3660.

④ Zhang L，Xiang T，Gong S. Learning a deep embedding model for zero-shot learning［C］. Proceedings of the 2017 IEEE Conference on Computer Vision and Pattern Recognition. Honolulu，HI，USA. 2017：2021-2030.

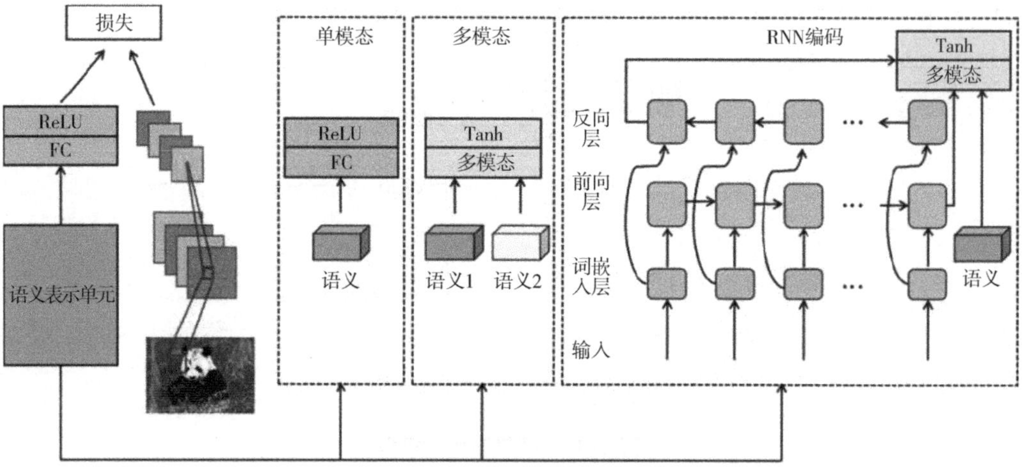

图 1-14　深度嵌入模型

3. 基于公共嵌入空间的算法

基于公共嵌入空间的算法的主要研究思路是将语义特征和图像视觉特征映射到同一公共空间，该方法从 2012 年沿用至今，是一种很有竞争力的零样本分类算法。例如，Yu 等人①提出了一种基于双向映射的语义关系建模方法，该方法通过将图像特征和标签嵌入同时映射到一个相同的潜在空间中来实现交叉模式的知识转移，并将不可见类特征融入模型学习中来进一步提升模型性能；Wang 等人②提出了一种基于多层感知器的方法，该方法通过在公共空间中直接学习特征原型并优化特征结构来学习更具体的视觉特征；Liu 等人③提出了一种基于语义的标签激活框架，该框架把由词向量组成的原始标签空间作为嵌入视觉特征和语义特征的公共空间，并将不可见类的标签作为可见类标签的线性组合；Min 等人④提出了一种新的领域特定嵌入网络，该网络不仅可以将特定的映射应用于不同的域来实现多领域间的无偏嵌入功能，还可以有效地防止嵌入空间中的语义关系被破坏，该网络如图 1-15 所示，图中，ϕ 表示映射函数，L 表示约束条件，a 表示语义属性，s 表示可见类别，t 表示不可见类别。

① Yu Y L, Ji Z, Li X, et al. Transductive zero-shot learning with a self-training dictionary approach [J]. IEEE Transactions on Cybernetics, 2018, 48 (10): 1-12.

② Wang X S, Pang S, Zhu J H, et al. Visual space optimization for zero-shot learning [J]. CoRR, 2019.

③ Liu Y, Gao X, Gao Q, et al. Label-activating framework for zero-shot learning [J]. Neural Networks, 2020, 121: 1-9.

④ Min S, Yao H, Xie H, et al. Domain-specific embedding network for zero-shot recognition [C]. Proceedings of the 27th ACM International Conference on Multimedia. Nice, France. 2019: 2070-2078.

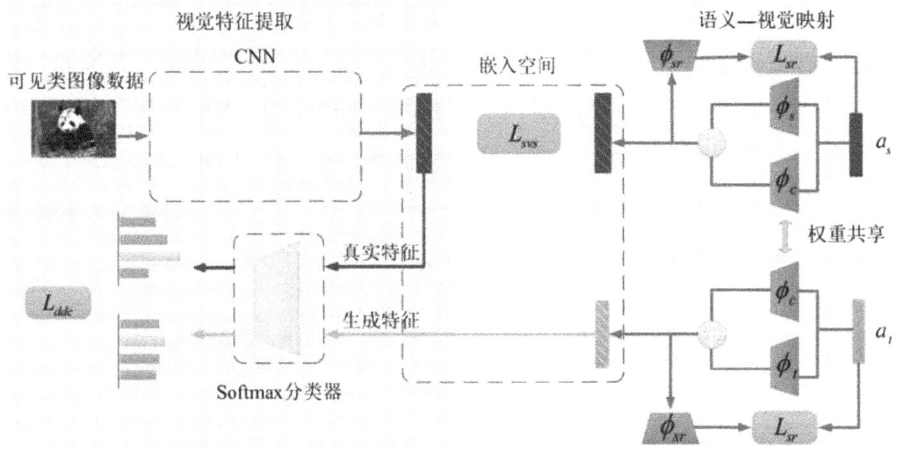

图 1-15 领域特定嵌入网络

（五）基于样本生成的零样本分类算法

基于样本生成的零样本分类算法的主要研究思路是通过利用生成模型来直接生成不可见类的特征，该类算法将零样本分类问题转化为传统的基于监督学习的图像分类问题。生成对抗网络（Generative Adversarial Network，GAN）是基于样本生成的零样本分类算法使用的主要技术。

GAN 由生成网络和判别网络组成，其中，生成网络通过利用随机噪声来生成伪样本，判别网络通过对生成的伪样本进行判别来生成新的样本，进而满足模型对不可见类样本的需要。

现如今，许多基于样本生成的零样本分类算法都是利用生成对抗网络来实现的。例如，Xian 等人①提出了一种新的生成对抗网络，该网络利用 WGAN（Wasserstein GAN）与分类损失配对来生成具有鉴别性的不可见类的视觉特征，并通过综合 CNN 提取的类级语义特征来实现从类别的语义表示直接到类别的条件特征分布的功能；Verma 等人②基于 WGAN 提出了一种基于类别属性条件设置的元学习方法，该方法利用将生成网络和判别网络分别关联元学习代理的方式来达到使用少量的可见类样本即可训练模型的效果；Ma 等人③提出了一种新的相似性保留 GAN（SPGAN）的方法，该方法通过从随机噪声中结合语义描述来生成不可见的视觉特征，不仅可以使 GAN 的生成网络缩小生成样本与真实样本

① Xian Y，Lorenz T，Schiele B，et al. Feature generating networks for zero-shot learning［C］. Proceedings of the 2018 IEEE conference on computer vision and pattern recognition. Salt Lake City，UT，USA. 2018：5542-5551.

② Verma V K，Brahma D，Rai P. A meta-learning framework for generalized zero-shot learning［C］. Proceedings of the AAAI Conference on Artificial Intelligence. USA. 2020：6062-6069.

③ Ma Y，Xu X，Shen F，et al. Similarity preserving feature generating networks for zero-shot earning［J］. Neurocomputing，2020，406：333-342.

之间的差距，还可以利用相似度来消除异常的生成样本；Liu 等人①提出了一种双流生成对抗网络，该网络可以同时合成视觉样本和重构语义嵌入，不仅保证了语义的一致性，还保留了类内多样性的特征，该网络如图 1-16 所示，图中，φ_t 表示可见类语义信息，z 表示随机高斯噪声，x 表示真实样本，$\tilde{x}$ 表示生成样本，$\tilde{\varphi}_t$ 表示语义嵌入，L_G、L_D、L_{CLS} 分别表示生成器损失、判别器损失和分类器损失，L_{REC}、L_{DIS}、L_{DIV} 分别表示重构损失、类间差异损失和类内多样性损失。

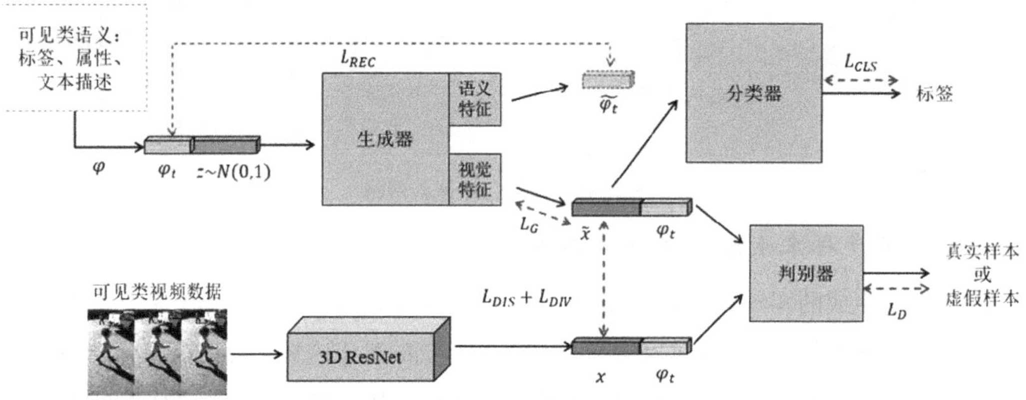

图 1-16　双流生成对抗网络

第二节　小样本/零样本学习算法概述

一、小样本学习算法定义及综述

在此，首先介绍基于小样本学习算法及小样本关系抽取算法所涉及的相关概念。之后，对相关的小样本学习算法以及小样本关系抽取算法进行了分析综述。

（一）问题定义

1. 小样本学习问题定义

由于小样本学习是机器学习的一个子领域，因此在给出小样本学习的定义之前，先给出机器学习的定义，如定义 1 所示。

定义 1　机器学习（Machine Learning，ML）：如果计算机程序的性能可以通过性能测度（Performance measure）测得的任务 T（Task）上的经验 E（Experience）来提高，则可以说计算机程序可以通过从与任务 T 和性能测度 P 相关的经验 E 中学习。

如定义 1 所示，机器学习问题由 E、T 和 P 指定。例如，T 为图像分类任务，机器学

① Liu H，Yao L，Zheng Q，et al. Dual-stream generative adversarial neworks for distributionally robust zero-shot learning [J]. Information Sciences，2020，519：407-422.

习程序可以通过训练大规模有标签图像获得的经验 E 来提高分类精度 P。小样本学习是机器学习的一种特殊情况，它的确切目标是在数据集提供的有限监督信息下获得良好的学习性能。小样本学习的正式定义在定义 2 中给出。

定义 2 小样本学习（Few-Shot Learning，FSL）：小样本学习是一类由 E、T 和 P 指定的机器学习问题，其中 E 包含非常少的针对目标任务 T 的监督信息。

小样本分类算法是典型的小样本学习算法，旨在学习一种仅需少数几个可用训练实例即可处理分类任务的模型。具体而言，假设 D 是整个有标签数据集，通常根据类别将其分为两部分：训练集 D_{train} 和测试集 D_{test}。换言之，这两个数据集具有不同的标签空间，并且彼此不相交。通常，当前大多数 FSL 算法都采用“episode”训练策略。

为此，D_{train} 和 D_{test} 分别进一步分为两个部分：支持集 $D_{train-suppor}$ 和 $D_{test-suppor}$ 以及查询集 $D_{train-quer}$ 和 $D_{test-query}$。具体而言，在每个 eposide 中，首先从 D_{train} 中随机抽取 N 个类别，然后对这 N 个类别中的每个类别的 K 个实例进行采样构成 $D_{train-suppor}$，对模型进行训练。在 FSL 任务中，通常称其为 *N-way K-shot* 设置；然后从这 N 个类别的其余样本中随机抽取 R 个实例构造 $D_{train-query}$ 对模型修正。同样地，也可以以类似的方式获取 $D_{test-suppor}$，使模型去适应新的类别，使用 $D_{test-query}$ 对模型性能进行测试。

2. 小样本关系抽取问题定义

关系抽取任务是信息提取的基本任务之一，旨在检测非结构化的自然语言文本中的实体对之间的关系信息，并以实体关系三元组的形式生成结构化数据。关系抽取的形式化定义如下所示。

定义 3 关系抽取（Relation Extraction，RE）：一个关系抽取任务可以表示为 T：$(x, h, t) \to y$，即给定一个句子 x，以及该句中的一对实体 (h, t)，得出两个实体之间的语义关系 y，其中 h 表示头实体（head），t 表示尾实体（tail）。

例如有一句话：“<e1>Beijing</el>is the capital of <e2>China</e2>.”，它通过一对 XML 标签标记实体“Beijing”和“China”。从该句子中，RE 模型可以输出一个三元组表示（Beijing，China，capital_ of），该表示表明实体“Beijing”和“China”之间的关系为“capital_ of”。

定义 4 小样本关系抽取（Few-Shot Relation Extraction，FSRE）：由 RE 的定义，可以将 FSRE 定义为给定关系集 $R=\{r_i, i=1, \cdots, N\}$ 和支持集 S，预测查询集 Q 中的实例 x_Q 的关系 y 的任务，其中类的数量 N 和实例的数量 K 通常是很小的。FSRE 必须从支持集中很少的几个实例中训练模型，然后再使用训练好的模型以预测任何给定查询实例的关系，此外，数据集中的每个实例都包含一个实体对 (h, t)。

（二）小样本学习算法综述

当前小样本学习算法主要有基于数据增强、基于元学习、基于迁移学习的方法以及混合型方法。基于数据增强的小样本学习算法旨在增大训练数据量以缓解过拟合，这类方法只能缓解而不能解决小样本问题，并且增强数据的质量难以保证；而基于迁移学习的算法利用从源域任务中提取的有用知识来解决目标任务，这类方法难以克服复杂的调试过程，且预训练模型的选择和更新的困难是迁移学习难以推广的重要阻碍。基于元学习的方法利用以往的经验知识来指导新任务的学习混合型方法，将不同的相关技术添加到元学习或迁移学习的思想框架中对算法性能进行提升，这两种算法是目前主流的小样本学习算法，并取得了较好的性能，在此对具有代表性的基于元学习的以及混合型小样本学习算法进行具体阐述。

1. 基于元学习的小样本学习算法

基于元学习的小样本学习算法主要分为基于度量的方法和基于优化的方法。基于度量的方法将输入数据映射到嵌入空间，然后通过嵌入空间的相似性度量来区分不同的类。Snell① 等人提出的原型网络（Prototypical Network，PN）将分类问题转化为嵌入空间中的最近邻问题，Sung② 等人提出的关系网络（Relation Network，RN）是一种典型基于度量的方法，该方法学会学习一种在少量样本下的深度距离度量标准，通过训练可以计算测试数据与每个新类别的几个实例之间的关系得分对新类别的数据进行分类，而无须进一步更新网络。但是基于度量的元学习方法学习一个嵌入空间，很容易导致过拟合问题。

Finn 等人③提出的模型无关的元学习算法 MAML 是非常经典的基于优化的元学习算法。完整的 MAML 算法框架如图 1-17 所示，MAML 可以考虑为一个由参数 θ 参数化的函数 f_θ 表示的模型，其中，任务分布为 P（T），当适应新任务 T_i 时，模型的参数 θ 使用任务 T_i 上的一个或多个梯度下降来计算更新的参数矢量 θ'_i，通过优化从 P（T）采样的任务相对于 θ 的 $f_{\theta'_i}$ 的性能来训练模型参数。

MAML 算法框架

步骤 1：随机初始化模型参数 θ；
步骤 2：从任务分布中采样一个批次的任务；
步骤 3：计算一个任务中每个实例的梯度；
步骤 4：根据梯度计算相对于每个任务更新后的参数 θ_i'；
步骤 5：重复步骤 3~步骤4，直到遍历完所有实例；
步骤 6：通过在每个任务上的更新后的模型性能来更新模型参数 θ；
步骤 7：重复步骤 3~步骤 6，直到遍历完所有任务。

图 1-17　MAML 算法框架示意

MAML 是非常重要的简单通用的元学习技术，该技术可以应用于任何问题和模型，但是 MAML 算法需要大量的类似的任务来进行元训练，代价非常高；反向传播导致 MAML

① Snell J，Swersky K，Zemel R S. Prototypical networks for few-shot learning［J］. arXiv preprint arXiv，2017：1703.

② Sung F，Yang Y，Zhang L，et al. Learning to compare：Relation network for few-shot learning［C］. Proceedings of the IEEE conference on compLiter vision and pattern recognition，2018：1199-1208.

③ Finn C，Abbeel P，Levine S. Model-agnostic meta-learning for fast adaptation of deep networks［C］. International Conference on Machine Learning. PMLR，2017：1126-1135.

算法训练过程存在梯度不稳定的问题；由于每个任务通常是由浅层神经网络进行建模，如果使用更深，更强大的体系结构就会出现过拟合的问题。而 MAML++算法是基于 MAML 改进的一种元学习框架，它针对 MAML 所存在的缺陷提出了一系列改进策略。MAML++算法改善了 MAML 的泛化误差，稳定和加快了 MAML 算法的训练过程，但是 MAML++仍然需要大量的任务进行训练且不适用于深度神经网络，容易出现过拟合问题。

为了克服元学习算法的过拟合问题，Oreshkin 等人①提出一种基于度量的元学习算法 TADAM，TADAM 算法通过辅助任务协同训练以根据特定任务调整特征提取器，使得度量空间与任务相关，在这种情况下的特征提取器具有良好的泛化能力。但是，任务相关的度量空间很容易受到噪声的影响；仅对相似性度量进行缩放会导致完全不同的参数更新机制；学习任务相关的度量空间比学习静态空间更具有挑战性。

基于元学习的小样本学习算法模拟人脑学习的过程，旨在学习模型参数的更新函数或规则，是非常简单易于实施的小样本学习算法，其缺点是选择性遗忘，在学习新任务后容易忘记学习到的关于旧任务的知识。

2. 混合型的小样本学习算法

TransMatch 是 Yu 等人②于 2020 年提出的一种新的混合型小样本学习算法，该算法将迁移学习与半监督学习相结合，以充分利用来自有标签的基类数据和无标签的新颖类数据的辅助信息。该框架包含三个组件：（1）对基于基类数据的特征提取器进行预训练；（2）使用特征提取器来初始化新颖类的分类器权重，具体而言，它通过权重压印的方法，利用 *N-way K-shot* 设置下实例的特征向量均值直接设置分类器权重，其中特征向量是通过模型从预训练阶段获得的；（3）进一步采用半监督学习方法对模型进行更新。TransMatch 将迁移学习与半监督学习相结合，有效利用了未标记的数据，尽管 TransMatch 取得了最新的性能，但是 TransMatch 采取微调的策略进行权重的迁移，微调策略所需要调试的参数量过大，容易产生过拟合；在典型的半监督学习中，标记图像的数量仍大于小样本学习，半监督方法的技术可能无法直接用于小样本学习，直接将半监督技术应用于小样本学习会导致精度降低。

相比于 TransMatch 微调策略所产生的大量需要更新的参数，2019 年，Sun 等人③提出一种元迁移小样本学习算法 MTL，该算法将迁移学习与元学习相结合，首先通过大规模数据上的预训练获得良好的初始权重，然后将其“冻结”（如图 1-18 所示下面部分），针对

---

① Oreshkin B N，Rodriguez P，Lacoste A. TADAM：Task dependent adaptive metric for improved few-shot learning［J］. Conference and Workshop on Neural Information Processing Systems，2018：719-729.

② Yu Z，Chen L，Cheng Z，et al. Transmatch：A transfer-learning scheme for semi-supervised few-shot learning［C］. Proceedings of the IEEE/CVF Conference on Computer Vision and Pattern Recognition，2020：12856-12864.

③ Sun Q，Liu Y，Chua T S，et al. Meta-transfer learning for few-shot learning［C］. Proceedings of the IEEE/CVF Conference on Computer Vision and Pattern Recognition，2019：403-412.

小样本学习场景利用元学习的两个轻量级神经元操作缩放与移位（Scaling and Shifting，SS）：给每个"冻结"的卷积核添加两个缩放与移位参数中 Φ_{S_1} 和 Φ_{S_2}（如图 1-18 所示上面部分），去适应新的小样本学习任务。SS 操作不仅大大降低了需要优化的参数的数量，在一定程度上也减少了过拟合的风险，而且所提出的一种困难任务（Hard Task，HT）再训练的方式，从训练精度较低的类中随机采样进行再训练，进一步提高了算法的性能。

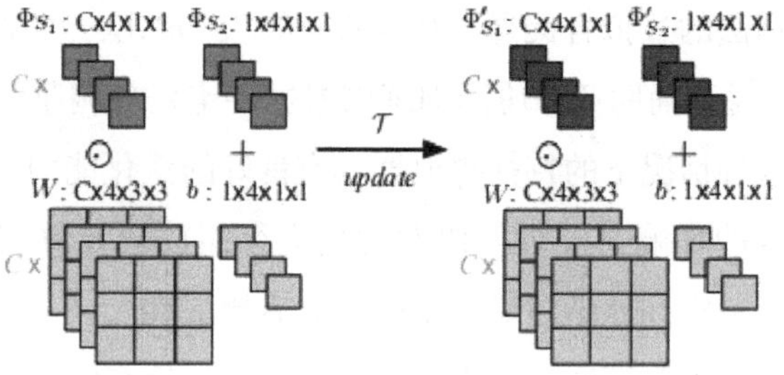

图 1-18　缩放和移位示意

如图 1-18 所示，针对 FSL 场景，模型不再需要更新所有参数（如图 1-18 所示下面部分），只需要更新添加的两个缩放与移位参数中 Φ_{S_1} 和 Φ_{S_2}。其中，SS 操作如式（1-20）所示：

$$SS(X;\ W,\ b;\ \Phi_{S_{\{1,\ 2\}}}) = (W \otimes \Phi_{S_1})X + (b + \Phi_{S_2}) \tag{1-20}$$

式（1-20）中，X 表示输入，$\otimes$ 表示逐元素相乘，Φ_{S_1} 和 Φ_{S_2} 分别表示缩放和移位参数。MTL 算法相比于 MAML 不再需要高代价的大量的类似的任务进行元训练，MTL 虽然减少了需要更新的参数量，但是对于小样本问题，需要更新的参数量还是太多，仍然不能完全解决过拟合问题；简单的大规模预训练缺乏对数据本身结构信息的挖掘，仍然依赖于大量类似任务的训练。

受 MAML 算法的启发，Lian 等人①提出了 T-NAS 算法，针对 FSL 场景，T-NAS 创新性地将元学习的思想与神经体系结构搜索相结合，提出了一种新颖的可迁移神经体系结构搜索方法。T-NAS 学习了一种元体系结构，该体系结构可以通过几个梯度步骤快速适应新任务，使得迁移的体系结构能适合于特定任务。T-NAS 算法在 FSL 场景下显示出与其他基准算法相当的性能，其参数量却大大低于最新的小样本学习算法。但是相对于目前最新的小样本学习算法，T-NAS 算法的精度不够高。

Mangla 等人②提出的 S2M2 算法将自监督与流形混合的方法引入小样本学习算法中，显著提高了小样本学习算法的性能。具体来说，S2M2 算法在训练过程中利用旋转等自监督任务添加自监督的损失，可以实现强大的语义特征学习，从而显著提高小样本分类算法

① Lian D，Zheng Y，XLi Y，et al. Towards fast adaptation of neLiral architectLires with meta learning［C］. Proceedings of the International Conference on Learning Representations，2020.

② Mangla P，Kumari N，Sinha A，et al. Charting the right manifold：Manifold mixup for few－shot learning［C］. Proceedings of the IEEE/CVF Winter Conference on Applications of Computer Vision.，2020：2218-2227.

的精度；流形混合的正则化技术增强了模型对数据分布微小变化的鲁棒性，显著提高了小样本学习任务的性能。

混合型算法能结合不同技术的优点而显著提升算法的性能，如何将不同技术应用于小样本学习是此类算法的难点，且不同的技术仍然存在其局限性与缺陷，充分利用不同技术的优点并且最大限度地降低其缺陷是此类算法未来的研究方向。

针对目前最新的关于小样本学习算法的算法类型，过拟合解决能力，是否引入辅助任务，是否提取不同尺寸特征这四个方面进行性能比较，如表 1-1 所示。

表 1-1 最相关小样本学习算法性能对比

算法名称	算法类型	过拟合解决能力	引入辅助任务	提取不同尺寸特征
RN	元学习	一般	否	否
MAML	元学习	一般	否	否
MAML++	元学习	一般	否	否
TADAM	元学习	较好	是	否
MTL	混合型	较好	否	否
TransMatch	混合型	一般	是	否
T-NAS	混合型	一般	否	否
S2M2	混合型	较好	是	否

表 1-1 展示了目前具有代表性的基于元学习和混合型的小样本学习算法，MAML 是非常经典的元学习算法，很多后来的工作都是基于 MAML 算法的思想。MAML++针对 MAML 算法的缺点进行进一步改进，但仍然没有解决过拟合等问题。过拟合是小样本学习算法目前面临的严重挑战，S2M2 和 TADAM 通过引入辅助任务，对模型过拟合问题有了一定的改进，MTL 将迁移学习与元学习相结合，是一个非常优秀的算法，但是在提取不同尺寸特征及添加辅助任务等方面仍然存在待改进的空间。从上述算法中可以发现，没有算法能够提取不同尺寸的特征，因此有效利用辅助任务，通过提取不同尺寸特征提升算法精度，解决小样本学习算法过拟合问题，是小样本学习算法的下一步研究目标。

（三）小样本关系抽取算法综述

语义信息的复杂性和多样性使传统的小样本学习算法难以直接应用于关系抽取领域。由于原型网络的简单性，目前大部分小样本学习算法都是基于原型网络的。基于原型网络的方法在嵌入空间通过计算实例间距离对句子关系进行分类。针对原型网络对于噪声的脆弱性，算法通过注意力机制降低噪声实例的权重，然而，基于原型网络的方法难以避免地产生原型偏差的问题，因此一些学者提出了新的方法以避免陷入原型偏差，如 Xie 等①提

① Xie Y, XLi H, Li J, et al. HeterogeneoLis graph neLiral networks for noisy few-shot relation classification [J]. Knowledge-Based Systems, 2020, 194: 105548.

出了一种异构图神经网络模型来解决小样本关系抽取问题，一种基于 MAML 框架所提出的小样本关系抽取算法 MIML 取得了最新的性能，以下对这些具有代表性的小样本关系抽取算法进行详细阐述。

Yang 等人①提出了一个带有关系和实体的文本描述的增强型原型网络 TD-Proto，具体地，该原型网络设计了一个协作注意模块，该模块利用关系描述突出句子的上下文特征信息，并提取描述实体关系的特定信息。为了充分利用外部信息，Yang 等人还采用了门机制将这两种表示形式进行动态融合。TD-Proto 引入外部信息以避免传统原型网络作出不可靠预测，但是这种方法没有考虑到噪声实例的影响，且难以避免地出现原型偏差的问题。

为了尽可能降低噪声实例的影响，Gao 等人②提出一种基于混合注意力的原型网络 HATT-Proto，该混合注意力机制包括两个模块：实例级别的注意力模块更加突出那些与查询实例相关的支持实例，特征级别的注意力模块旨在缓解特征的稀疏性问题。原始的原型网络将实例的平均向量作为该类的原型，由于 FSL 场景中缺乏支持数据，当含有噪声实例或一个实例包含多种语义时将导致巨大的原型偏差，因此 HATT-Proto 模型通过实例级别的注意力机制在支持集中选择更多的信息实例，并在训练过程中对实例进行去噪。距离函数的选择会显著影响原型网络的性能，而简单的欧几里得距离会遭受特征稀疏性的困扰，因此，对于一些特殊关系在特征空间的分类，某些维度会更具有区分性，针对不同的关系制定特定的距离函数，缓解了特征稀疏性的困扰。但是，HATT-Proto 算法仍然存在以下不足：只能降低噪声实例的比重从而降低噪声实例的影响，不能有效规避可能存在的噪声实例；相比于目前最新的成果，算法精度不够高。

虽然原型网络在深度有监督学习和小样本学习两个领域均具有更好的性能，但是，当新关系出现时，它仍然遭受不兼容的特征嵌入问题。为了解决这个问题，Ren 等人③提出了一种增量式的小样本关系抽取原型网络 BERT-IncreProtoNet，该网络分为两个阶段，第一阶段以监督学习的方式学习基本关系的特征嵌入空间，在第二阶段中提出具有新颖原型生成器的增量原型网络，通过比较查询实例与每个原型之间的距离进行分类。尽管 BERT-IncreProtoNet 可以有效地识别具有少量支持实例的新型关系，但是它取得的性能相对于目前最新的算法比较低。

---

① Yang K, Zheng N, Dai X, et al. Enhance Prototypical Network with Text Descriptions for Few-shot Relation Classification [C]. Proceedings of the 29th ACM International Conference on Information&Knowledge Management, 2020: 2273-2276.

② Gao T, Han X, Liu Z, et al. Hybrid attention-based prototypical networks for noisy few-shot relation classification [C]. Proceedings of the AAAI Conference on Artificial Intelligence, 2019, 33 (1): 6407-6414.

③ Ren H, Cai Y, Chen X, et al. A Two-phase Prototypical Network Model for Incremental Few-shot Relation Classification [C]. Proceedings of the 28th International Conference on Computational Linguistics, 2020: 1618-1629.

传统的原型网络独立计算查询实例的嵌入向量和每个支持集的原型向量，Ye 等人①提出的 MLMAN 算法是目前最先进的基于原型网络的小样本关系抽取网络模型。MLMAN 的特别之处在于它通过考虑实例级别的匹配信息以交互方式对查询实例和支持实例进行编码。MLMAN 设计了一种辅助损失函数，用于度量支持实例之间的一致性。具体而言，MLMAN 算法采用卷积神经网络对句子进行上下文重表示，然后采用注意力机制获得查询实例和支持实例之间的局部匹配信息然后进行聚合，得到每个实例的重表示；通过使用多层感知机（Multi-layer Perceptron，MLP）计算查询实例与支持实例之间的匹配信息，以匹配度为权重，对支持实例的重表示进行加权求和以获得类原型；最后通过 MLP 计算查询实例的重表示与类原型的匹配度从而获得查询实例的关系类型。MLMAN 取得了基于原型网络方法的最新性能，并通过匹配度获得了对查询实例有益的支持实例，但是 MLMAN 也具有局限性：原型网络对于噪声（不可靠实例）敏感，噪声实例会影响每个类别原型的计算，从而导致算法精度的下降。

基于原型网络的方法由于其局限性，难以避免地产生原型偏差问题，精度难以进一步提高。为了避免陷入原型偏差的问题，一些新的用于小样本关系抽取任务的网络模型被提出，Xie 等人②提出了一种新颖的异构图神经网络 HGNN 以对含有噪声的数据进行关系抽取，具体地，Xie 等人基于句子节点和实体节点构建异构图网络，并将关系分类任务转化为节点分类任务。句子节点可以将标签信息传递到其相邻的实体节点，并且实体节点可以充当句子和关系之间的桥梁。HGNN 可以从两种类型的节点中捕获丰富的邻域信息。此外，为了缓解小样本学习对过拟合和噪声数据的脆弱性，Xie 等人引入对抗学习来训练健壮的模型。HGNN 避免了原型偏差并对噪声问题提出了一定的解决策略，但是缺乏针对小样本场景下对查询实例有益的支持实例的选择。

受 MAML 等先进元学习思想启发，Dong 等人③于 2020 年提出一种最新的元信息引导元学习框架 MIML，其中类名的语义概念为元学习过程中参数的初始化以及参数的快速更新提供了有力的指导。模型能在实例信息和语义信息之间建立连接，从而实现更为有效的初始化和更快的适应性。MIML 学习可以有效地为每个类自定义初始化参数的元参数，并选择信息丰富的支持实例以进行快速适应，从而在查询集上产生良好的分类结果。MIML 算法通过类名的语义信息解决了元学习可解释性问题，并通过注意力机制学习一个动态的学习率，解决了实例不可靠的问题，但是 MIML 算法仍然存在以下问题：在无法有效扩充训练样本的情况

① Ye Z X，Ling Z H. Multi-Level Matching and Aggregation Network for Few-Shot Relation Classification［J］. Proceedings of the 57th Annual Meeting of the Association for Computational Linguistics，2019：2872-2881.

② Xie Y，XLi H，Li J，et al. HeterogeneoLis graph neLiral networks for noisy few-shot relation classification［J］. Knowledge-Based Systems，2020，194：105548.

③ Dong B，Yao Y，Xie R，et al. Meta-Information Guided Meta-Learning for Few-Shot Relation Classification［C］. Proceedings of the 28th International Conference on Computational Linguistics，2020：1594-1605.

下，MIML 忽略了对查询实例有益的支持实例的选择；类名信息的单一性可能导致的偏差，进一步导致对每个实例权重计算的偏差；无法规避可能存在的噪声实例的影响。

针对这些具有代表性的小样本关系抽取算法以及最经典的 MAML 算法，在关于算法类型、解决噪声问题、是否引入外部信息、是否选择有益支持实例、是否产生原型偏差等五个方面进行了性能比较（见表 1-2）。

表 1-2　最新小样本关系抽取算法性能分析及对比表

算法名称	算法类型	噪声	引入外部信息	选择有益实例	原型偏差
MAML	基于优化	一般	否	否	否
TD-Proto	原型网络	较差	是	否	是
BERT-IncreProtoNet	原型网络	一般	否	否	是
MLMAN	原型网络	一般	否	是	是
HATT-Proto	原型网络	较好	否	是	是
HGNN	图神经网络	一般	否	否	否
MIML	基于优化	较好	是	否	否

表 1-2 中展示了一些具有代表性的小样本学习算法，MAML 是最经典的基于优化的元学习框架；TD-Proto 引入外部信息以避免传统原型网络做出不可靠预测，HATT-Proto 是非常优秀的基于原型网络的方法，针对噪声问题有很好的解决能力；MLMAN 通过匹配信息选择对查询实例有益的支持实例取得了基于原型网络最新的性能；但是基于原型网络的方法难以避免地陷入原型偏差问题，MIML 针对噪声问题有较好的性能，但是缺乏针对有益实例的选择，并且由于过分依赖单一的类名信息，可能导致在实例权重计算上的偏差。对这些算法进行研究发现，这些方法都具有局限性，因此，有效利用外部信息，提出一种能够选择对查询实例有益的支持实例且不产生原型偏差的高效的小样本关系抽取算法是解决问题的关键。

二、零样本学习算法相关理论基础

（一）零样本学习

1. 基本概念及任务类别

零样本学习任务相关概念定义如下，令 $S=\{a_i^S \mid i=1, 2, \cdots, N_S\}$ 表示可见类的集合，其中每一个 a_i^S 表示一个可见类，令 $U=\{a_i^u \mid i=1, 2, \cdots, N_u\}$ 表示不可见类的集合，其中每一个 a_i^u 是一个不可见类，令 X 表示特征空间，取 P 维实空间，令 $X^{tr}=\{x_i^{tr} \in X\}_{i=1}^{N^{tr}}$ 表示训练实例的集合，$Y^{tr}=\{y_i^{tr} \in U\}_{i=1}^{N^{tr}}$ 表示其相应的类别标签，则 $D^{tr}=\{(x_i^{tr}, y_i^{tr}) \in X \times S\}_{i=1}^{N^{tr}}$ 表示训练集，其中对于每一个实例—标签对 (x_i^{tr}, y_i^{tr})，x_i^{tr} 是特征

空间中的实例，y_i^{tr} 是对应的类别标签，$X^{te}=\{x_i^{tr}\in X\}_{i=1}^{N^{te}}$ 表示测试实例的集合，$Y^{te}=\{y_i^{tr}\in U\}_{i=1}^{N^{te}}$ 表示相应的类别标签，即测试实例需要被预测的类别。

依据在训练过程中是否使用了无标记的 X^{te}，零样本学习分为归纳式零样本学习（Inductive Zero- Shot Learning）（未使用 X^{te}）和直推式零样本学习（Transductive Zero-Shot Learning）（使用了 X^{te}）。

零样本学习分为两种分类任务，若测试集为 $D^{te}=\{(x_i^{te},\ y_i^{te})\in X\times U\}_{i=1}^{N^{te}}$ 即在测试过程中测试类别仅包含可见类，此时为零样本学习（Zero-Shot Learning）。若测试集 $D^{te}=\{(x_i^{te},\ y_i^{te})\in X\times(S+U)\}_{i=1}^{N^{te}}$ 即在测试过程中测试类别同时包含可见类与不可见类，此时为广义零样本学习（General Zero-Shot Learning）。

2. 零样本学习常见数据集

（1）AWA2 数据集。Animals with Attributes 2（AWA2）数据集包含了 50 种不同种类的动物，每种动物都至少有 2 个属性，共有 30475 张图片。这个数据集非常适合用于零样本学习的研究，因为它包含了大量的动物属性信息，可以用于学习和推断动物的属性。此外，AWA 数据集也提供了多个动物的图像，可以用于研究动物识别的复杂性。

（2）ImageNet 数据集。ImageNet 数据集是一个非常大的图像数据集，包含了超过 1400 万张图片和超过 1 万个类别。这个数据集在计算机视觉领域被广泛使用，其中也包括了零样本学习。每个类别都有至少 50 张图像，并且每个类别都有一个唯一的 WordNet ID，在零样本学习中，ImageNet 被用来评估模型在新类别上的泛化能力。零样本学习模型需要从已知类别的图像中学习一些共享特征，并且使用这些特征来泛化到新的、未知的类别。在 ImageNet 中，新的类别可以是从 WordNet 中选择的任意一个类别，需要满足以下条件：这个类别在 ImageNet 中没有出现过，但这个类别的定义与已知类别有某种程度的联系。

（3）CUB-200 数据集。Caltech-UCSD Birds-200-2011（CUB-200）是一个用于鸟类识别的数据集，其中包含了 200 种鸟类，共有 11788 张图片。每个物种有大约 60 张图像，其中 30 张被标记为训练图像，30 张被标记为测试图像。这个数据集非常适合用于零样本学习的研究，因为它包含了大量的鸟类属性信息，可以用于学习和推断鸟类的属性。此外，CUB-200 也提供了鸟类的图像和部分遮挡的图像，可以用于研究鸟类识别的复杂性。

（4）SUN 数据集。SUN（Scene Understanding）数据集是一个用于场景识别和分析的数据集，其中包含了 908 种不同的室内和室外场景类别，共有 14340 张图片。这个数据集非常适合用于零样本学习的研究，因为它包含了大量的场景属性信息，可以用于学习和推断场景的属性。此外，SUN 数据集也提供了多个室内和室外场景的图像，可以用于研究场景识别的复杂性。

3. 评价指标

（1）Top-k 准确率（Top-k Accuracy）。在这种评价指标中，我们的模型会给每个测试样本分配一个得分，然后我们将得分最高的前 k 个预测类别与真实类别进行比较。如果真实类别在前 k 个预测类别之中，则认为该测试样本被正确预测。该指标通常使用在图像分类任务中，可以通过计算测试集中所有样本的 Top-k 准确率来评估模型的性能。

（2）MCA（Mean Class Top-1 Accuracy）。在零样本学习中，MCA 是一种常用的指标，若仅仅通过整体准确率来评估模型性则容易忽略一些类别较少的分类。因此，在评估每个类别的准确率之后，对所有类别的准确率取平均，这就是平均每类 Top-1 准确率。

（3）HMA（Harmonic Mean Accuracy）。在广义零样本学习任务（GZSL）中，评估时的搜索空间不仅包含不可见类还包含有可见类别，在这种情况下可使用 HMA 对模型进行性能评估，其在计算训练类别和测试类别的平均每类 Top-1 准确率之后，使用它们的调和平均数来综合评估模型性能，具体计算如式（1-21）所示：

$$H=(2MCA_u \times MCA_S)/(MCA_u+MCA_S) \tag{1-21}$$

（二）知识图谱

知识图谱是一种基于图的数据结构，由节点和边组成，每个节点表示一个“实体”，每条边为实体与实体之间的“关系”，知识图谱本质上是一种语义网络，基于以上描述，我们可以将知识图谱定义为：

$$Y=\{\varepsilon, R, F\} \tag{1-22}$$

其中，ε，R，F 分别代表着实体、关系，以及事实，而一条事实则被表示为一个三元组：

$$(h, r, t) \in F \tag{1-23}$$

其中，h，r，t 分别代表着一条事实中的头实体、关系与尾实体。

（三）深度神经网络

1. 图神经网络

图神经网络（Graph Neural Network，GNN）的核心思想是将图结构数据表示成低维向量空间，这样就可以利用深度学习的方法进行训练和预测。GNN 采用一种迭代的方式，将节点的邻居节点的信息聚合到该节点的表示向量中，同时利用该节点自身的信息更新该节点的表示向量。这种迭代的过程可以看作一种信息传递和信息聚合的过程，类似于消息传递算法（Message Passing Algorithms）。GNN 的基本框架包括三个部分：输入表示、聚合函数和输出函数。输入表示是将原始的图结构数据表示成低维向量空间，常用的方法包括节点的 one-hot 编码、节点的度数、节点的属性等。聚合函数是将节点的邻居节点的表示向量聚合成一个新的向量，常用的方法包括加权平均、最大池化、门控循环单元（Gated Recurrent Unit，GRU）等。输出函数是将节点的表示向量映射到标签空间或者将整个图的表示向量映射到标签空间，常用的方法包括全连接层、池化层等。GNN 可以分为两类：基于图卷积网络（Graph Convolutional Networks，GCN）和基于图注意力网络（Graph

Attention Networks，GAT）。GCN 是最早提出的一种 GNN，其核心思想是通过卷积操作对节点进行聚合，类似于 CNN 中的卷积操作。GCN 的聚合函数通常采用邻接矩阵对节点的邻居节点进行加权平均，可以表示为：

$$H^{(l+1)} = \sigma\left(\tilde{D}^{-\frac{1}{2}}\tilde{A}\tilde{D}^{-\frac{1}{2}}H^{(l)}W^{(l)}\right) \tag{1-24}$$

式（1-24）中，$\tilde{A} = A+I$，I 是单位矩阵，$\tilde{D}$ 是 $\tilde{A}$ 的度矩阵（degreematrix），$H^{(l)}$ 是图卷积神经网络中第 1 层的特征值，σ 代表着非线性激活函数，则对图中的任一节点，其卷积算子可以表示为：

$$h_i^{l+1} = \sigma\left(\sum_{j \in N_i} \frac{1}{c_{ij}} h_j^l w_{R_j}^l\right) \tag{1-25}$$

式（1-25）中，h_j^l 表示节点 i 在第 1 层的特征表达，c_{ij} 为归一化因子，比如取节点度的倒数，N_i 表示节点 i 的邻居，包括其自身，R_j 表示节点 i 的类型，$w_{R_j}^l$ 表示 R_j 类型节点的变换权重参数。

GAT 是一种基于注意力机制的 GNN，其核心思想是将每个节点的邻居节点的表示向量进行加权，然后将加权的结果进行聚合。GAT 通过计算节点与邻居节点之间的注意力系数，对不同邻居节点的表示向量进行不同程度的加权，从而得到该节点的新的表示向量。GAT 的聚合函数可以表示为：

$$h'_i = \sigma\left(\sum_{v_j \in \tilde{N}(v_i)} \alpha_{ij} W h_j\right) \tag{1-26}$$

即遍历 i 所有的邻居节点，将其邻居节点的特征加权求和后进行非线性激活，这里 α_{ij} 代表注意力权重系数，其计算公式为：

$$\alpha_{ij} = \frac{\exp(LeakyReLU(a^T[Wh_i \,||\, Wh_j]))}{\sum_{k \in N_i} \exp(LeakyReLU(a^T[Wh_i \,||\, Wh_k]))} \tag{1-27}$$

该注意力机制为一个单层的前馈神经网络，并且加入了 LeakyRelu 的非线性激活函数，|| 代表着拼接操作。容易看出，一般 GCN 只能处理节点间的单一关系，即相邻或不相邻，但现实中的情况往往更为复杂，节点之间可能有多种连接关系。为处理这种情况，对 GCN 做一些小小的改动，便产生了能处理多种关系的 rGCN 单层 rGCN 的运算方式如下：

$$h_i^{l+1} = \sigma\left(\frac{1}{|R|}\sum_{r \in R}\sum_{j \in N(i,\, r)} \tilde{a}_{ij,\, r} h_j^l W^{l,\, r}\right) \tag{1-28}$$

式（1-26）中，R 为关系集合，对于每种关系 r，都能产生与之对应的标准化邻接矩阵，除了 GCN 和 GAT 等，还有很多其他的 GNN 模型，如 GraphSAGE、GraRep、Gated Graph Neural Networks（GGNN）等。这些模型在聚合函数和更新函数等方面有所不同，但基本的思想都是将节点的邻居节点的信息聚合到该节点的表示向量中，并利用该节点自身的信息更新该节点的表示向量。

2. Performer

Performer 是一种新型的自注意力机制，是对传统 Transformer 模型的一种改进。在自然语言处理和计算机视觉领域，自注意力机制已经被证明是一种非常有效的方法，它能够捕捉序列中不同部分之间的依赖关系。然而，在处理长序列数据时，自注意力机制的计算复杂度会随着序列长度的增加而增加，这会给模型的训练和推理带来极大的挑战，Performer 的出现便是为了解决这个问题。Performer 的主要特点是引入了低秩矩阵近似计算，这样可以大大降低原始 Transformer 模型中自注意力机制的计算复杂度。在传统 Transformer 中，自注意力机制的计算复杂度为 $O(n^2)$，其中 n 是序列长度。这使得在处理较长的序列数据时，模型的计算成本会变得非常高昂，训练和推理时间会大大延长。但是，在 Performer 中则将注意力机制的复杂度线性化，这使得 Performer 在处理长序列数据时比传统 Transformer 更加高效。

具体来说，Performer 的自注意力机制中引入了一种叫作 FAVOR+的算法，它可以将自注意力机制中的点积注意力变换为基于低秩矩阵的注意力。这种基于低秩矩阵的注意力可以被看作一种近似方法，它可以在保持较高精度的同时，大幅度降低计算复杂度。并且，Performer 还将注意力矩阵分解为两个较小的矩阵，这样可以进一步降低计算复杂度，同时减少模型的存储空间。除了低秩矩阵近似计算，Performer 还采用了减少重复计算和提前对注意力矩阵进行归一化的优化策略，以进一步提高计算效率和模型精度。具体来说，Performer 使用了一种类似于卷积的思想，将输入序列划分为多个块，每个块之间可以共享计算结果，从而减少重复计算。此外，Performer 在计算注意力矩阵时提前对其进行了归一化处理，这样可以避免注意力矩阵中出现过小或过大的值，从而提高模型的训练和推理稳定性。

Performer 不仅在自然语言处理领域取得了很好的效果，在计算机视觉领域也得到了广泛的应用。例如，在图像分类任务中，Performer 可以将图像的像素点看作序列数据，通过自注意力机制学习到不同像素点之间的依赖关系，从而提高图像分类的准确率。此外，Performer 在处理时间序列数据、图像生成、语音识别等任务中也能取得较好的效果。

总的来说，Performer 是一种有效的自注意力机制改进算法，它通过引入低秩矩阵近似计算、减少重复计算和提前对注意力矩阵进行归一化等优化策略，大大降低了自注意力机制的计算复杂度，从而在处理长序列数据时比传统 Transformer 更加高效。Performer 在自然语言处理和计算机视觉领域都有广泛的应用，取得了较好的效果，是当前学术界和工业界关注和研究的热点之一。

第三节 小样本/零样本识别算法概述

一、小样本识别算法基础理论

在此，首先给出了小样本图像识别的形式化定义，并以 5-*way* 1-*shot* 的场景举例阐述小样本学习任务模式；然后对目前比较经典的四种基于度量学习的小样本图像识别方法进行了介绍，从而为后续研究改进奠定基础。

（一）小样本图像识别定义

小样本图像识别是指在训练时通过较少量样本学习通用的任务表达，以便在测试时可以将识别能力快速泛化到新的类别。最终实现在面临具体应用场景时，通过极其有限数量的支持集样本引导（通常不超过 5 个），对未见过的新类别图像实现准确快速的分类。

更为严谨的定义是，给定一组标记好的图集 S = $\{(x_1, y_1), (x_2, y_2), \cdots, (x_i, y_i)\}$，其中 $x_i \in R^{d \times w \times h}$ 是图像特征，$y_i \in C$ 是样本标签，人为将 S 划分为基类 S_b 和新类 S_n，二者关系为 $S_b \cap S_n = \phi$，$S_b \cup S_n = S$，即基类数据与新类数据的类别不交叉，基类是为了让模型具备学习的能力，这种能力的检验最终需要体现到新类任务的表现中。对于基类数据和新类数据分别存在支持集 S^S（Support Set）和查询集 S^q（Query Set）。目的是通过 S_b 的训练使得模型具有在 S_n 中的泛化能力，即每一次任务 T 中，通过支撑集 S_n^S 的引导能将 S_n^q 划分到正确的类别中。

为了衡量模型的泛化能力，通常会定义一个 *K-way N-shot* 的任务（也存在 *K-way N-shot* 的表述），但是 *way*（类别）和 *shot*（样本）具有实际意义，K 和 N 并无实际意义，后续将保持 *K-way N-shot* 的统一约定。这一任务是指：在新类下，每次任务会随机抽取 K 个类别，每个类别只提供 N 个带标签的样本作为支持集，然后对新出现的未知标签查询集样本进行分类计算准确率。当 N = 1 时就是单样本学习，即支持集每个类别只提供一个带标签的样本用于学习，5-*way* 1-*shot* 的任务信息如图 1-19 所示。

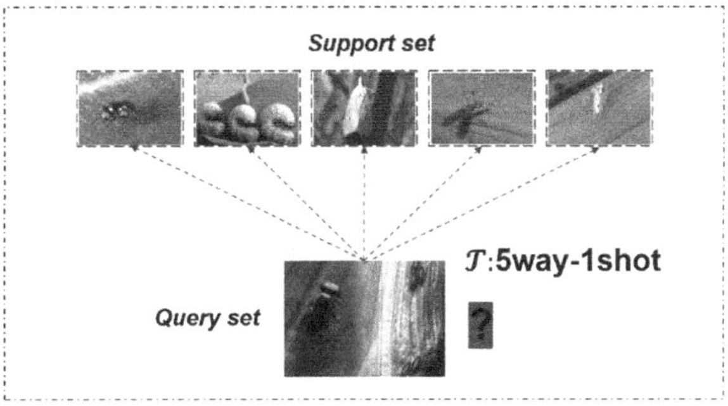

图 1-19 小样本学习任务示意

（二）基于度量学习的小样本图像识别算法

1. 匹配网络

匹配网络（Matching Networks）的思想是在给定支持集样本的情况下，假设有一个新的测试样本 $\hat{x}$，需要分别求出 $\hat{x}$ 属于 y_i 的概率，最后将所有结果归一化后的最大数概率 P_{max} 所属的类别 i 作为最终预测类别，计算过程如图 1-20 所示。

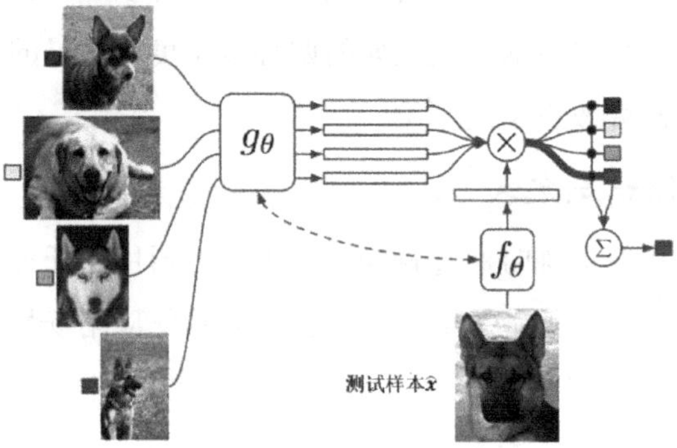

图 1-20　匹配网络模型结构

其具体的计算过程主要分为三个步骤：（1）将用于训练的任务参数从不同的输入视觉特征中进行抽取；（2）使用定义度量学习的损失函数，对表示实例之间距离的参数进行优化；（3）使用这些参数给待区分实例分配恰当的标签类别，模型目标一般表示为式（1-29），其表示待查询样本与每一个支持集样本的组合概率。

$$P(\hat{y} \mid \hat{x}, S) = \sum_{i=1}^{k} a(\hat{x}, x_i) y_i \tag{1-29}$$

式（1-29）中，S 表示 $\hat{x}$ 与支持集类别计算组合概率，对于支持集的每一个类别都需要分别求出概率；a 是网络训练的目标，其一般表达为式（1-30），作为目标函数，输出结果需要和类别标签直接相关，概率关联越大，输出结果越大，除式含义为最终对所有的类别做归一化处理。

$$a(\hat{x}, x_i) = e^{d(f(\hat{x}), g(x_i))} / \sum_{j=1}^{k} e^{d(f(\hat{x}), g(x_j))} \tag{1-30}$$

式（1-30）中，k 为类别数，d 表示查询集与支持集的距离度量，通常采用余弦相似度作为度量，f（·）和 g（·）为网络嵌入模型，目的是将查询集和支持集映射到不同的特征空间，在特征空间中，模型输出类别关联概率，最大的关联类别即为分类结果。

2. 原型网络

原型网络（Prototypical Networks）关注样本的整体分布关系，其假定每个类别存在一个类别原型嵌入，使得多个点围绕每个类别的单个原型嵌入进行聚类，因此原型网络可以通过计算每个待检测样本与原型嵌入的距离来实现分类。如图 1-21 所示，对于待分类样本 x，分别计算其到三个类别原型 C_1，C_2，C_3 之间的距离，以最短空间距离作为最终分类结果。

原型网络主要由四个模块组成：（1）用于从查询集中提取特征的特征提取器；（2）用于从支持集中提取特征构建原型嵌入的原型构建器；（3）用于将查询样本与支持集中的原型样本进行比较以测量相似性的比较器；（4）用于根据对给定查询相似性测量结果预测查询样本类别的结果预测器。

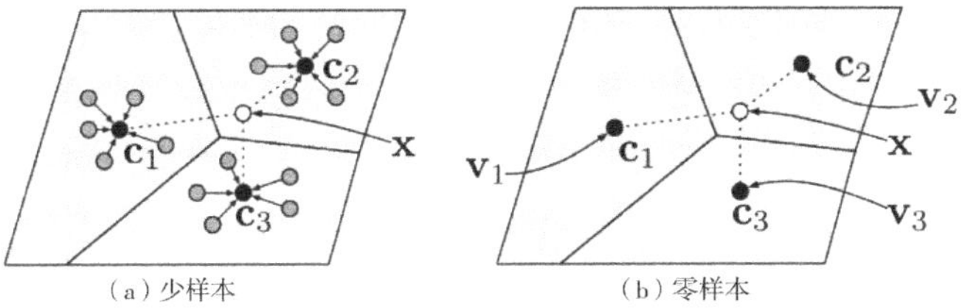

图 1-21 原型网络模型结构

在训练时先通过 Embedding 函数 f_ϕ 将数据映射到特征空间，然后将向量化均值作为每一类的原型空间。形式化表示为式（1-31）：

$$c_k = \frac{1}{|S_k|}\sum_{(x_i,\ y_i)\in S_k} f_\phi(x_i) \tag{1-31}$$

式（1-31）中，c_k 为每一类别的原型，f_ϕ 作为嵌入模型，目的是将图像转化到特征空间，增强计算效率。在测试时将查询集数据与每个类别原型的距离经 Softmax 处理后得到所属类别，即式（1-32）所示：

$$p_\varphi(y = k \mid \hat{x}) = \frac{\exp(-d(f_\varphi(\hat{x}),\ c_k))}{\sum_{k}{}'\exp(-d(f_\varphi(\hat{x}),\ c_k'))} \tag{1-32}$$

式（1-32）中，d 是距离度量函数，用于衡量查询集与类别原型之间的距离，可以灵活采用不同的度量方法，如采用欧几里得距离和余弦距离实现度量。

3. 关系网络

关系网络（Relation Networks）利用了神经网络中的一个关键思想：学习表示和学习比较是相互依存的，与之前方法不同的是，关系网络不仅学习如何表示输入样本，还学习如何比较不同样本之间的关系，将样本之间的距离度量转化为可以训练和学习的深度神经网络，从而在小样本情况下实现更有效的分类，如图 1-22 所示。

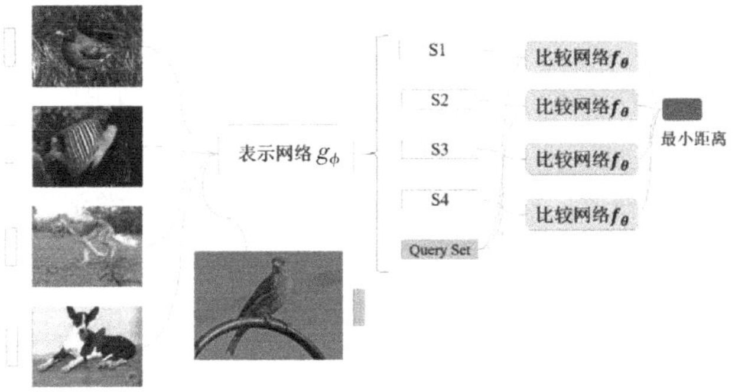

图 1-22 关系网络模型结构

关系网络的核心是从小样本中学习出如何比较不同样本之间的关系，主要构成为两类嵌入网络。其一是表示网络 g_ϕ，用于学习每个样本的表示；其二是比较网络 f_θ，用于学习如何比较不同样本之间的关系。表示网络将输入样本 x_i 转换成一个向量表示 $g_\phi(x_i)$，比较网络将两个向量表示拼接在一起，输入一个全连接神经网络中，产生一个比较得分 $f_\theta(g_\phi(x_i), g_\phi(x_j))$，表示样本 x_i 和样本 x_j 之间的相似度。

具体地，对于一个小样本分类任务，给定一个支持集 S 和一个查询集 Q，其目标是根据支持集中的样本的引导以实现对查询集样本的正确分类，首先，对于支持集和查询集中的每个样本 x_i、x_j，表示网络将其转换为向量表示 $g_\phi(x_i)$、$g_\phi(x_j)$。然后，比较网络将所有支持集样本的向量表示和查询集中的每个样本的向量表示拼接在一起，得到 N 个得分 $f_\theta(g_\phi(x_i), g_\phi(x_j))$，其中 N 是支持集样本的数量，最后，将这 N 个得分输入一个全连接神经网络中，用于预测每个查询集样本的类别。

其次，关系网络在计算损失函数时，将为关系得分器 $r_{i,j}$ 回归到真实值，其取值结果根据匹配性与否只有 0 和 1 两种状况，然后使用均方误差（MSE）作为损失函数来衡量预测效果，并通过最小化损失函数来训练模型。表达式如式（1-33）所示，选择 MSE 作为损失函数的原因是，虽然最终结果预测属于分类问题的范畴，但在概念上却是在预测关系得分，所以可以被归属为回归问题范畴。

$$\varphi, \varphi \leftarrow \operatorname{argmin}_{\varphi, \varphi'} \frac{1}{m} \sum_{i=1}^{n} \sum_{j=1}^{r_i} (r_{i,j} - 1(y_i = y_j))^2 \tag{1-33}$$

式（1-33）中，φ 和 φ' 是模型的参数，m 是样本数量，n 是类别数量，$r_{i,j}$ 表示第 i 个类别中第 j 个样本，与其他样本之间的关系得分，y_i 和 y_j 则分别表示对应样本 i 和样本 j 的类别属性。

4. 图神经网络

图神经网络（Graph Neural Networks，GNN）的方法则是通过将标签信息通过图卷积传播到无标签的样本上实现图像分类。GNN 在对小样本分类问题进行建模时，将每个类别看作图中的节点，使用节点之间的边来表示类别之间的相似度。具体来说，每个节点都会将其邻居节点的信息聚合到自己的表示中，并将其用于预测该节点的类别标签，这个过程会迭代多次，直到所有节点都收敛为止。在这个过程中，支持集样本的标签信息会通过消息传递，逐渐传播到未标记的查询集图像上，从而使得查询集图像可以被正确地分类。在测试时，GNN 模型会对查询图像的特征向量进行处理，并输出一个概率分布，表示该图像属于每个可能类别的概率，然后，选择具有最高概率值的类别作为查询图像的类别标签，具体过程如图 1-23 所示。

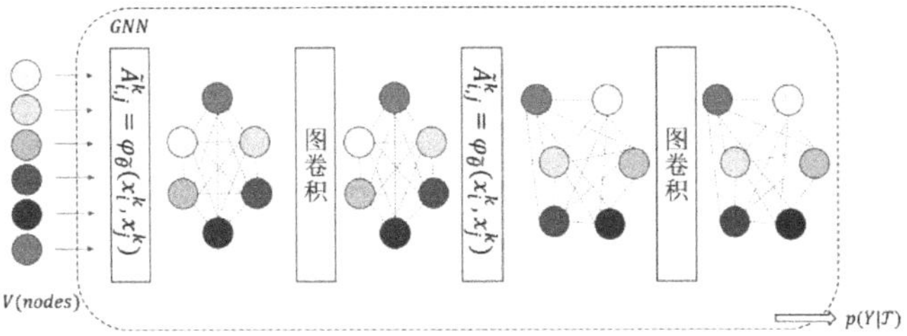

图 1-23 图神经网络模型结构

图神经网络具体的训练过程由 5 个步骤构成：（1）输入图像和标签，结合 one-hot 编码将其转化为图神经网络的初始节点；（2）两两计算样本差值绝对值后构造图邻接矩阵；（3）聚合同一类别节点的内部信息来传播标签信息；（4）计算每个无标签查询图像与其他节点之间的相似度，并将相似度作为消息传递给其他节点；（5）最终，每个无标签查询图像都会被分配到一个类别，并输出其类别概率。具体地，首先按照式（1-34）构造图神经网络初始节点：

$$x_i^{(0)} = (f_{\varphi}(x_i),\ h(l_i)) \tag{1-34}$$

式（1-34）中，$f_{\varphi}(x_i)$ 是样本在特征空间中的向量表示，$h(l_i)$ 是标签的 One-Hot 向量，两者拼接作为图的初始节点。其次，获得图的邻接矩阵的方式如式（1-35）所示：

$$\tilde{A}_{i,\ j}^{(k)} = \mathrm{MLP}_{\tilde{\theta}}\ abs(x_i^{(k)} - x_j^{(k)})\square \tag{1-35}$$

然后，将节点 i 和 j 的绝对值之差叠加多层感知器作为图的邻接矩阵，MLP 表示多层感知机，$\tilde{\theta}$ 是可以学习的参数；最后，获得整体图模型后通过式（1-36）进行消息传播：

$$x_l^{(k+1)} = \rho(\sum Bx^{(k)}\theta_{B,\ l}^{(k)}) \tag{1-36}$$

式（1-36）中，B 表示邻接矩阵的集合，$\theta_{B,\ l}^{(k)}$ 是可以训练的参数，它可以获得当前层节点和其邻接矩阵的顶点并更新为下一层的顶点，$\rho(\cdot)$ 是为了提高泛化能力引进的激活函数。通过以上方法经过多次迭代可以将标签信息传播至无标签样本最终实现分类。

二、零样本识别算法相关技术

在此，对所提到的相关技术进行详细的解释。首先介绍了卷积神经网络，包括二维卷积、三维卷积、激活函数和池化，然后介绍了用于提取深度视频特征的 I3D 网络，接着又对 GloVe 词向量模型进行了介绍。

（一）卷积神经网络

卷积神经网络（Convolutional Neural Networks，CNN）是一种具有深度结构的神经网络，并以其优异的特征提取能力被广泛用在与图像和视频相关的各类应用中。到目前为止，学者们已经提出了许多结构复杂的卷积神经网络，甚至有些网络的深度达到了上百层。卷积神经网络主要由卷积层、激活函数和池化层构成，如图 1-24 所示。其中，卷积层的作用是对输入样本进行特征提取，根据卷积类型，一般可以分为二维卷积和三维卷积。激活函数的作用是增强 CNN 的表达能力。池化层的作用是压缩特征，提高特征中信息量的密度。

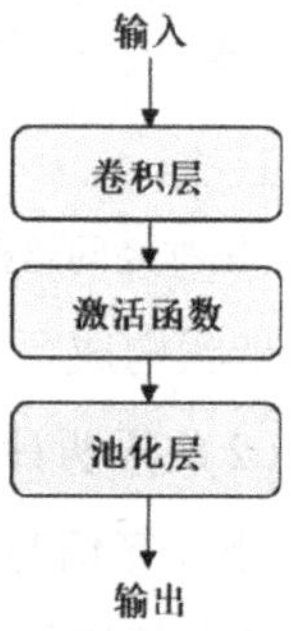

图 1-24　卷积神经网络基本组成结构

1. 二维卷积

二维卷积可以很好地提取局部特征，所以一般被用于提取图像特征。假设待处理的输入图像为 I，二维卷积核为 G_1，卷积后生成的特征图为 O_1，I 的大小为（h，w，c），其中的 h、w 和 c 分别对应图像的长、宽和通道数。灰度图像的通道数为 1；彩色图像的通道数为 3，分别对应 RGB 三个通道。在卷积过程中，二维卷积核 G_1 从图像 I 的左上方开始，按照从左到右、从上到下的顺序滑动，当 G_1 滑动到 I 的某一位置时，G_1 与该位置 I 的像素块进行逐元素相乘再相加，得到的结果为 I 在此位置的特征值。例如，使用滑动步长为 1 的卷积核对通道数为 1 的灰度图像 I 进行卷积运算的公式为：

$$O_1(a,\ b) = \sum_i \sum_j G_1(i,\ j)I(a + i - 1,\ b + j - 1) \tag{1-37}$$

式（1-37）中，a 和 b 对应输出特征图的横纵坐标，i 和 j 对应卷积核 G_1 的横纵坐标。为了更生动形象地理解二维卷积过程，给出了一个具体的例子，如图 1-25 所示。图像 I 为 3×3 的灰度图，二维卷积核的尺寸大小为 2×2，按照式（1-37）的计算方式可得到大小为 2×2 的输出特征图。

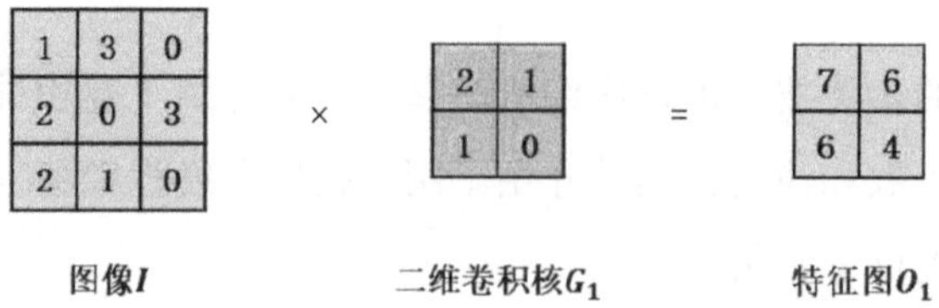

图 1-25　二维卷积示意

2. 三维卷积

三维卷积是在二维卷积的基础上改变而来，能够提取输入数据的时序特征，被广泛应用在视频分类、行为识别、步态识别等视频任务领域。一般而言，视频的大小为（h，w，c，t），其中 h 和 w 分别代表视频序列中每一帧图像的长和宽的大小。c 为视频的通道数，彩色视频的通道数为 3，灰度视频的通道数为 1。t 对应视频序列的长度。三维卷积核不仅要对图像帧取滑动窗口，还要在 t 的维度上取滑动窗口。例如，使用滑动步长为 1 的三维卷积核 G_2 对通道数为 1 的视频 X 进行卷积操作的计算公式为：

$$O_2(a,\ b,\ d) = \sum_i \sum_j \sum_l G_2(i,\ j,\ l)X)(a+i-1,\ b+j-1,\ 1,\ d+l-1) \tag{1-38}$$

式（1-38）中，O_2 为含有时空信息的输出特征图，$(a,\ b,\ d)$ 对应特征图的位置坐标，$(i,\ j,\ l)$ 对应三维卷积核 G_2 的位置坐标。为了更生动形象地理解三维卷积过程，如图 1-26 所示描述了一个具体的例子。如图 1-26 所示，输入视频的尺寸大小为 3×3×4，卷积核的尺寸大小为 2×2×2，经过三维卷积操作后，输出特征的尺寸大小为 2×2×3。

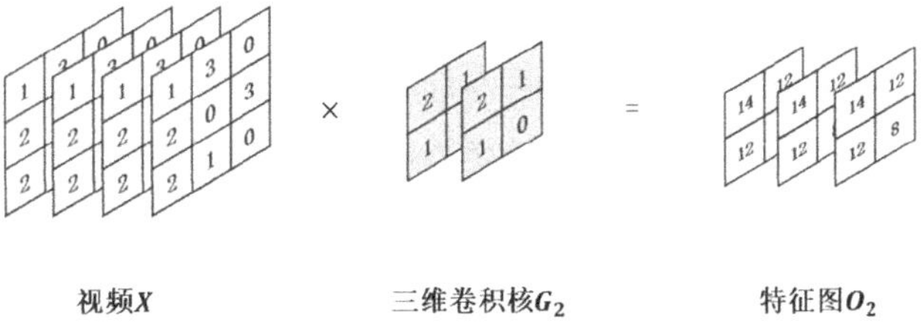

图 1-26 三维卷积示意

3. 激活函数

卷积神经网络的基本运算是线性运算，现如今，线性方程的运算和求解借助计算机可以高效地进行。然而，只有线性运算的卷积神经网络无法对分布复杂的数据进行很好的拟合。对此，研究者们采用对线性运算的结果进行非线性运算的方法来解决这个问题。进行这类非线性运算的函数被称为激活函数。激活函数可以提高卷积神经网络的表达能力，还可以在网络的反向传播过程中减小运算误差。在此，主要介绍 Sigmoid、Tanh、ReLU、LeakyReLU 和 ELU 等激活函数。

（1）Sigmoid 函数。Sigmoid 函数是一个有着优美 S 形曲线的数学函数，在逻辑回归、神经网络中有着广泛的应用。Sigmoid 函数的数学形式为：

$$f(x) = \frac{1}{1+e^{-x}} \tag{1-39}$$

从式（1-39）可以看出，当 x 接近$-\infty$ 时，Sigmoid 函数值接近 0；当 x 接近$+\infty$ 时，Sigmoid 函数值接近 1；x 等于 0 时，Sigmoid 函数值等于 0.5。如图 1-27 所示，该函数具有非常好的对称性，且值域为（0，1）。x 从$-\infty$ 到 0，函数的梯度逐渐变大，从 0 到$+\infty$，梯度逐渐变小。当输入的变量值不在-6 到 6 的区间变化，函数值的变化就会不敏感。Sigmoid 函数有便于求导、适用于前向传播、能够压缩数据以保障数据幅度不会有问题等优点。但该函数也有一定的缺点，例如输出不是零均值、容易出现梯度消失的问题、幂运算相对耗时等。

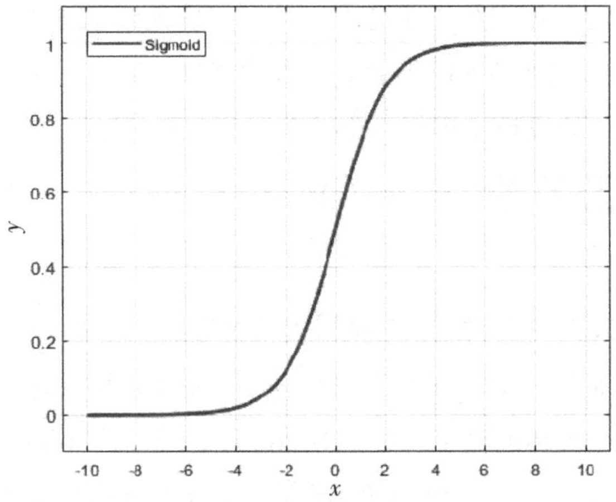

图 1-27　Sigmoid 函数

（2）Tanh 函数。Tanh 函数的全名叫作双曲正切函数，在计算上等于双曲正弦与双曲余弦的比值，如图 1-28 所示。可以看出该函数的阈值范围为-1 到 1，在形态上比 Sigmoid 函数陡峭。Tanh 函数解决了上述 Sigmoid 函数输出不是零均值的问题。并且 Tanh 函数的梯度取值范围在 0 到 1 之间，优于 Sigmoid 函数的 0 到 0.25，一定程度上缓解了梯度消失的问题。另外，有研究证明使用 Tanh 函数的网络比使用 Sigmoid 函数的网络训练速度快。Tanh 函数的数学形式为：

$$f(x)=\frac{e^{x}-e^{-x}}{e^{x}+e^{-x}} \tag{1-40}$$

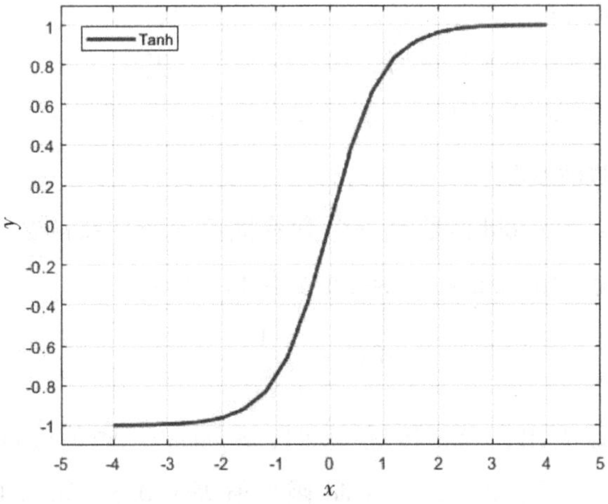

图 1-28　Tanh 函数

（3）ReLU 函数。ReLU 函数是分段函数，数学公式见式（1-41）。ReLU 函数将输入的负值全部变成 0，而对输入的非负值保持不变，这种操作被称为单侧抑制。将 ReLU 函数引入卷积神经网络，会使得网络中的部分神经元不被激活，使网络变得稀疏从而提高运算效率。

$$f(x)=\begin{cases}x & x\geqslant 0\\ 0 & x<0\end{cases} \tag{1-41}$$

ReLU 函数如图 1-29 所示。当 x 的取值范围在$-\infty$到 0 时，ReLU 函数的梯度为 0；当 x 的取值范围在 0 到$+\infty$时，ReLU 函数的梯度为 1。ReLU 函数相比 Sigmoid 函数和 Tanh 函数，导数更容易求解，可以使网络训练得更快。ReLU 函数本身是非线性函数，加入神经网络中可以提高网络拟合非线性映射的能力。ReLU 函数会使神经网络的一部分神经元的输出为 0，这样会提高网络的稀疏性，并且减少参数的相互依存关系，从而减少过拟合情况的发生。该函数虽然具有上述优点，但也存在缺点。例如，ReLU 函数会将网络中负的梯度值置为零，而且有可能会导致此处的神经元不会再被任何数据激活，也就是导致神经元发生“死亡”现象。另外，ReLU 函数不会对数据做幅度压缩，所以输出特征的幅度会随着网络层数的增加而不断扩张。

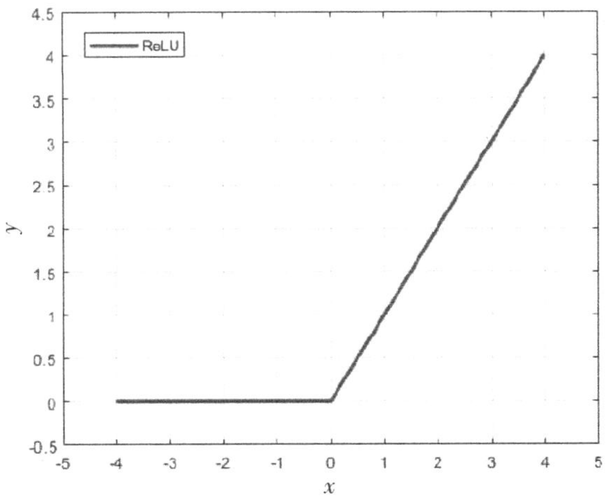

图 1-29 ReLU 函数

（4）LeakyReLU 函数。为了解决 ReLU 函数导致神经元“死亡”的问题，一些研究者对 ReLU 激活函数进行了改进，提出了 LeakyReLU 激活函数。如图 1-30 所示，当 x 的取值范围在$-\infty$到 0 时，LeakyReLU 函数的值会有细微的变化，梯度也不等于 0，有效地避免了神经元“死亡”。LeakyReLU 函数的数学形式为：

$$f(x)=\begin{cases}x & x\geqslant 0\\ ax & x<0\end{cases} \tag{1-42}$$

式（1-42）中，a 为权重系数，使负区域具有一定的正斜率，因此使网络对负输出值的神经元也可以进行反向传播。一般而言，a 的取值较小。

LeakyReLU 函数也具有 ReLU 函数的优点：提高网络的训练速度、提高网络的稀疏性等。LeakyReLU 函数也存在一定的缺点，例如函数值在$-\infty$到 0 和 0 到$+\infty$两个区间不同，会造成网络无法为正负输入提供一致的关系预测。

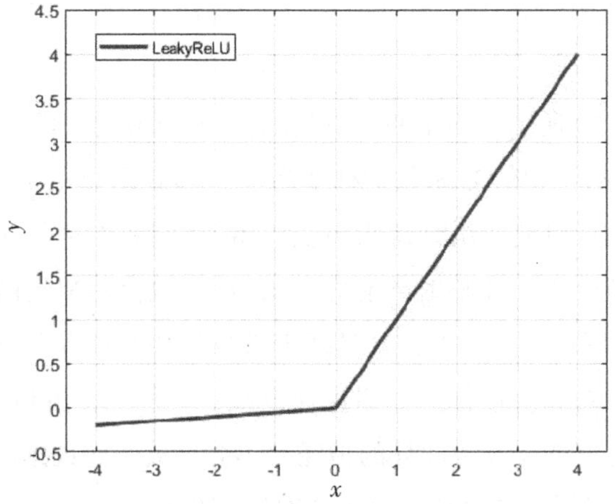

图 1-30　LeakyReLU 函数

（5）ELU 函数。ELU 函数也致力于解决 ReLU 函数存在的问题，如图 1-31 所示。可以看出，ELU 函数的左侧为 Sigmoid 函数的特性，右侧为 ReLU 函数的特性。该函数左侧具有软饱和性，能够让 ELU 函数对噪声更鲁棒；右侧无饱和性，可以缓解梯度消失的问题。ELU 函数的输出均值接近零，可以提升网络的收敛速度。ELU 函数的数学表达式为：

$$f(x)=\begin{cases}x & x\geqslant 0\\ a(e^{x}-1) & x<0\end{cases} \tag{1-43}$$

式（1-43）中，a 为权重系数，一般取值较小。

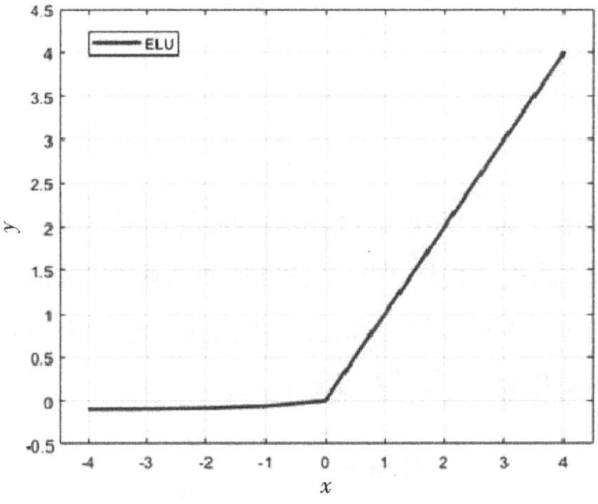

图 1-31　ELU 函数

4. 池化层

在卷积神经网络中，通常会在相邻的卷积层之间加入池化层（Pooling Layer），用来对特征进行下采样。下采样过程中，池化层对输入特征进行压缩、降维，以保留原始特征中的高价值信息并去除冗余信息，可以简化深度网络的复杂度，减少计算量，减少内存消耗等。池化层也可以增加网络的非线性，池化过程具有平移不变性、旋转不变性和尺度不变性。常见的池化方式有最大池化和平均池化。

最大池化过程如图 1-32 所示。首先，按照从左到右、从上到下的顺序对输入特征划分区域（一般是分成多个 2×2 的区域）。然后，将每个区域的最大值作为该区域的池化特征。

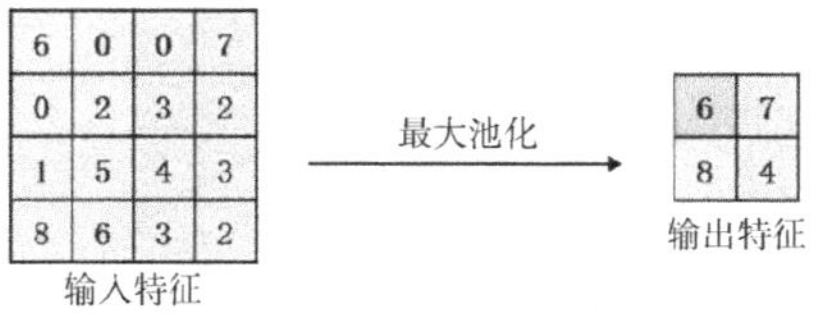

图 1-32 最大池化过程

平均池化过程如图 1-33 所示。和最大池化过程相似，首先划分输入特征，不同的是，平均池化过程将每个区域的平均值作为该区域的池化特征。

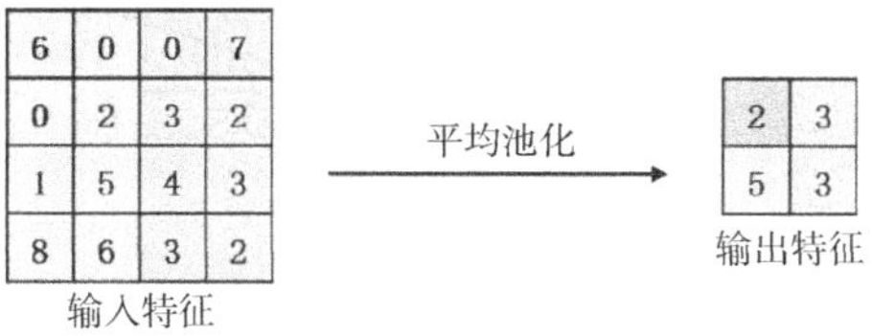

图 1-33 平均池化过程

（二）I3D 网络

I3D 网络是由牛津大学工程科学系和 DeepMind 公司联合提出的行为识别框架。I3D 网络首先将输入的视频转化为图像帧序列，其次每隔 10 帧进行采样，然后使用双线性插值法对图像帧进行尺寸变换，接着将尺寸变换后的图像帧裁剪为所需的大小，最后将裁剪后的图像帧按照采样的顺序每五个一组输入网络中进行处理。I3D 网络的示意如图 1-34 所示，第一个卷积层的步长为 2，其余卷积层的步长均为 1。除了 Inc. 模块中的池化层，I3D 还有四个最大池化层和一个平均池化层。

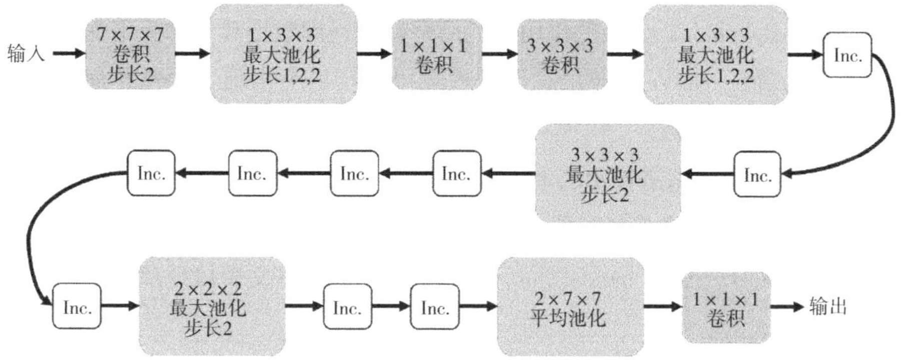

图 1-34 I3D 网络示意

I3D 中的 Inc. 模块由 Inception-V1 模块扩展得到。具体而言，将 Inception-V1 的二维卷积核和二维池化核全部扩展一个维度，使其能够处理时空特征。例如，将卷积核的大小从 1×1 扩展到 1×1×1，将池化核的大小从 3×3 扩展到 3×3×3。Inc. 模块采用多尺度的结构，其示意如图 1-35 所示。综合利用 3×3×3 尺度的卷积核和 1×1×1 尺度的卷积核可以使网络提取到不同尺度的特征。另外，在 3×3×3 的卷积之前加上 1×1×1 的卷积层，不仅可以缩减通道数减少计算量，还能在网络中引入非线性，进一步增强网络的表达能力。

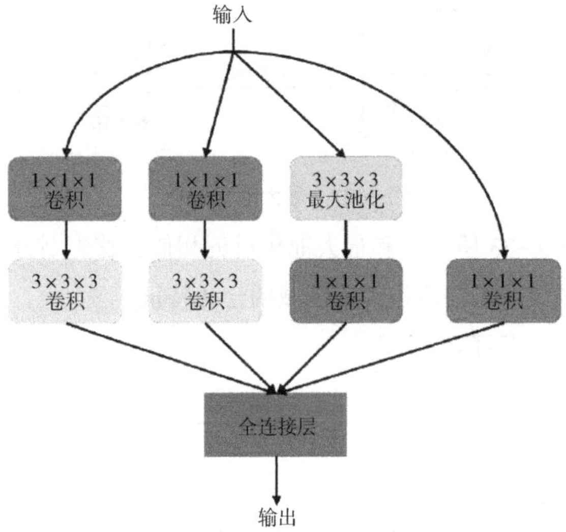

图 1-35　三维扩展 Inception-V 1 示意

I3D 网络可以训练视频的光流序列，再结合图像序列的训练，可以组合成双流 I3D 网络。另外，还可以将预先训练的 ImageNet 模型中的参数导入 I3D 网络中，进一步提高 I3D 网络的性能。

（三）GloVe 模型

词向量模型的作用是将单词或短语转换为计算机能够处理的特征向量，进而使计算机能够对高层语义信息进行学习理解。词向量模型主要应用在情感分析、语法分析等 NLP 领域，GloVe 就是一种常用的词向量模型。

GloVe（Global Vector）模型的作用是利用全局语料库数据和局部上下文窗口将单词或短语转换为向量特征。GloVe 模型的训练过程主要包括三个步骤：构建共现矩阵、计算共现概率比、设计词向量函数。

首先，GloVe 模型根据语料库的上下文信息构建词语的共现矩阵，共现矩阵是一个词语在另一个词语的上下文出现的频数。例如，有语料库“I like image he like image”。该语料库共有四个词语：I、like、image、he。用大小为 1 的上下文窗口处理语料库得到的共现矩阵见表 1-3。

表 1-3　共现矩阵

词语	I	like	image	he
I	0	1	0	0
like	1	0	2	1

续表

词语	I	like	image	he
image	0	2	0	1
he	0	1	1	0

如表 1-3 所示，词语 I 的上下文只有 like 且只出现一次；而词语 like 的上下文共现词语有 I、image、he，其中 image 出现两次。通过共现矩阵可以得到词语 j 在词语 i 的上下文出现的概率 $P(j/i)$。$P(j/i)$ 在 GloVe 模型中被称为共现概率，数值上等于词语 j 在词语 i 的上下文出现的频数与词语 i 的上下文词语总数的比值。共现概率只能反映存在上下文关联的词语之间的关系，并不能反映没有上下文关联词语之间的关系。对此，研究者们提出了共现概率比。首先，计算词语 k 与中心词 i 的共现概率 $P(k/i)$ 和词语 k 与中心词 j 的共现概率 $P(k/j)$，然后，计算 $P(k/i)$ 与 $P(k/j)$ 的比值得到共现概率比。表 1-4 展示了中心词分别为 he 和 like 的情况下，词语 I 和词语 image 的共现概率以及两者的共现概率比。

表 1-4 共现概率和共现概率比

共现概率和共现概率比	k=I	k=image
P（k/he）	0	0.5
P（k/like）	0.25	0.5
P（k/he）/P（k/like）	0	1

为了将词语 i 转换为维度为 S 的特征向量 $\vec{v}_l$，GloVe 模型构建了函数 $f(\vec{v}_l, \vec{v}_J, \vec{v}_k)$，并通过训练使函数值尽可能接近 $P(k/i)/P(k/j)$ 的值。该函数的作用是使特征向量保持原词语的变化规律。函数 f 通过一种新的加权最小二乘法回归来训练，损失函数如式（1-44）所示：

$$loss = \sum_i \sum_j f(x_{ij})(\vec{v}_l{}^T \vec{v}_J ++ b_i + b_j - \log(x_{ij}))^2 \quad (1\text{-}44)$$

式（1-44）中，x 代表共现矩阵，b_i 和 b_j 都是常数项。函数 f 的数学表现形式为：

$$f(x) = \begin{cases} \left(\dfrac{x}{x_{\max}}\right)\alpha & x < x_{\max} \\ 1 & x \leqslant x_{\max} \end{cases} \quad (1\text{-}45)$$

一般情况下，参数 α 取值为 0.75，$x_{\max}$ 取值为 100。

第四节　小样本/零样本检测算法概述

一、小样本检测算法相关技术

以下将介绍在解决小样本目标检测任务涉及的算法和策略。因为目标检测算法是小样本目标检测任务实现的基础，所以先对目标检测中的相关算法进行介绍。

（一）基于神经网络的目标检测算法

目标检测是计算机视觉的主要研究内容，首先对图像中的目标区域进行粗略定位，然后对该目标进行分类，最后对目标区域进行微调。目前为止 Faster R-CNN、YOLO、SSD 是较为常用的目标检测算法框架，研究者通过改进特征提取模块不断地优化这一类检测算法的性能，因此基于上述框架的算法多次刷新目标检测准确率纪录。此外，人们受到 NLP 领域的启发提出了 DETR 和 ViT 的目标检测算法框架。与前者不同，后者在特征提取模块后端引入编码解码器实现边界框定位和分类简化了目标检测过程，研究者通过实验验证了 DETR 在一定条件下优于基于 CNN 网络的目标检测算法。

1. R-CNN 目标检测算法

Girshick Rose 等人①首次提出将深度神经网络用于图像区域特征提取任务的 R-CNN 算法。该算法的分类器对卷积神经网络生成的区域特征进行多定位和分类。R-CNN 算法的实现过程为，首先输入图像通过 Selective Search 算法实现区域候选框的生成，然后卷积神经网络对每一个候选框提取特征，最后利用 SVM 分类器对区域候选框的特征进行分类并微调候选框位置，从而实现目标检测任务。不同于传统的目标检测方式，R-CNN 采用卷积神经网络提取图像特征，这解决了 HOG、SIFT 等算法需要人工设计特征过程复杂的问题，而 R-CNN 目标检测算法无须人工设计图像特征。但卷积网络和分类器需要对每一个区域候选进行学习训练，由于候选框的冗余导致特征提取和分类任务都需要进行大量的重复计算，因此 R-CNN 效率不高。

2. Fast R-CNN 目标检测算法

R-CNN 网络存在重复计算的问题，这导致该算法检测效率不高。因此 Girshick Rose 等人②提出了 Fast R-CNN 算法。Fast R-CNN 算法把候选框和特征图共同作为神经网络的输入，这主要因为神经网络的卷积不变性。然后神经网络经过卷积计算输出候选框坐标和候选框分类结果，这样避免了 R-CNN 复杂计算量的问题，也提高了检测效率。

---

① Girshick R，Donahue J，Darrell T，et al. Rich feature hierarchies for accurate object detection and semantic segmentation［C］//Proceedings of the IEEE conference on computer vision and pattern recognition. 2014：580-587.

② Girshick R. Fast r-cnn［C］//Proceedings of the IEEE international conference on computer vision. 2015：1440-1448.

Fast R-CNN 网络将整张图像作为输入计算出图像特征，由于 CNN 网络具有卷积不变性因此可以等比例地缩小候选框，然后网络根据候选框得到对应区域的区域特征图这样减少了重复计算，效率相对 R-CNN 提高很多。

3. Faster R-CNN 目标检测算法

从 R-CNN 到 Fast R-CNN，再到 Faster R-CNN 目标检测模型，目标检测任务准确率逐渐提升。这些模型都采用了经典的两阶段检测方式，由于候选框生成由专门的网络模块负责，因此生成的候选框效果优于单阶段目标检测算法生成。Faster R-CNN 利用卷积神经网络生成区域候选框，并且将特征提取、候选框生成、候选框定位、候选框分类等任务整合为一个网络，实现端到端的目标检测算法。Faster R-CNN 的实现过程简述为：（1）根据具体的任务选定合适的特征提取网络用于样本特征图的生成，目前较为常用的特征提取网络有 ResNet101、ResNet 50、VGG16、Mobile-Net 等，这些网络的参数规模和准确率依次递减，但是训练速度依次递增。（2）将特征图输入 RPN（Region Proposal Network）网络，RPN 网络通过简单的二分类实现前景和背景预选，然后生成一系列的区域候选框。（3）根据卷积神经网络的不变性将区域候选框与（1）中的特征图进行融合生成 RoI（Region of Interest）特征，并且进行尺寸固定。其中 RoI 特征是一系列潜在目标物体所在区域的特征。（4）分类器和回归器分别对 RoI 特征进行类别预测和位置预测。

RPN 网络基于特征图实现候选框的生成，Faster R-CNN 算法区域候选框的生成方式相对于 Selective Search 算法高效且准确率高。RPN 网络对候选区域实现了粗略的二分类，已有实验表明 RPN 生成的候选框比其他方法生成的候选框少，且召回率低。RPN 网络的训练采用多任务损失函数，分别为分类损失函数和定位损失函数，两部分损失函数通过一个加权系数求和共同对训练结果进行评估，具体为式（1-46）：

$$Loss_{rpn} = \frac{1}{N_{cls}} \sum_i L_{cls}(p_i,\ p_i^*) + \lambda \frac{1}{N_{reg}} \sum_i p_i^* L_{reg}(t_i,\ t_i^*) \tag{1-46}$$

式（1-46）中，N_{cls} 表示候选框个数，i 表示候选框在 anchor 中的索引，L_{cls}（·）表示分类损失，p_i 表示第 i 个候选框真实结果，P_i^* 表示 RPN 对候选框二分类结果，L_{reg}（·）表示候选框位置坐标的损失，t_i 表示真实位置，t_i^* 表示预测值。

（二）小样本目标检测

虽然现有的目标检测技术在很多领域有着广泛的应用，但是由于缺少数据集导致很多领域无法利用现有的目标检测技术，因此许多研究者提出小样本目标检测技术。这里主要介绍两类常用的小样本目标检测方法。

1. 基于数据增强的小样本目标检测

缺少样本或者带标签样本增加了卷积神经网络的训练难度。少量的样本分布与数据的真实分布产生较大的差异，因此模型很难通过仅有的数据集预测真实数据分布情况，导致模型失效。为此，人们提出通过生成数据缓解问题，利用生成的数据填补少样本缺失部分数据的分布，使新的数据集能更好地拟合真实数据分布情况。目前用于小样本目标检测的数据增强方法有以下三类。

（1）基于图像级变换的数据增强算法。该类算法实现简单也容易理解，这类方法常用于做数据预处理提高模型的鲁棒性。图像变换可以分为：①几何变换，如镜像反转、平移旋转、裁剪拼接、拉伸缩放等；②色彩变换，如亮度、锐度、对比度、加盐等。由于这类方法方式简单，生成图像冗余性高，因此对模型泛化性能提升并不明显。

（2）基于神经网络实现图像变换算法。人为设计几何变换方式单一，生成的数据冗余性强。Dwibedi 等①提出了 FCN（Foreground/background Classification Network）网络用于生成室内数据集。首先，利用分割数据集训练 FCN 网络识别前景和背景图片，FCN 网络对给定的前景图片旋转、裁剪、遮挡等变换，然后 FCN 网络将前景图片粘贴到给定的背景中，生成类似真实场景的图像。

（3）基于生成对抗网络生成数据。GAN 网络分为生成器和辨别器两个部分，结构示意如图 1-36 所示，前者根据随机噪声生成伪真实数据迷惑辨别器，后者根据前者生成的数据进行二分类，判断该数据是不是真实数据，分类器与辨别器交替优化。目前基于生成对抗网络的数据生成取得较好的效果生成图像效果较为逼真，但是生成的图像对下游的图像分类或者目标检测任务性能提升是有限的，另外基于对抗网络生成的数据缺少标签，对目标分类和图像分割类的图像处理任务没有彻底解决数据量的问题。

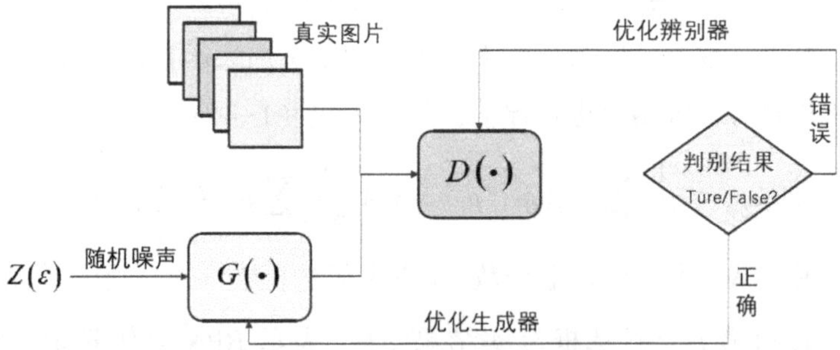

图 1-36　GAN 网络结构示意

目前常用的目标检测方法都要求模型的参数量和训练样本数据量匹配，数据量与参数量差别越大模型的训练难度就越高，模型泛化性能越差。基于图像级变换的数据增强虽然简单但是提升能力有限；基于神经网络实现图像变换虽然有一定的作用但是存在生成数据冗余性强，且破坏图像的语义信息；基于生成对抗网络生成的数据，不能解决生成数据标签的问题，并且网络训练难度大，所以将数据增强过程与目标检测网络分离开对小样本目

① Dwibedi D, Misra I, Hebert M. Cut, paste and learn: Surprisingly easy synthesis for instance detection [C] // Proceedings of the IEEE International Conference on Computer Vision. 2017: 1301-1310.

标检测的效果提升有限。

2. 基于 Meta R-CNN 的小样本目标检测

由于小样本学习具有广泛的应用场景，因此很多研究者设计了基于元学习的小样本目标检测算法，由于目标检测任务需要将目标物从复杂的背景中找出，而且同一张图片中可能含有多个目标物，小样本目标检测任务比分类任务更有挑战性，因此小样本目标检测算法不能简单地套用小样本分类算法。

小样本场景下传统的 Faster R-CNN 检测效果差的原因在于模型参数量与训练样本数量不匹配，使得模型无法充分学习样本中的信息。Xu 等人①基于元学习的 Faster R-CNN 提出了实例级的小样本目标检测的算法。该算法采用了元学习策略，以 Faster/Mask R-CNN 作为基础检测框架。算法利用元学习策略训练 PRN 网络，使得 PRN 网络能快速学习支持集样本的信息，并且将样本中的 Mask 区域映射到特征向量空间，每个样本都会有一个特征向量与之对应。而查询样本分支和正常的 Faster/Mask R-CNN 网络差不多：首先经过特征提取，其次经过 RPN 网络，再次进行尺寸对齐，最后进行分类和定位。不同的是，Yan 等人②将 PRN 网络提取额特征在最后阶段与查询样本的 RoI 特征进行注意力机制结合，这使得 RoI 特征融入支持集的特征进而指导 Faster/Mask R-CNN 完成最后的回归任务和分类任务。特别的是 Yan 等人既做了框回归，也做了区域分割。Yan 等人针对实验分别于 YOLO-FS、R-CNN 算法进行对比，由于只有 PRN 网络需要进行元学习训练，所以 Yan 等人提出的 Meta R-CNN 比 YOLO-FS 网络训练更简洁，效果优于 R-CNN。

Wu 等人③也基于 Meta R-CNN 提出小样本目标检测的算法，并且针对文献④中同类别多个样本的特征向量进行求均值作为该类别的类特征向量。Wu 等人在 RPN 之前与查询集样本特征向量进行特征融合，使 RPN 网络尽可能减少背景的候选框，从而降低后续分类器检测错误的概率，进而提高小样本检测准确率。但是 Wu 等人提出的 Meta R-CNN 没有考虑样本中的尺度问题，尤其是当样本量较小时，样本的尺度差异更明显，容易导致漏检查或误检。

此外 Zhang 等人⑤提出 Meta DETR 小样本目标检测技术。通过编码解码的方式替代 RPN 结构，并且提出了 SAM（Semantic Alignment Mechanism）结构，用于校准不同层次的

---

① Xu A, Yan X, Chen Z, et al. Meta r-cnn: Towards general solver for instance-level low-shot learning [C] // Proceedings of the IEEE/CVF International Conference on Computer Vision. 2019: 9577-9586.

② Yan X, Xu A, Chen Z, et al. Meta r-cnn: Towards general solver for instance-level low-shot learning [C] // Proceedings of the IEEE/CVF International Conference on Computer Vision. 2019: 9577-9586.

③ Wu X, Sahoo D, Hoi S. Meta-RCNN: Meta learning for few-shot object detection [C] //Proceedings of the 28th ACM International Conference on Multimedia. 2020: 1679-1687.

④ Yan X, Xu A, Chen Z, et al. Meta r-cnn: Towards general solver for instance-level low-shot learning [C] // Proceedings of the IEEE/CVF International Conference on Computer Vision. 2019: 9577-9586.

⑤ Zhang G, Luo Z, Cui K, et al. Meta-detr: Few-shot object detection via unified image-level meta-learning [J]. arXiv preprint arXiv, 2021 (2): 2103.

语义信息，主要是让低层次的语义信息向高层语义特征对齐，因为神经网络底层具有丰富的边缘信息，深层特征具有丰富的语义特征。

二、零样本目标检测算法基础

零样本目标检测的提出主要用于解决对没有训练样本的未见类进行正确分类和定位的问题。为了实现对未见类的检测，需要建立可见类和未见类之间的联系，常用方法是在图像特征与类别标签之间引入可以被共享的语义嵌入空间。基于语义嵌入空间，可以学习到图像特征与类别标签之间的映射关系，实现在没有训练样本的情况下也可以检测未见类的目标。

基于上述定义，实现零样本目标检测算法主要可以分为两个部分：建立合适的目标检测模型和构建合适的语义嵌入空间。目标检测的任务是对测试图像中所有训练类别的目标进行定位和分类，是计算机视觉领域的核心问题之一。传统的目标检测方法利用滑动窗口提取候选区域，训练 SVM 分类器对提取的手工设计特征进行分类。然而这类方法的检测精度和速度早已被基于深度学习的方法超越。随着深度学习在目标检测技术上的应用，优秀的目标检测算法层出不穷，因此仅介绍基于深度学习的目标检测算法。零样本学习至今有十几年的发展历史，其中关于如何构建合适的语义嵌入空间有大量的研究，故从与零样本目标检测紧密相关的零样本识别入手，介绍语义嵌入空间的构建。

（一）目标检测

目标检测是计算机视觉的一个热门方向，其被广泛应用于智能视频监控、工业检测、人机交互等诸多领域，以此减少对人力资本的消耗，具有重要的现实意义。因此，目标检测已成为近年来理论和应用领域的研究热点，技术也逐渐发展成熟。目前大多数最先进的目标检测算法都将深度学习网络用作其骨干网和检测网络。2013 年 Girshick 等人①首次将深度学习应用到目标检测并提出 R-CNN 框架，之后便出现了一系列在此基础上改进的框架，从网络结构上可以分为基于区域推荐（Region Proposal）的两阶段（two-stage）框架和基于回归的一阶段（one-stage）框架。两阶段包括 R-CNN 系列框架，一阶段包括 YOLO、SSD 等系列框架。两者的主要区别在于有无候选框（Proposal Boxes）生成阶段，两阶段算法和传统方法的步骤类似，首先在输入图像上生成候选框，提取候选框的特征后再对其进行定位和分类。而一阶段算法则没有生成候选框这一步骤，直接利用 CNN 对输入图像提取特征，再预测物体的位置和类别。通常情况下从检测精度和速度综合评价目标检测模型的性能，其中检测精度主要取决于预测的物体位置和类别是否准确。一阶段和两阶段算法各有优劣，一阶段算法由于缺少候选框生成阶段，因此其速度更快但精度略低，

① Girshick R, Donahue J, Darrell T, et al. Rich feature hierarchies for accurate object detection and semantic segmentation［C］//IEEE Computer Society Conference on Computer Vision&Pattern Recognition. 2014：580-587.

两阶段算法则刚好相反。不过随着研究的深入，两类算法都在不断改进，越来越多的算法均能在检测精度和速度上取得不错的结果。

1. 基于区域推荐的两阶段目标检测算法

区域推荐（Region Proposal）算法的提出解决了传统目标检测方法在生成候选区域阶段非常耗时以及候选框冗余的缺陷，所以基于区域推荐的目标检测算法在获得候选区域后使用 CNN 对其进行分类和定位在一定程度上能提升检测精度和速度。

（1）R-CNN。2014 年，Girshick 等人①提出了第一个基于深度学习的目标检测算法 R-CNN，该算法在 PASCAL VOC 2010 数据集上实现了 53.7%的平均精度（Mean Average Precision，mAP），证明了将深度学习应用于目标检测可以有效提高算法的检测性能。R-CNN 的结构如图 1-37 所示，首先使用选择性搜索（Selective Search，SS）算法代替传统的滑动窗口方法在输入图像中提取大约 2000 个候选框；然后将提取到的候选框做预处理固定到相同尺寸，再送入 AlexNet 网络中提取特征；最后对 CNN 提取的区域特征使用 SVM 分类器进行分类，使用线性回归损失进行边界框校正。

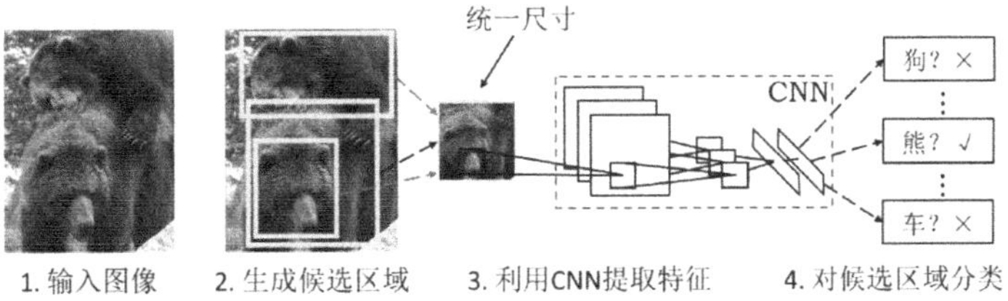

图 1-37 R-CNN 的结构

R-CNN 算法的性能较传统算法有很大的提升，能使各目标检测数据集上的 mAP 大幅度提升。但其仍然存在一些缺点，例如，SS 算法产生候选框耗时严重；而且由于候选框的数量过多，CNN 需要逐个向前传播提取特征，导致运算量庞大、整体效率低；由于输入的候选区域尺寸必须固定，因此当候选区域为了统一尺寸经过裁剪（crop）或扭曲（warp）操作后，裁剪可能会导致信息丢失或过多背景引入，而扭曲内容可能导致几何失真，从而影响检测精确度；重复计算卷积特征导致计算量加大；网络训练需要分步骤进行。

（2）SPP-Net。针对 R-CNN 的不足，2015 年 He 等人②进行改进并提出了空间金字塔池化网络（Spatial Pyramid Pooling Network，SPP-Net）。SPP-Net 将整个图片送入卷积提取特征，避免了多个候选区域分别送入卷积层提取特征造成的重复计算。SPP-Net 是基于多尺度的目标检测框架，其在网络的全连接层前面添加了空间金字塔池化层（Spatial

① Girshick R，Donahue J，Darrell T，et al. Rich feature hierarchies for accurate object detection and semantic segmentation［C］//IEEE Computer Society Conference on Computer Vision&Pattern Recognition. 2014：580-587.

② He K，Zhang X，Ren S，et al. Spatial pyramid pooling in deep convolutional networks for visual Recognition［J］. IEEE Transactions on Pattern Analysis&Machine Intelligence，2014，37（9）：1904.

Pyramid Pooling，SPP），可以对不同大小的特征图进行池化操作并生成特定大小的特征图，提高了输入尺度的灵活性，由此避免了 R-CNN 图像缩放导致的失真问题。由实验可知，SPP-Net 的计算速度比 R-CNN 快 24102 倍，且具有更好的精度，在 PASCAL VOC 2007 数据集上 mAP 提高至 59.2%。

在此基础上，He 等人提出了使用模型组合的方式进一步提升 SPP-Net 的性能。使用两个结构相同但初始化不同的 SPP-Net 共同训练，另外对候选框执行非极大值抑制（Non-Maximum Suppression，NMS），使更强的模型抑制另一个模型。此方法使在 PASCAL VOC 2007 数据集上将 mAP 提高到 60.9%，证明了模型互补的有效性。但是，上述方法都存在重复计算候选框耗费时间的问题。而且 SPP-Net 和 R-CNN 的设计相同，也需要分步骤训练 CNN 用于提取特征以及训练 SVM 分类器对这些特征进行分类，由于各个训练阶段都是单独运行的，要求保存中间数据，即需要存储大量的特征，存在空间消耗大的缺点。SS 算法提取候选框是在 CPU 上进行的，从硬件层面考虑计算速度慢，这点在 SPP-Net 中也没有进行优化。另外，除了上述继承于 R-CNN 的缺点以外，SPP-Net 还存在一些其他问题。由于金字塔池化层的多尺度结构，引入了在金字塔池化层之前的所有卷积层不能微调的新问题，而且训练数据的图像尺寸大小不一致，使候选框感受野过大，不可以使用反向传播有效的更新权重。网络微调只能更新全连接层，无法实现端到端的训练且检测精度有待进一步提高。

（3）Fast R-CNN。为克服 SPP-Net 存在的缺陷，2015 年 R-CNN 的提出者 Girshick 等人又提出了基于边界框和多任务损失分类的 Fast R-CNN 算法。该算法在 R-CNN 的基础上引入了 RoI 池化层（Region of Interest Pooling，RoI pooling），这实际上是受到了 SPP-Net 的启发，简化其中的 SPP 层为单尺度设计出的结构。RoI 池化层可以将特征图上大小不一的候选区域转变为大小统一的特征向量，这使得所有层的参数都可以进行微调。此外，Fast R-CNN 使用 VGG-16 代替 AlexNet，将 SVM 分类器改为 SoftMax 分类器，通过引入多任务学习模式，同时解决分类和边框回归问题，达到了将特征提取、目标分类和边框回归这些步骤整合到一个模型中的目的，首次实现了多任务端到端（End-to-End）的训练。由于训练过程不再分步进行，Fast R-CNN 降低了 R-CNN 在训练期间为多阶段和特征重复计算造成的时间代价，在提升网络性能的同时解决了数据存储过量的问题，减少了磁盘空间的占用。

Fast R-CNN 在 PASCAL VOC 2007 数据集上的 mAP 达到了 66.9%，又使用 PASCAL VOC 2012 训练集扩充 PASCAL VOC 2007 训练集，得到 PASCAL VOC2007+2012 训练集，在该数据集上训练的模型测试结果提高到了 70%。检测时间为每张 0.32s，远小于 R-CNN 的 45s 和 SPP-Net 的 2.3s 训练速度，也因此得名“Fast R-CNN”。但该算法的不足仍是需要专门生成候选框算法，通过 SS 算法提取候选框耗费了很多时间，候选框提取速度与后续的计算速度不对等，造成了计算资源浪费，也因此无法实现实时性检测。

（4）Faster R-CNN。从 R-CNN 算法开始，引入 CNN 的新算法获得了高于传统算法的检测速度，但由于传统候选区域生成算法的限制，很难进一步提高检测速度和精度。为了突破候选区域生成算法的时间瓶颈，任少卿等人①在 Fast R-CNN 的基础上提出了 Faster R-CNN。该算法引入了区域候选网络 RPN（Region Proposal Networks）替代用于生成候选区域的选择性搜索算法，通过对特征图上的每个点进行滑窗操作，将不同尺寸的锚框映射到原始图片，以此得到候选区域，完成前景背景的粗分类和粗定位。Faster R-CNN 可大致理解为 Fast R-CNN 与 RPN 的结合体，首先对图像进行卷积操作提取整张图片的特征；其次将提取的特征输入 RPN 层提取候选区域；然后使用 RoI 池化层固定候选框的大小；最后全连接层进行分类和回归，如图 1-38 所示。整个过程都在神经网络中进行，且整个网络流程都能共享 CNN 提取的特征信息。

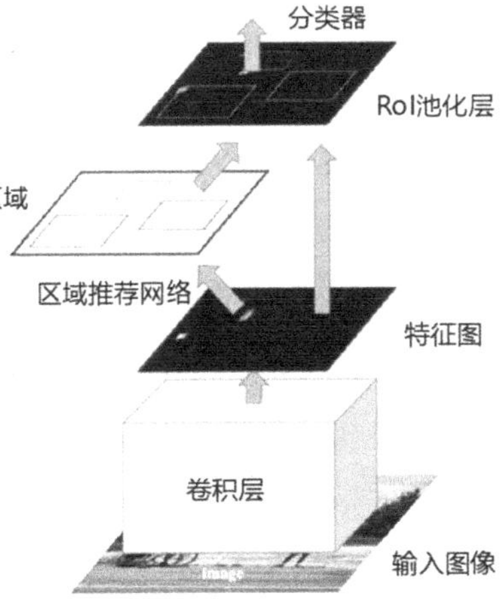

图 1-38 Faster R-CNN 的结构

Faster R-CNN 用 PASCAL VOC 2007+2012 训练集中的数据进行训练，测试结果 mAP 比 Fast R-CNN 高 3.2%，测试时间减少到 Fan R-CNN 的 1/10。RPN 的使用大大减少了提取候选框的时间，且使得 Faster R-CNN 能将生成候选框、特征提取、分类及定位多个步骤整合到一起，成为真正意义上端到端的训练，加快了网络的计算速度，检测速度达到 5fps。从 R-CNN 到 Faster R-CNN，两阶段的检测算法的检测速度和精度都在不断提高，该系列算法至今依然是目标检测算法的重要分支。

2. 基于回归的一阶段目标检测算法

两阶段目标检测算法虽然在检测任务上取得了很大的进步，但由于模型复杂，仍存在训练参数多，检测速度慢的缺点，无法满足实时检测的需求。对此，一些研究者提出一种将目标检测转化到回归问题上的思路，简化算法模型为一阶段算法，在提高检测精度的同时进一步提高检测速度。与基于区域推荐的两阶段目标检测算法相比，基于回归的一阶段

① Ren S, He K, Girshick R, et al. Faster R-CNN: towards real-time object detection with region proposal networks [J]. IEEE Transactions on Pattern Analysis & Machine Intelligence, 2017, 39 (6): 1137-1149.

目标检测算法免去了候选框生成的步骤，而是直接在特征图上采取了回归方法。其中以YOLO为代表的一阶段检测算法，显著提高了检测速度，且具有良好的实时检测效果。

（1）YOLO。针对两阶段目标检测算法检测速度慢的问题，Redmon等人[①]在2016年提出了一种基于回归的一阶段目标检测算法YOLO（you only look once），该算法延续了GoogleNet模型的核心思想，将目标检测作为回归问题处理。YOLO v1算法剔除了提取候选框的操作，将图像划分为网格，直接使用一个CNN在预先划分的网格上判定目标的类别与回归目标的边界框，同时完成分类和回归任务，这种网络结构极大地提升了检测速度且训练过程相比两阶段算法更为简洁。由于每个物体边界框的预测都以整张图的特征作为输入，因此YOLO v1算法预测出来的边框综合了图片的全局信息，包含了充足的上下文信息。但因为YOLO v1算法以每个网格作为中心点，每个网格只允许预测出2个边界框，因此对小尺度目标的检测效果不佳，且目标重叠遮挡环境下容易漏检，检测精度略低于两阶段目标检测算法。在实时情况下，YOLO检测速度为45fps，平均检测精度mAP为63.4%。

Redmon等人针对YOLO v1定位不准确和分类准确度低的问题，于2017年又提出了YOLO v2算法，在保证原本YOLO算法速度的基础上提高了模型检测的精确度。YOLO v2算法以DarkNet-19为骨干网络，并引入了批量归一化（Batch Normalization，BN）、多尺度训练、锚框（Anchor Boxes）机制和细粒度特征等方法对YOLO v1算法进行改进，模型的召回率和准确率得到了显著的提升，检测速度达到了67fps。YOLO v2在PASCAL VOC 2007上mAP为78.6%，高于两阶段算法Faster R-CNN，但其在小尺度目标的检测效果上仍然不佳。

2018年，Redmon等人[②]又在YOLO v2的基础上进行改进提出了YOLO v3算法，进一步提高了小目标的检测性能和网络的泛化能力，检测精度和速度都有了一定的保障。YOLO v3借鉴了ResNet的残差结构，使骨干网络变得更深由DarkNet-19替换为DarkNet-53。且该算法结合了FPN网络，使用了3个尺度的特征图进行边界框的预测并增加了anchor的数量，使得算法在保证实时性的同时提高了检测精度。YOLO系列算法是目前一种先进的目标检测算法。因为整个检测框架是一个整体，所以可以端到端地对算法的性能进行优化。同时鉴于其优异的性能，相关的衍生算法正在不断产生。

（2）SSD。RCNN系列和YOLO系列在检测速度和精度上各有优劣。RCNN系列具有较高的检测精度，但速度较慢。YOLO虽然检测速度快，但对小目标的检测效果较弱。结合Faster R-CNN和YOLO的优点，Liu等人[③]提出SSD（Single Shot Multibox Detector）算

① Redmon J, Divvala S, Girshick R, et al. You only look once: unified, real-time object detection [C] // IEEE Computer Society Conference on Computer Vision & Pattern Recognition. 2016: 779-788.

② Redmon J, Farhadi A. YOLOv3: An incremental improvement [J]. arXiv, abs/1804. 2018: 2767.

③ Liu W, Anguelov D, Erhan D, et al. SSD: single shot multibox detector [C] //European Conference on Computer Vision. 2016: 21-37.

法来平衡检测精度和速度，通过新增加多尺度检测和设置多个先验框，利用较大的特征图检测小目标，较小的特征图检测大目标。SSD 使用 VGG-16 骨干网络进行特征提取，并在 VGG-16 的基础上新增加了 6 个卷积层以获得更多尺度的特征图，多尺度特征图与 Anchor 机制相结合提升了算法对不同尺度目标的检测能力。相比 Faster R-CNN 和 YOLO 算法，SSD 算法的优点是将不同层次的特征图进行融合，提升了模型的检测速度和精度。其中 SSD512 在检测精度上优于其他方法，mAP 达到 76.8%，且检测速度基本达到实时检测的要求。虽然与 YOLO 相比，SSD 提高了小目标检测精度，但是因为 SSD 没有 Faster R-CNN 中的特征重采样步骤，所以缺点仍是对小目标分类困难。

SSD 算法对小目标不够鲁棒性的主要原因是特征图的表征能力不够强，为了提高 SSD 对小目标的检测能力，2017 年 Fu 等人①提出了 DSSD（Deconvolutional Single Shot Detector）算法。DSSD 的核心思想是提高浅层特征的表征能力，其使用了相较 VGG-16 更深的 ResNet-101 作为骨干网络，将经过反卷积得到的深层次特征和浅层次特征相融合，为小目标提供更多的上下文信息，从而与 SSD 相比在小目标和密集目标的检测率上有很大的提高。但是由于 ResNet-101 网络层数过深，网络结构也过于复杂，导致检测速度大幅度降低，DSSD 检测 513×513 图像时速度只有 6fps。

（3）RetinaNet。RetinaNet 是 2018 年 Facebook AI 团队在目标检测领域的新贡献。RetinaNet 在网络结构上并没有突出的特点，其将 ResNet、FPN 与 FCN 网络组合在一起用于构建目标检测框架，使用 ResNet 作为骨干网络来提取图像特征，FPN 利用 ResNet 提取的多尺度特征以获得表征能力更强且包含多尺度目标区域信息的特征图，最后接两个独立的 FCN 分别完成分类和边框回归任务。Lin 等人②认为基于回归的一阶段目标检测算法精度不及基于区域推荐的两阶段目标检测算法的根本原因在于“类别不平衡”，两阶段算法由于 RPN 网络的存在过滤掉了大部分的背景框，从而缓解了“类别不平衡”的问题。而一阶段算法直接在生成的“类别极不平衡”的边界框中进行难度极大的细分类，意图直接预测出边界框位置和类别标签。而原一阶段算法使用交叉熵（Cross-Entropy，CE）损失作为分类任务的损失函数，无法改善“类别极不平衡”现象。因此丢掉生成候选框算法的一阶段目标检测算法虽然提升了检测速度，却损失了检测精度。Focal loss 在 CE loss 的基础上使用一个指数参数削弱了易检测目标对于模型训练的贡献，从而使得网络在训练过程中更加关注难分和错分的样本。因此 Focal loss 成功地解决了在目标检测过程中，正负样本区域极不平衡而目标检测损失易被大批量负样本所左右的问题。

RetinaNet 最大的创新是将 Focal loss 成功应用于一阶段目标检测网络中，并能在达到

① Fu C Y，Liu W，Ranga A，et al. DSSD：deconvolutional single shot detector［J］. arXiv，abs/1701. 2017：6659.

② Lin T Y，Goyal P，Girshick R，et al. Focal loss for dense object detection［J］. IEEE Transactions on Pattern Analysis&Machine Intelligence，2020，42（2）：318-327.

更快的检测速度基础上实现与两阶段目标检测网络近似或更高的检测精度。RetinaNet 在 MS COCO 数据集上的 mAP 达到了 39.1%，检测速度为 5fps，检测精度超过了同期所有两阶段目标检测算法，如图 1-39 所示，为 RetinaNet 与其他一阶段目标检测算法的性能对比。该算法在检测速度和精度上达到了一定的平衡，因此归纳式零样本目标检测模型是基于 RetinaNet 框架改进的。

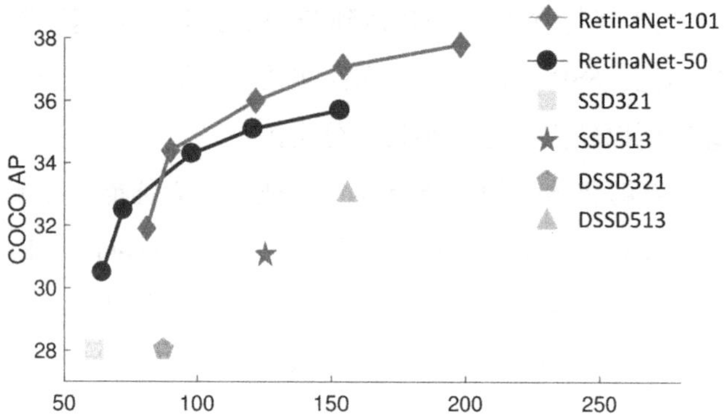

图 1-39　一阶段目标检测算法的性能对比

（二）零样本目标检测

零样本目标检测（Zero-Shot Object Detection，ZSD）是一个将零样本学习引入目标检测领域中产生的新研究课题，由于目标检测任务本身就比分类任务的难度大，因此零样本目标检测任务相较于零样本识别任务也更具挑战性。

1. 零样本目标检测任务定义

传统意义上的目标检测通常是一个监督学习任务。具体来说，训练集与测试集的类别相同，通过训练集获得的检测模型可以很好地识别与定位测试集中的物体。零样本目标检测则是目标检测任务的一种变体，区别在于零样本目标检测的训练类别与测试类别并无任何交集，通常需要使用额外的语义信息构筑两者之间的联系，从而实现模型对于测试数据的有效识别与定位。

通常，可以将零样本目标检测任务定义如下。假设一个目标检测数据集一共有 c 个类，其中 s 个类别是可见类，u 个类别作为未见类。其中可见类 $S=\{1, \cdots, s\}$，未见类 $U=\{s+1, \cdots, c\}$。对于每一个类别都有一个与之相关的 d 维语义向量，以监督或无监督的方式获取，例如人工标注的属性和机器学习的词向量。将所有类别的语义向量集合表示为 $M \in R^{d\times c}$。X_{tr} 表示训练集中的所有图像，每张图像至少包含一个目标实例，且属于可见类 S。X_{tr} 中的每张图像都对可见类目标的类别和位置信息进行了标注，标签用 Y_{tr} 表示。同样地，X_{te} 表示测试集中的所有图像，测试集中的每张图像也至少包含一个目标实例，与训练集不同的是其类别属于 S_U。而在训练阶段，X_{te} 的标签 Y_{te} 是完全未知的。

其中，归纳式零样本目标检测的任务是利用 X_{tr}、Y_{tr}、M 来预测标签 Y_{te}。而在直推式零样本目标检测场景中，则是利用 X_{tr}、Y_{tr}、X_{te}、M 来预测标签 Y_{te}。换句话说，与归纳式零样本目标检测方法的区别是，直推式零样本目标检测方法在训练阶段需要使用到测试集图像 X_{te}。

2. 零样本目标检测算法描述

零样本目标检测相较于零样本识别发展的年限比较短，大部分的研究是将零样本学习方法扩展到零样本目标检测，如图 1-40 所示。目前该领域也有了一些研究成果，为了解决零样本目标检测问题，将目标检测框架修改为适应零样本目标检测设置，这些方法可以通过训练可见类来检测不可见类。我们以一阶段的检测模型为例，给出零样本目标检测算法的形式化描述。

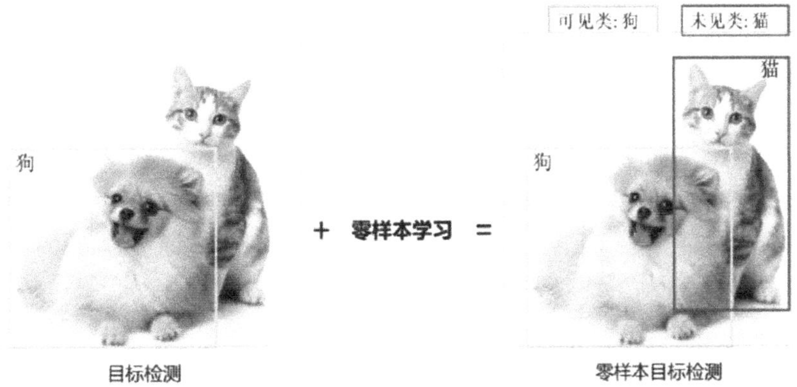

图 1-40 零样本目标检测示意

零样本目标检测算法架构如图 1-41 所示，主要可以分为以下几个步骤。

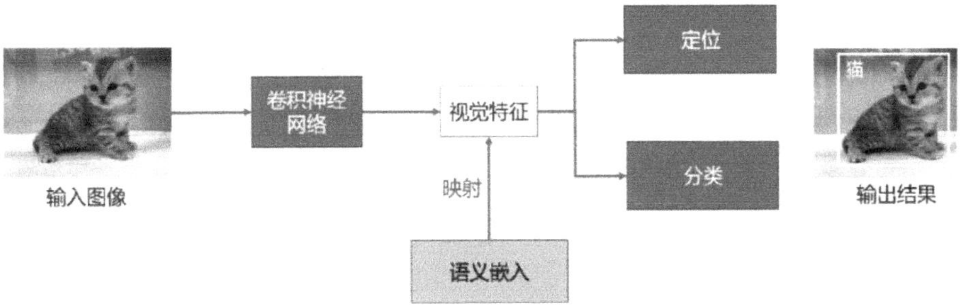

图 1-41 零样本目标检测算法架构

(1) 首先和传统目标检测网络相同，利用深度卷积神经网络 N 提取输入图片 X 的视觉特征 v：

$$v=N(X) \tag{1-47}$$

(2) 在提取图片的视觉特征 v 之后，有监督学习的目标检测算法通常直接学习一个从视觉特征 v 到类别标签 c 的映射 f_{cls}：$v \to c$，但是这在零样本的设置下非常困难，原因在于其没有未见类的标签数据作为监督。因此需要引入语义表示 M 作为视觉特征和类别标签的中间表示，利用语义表示 M 间接获得两者的映射关系。即首先学习一个从视觉空间到语义空间的映射f_{map}，然后获得一个同时包含视觉和语义信息的新特征v'：

$$v' = f_{map}(v, M) \tag{1-48}$$

（3）最后在特征图上的每个锚点（anchor）处分别在边框回归和分类分支预测图片中各边界框的坐标$bbox$和相应的类别c：

$$bbox = f_{loc}(v') \tag{1-49}$$

$$c = f_{cls}(v') \tag{1-50}$$

第二章　小样本/零样本分类算法与应用

本章就小样本/零样本分类算法与应用进行分析。

第一节　小样本分类算法与应用

一、基于属性度量修正的小样本分类算法

深度学习在各领域均取得了巨大的成功，包括语音、视觉和语言。诚然，典型的方法得益于足够的标记数据，而这些数据的获取往往是昂贵且耗时的。过拟合和不充分的泛化是由于缺乏数据造成的。小样本学习是解决上述问题的主要方法之一，小样本学习过程与人们掌握新的能力过程相当。

基于度量学习的小样本学习是解决这些问题的一个主要途径，这一技术通过对查询和支持样本中的图像特征来计算相似性，在不同的类别中发现目标类别。这些用来分类且并未标记的例子，要使其适应新的任务，以产生一个具有高概括能力的模型。然而，相当一部分基于度量的方法并没有充分利用训练集的信息。

在此提出方法的核心在于利用属性在新类的查询样本和支持集之间建立联系。需注意：每个类别包含众多的属性，仅使用单一特征来有效识别未标记的样本是很有挑战性的，且同一类别所拥有的属性应该是相似的。在查询样本和支持集样本中所拥有的属性集相似，以实现准确分类。简而言之，相同的类有相似的属性，而不同的类属性差异大。

属性的获得和样本联系的建立，好的特征提取器和训练方法是必不可少的。特征提取器的能力受到预训练策略的影响。在此的模型是基于预训练的，因为属性的合成需要特征提取器，并且属性的好坏也受到特征提取器的影响，好的属性帮助建立类别之间更精确的度量联系。

以下，提出了两个模块作为核心模块——获取属性模块和自适应任务属性挑选模块。首先，在训练阶段，模型通过属性知识，属性提供模块使用训练集的数据形成一个基本属性集合。在测试阶段，基于支持类，基于任务的属性选择模块使用获取属性模块提供的原始属性，选择对分类更有用的属性，丰富这些属性，使其更具有代表性。利用这些选定的属性，支持类和查询样本计算出属性分布。然后，能进一步计算支持集和查询样本的属性

分布之间的相似度，以及支持集和查询样本之间的类别相似度。属性分布相似性，用来修复类别相似度准确率不足的问题。值得注意的是：两大模块不需要进行训练，可以直接应用于基于度量的学习。

（一）基于属性的度量修正网络

1. 模型框架

利用训练集数据信息，形成特征原型和共有属性原型，这里的整体属性本质是能够代表图像的特征，后文统一称为整体属性原型。在此，提出一种新的基于属性度量修正（Attribute Measurement Correction，AMC）的小样本分类算法，该算法首先计算整体属性相似度和属性分布相似度，利用属性分布相似度，然后从属性的角度修复整体属性相似度的分类不足的缺陷，提高小样本图像分类的准确率。基于属性度量修正的小样本分类算法框架如图 2-1 所示。

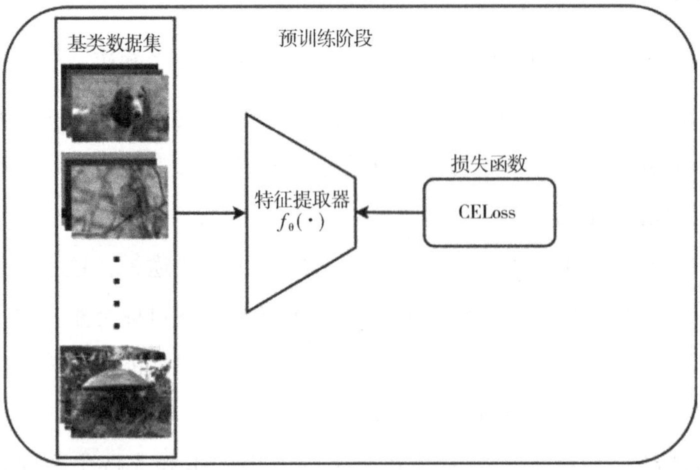

（a）预训练阶段

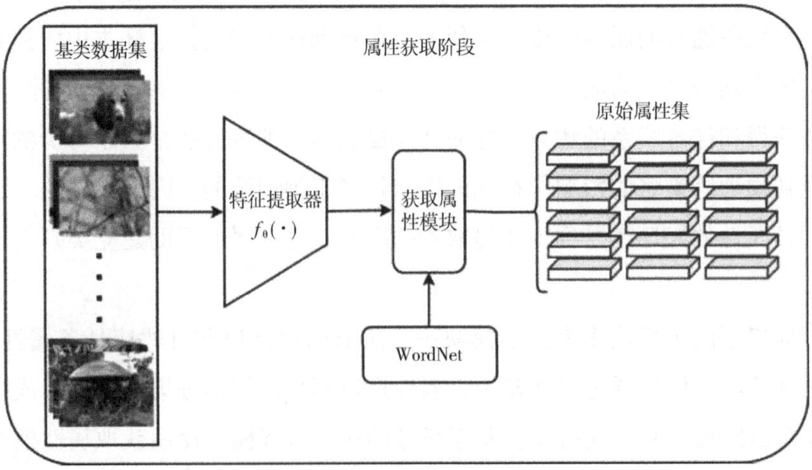

（b）属性获取阶段

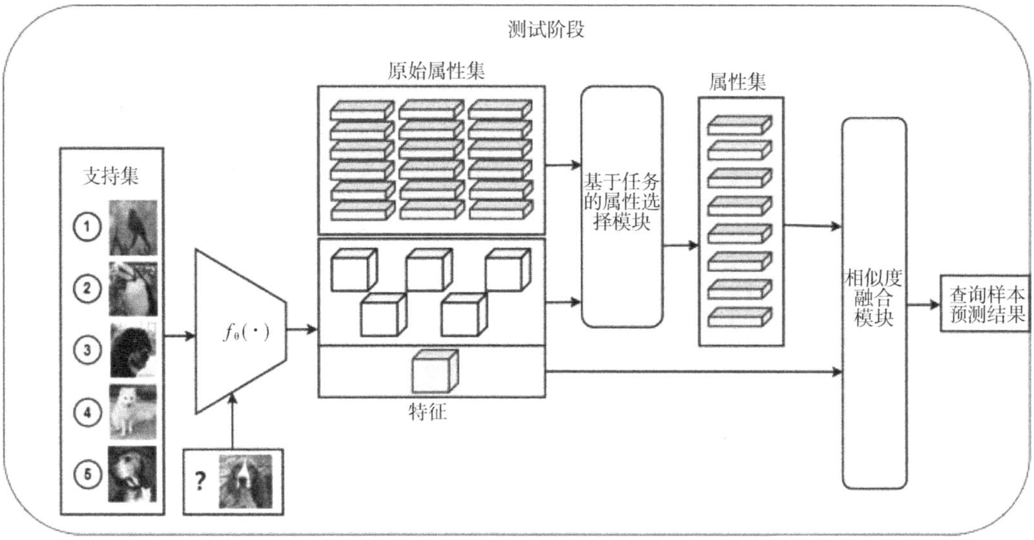

（c）测试阶段

图 2-1　基于属性度量修正的小样本分类算法框架

AMC 模型分为三个阶段，第一个阶段是预训练阶段，如图 2-1（a）所示，输入基类数据到模型中预训练，所用的损失函数为交叉熵损失函数（Cross-Entropy Loss，CELoss），在训练后，保存模型参数，得到特征提取器 f_θ（·）。第二阶段为属性获取阶段，即将基类数据集传入特征提取器，以及从 WordNet 上获取的共有属性信息，由共有属性信息引导属性信息融合，获得原始属性集，如图 2-1（b）所示。第三个阶段为测试集的新类数据测试阶段，在本阶段构建小样本基础任务，即 *N-way K-Shot* 任务进行测试，在本阶段需要获得两种分类分数——传统整体属性相似度分布和属性分布相似度，最终将利用一种相似度提升另外一种相似度，得到最后的分类结果，修正的融合过程以下进行阐述，这种修正机制的本质是一种双度量机制，基于属性的度量。

2. 模型细节

（1）主干网络结构。目前在小样本分类领域中，最常用的神经网络是卷积神经网络，尤其是残差网络，它使用残差连接来解决深度神经网络中的梯度消失问题。残差网络中的 BasicBlock 模块和 BottleNeck 模块可以通过增加网络的深度来减少梯度消失的问题，从而提高网络的性能。BasicBlock 模块和 BottleNeck 模块如图 2-2 所示。

其中 BasicBlock 模块是残差网络的基本结构，由两个卷积层和一个残差连接组成，用来构建深度神经网络。其中 BottleNeck 有三个卷积层，依次是 1×1，3×3，1×1，其中 1×1 卷积层的是用来改变特征图的通道数，也可以降低网络参数量。BasicBlock 和 BottleNeck 都可以用来解决梯度消失的问题。

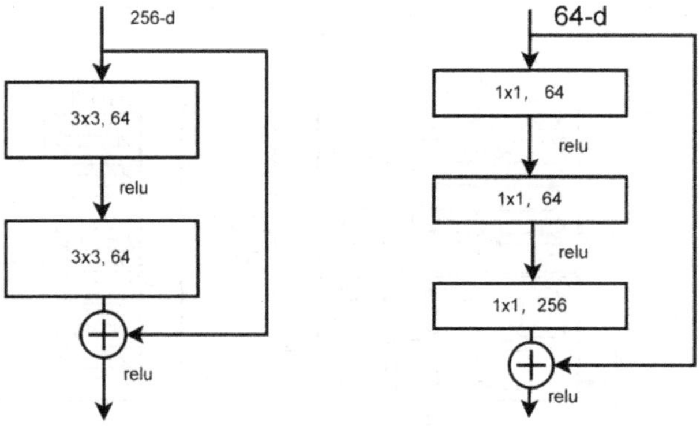

（a）BasicBlock 模块　　（b）BottleNeck 模块

图 2-2　BasicBlock 模块和 BottleNeck 模块

目前，在小样本分类领域，由于残差网络的优越性，研究人员普遍使用的主干网络是ResNet-12。在此，公平的和小样本分类领域的其他优秀的模型进行对比，因此，在 AMC 网络中所使用的主干网络也是 ResNet-12 见图 2-3。

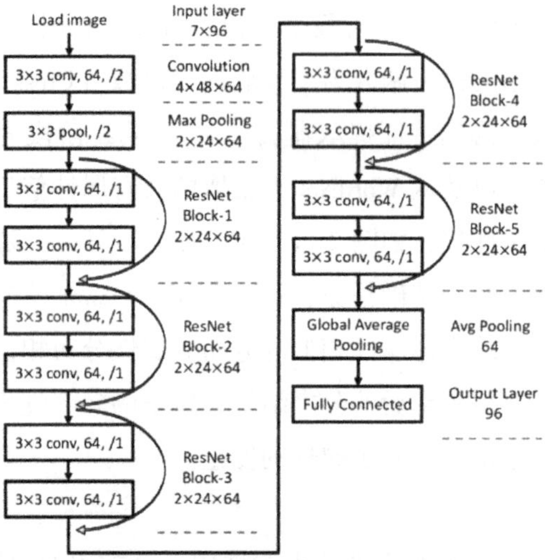

图 2-3　ResNet-12 网络结构

ResNet-12 是由一组残差块组成，每个残差块都由两个卷积层和一个快速加法操作构成。除了残差块，ResNet-12 还包含全局平均池化层、全连接层，以及 Softmax 激活函数等。

（2）余弦分类器。余弦分类器是一种机器学习算法，用于解决分类问题。

它的工作原理是通过计算两个向量之间的余弦相似度来判断它们是否相似。如果它们的余弦值接近 1，它们就很相似；如果余弦值接近 0，它们就不相似。余弦分类器要根据数据中的多个特征，才能判断它属于哪个类别。具体来说，存在 N 个类别，输入一个待分类样本 q，第 i 类的相似度计算如下：

$$x_i = \text{cosine}(s^{(i)},\ q) = \frac{(s^{(i)T},\ q)}{||\ s^{(i)}\ ||\ ||\ q\ ||},\ i = [1,\ 2,\ \cdots,\ N] \tag{2-1}$$

式（2-1）中，$s^{(i)}$ 是类别中的第 i 个类别特征；q 为查询集样本；cosine（$s^{(i)}$，q）计算 $s^{(i)}$ 和 q 的余弦相似度，N 为所有的类别总数。最终的分类结果：

$$p(y=i\mid x)=\frac{e^{-x_i}}{\sum_{t=1}^{N}e^{-x_t}} \tag{2-2}$$

最后，交叉熵损失函数用于评估预测结果与真实结果的差距，并且更新模型参数。

（3）网络预训练策略。在此，所使用的预训练策略和以往 Zhang 等人①相同，所用的皆是有监督预训练策略。

小样本分类的有监督预训练指的是利用少量的标签数据对模型进行预训练，以解决小样本分类问题。有监督预训练是指在预训练阶段，模型使用所有的标签数据进行训练。预训练的目的是让模型具备一定的通用性，以便在后续的微调阶段使用少量的标签数据对模型进一步调整。通过有监督预训练，可以在没有大量标签数据的情况下，仍然对模型进行有效的训练。这有利于解决小样本分类问题。

具体流程如算法 2-1 所示。

算法 2-1 AMC 算法预训练伪代码

输入：{x，y} ϵD_{base} 以及 {x，y} ϵD_{val}
输出：特征提取器（ResNet-12）
1. 创建随机初始化模型 ResNet-12：f_θ（·）
2. for epoch in {1，2，…，600} do
3. 传入训练集中的基类数据集 {x_i，y_i}
4. 计算交叉熵损失 L_{ce}（θ，x_i，y_i）
5. 更新模型参数：$\theta\to\theta-\nabla L$
6. end for
7. 保训练好的模型参数 θ
8. 设置初始化 bestAcc = 0. 0
9. 加载模型参数 θ
10. for epoch in {1，2，…，600} do
11. 传入训练集中的基类数据集 {x_i，y_i}
12. 计算交叉熵损失 L_{ce}（θ，x_i，y_i）
13. 更新模型参数 $\theta\to 0-\nabla L$
14. 计算 tempAcc = $Acc_{\{(x,y)\},D_{val}}$
15. bestAcc = Max（bestAcc，tempAcc）
16. end for
17. 返回 best θ 和交叉熵损失

经过上述预训练，模型能学习到好的映射空间，并且能尽可能多地获取基类的信息。在后续的实验中，也能在该模型上进行微调，以此提高模型的泛化能力。对于小样本分类，往往存在数据稀疏性、数据分布不平衡等问题，很难训练出一个具有良好泛化能力的模型。预训练可以帮助模型学到通用的特征表示，从而提高其在新任务上的泛化能力。在

① Zhang B，Li X，Feng S，et al. MetaNODE：Prototype optimization as a neural ODE for few-shot learning［C］// Proceedings of the AAAI Conference on Artificial Intelligence. 2022，36（8）：9014-9021.

小样本数据集上训练模型时容易出现模型退化的情况，即模型在训练过程中出现性能下降的情况。使用预训练模型可以有效避免这种情况的发生。

（4）整体属性原型计算。整体属性原型是小样本学习中的一种重要的特征。整体属性原型算法是一种通过构造若干个代表性的原型来描述数据分布的方法。该方法旨在数据样本很少的情况下有效地描述数据分布。整体属性原型算法通常通过对数据样本进行聚类或降维操作，以生成一组代表性的原型。这些原型可以用于学习数据的分布，以及识别新的数据点的分类。具体定义如下：

$$s^{(j)}=\frac{\sum_{x_i \in C_j} x_i}{|C_j|} \tag{2-3}$$

式（2-3）中，C_j 表示第 j 个簇，$|C_j|$ 表示该簇的大小，x_i 表示第 i 个数据点。

整体属性原型算法常常与其他机器学习技术结合使用，以在小样本学习中取得更好的性能。例如，可以使用支持向量机或决策树算法，在基于整体属性原型的数据表示的基础上进行分类。

总的来说，整体属性原型是小样本学习中的一种非常有效的技术，它通过构造数据分布的代表性原型，以提高分类的准确度。

（5）共有属性原型获得。共有属性的获得需要外部知识，即将类别的整体按照组成结构划分部件，并且找出共同属性并予以命名，这一外部知识的获取基于 WordNet，是一个标准的英文数据字典，说明了每一个类别拥有什么部位属性，共有属性存在于哪些类别，获取的这些共有属性就是在此所使用的属性。即将数据集中类别传入 WordNet 中，获取属性信息。WordNet 将类别和类别共有属性之间建立联系并能归纳，通过 WordNet 获得的类别整体属性和类别共有属性。WordNet 映射的属性关系如图 2-4 所示。

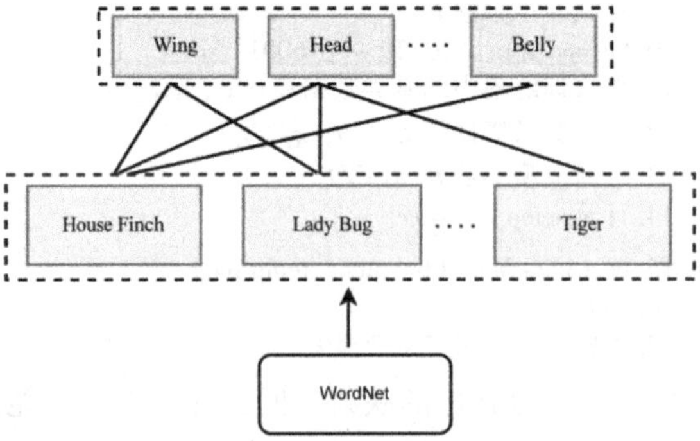

图 2-4　WordNet 映射的属性关系

获得共有属性原型的方式和整体属性原型的计算方式类似，其特点在于将拥有同一部件特征的整体属性原型进行融合，具体定义如下：

$$a^{(j)}=\frac{1}{|D_{base}^{a_i}|}\sum_{(x_i,\ y_i)\in D_{base}^{a_i}} f_\theta(x_i) \tag{2-4}$$

式（2-4）中，$a^{(j)}$ 代表第 j 个属性；$D_{base}^{a_i}$ 代表拥有 i 个属性标签类别样本的集合的大小；f_θ（·）表示特征提取器；x_i 和 y_i 表示类别下的第 i 个样本和标签。在计算完后，使用一个属性容器来收集这些属性并人工删除重复的、共有度低的属性，最后保留下来的属性数量为 H 个。

（6）共有属性选择策略。下面将介绍共有属性选择策略。以上得到了原始属性集，而且直觉上，模型没有特别注意某些属性，对于建立原始属性与查询样本和支持样本之间的相关性是相等的，这并不适合所有情况。有人担心不同的属性在建立属性和样本之间的联系方面有不同的贡献，因此，网络应该学会选择属性，获得更为合适的属性。在 *N-way K-shot* 小样本分类设置的指导下，根据 LLE 算法为每个支持类选择 K 个属性。

其中 LLE（Locally Linear Embedding）算法是一种非线性降维算法，将高维数据嵌入低维空间中，同时保留局部的线性结构。该算法基于以下两个假设：①数据在高维空间中局部呈线性关系；②低维空间中的数据点能够通过高维空间中其邻近的数据点线性组合得到。

由于 LLE 算法可以由周围的 k 个最近的邻接点来代表，因此可以得出结论，LLE 算法存在选择能力，这一点是可以满足所期望的，即一些特殊的属性可以被新类和查询样本选择。具体算法伪代码如算法 2-2 所示。

算法 2-2 LLE 算法挑选属性

输入：$A=\{a^{(1)},\cdots,a^{(H)}\}\epsilon R^{C\times H}$ 原始属性矩阵，$q\in R^C$：查询集的原型向量，$s^{(1)}\epsilon R^C$：第 i 个新类的整体属性原型，k：距离每个样本最近的属性数目，C：投影空间的维度，C'：降维后的维数，H：原始属性集的属性个数

输出：挑选后的 k 个属性以及降维后的$\hat{q}$ 和$\hat{s}^{(i)}$

1. for i in {1, 2, ⋯, H} do
2. 通过欧几里得距离公式找到与 $a^{(i)}$ 最近的 k 个相邻的属性，得到 $A_i=\{a^{(1,i)},\cdots,a^{(1,k)}\}\epsilon R^{C\times k}$
3. 计算协方差矩阵，得到 $M^i=(A^{(i)}-A_i)^T(A^{(i)}-A_i)\epsilon R^{k\times k}$，其中 $A^{(i)}=\{a^{(1)},\cdots,a^{(1)}\}\epsilon R^{C\times k}$
4. 计算权重相关联向量，得到 $\omega^{(i)}=\dfrac{(M^i)^{-1}1^k}{1_k^T(M^i)^{-1}1^k}\epsilon R^k$，其中 1^k 为全 1 向量
5. end for
6. 计算矩阵，得到 $M=(I_H-W)(I_H-W)^T\epsilon R^{H\times H}$，其中 I_H 是全 1 矩阵，W 是每个 $\omega^{(i)}$ 之间的线性关系矩阵，当 $a^{(i)}$ 是 $a^{(j)}$ 的第 k 个邻居其中 $W_{ij}=W_k^{(i)}$，否则为 0；
7. 获取降维后的属性矩阵 $\hat{A}=\{\hat{a}^{(1)},\cdots,\hat{a}^{(H)}\}\epsilon R^{C'\times k}$，$\hat{A}$ 中的第 i 行是矩阵 M 的第（i+1）个最小特征值所对应的特征向量
8. 对查询样本 q 进行处理
9. 根据第 2 步在 A 中找到 k 个最近的属性，计算 $A_q=\{a_q^{(1)},\cdots,a_q^{(1)}\}\epsilon R^{C\times k}$
10. 在 $\hat{A}$ 中找到 A_q 的 k 个对应降维的向量：$\hat{A}_q=\{a_q^{\hat{(1)}},\cdots,a_q^{\hat{(1)}}\}\epsilon R^{C'\times k}$
11. 根据第 3 步和第 4 步计算权重关联向量 $\hat{A}_q=\{a_q^{\hat{(1)}},\cdots,a_q^{\hat{(1)}}\}\epsilon R^{C'\times k}$
12. 计算查询样本 q 的降维向量 $\hat{q}$：$\hat{A}_q\omega_q\epsilon R^{C''}$
13. 输出 $\hat{q}$
14. 结束
15. 对 $s^{(i)}$（进行和 q 相同的处理，计算 $s^{\hat{(i)}}$

（7）共有属性分布的相似度修正整体属性原型相似度策略。首先在此提出的策略旨在将共有属性分布相似度和整体属性原型相似度结合起来，提出的方法需要计算支持类与第 n 个支持类的属性之间的属性分布，查询样本与第 n 个支持类的属性之间的属性分布；然后计算属性分布的相似性，以及计算类别相似性，通过计算查询样本和每一个支持类的相似，确定类别相似性；最后根据两个相似性的融合值得到最后的分类。具体算法伪代码如算法 2-3 所示。

算法 2-3　相似度修正伪代码

输入：降维后的属性矩阵 $\hat{A}=\{\hat{a}^{(1)}, \cdots, \hat{a}^{(H)}\} \epsilon R^{C' \times H}$，$q \epsilon R^{C}$ 查询集的原型向量，$s^{(i)} \epsilon R^{C}=$：第 i 个新类的整体属性原型，$\hat{q} \epsilon R^{C'}$：LLE 算法降维后的查询集的原型向量，$\hat{s}^{(i)} \epsilon R^{C'}$：LLE 算法降维后的第 i 个新类的整体属性原型，k：距离每个样本最近的属性数目，C：投影空间的维度，C'：降维后的维数，H：原始属性集的属性个数

输出：修正后的相似度

1. 计算整体属性原型相似度：$\zeta_i^{(i)} = \text{cosine}(s^{(n)}, q) = \frac{(s^{(i)T}q)}{|| s^{(i)} |||| q||}$
2. 计算查询样本 q 属性分布：$\rho_q = \text{cosine}（q, \hat{A}）$
3. 计算新类属性分布：$p_s^i = \text{cosine}（s^{(i)}, \hat{A}）$
4. 计算共有属性分类相似度：$\theta^{(i)} = \text{cosine}（s^{(i)}, \hat{A}）$
5. 共有属性分布分类相似度修正整体属性原型相似度：$\varphi^{(i)} = \alpha \times \theta^{(i)} + (1-\alpha) \times \zeta_i^{(i)}$

3. 算法伪代码

通过以上对模型框架和模型细节的分析研究，模型的整体过程如算法 2-4 所示。

算法 2-4　AMC 模型算法伪代码

输入：D_{base}，D_{novel}，D_{base} 是基类数据集，D_{novel} 是新类数据集

输出：在 D_{novel} 进行 E 个 *N-way K-Shot* 任务的平均准确率

1. 在基类数据上进行算法 3-1 预训练，所使用的主干网络为 ResNet-12，预训练结束后保存 ResNet-12 的主干网络参数，将主干网络作为特征提取器 f_θ（·）
2. 通过特征提取器 f_θ（·）对 D_{bsee} 计算整体属性原型，并保存
3. 将 D_{base} 导入 WordNet 获取共有属性引导信息
4. 在共有属性信息的引导下，通过特征提取器 f_θ（·）计算共有属性原型，并保存
5. 在 D_{base} 进行了 80 个 iterations，每个 iteration 进行了 600 个 epoch 的元训练
6. 在新类数据上构建了 E 个 *N-way K-Shot* 任务
7. 初始化 acc= [　]，记录每一个任务的准确率
8. for e in E do

9. 对每个任务的新类和查询样本进行整体属性原型

10. 利用算法 3-2 得到降维后的查询样本和新类的整体属性原型

11. 利用算法 3-3 对原始的整体属性原型、降维后的整体属性原型以及共有属性信息进行计算得到最后的相似度

12. 在分类模型中对最后的相似度进行预测，计算当前任务的分类准确率，并且记录到 acc 中

13. end for

14. 返回最后的 acc 平均值

4. 分类策略

分类标准并非由原来的单一度量而决定，最终的度量标准是由整体属性原型相似度和共有属性分布相似度决定，度量修改策略如图 2-5 所示。

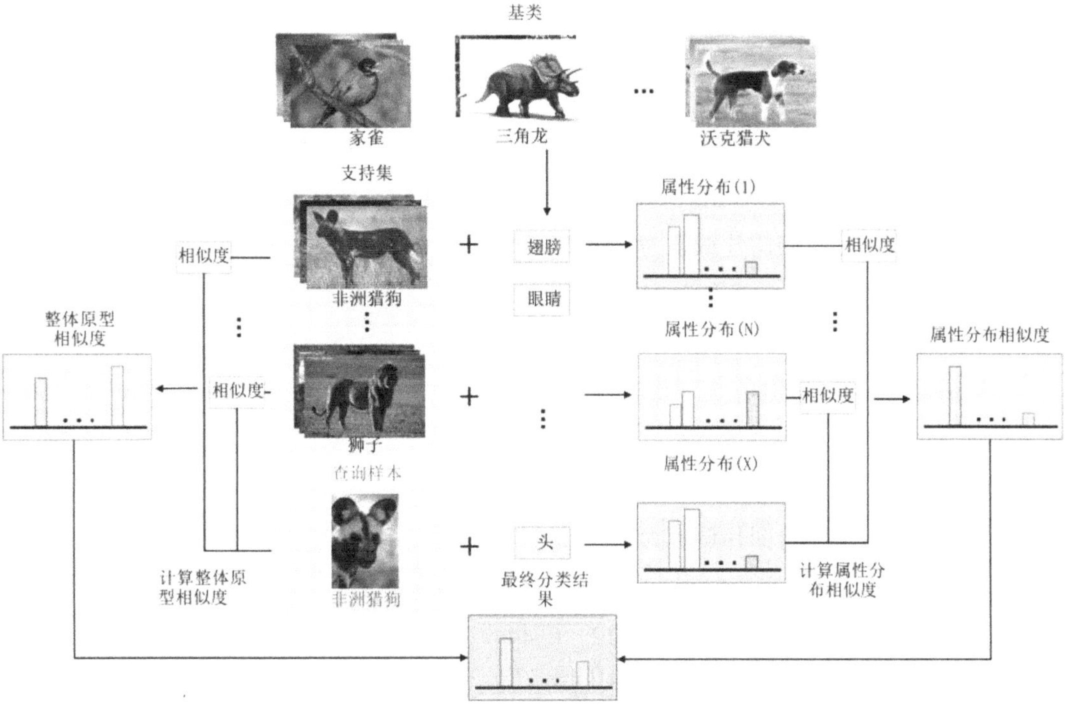

图 2-5　度量修改策略

具体来说，查询样本的具体分类需要结合属性分布相似度和整体原型相似度。其中，图中间的属性是由基类所产生的；右侧根据查询样本和支持类的属性分布，确定属性分布相似度。右侧的相似度是计算查询样本和某一支持类在属性上的分布相似性大小，而左侧则是在计算查询样本和某一支持类的整体原型的相似性大小，最后两者结合，获得最终的分布相似度，得到分类结果。

（二）实验设置与结果分析

1. 实验环境配置及参数设置

（1）实验环境配置。具体实验环境见表 2-1。

表 2-1 具体实验环境

名称	信息
CPU	Intel（R）Core（TM）i7-7700K
内存	4. 206Hz
硬盘	62G
GPU	NVIDIA GeForce RTX 2080Ti
操作系统	Ubuntu 18. 04（64 位）
编程语言	Python 3. 7. 0
深度学习框架	Pytorch 1. 8. 10
编译平台	PyCharm

（2）参数设置。在此使用的数据集为 miniImageNet、tieredImageNet 以及 CUB-200-2011，在其训练时需要对其进行预处理。具体操作如下。

①RandomResize，将图片调整为 92×92px。

②CenterCrop，从中心裁剪为 84×84。

③AndomHorizontalFlip（），使用默认参数。

④Normalize，设置均值 = [0. 4712，0. 4499，0. 4031]，方差 = [0. 2726，0. 2634，0. 2794]。

测试时的预处理操作如下。

①RandomResize，将图片调整为 92×92。

②CenterCrop，从中心裁剪为 84×84。

③Normalize，设置均值 = [0. 4712，0. 4499，0. 4031]，方差 = [0. 2726，0. 2634，0. 2794]。

（3）训练设置。在预训练的过程中，所使用的优化算法为 SGD，所使用的学习率为 0. 1，优化策略为 cosine，使用交叉熵损失函数，miniImageNet、tieredImageNet、CUB 训练次数为 200。

（4）新类测试设置。在此提出的属性度量修正的小样本分类算法按照严格的 *N-way K-shot* 任务设定。在实验中，按照 5-*way K-shot* 的设置，$K=1$，5，具体来说，一共有 5 个类，每个类共有 K 张支持集数据，每个任务查询集的样本数量为 15。

训练和测试关键参数设置见表 2-2。

表 2-2　训练和测试关键参数设置

参数名称	参数值
图像大小	84×84
预训练次数	200
优化器	SGD 算法
初始化学习率	0.1
优化器策略	Cosine
查询样本个数	15
测试任务个数	600

2. 实验数据集

根据小样本分类的特性，所使用的数据集为 miniImageNet、tieredImageNet 以及 CUB-200-2011。接下来将对其进行介绍。

（1）miniImageNet。该数据集是 ILSVRC-12 数据集的子集，每类有 600 张图像，总体有 100 个类。在设置中，分别需要 64 个、16 个和 20 个类作为训练集、验证集和测试集。如图 2-6 所示，展示了 miniImageNet 杯子类部分样例。

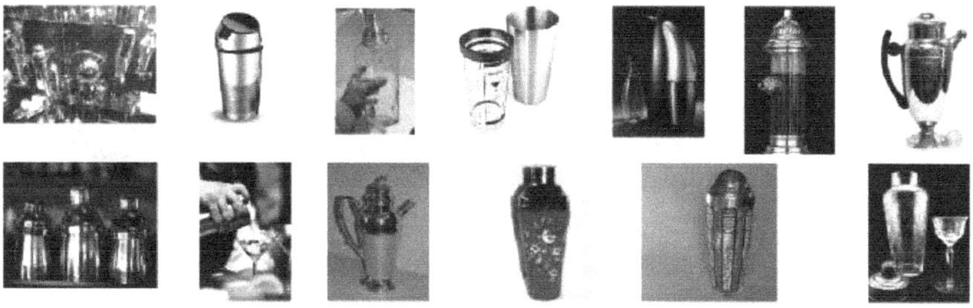

图 2-6　miniImageNet 中杯子类的部分样例

（2）tieredImageNet。tieredImageNet 是在 miniImageNet 数据集的基础上构建而成，包含 34 个高层次的类别，每个高层次类别包含 5 个低层次类别，每个低层次类别包含 600 张 28×28 的彩色图像。其中，训练集包含 20 个高层次类别，每个高层次类别包含 15 个低层次类别，每个低层次类别包含 16 个样本；验证集和测试集各包含 7 个高层次类别，每个高层次类别包含 15 个低层次类别，每个低层次类别包含 20 个样本。在设置里，分别需要 20 个高层次类别（351 个低层次类别），6 个高层次类别（97 个低层次类别）以及 8 个高层次类别（160 个低层次类别）作为训练集、验证集和测试集。如图 2-7 所示，展示了壁虎类部分样例。

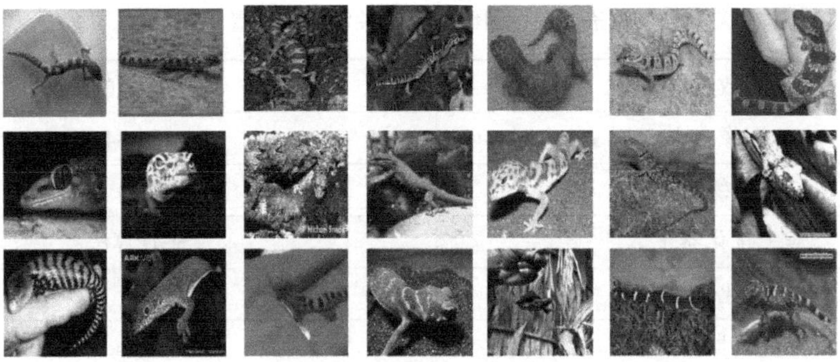

图 2-7 壁虎类部分样例

(3) CUB-200-2011。CUB-200-2011 数据集是针对鸟类图像分类而构建的，包含 200 个类别，每个类别包含大约 60 张图像，图像尺寸大小不一，如图 2-8 所示，展示了 CUB 部分类别的样例。其中 50 个为验证集，50 个为测试集，100 个为训练集。

图 2-8 CUB 部分类别的样例

3. 实验结果与分析

在此将基于属性度量修正的小样本分类算法和其他优秀的度量学习算法、基于语义知识的算法做比较。将尽量地选择以 ResNet-12（12 层的残差网络）为主干网络的模型，同时也有少量的 ResNet-18（18 层的残差网络）和 ResNet-10（10 层的残差网络）的网络和 ConvNet-4（4 层的卷积神经网络），这也是由于这些网络的经典才进行对比。比较结果如表 2-3 至表 2-5 所示。

表 2-3 miniImageNet 实验结果

模型	主干网络	类型	5-way 1-shot	5-way 5-shot
MN	ConvNet-4	度量学习	46.60%	60%
PN	ConvNet-4	元学习	49.92±0.78%	68.20±0.66%
CTM	ResNetl8	度量学习	62.05±0.55%	78.63±0.06%
SRetoreNet	ResNetl8	度量学习	61.14±0.22%	—

续表

模型	主干网络	类型	5-way 1-shot	5-way 5-shot
CAN	ResNetl2	度量学习	63. 85±0. 48%	79. 44±0. 34%
Negative Margin	ResNetl2	度量学习	63. 85±0. 81%	81. 57±0. 56%
ConstellationNet	ResNetl2	度量学习	64. 89±0. 23%	79. 95±0. 17%
Meta-baseline	ResNetl2	元学习	65. 31±0. 51%	81. 26±0. 23%
DeepEMD	ResNetl2	度量学习	65. 91±0. 82%	82. 41±0. 56%
FreeLunch	ResNetl2	元学习	67. 31±0. 83%	82. 30±0. 30%
TriNet	ResNetl8	基于语义	58. 12±1. 37%	76. 92±0. 69%
FSLKT	ConvNet-128	基于语义	64. 42±0. 72%	74. 16±0. 56%
AM3-PNet	ResNetl2	基于语义	65. 21±0. 30%	75. 20±0. 27%
SEGA	ResNetl2	基于语义	69. 04±0. 06%	79. 03±0. 18%
CFA	ResNetl8	基于属性	58. 50±0. 80%	76. 60±0. 60%
CPDE	ResNetl2	基于属性	63. 21±0. 78%	79. 68±0. 82%
AMCNet （Ours）	ResNetl2	基于属性	67. 02±0. 42%	82. 16±0. 50%
AMCNet （Cropped）	ResNetl2	基于属性	67. 07±0. 40%	82. 21±0. 50%

表 2-4 tieredImageNet 实验结果

模型	主干网络	类型	5-way 1-shot	5-way 5-shot
PN	ConvNet-4	度量学习	53. 31±0. 89%	72. 69±0. 74%
RN	ConvNet-4	度量学习	54. 48±0. 93%	71. 32±0. 78%
CTM	ResNet18	元学习	64. 78±0. 11%	81. 05±0. 52%
Meta-baseline	ResNet18	元学习	68. 62±0. 27%	83. 74±0. 18%
DeepEMD	ResNet12	元学习	71. 16±0. 87%	86. 03±0. 58%
AM3- Net	ResNet12	基于语义	67. 23±0. 34%	78. 95±0. 22%
CAN	ResNet12	基于语义	69. 89±0. 52%	84. 23±0. 37%
SEGA	ResNet12	基于语义	72. 18±0. 30%	84. 28±0. 21%
AMCNet （ours）	ResNet12	基于属性	72. 61±0. 47%	85. 83±0. 46%

表 2-5 CUB-200-2011 实验结果

模型	主干网络	5-way 1-shot	5-way 5-shot
LCR	ResNet-10	53. 6%	74. 6%
Tri Net	ResNet18	69. 61±0. 46%	84. 10±0. 35%
RestoreNet	ResNet18	74. 32±0. 91%	—
SRestoreNet	ResNet18	76. 85±0. 95%	—

续表

模型	主干网络	5-way 1-shot	5-way 5-shot
CFA	ResNet18	79. 90±0. 80%	86. 80±0. 50%
CPDE	ResNet12	80. 11±0. 34%	89. 28±0. 33%
Negative Margin	ResNet12	72. 66±0. 85%	89. 40±0. 43%
CENTAlign	ResNet18	74. 22±1. 09%	88. 65±0. 55%
CC	ResNet12	79. 02±0. 43%	90. 80±0. 63%
CFA	ResNet18	77. 22±0. 14%	89. 58±0. 27%
AMCNet（ours）	ResNet12	82. 34±0. 61%	92. 11±0. 53%

（1）小样本粗粒度分类。表 2-3 和表 2-4 显示了所提出的方法在粗粒度数据集上的实验结果，将此方法与度量学习、元学习以及基于语义的方法进行了评估和对比。在 miniImageNet 数据集 5-*way* 1-*shot* 的任务设定下，效果虽然没有超过所有的相关方法，但是性能最高的方法 SEGA 属于基于语义的范畴，也就是通过借助了额外的语义信息进行性能提升，而在此提出的方法没有利用语义信息。在 5-*way* 5-*shot* 的任务设定下，效果相对于 1-*shot* 来说，更具有瞩目的竞争力。对于 tieredImageNet 数据集的任务设定中，尤其是在 5-*way* 1-*shot* 的设定中，效果达到了最佳，超过其他方法中最好结果的 1. 45%。并且在 5-*way* 5-*shot* 的设定中，也仍然具有很强的竞争力。对于基于属性分布的方法来说，在两个数据集上均表现最好，在 miniImageNet 数据集 5-*way* 1-*shot* 的任务设置中，超过 CPDE 3. 81%，而在 5-*way* 5-*shot* 的任务设定中，超过 CPDE 2. 53%。

通过上述实验结果进行分析发现，所提出的 AMCNet 模型，利用属性度量修正的方法，能缓解当前任务因为数据量不足而导致的容易过拟合，模型泛化能力差的问题。并且，该方法相对于其他的方法来说，具有很强的竞争力，尤其是相对于同样是基于属性的方法而言。基于语义的技术充分运用了外部信息，此方法使用的是像素信息帮助分类。从上述结果来看，AMCNet 能很好地适应于粗粒度的小样本分类任务。

（2）细粒度小样本分类。见表 2-5 所列，根据 CUB-200-2011 的实验结果，注意到，在此提出的方法的试验结果优于基础网络（CC），证明了所提出的模型不光在粗粒度分类任务中有效，在细粒度分类上同样有效。在 1-*shot* 和 5-*shot* 的方案中，模型的效果优于表中的最佳模型。1-*shot* 和 5-*shot* 的任务测试中，分别超过了 2. 23% 和 1. 93%。通过 CUB 的实验结果进一步证明了基于属性度量修正的小样本分类的有效性。

（3）模型修正超参数 α 影响。在 miniImageNet 和 tieredImageNet 上进行了几次实验，以显示属性分布相似度修正后的效用。改变了 α 的数字，以反映最终的分类分数是如何被属性分布相似度影响的，α 是两个相似度的比率。比较结果如图 2-9 所示。

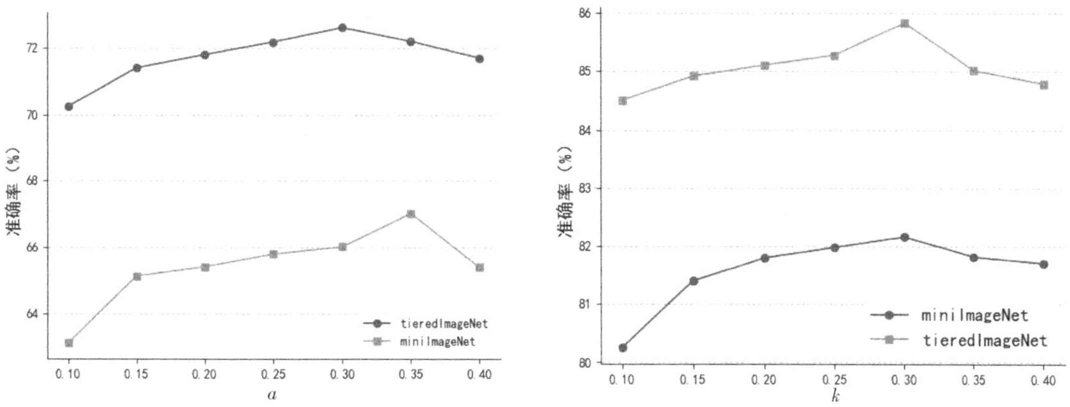

（a）对 5-*way* 1-*shot* 的实验结果的影响　　（b）对 5-*way* 5-*shot* 的实验结果的影响

图 2-9　修正比率对 miniImageNet 和 tieredImageNet 的实验结果的影响

从图 2-9（a）的结果可以看出，对于 1-*shot* 任务，当 α 在 0.3 和 0.35 之间时，属性分布相似性的表现最好。对于 5-*shot* 的任务，α 应在 0.25 和 0.30 之间，以达到最佳效果。这些现象表明，当 *shot* 数量增加时，属性分布相似性的功效会降低，而整体属性相似度的重要性会增加，因为测试集的数据可能会产生更准确和可靠的分类分数。因此，随着样本量的减少，属性分布相似性的表现更好。此外，对于大数据集来说，对 tieredImageNet 的促进作用要低于 miniImageNet 的促进作用，原因在于小数据集可学习的信息更少，能够被修正的空间更大。根据这一结果，使用较小的数据集会增加属性分布相似性对分类效果的影响。因此，属性分布相似性适合于小样本数据集的分类。

（4）属性个数超参数 *k* 的影响。在 AMCNet 中对属性个数 *k* 的经验调查结果显示，必须选择适当个数的属性来结合整体属性相似度利用属性分布相似性。选择合适的方法是极其重要的。为此，通过改变了 *k* 的值，并在 miniImageNet 上使用 1-*shot* 和 5-*shot* 两种设置进行对比实验。如图 2-10 所示，*k* 的值会影响实验结果。因此得出结论：应该为每个任务挑选合适的属性个数。

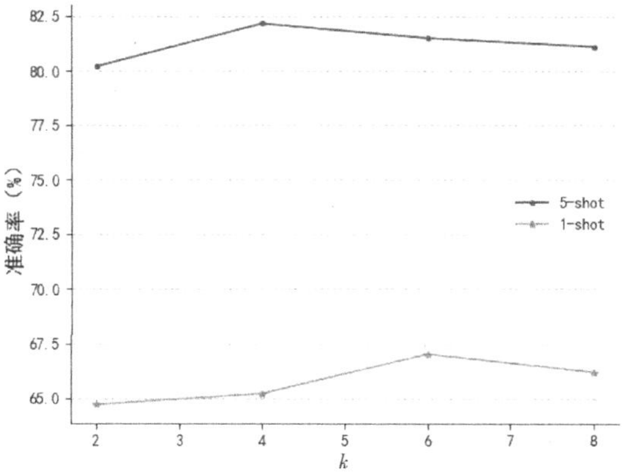

图 2-10　挑选属性的个数对 miniImgeNet 的实验结果的影响

（5）预训练模型的影响。这里，通过研究从不同的预训练的模型中收集属性，以研究特征提取能力的影响。更具体地说，通过预先训练 ConvNet-4 和 ResNet-12 来产生所需的属性。预先训练的 ResNet-12 被用于其余步骤，以保证试验的公平性。实验在选择最优的 α 的条件下进行。如图 2-11 所示，揭示了 ResNet-12 的属性比 ConvNet-4 有很大的改进。众所周知，使用 ResNet-12 的预训练模型有更好的特征提取能力，而且也会看到，通过 ResNet-12 从 1-*shot* 到 5-*shot* 的提升比 ConvNet-4 多。这表明，特征提取能力的质量决定了属性分布相似性对模型提升的有效性。

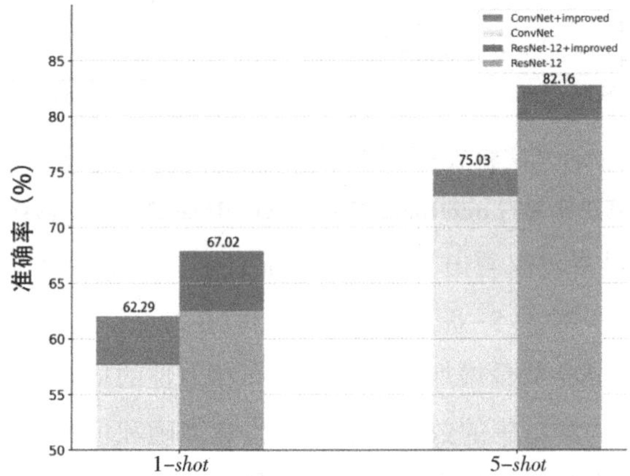

图 2-11　ConvNet 和 ResNet-12 预训练获得的属性对实验结果的影响

（6）图片背景的影响。上述发现表明，由于一个好的特征提取器可以从训练集中尽可能多地提取出重要的数据并排除不相关的数据，特征提取能力可能对此研究结果有影响。之后将仔细研究背景数据是否可能进一步影响实验结果。

根据与真实类中心的距离，从 miniImageNet 的基础类中随机选择 4 个类，然后从每个类中选择 4 个最近和最远的样本，将其中一些样本展示出来，如图 2-12 所示。

图 2-12　距离中心点最远和最近的图片样例

值得注意的是，最远的样本有较少的前景信息和较多的背景噪声，而最近的则有较多的前景信息。因此，从 miniImgaeNet 训练集的图片中随机选择了两类进行裁剪，重点是背景噪声较多、前景信息较少的图片。被裁剪的样本分布更加集中，如图 2-13 所示。

（a）样本裁剪前　　　　（b）样本裁剪后

图 2-13　类别聚簇可视化

由于裁剪的训练集数量不多，所以提升的幅度不大。因此，也可以得出结论，提出的方法还有一个地方有很大的改进空间，可以在模型进行预训练后手动裁剪训练集的样本，重新进行后续的实验，模型可以得到进一步的改进，这种做法不需要对测试样本进行特殊处理，所以在此提出的方法是打破常规的，吸引研究人员将注意力从测试集样本转移到如何进一步利用训练集样本的地方。

二、基于属性对比学习的医学小样本分类算法

深度学习被证明可以帮助医疗从业者进行诊断。但由于医疗数据的特殊性，目前很少有可观的精确标注的数据集，这需要熟练的医疗人员花费大量的时间和工作。

目前，深度学习已经协助了一些医疗状况的诊断，其中包括与大脑、眼科、皮肤科、环口呼吸系统有关的诊断。比如，在眼科诊断方面，许多头颈部疾病的临床症状与眼部疾病有关。由于没有足够有经验的眼科医生，所以眼科医生经常根据自己的经验来决定病人的疾病是否属于眼科的范围，耽误了治疗的最佳时机，浪费了大量的医疗资源，而且培养一个有经验的医生需要大量的时间和金钱。这两年眼科疾病的患者越来越多，问题也越来越严重。此外，大数据分析也可用于识别各种不常见的眼部疾病，如早期视神经萎缩。相似疾病还有其他几种，诸如皮肤病和口腔病等。因此，在资深医生匮乏的时候，计算机辅助应用可以帮助年轻和没有经验的医生进行医疗诊断，帮助患者及时就医治病，提高诊断效率并减少误诊率，故计算机辅助诊断是极其重要的。

基于以上分析，恰当的计算机辅助方法研究是十分有意义的，小样本学习可以帮助医学诊断。医学诊断是一项高度复杂的任务，需要医生具备丰富的经验和知识。而小样本学习可以通过少量的数据，帮助医生在新的病例中进行快速的诊断和预测。目前小样本学习在多个研究领域都有发展，而不同的领域存在相同亟待解决的问题。

在此，将会讨论基于属性对比学习（Attribute Contrastive Learning，ACL）的医学小样本分类算法，主要研究的方面有两个：一是研究目标背景属性对准确率的影响，因此提出了对比学习的方式进行图像识别；二是将以上提出的方法应用到医学领域，进一步提升模型的准确率。从实验结果上来看，能得出的结论是小样本学习的方法能在医学领域落地，并非只是纸上谈兵。

（一）医学小样本分类存在的问题

小样本应用到具体领域需要去研究该领域的特殊性，而在医学领域，小样本分类会面临一些特殊的问题，包括但不限于以下几个方面。

（1）样本数量有限。在某些医学领域，例如罕见病或特定癌症等领域，可用于训练的样本数量非常有限，导致难以使用传统的深度学习方法来训练准确的分类器。

（2）类别不平衡。在医学领域，不同疾病或病情的样本数量可能会非常不平衡，这会导致训练的模型过于偏向于数量更多的类别，而忽略了数量较少的类别，导致分类器的准确性受到影响。

（3）数据质量问题。医学数据往往来自医院或实验室，可能存在一些噪声、缺失或错误的数据，这会导致模型的性能受到影响。

（4）跨域数据问题。医学数据的来源可能来自不同的医院、实验室或数据集，由于数据分布的不同，可能存在一定的域偏移问题，这会导致模型在新数据上的性能表现较差。

除此之外，用来可供医生研究的医学影片也和传统图片不一样，也存在一些特殊的地方，包括但不限于以下几个方面。

（1）疾病可能存在并发症。对于一些疾病，它的病发容易产生不同的并发症，比如说糖尿病最常见的并发症有膀胱炎、肾盂肾炎、毛霉病等。因此并发症也能够作为判断病情的参考之一。

（2）非病发区域在图中占比少。一般来说，非发生病变区域在影片中占比小，常见的眼科影片，只拍摄眼部区域。

针对这些问题，小样本学习在医学领域具有重要的意义。小样本学习方法可以通过利用先验知识、元学习等技术来缓解数据稀缺和类别不平衡等情况，同时可以有效利用不同的网络或者不同领域的模型提高诊断准确率。

（二）实验设置

1. 参数设置

在此使用的数据集为 ISIC2018 以及 SPPH，在其训练时需要对其进行预处理。具体操作如下。

①RandomResize，将图片调整为 92×92。

②CenterCrop，从中心裁剪为 84×84。

③RandomHorizontalFlip（），使用默认参数。

④Normalize，设置均值 = [0.4712，0.4499，0.4031]，方差 = [0.2726，0.2634，0.2794]。

2. 训练设置

在预训练过程中，使用的优化算法为 SGD 算法，所使用的初始学习率 0.05，优化策略为 cosine，使用交叉熵损失函数训练模型，ISIC2018 和 SPPH 数据集的训练次数为 200，冲量设置为 0.999。

3. 新类测试设置

在此提出的基于属性对比学习的小样本分类算法按照严格的 *N-way K-shot* 任务设定。在进行的实验中，按照 5-*way K-shot* 的设置。具体来说，一共有 5 个类，每个类共有 *K* 张支持集数据，每个任务的查询样本数量为 15。将前面设计的属性分布的度量修正模块中的关键参数进行设置，其中的 LLE 算法设置的 $k_{lle}=3$，$\alpha=0.33$。任务采样总数为 600。

训练和测试关键参数设置见表 2-6。

表 2-6　训练和测试关键参数设置

参数名称	参数值
图像大小	84×84px
预训练次数	200
优化器	SGD 算法
初始化学习率	0.05
优化器策略	cosine
查询样本个数	15
测试任务个数	600
k_{lle}	3
α	0.33

4. 实验数据集选取

以下实验所使用的数据集为 ISIC2018 皮肤病数据集，实验室内部眼科数据集 SPPH，接下来对其进行介绍。

（1）ISIC2018 皮肤病数据集：数据集由国际皮肤成像合作组织（ISIC2018）提供，包括 10015 张皮肤病图片，这些图片已经被专家病理学家标记为七类皮肤病之一。在全部图片中，有 7515 张属于训练集，而剩下的 2500 张则根据标准的训练/测试分割，属于测试集。在大多数情况下，尽管并不总是如此，但目标病变是在图像的中心，如图 2-14 所示，展示了 ISIC2018 部分皮肤软组织良性病变样例。

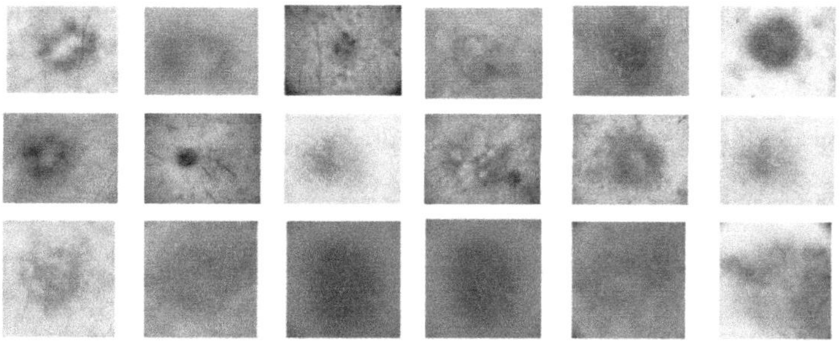

图 2-14　ISIC2018 部分皮肤软组织良性病变样例

（2）实验室眼科数据集：私人 SPPH 视网膜眼底数据集是从一家每年为 100 多万人服务的地区性医院收集的，包含 17128 张彩色图像，这些图像来自 4231 名患者，可以分为 18 类。这些图像的分辨率为 1732×1732px，为了进行实验，这些图像被调整为 224×224px，如图 2-15 所示，展示了部分视网膜静脉阻塞病变样例。

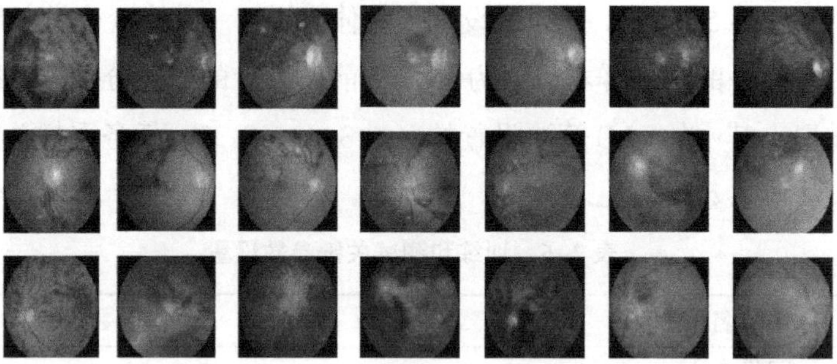

图 2-15　部分视网膜静脉阻塞病变案例

在实验中使用了标准的数据集训练/测试分割。其中，13 个类别包含 15360 张图片作为训练数据集，其余 5 个类别包含 6582 张图片作为测试数据集。

为了在两个数据集上进行实验，将 ISIC2018 图像在元训练集或预训练集和元测试集中分别选择三个类别，创建 3-*way* *K*-*shot* 分类任务，数据分布如图 2-16（a）所示。私人 SPPH 数据集的数据分布如图 2-16（b）所示。其中白色代表训练类别，灰色代表验证集，黑色代表测试类别，SPPH 的类别数量比 ISIC 的数量多。

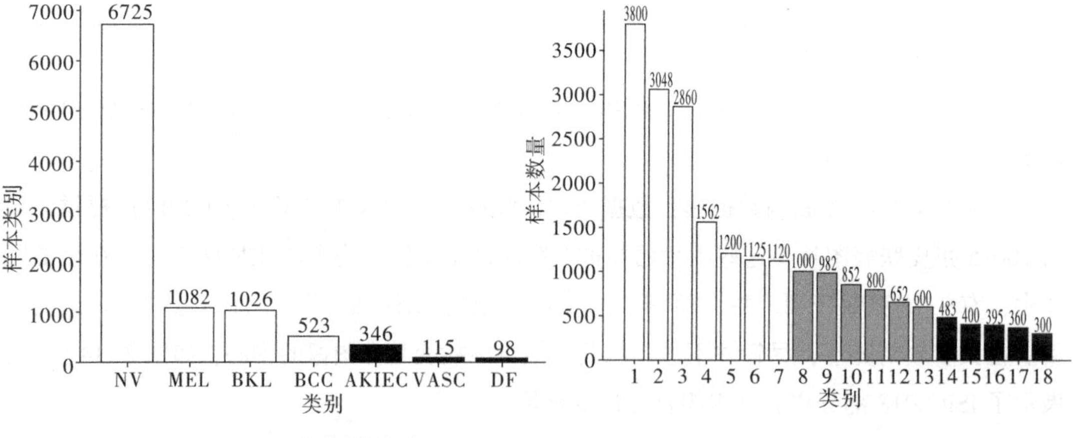

（a）ISIC2018 皮肤病数据集　　（b）私人 SPPH 眼科数据集

图 2-16　数据集的划分

（三）针对医学领域的对比学习方案设计

1. 模型框架

实验将选取 Examplar 作为源网络模型，在改进的基础上，将以上设计的基于属性度量修正的小样本分类算法应用到该模型当中，实现基于属性的小样本分类算法在医学领域上的应用。基于属性对比学习的医学小样本分类框架如图 2-17 所示。

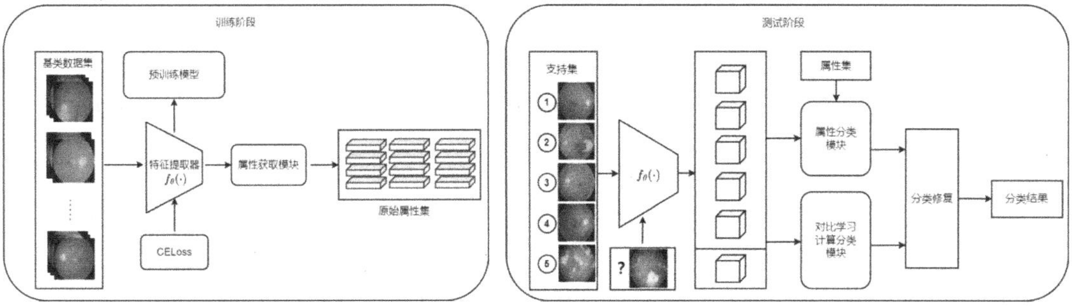

（a）训练阶段 （b）测试阶段

图 2–17 基于属性对比学习的医学小样本分类框架

2. 特征提取器

特征提取器的组成结构为 ResNet–12+注意力机制，特征提取器的结构如图 2–18 所示。

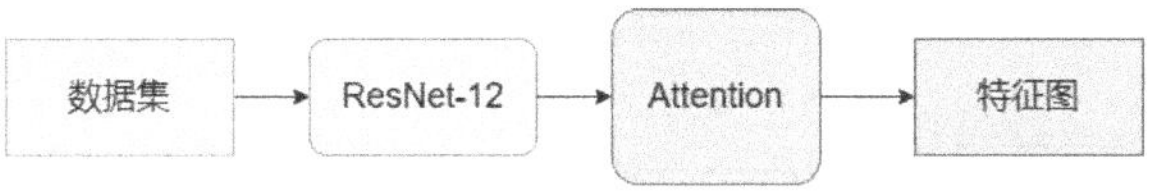

图 2–18 特征提取器结构

其中注意力的目的是使模型能关注到输入的关键属性，忽略不重要的属性。重点在于研究后景属性和前景属性的影响，因此如何屏蔽后景属性是工作的重点，而自注意力机制是在对比网络之后进一步地屏蔽后景属性，从而提升模型的性能，注意力模块结构如图 2–19 所示。

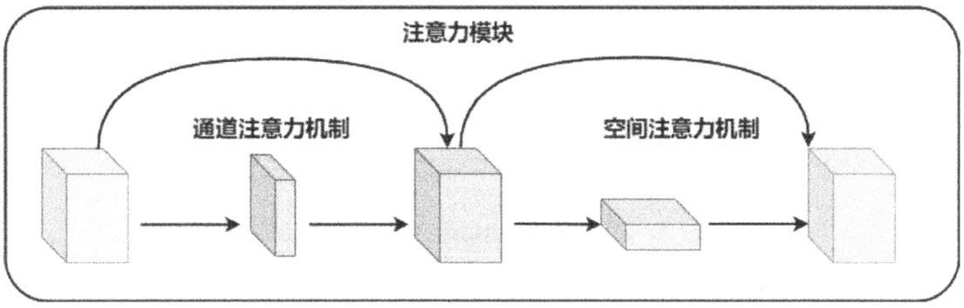

图 2–19 注意力模块结构

3. 模型设计原理

在小样本分类中，其主要目的是提高模型的性能。此研究和应用领域为医学影像，而医学和标准的小样本数据集的特点不同，因此需要根据医学数据集的具体情况具体分析，再进行设计，以下将根据阐述本模型的设计原理。

（1）对比学习的选择。与之前提出的模型最大的不同之处在于基础网络不同，以上的基础网络属于度量学习范畴，而在此提出的方法属于对比学习。为什么会考虑使用对比学习，最主要的原因在于医学图像的特殊性。众所周知，从图像分类分割的角度分析图像，图像的组成主要为前景和后景，这是图像的两大主要属性。其中前景属性是指要提取出来的目标区域，后景属性则是目标区域之外的部分。通常在医学领域，病灶区域就是前景属性，病灶无关的属性则为后景属性。医学图像的特性就是无关区域往往占比小，病灶区域占比大，而且无关区域亦即正常健康部分区域，往往也都是类似的，差别很小。

对比学习的选择是后景属性进一步的讨论结果，在展示了背景相关性存在的初步证据，讨论了背景在物体检测中的作用，利用相机欺骗讨论了后景对分类器的影响，最新的研究明确指出后景属性是一种捷径学习，后景属性为小样本学习的负面知识，并不利于小样本学习。简单来说，后景属性占比多，小样本学习的效率就越低。对比学习可以通过学习相似和不相似的样本之间的关系，从而将相似的属性被拉近，不相似的属性被推开，而不同的图像之间，类似的物体的特征就被拉近了，从医学影像上来说，就是相同或者相似的病灶特征就会被拉近，因此，属于同一类的患病影像就会被归为一类。

在小样本分类中，前景信息越多，自监督的对比学习效率就会好于有监督预训练的度量学习的方法，而后景信息越多，基于有监督预训练的度量学习优于自监督的对比学习。在标准的 miniImageNet 数据集上进行实验验证了这一点，所用的模型分别是经典的度量学习领域的基础模型 CC 和对比学习领域的经典模型 Examplar，如图 2-20 所示。

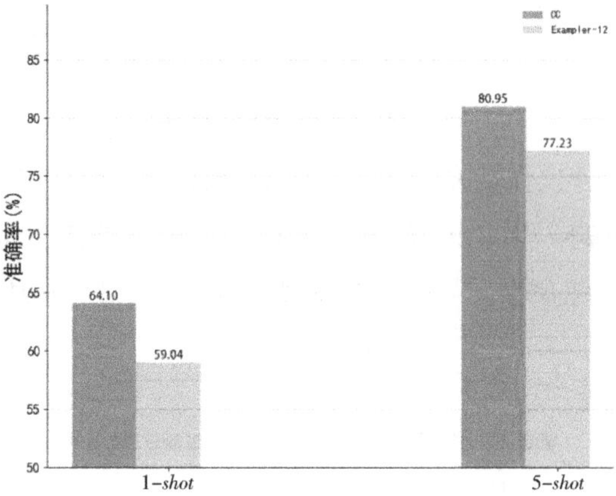

图 2-20 miniImageNet 实验结果

实验显示，Examplar 在 miniImageNet 数据集上不如 CC 的性能，在挑选的医学数据集上进行了实验，实验结果如图 2-21 所示。而经过裁剪得到图像前景图的实验，能得到完全相反的结果。

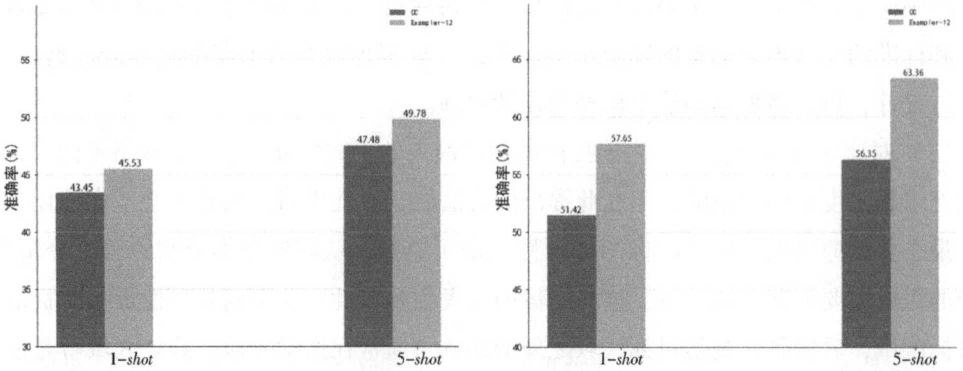

（a）SPPH 数据集进行的 5-*way* *K-shot* 实验　（b）ISIC2018 数据集进行的 3-*way* *K-shot* 实验

图 2-21 CC 和 Examplar 的小样本分类结果

在标准数据集和医学数据集上进行的实验结果完全相反，这一点不禁引起了思考，为什么模型相同的情况下，实验结果却完全不同？因此经过细心的观察，以及结合了一些医学上的知识了解到，医学影像的前景信息占比大，后景信息占比小。医学图片的这一特性恰恰和 miniImageNet 这一类标准数据集相反。因此，在医学小样本分类任务上，Examplar 所代表的对比学习的性能好于 CC 所代表的度量学习。

因此选择对比学习的原因是根据医学影像的特点决定的，这一选择是经过检测和验证的。

（2）注意力机制的选择。在小样本学习中，模型往往是通过学习到类别中有特异性的特征而提升模型性能的。换言之，好的模型减小了类内差异（intra-class variation）。但是这一做法也带来了一些问题，比如说在学到特异性特征的时候，一些可能包含有用信息的特征会被忽略。因此一个好的模型预训练方式应该尽可能地保留同类样本的特征，拉开不同类别特征的差异。

注意力机制是为了拉开不同类别之间的差异，而尽可能地保留有用的特征，而 CBAM 注意力机制可以帮助网络更好地学习类别之间的差异性以及尽可能保留有用的特征。具体来说，CBAM 注意力机制中的通道注意力模块和空间注意力模块可以分别关注通道和空间维度的特征，从而更好地捕捉不同类别之间的差异性，同时减少无用的特征干扰。通道注意力模块可以自适应地调整每个通道的权重，使网络更关注对分类任务有帮助的通道，减少对噪声或不相关信息的依赖。空间注意力模块可以自适应地调整不同空间位置的权重，从而将注意力更集中于包含有用特征的区域，减少对无用区域的影响，提高特征的判别力。

（3）共有属性分布分类的选择。由于本算法需要预训练，恰好以上提出的基于属性分布的度量修正算法适用于对比学习。因此，以下不仅将 Examplar 应用于医学小样本分类任务，还对 Examplar 进行改进，并且将上述属性分布的度量修正的算法应用到此，最终提出基于属性对比学习的医学小样本分类算法（ACL）。

（四）实验过程及结果分析

1. 属性的引导

以上提出的属性合成是基于 WordNet 提供的引导信息，而对于医学影像，WordNet 没有医学数据集的属性引导信息，因此属性的合成需要人工的参与。不同的数据集的最优属性引导都不同，但在进行属性合成的人工引导时十分直接简单，即将每一个疾病类的原型集合作为原始属性集，如图 2-22 所示。

具体来说，医学原始属性集中的训练集一共存在八个疾病类，分别为 AMD、CEC、CSC、DR、RD、RP、RV、RVO。根据最简单的方式，直接将每一个类作为属性集合，因此这一做法和以上通过 WordNet 获取属性的方式相比较，也是公平公正的。

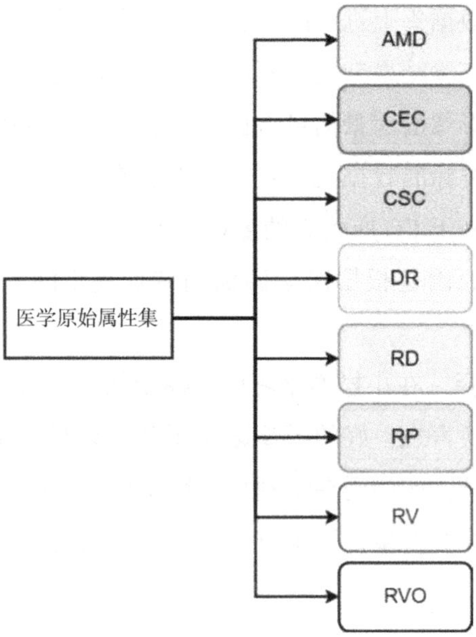

图 2-22　医学原始属性集

2. 分类标准

在对比学习的方法中，训练图像被分成两个集合，一个是 query 集合，另一个是 key 集合。query 集合中的图像作为查询图像，而 key 集合中的图像则用来作为反面样本（negative examples）。具体来说，模型使用了一个动量更新的策略来训练模型。对于每个 query 图像，模型将计算其特征表示，并将该特征表示与 key 集合中的所有特征表示进行比较。然后，将相似度较高的特征表示（内积较大的特征表示）与动量更新器（momentum updater）进行融合，从而得到更新后的 query 特征表示。这个更新的 query 特征表示会被用来预测与其相关的图像的类别标签。具体的分类标准步骤如下。

（1）将数据传入模型，获得特征表示。

（2）对于每个测试图像，计算其特征表示与预训练集中的所有图像的相似度。

（3）对于每个测试图像，选择与其相似度最高的 K 个训练集图像，并取这 K 个图像的标签的众数作为该测试图像的预测标签。

3. 自监督预训练

与以上预训练不同的是所采用的预训练方式为自监督的预训练，而预训练方式为有监督的预训练。自监督预训练相较于有监督预训练的优势在于数据标注的成本和难度较低。在自监督预训练中，训练数据集中的样本通常是未标注的原始数据，如图像、文本或视频。这些样本可以自动获取，不需要人工标注，大大降低了数据采集和标注的成本和难度。此外，由于大量未标注数据的存在，自监督预训练可以在大规模数据上进行训练，可以更好地捕捉数据分布中的细节和复杂性，有利于提高模型的泛化能力和鲁棒性。在此采用的自监督的预训练算法如算法 2-5 所示。

算法 2-5 预训练算法伪代码

输入：q，k：需要匹配的样本和已有的样本，*queue*：长度为 k 的字典，m：冲量，t：温度系数，C：投影空间的维度

输出：特征提取器（ResNet-12）

1. 初始化 q，k 的 params
2. for epoch in {1，2，…，200} do
3. 进行数据增强：$x_q = aug(q)$
4. 进行数据增强：$x_k = aug(k)$，$x_q = aug(q)$
5. 计算特征：q=backbone（x_q），k=backbone（x_k）
6. 禁止 k 计算梯度
7. 计算正样本相似度：l_{pos}=torch. einsum（'nc，nc->n'，[q，k]）. unsqueeze（-1），$l_{pos} \in R^{N\times 1}$
8. 计算负样本相似度：l_{neg}=torch. einsum（'nc，ck->nk'，[q，self. queue. clone（）. detach（）]），$l_{neg} \in R^{N\times K}$
9. $labels_{tmp}$=torch. unsqueeze（labels，-1）. repeat（1，self. labels. size（0）
10. $label_{queue}$=torch. unsqueeze（self. labels，0）. repeat（$labels_{tmp}$. size（0），1）
11. 注意力机制：heatmap=（$labels_{tmp}$=$label_{queue}$）. long（）*（-300）
12. l_{neg}+=heatmap
13. 合并相似度：logits=cat（[l_{pos}，l_{neg}]，dim=1），logits$\in \mathrm{R}^{N\times(K+1)}$
14. logits=logits/t
15. 创建一个全 0 张量：labels=zeros（N）
16. 计算 CEloss：loss=CELoss（logits，labels）
17. loss. backward（）
18. update（q. params）
19. 更新参数：k. params=m * k. params+（1-m）* q. parmas
20. 插入字典：enqueue（*queue*，k）
21. 退出字典：dequeue（*queue*）
22. end for

4. 实验评价指标

为了评价模型的效率，使用常用的分类指标：准确率和 $F1$-指数，这些评价指标的定义如下：

$$Accuracy = \frac{TP + TN}{TP + TN + FP + FN} \tag{2-5}$$

$$Recall = \frac{TP}{TP + FN} \tag{2-6}$$

$$Precision = \frac{TP}{TP + FP} \tag{2-7}$$

$$F1 - score = \frac{2 \times Precision \times Recall}{Precision + Recall} \tag{2-8}$$

其中，TP、FP、FN、TN 分别指真阳性、假阳性、假阴性和真阴性。

5. 实验结果与分析

实验在 ISIC2018 和 SPPH 数据集上完成，分为皮肤病 3-*way* *K-shot* 分类任务，以及眼科疾病 5-*way* *K-shot* 分类任务，实验包括元学习方法、预训练方法、对比学习方法和数据增强的方法并且讨论了背景属性对于实验结果的影响，以及进行消融实验。

（1）医学小样本分类。主要展示分类任务的结果并且进行讨论，其中对于 SPPH 进行 5-*way* *K-shot* 实验结果如表 2-7 所示。

表 2-7　SPPH 进行 5-*way* *K-shot* 实验结果

K-shot	网络模型	类型	准确率	*F*1
1-*shot*	PN	元学习	(33.51±0.48)%	34.78±0.32%
1-*shot*	CC	有监督预训练	(43.45±0.71)%	44.71±0.32%
1-*shot*	Examplar	对比学习	(45.53±0.48)%	47.05±0.48%
1-*shot*	ACL（ours）	对比学习	(49.16±0.42)%	49.27±0.53%
5-*shot*	PN	元学习	(36.31±0.89)%	38.78±0.28%
5-*shot*	CC	有监督预训练	(47.48±0.93)%	50.73±0.86%
5-*shot*	Examplar	对比学习	(49.78±0.41)%	52.69±0.47%
5-*shot*	ACL（ours）	对比学习	(51.63±0.51)%	51.97±0.54%

在 ISIC2018 进行 3-*way* *K-shot* 实验结果如表 2-8 所示。

表 2-8　ISIC2018 进行 3-*way* *K-shot* 实验结果

K-shot	网络模型	类型	准确率	*F*1
1-*shot*	Finetune+Aug	数据增强	40.89%	40.15%
1-*shot*	MAML	元学习	44.36%	44.62%
1-*shot*	ST-Meta Diagnosis	元学习	48.10%	45.61%
1-*shot*	PN	元学习	(45.56±0.71)%	46.60±0.42%
1-*shot*	CC	有监督预训练	(51.42±0.61)%	52.03±0.39%
1-*shot*	Examplar	对比学习	(57.65±0.57)%	59.27±10.41%
1-*shot*	ACL（ours）	对比学习	(62.44±0.63)%	62.14±0.56%
5-*shot*	Fine-tune+Aug	数据增强	53.21%	53.25%
5-*shot*	MAML	元学习	57.68%	57.58%
5-*shot*	ST-Meta Diagnosis	元学习	59.79%	59.55%
5-*shot*	PN	元学习	(50.22±0.56)%	52.39±0.60%
5-*shot*	CC	有监督预训练	(56.35±0.54)%	58.36±0.49%
5-*shot*	Examplar	对比学习	(63.36±0.25)%	65.87±0.65%
5-*shot*	ACL（ours）	对比学习	(67.12±0.46)%	66.92±0.42%

从表 2-7、表 2-8 中发现，整体来说，基于对比学习的模型的性能好于基于有监督预训练的模型，而基于有监督预训练的模型的性能好于元学习的方法。后一条结论在于基于有监督预训练的方法已经在大量的数据上进行了训练，使模型能获得大量通用的特征信息，因此可以在后续的微调过程中快速地利用通用的特征，从而提高模型的泛化能力，使其能在其他的任务中具有更好的性能。具体就 1-*shot* 设定来说，在 SPPH 数据集的 5-*way* 任务上，CC 模型的性能比起 PN 模型，提升了将近 10%，而在 ISIC2018 数据集的 3-*way* 任务上，提升了 1.92%，因此可以得出结论在医学数据集上，CC 网络所代表的有监督的预训练方式性能好于元学习的 PN 网络，而在实验室内部的数据集，在 1-*shot* 的情况下，提升的弧度要强于 ISIC 数据集，这可能是由于数据集的差异以及任务的设定。而对比学习的方法的优越性进一步地说明了对比学习的方法要优于有监督预训练的方式，这一原因可以从两个方面推测，首先是对比学习的基础仍然是预训练，故同样能够利用到训练集的信息，也更进一步说明了模型预训练的优势；其次，由于模型预训练的方式是自监督预训练，自监督预训练相对于普通的有监督式预训练而言，在医学上面的优势确实要更加明显，而这仍然要得益于它能够在后景属性少的情况下，获得更强的效益，这一想法和 Luo 等①恰好契合。而经过改进的方法，在研究后景属性的基础上，又进一步利用了共有属性的信息的情况下，在所有的方法中得到了最好的效果。

（2）小样本学习方法对比传统方法。为了深入地探究小样本算法在样本量少的情况下的优越性，表 2-9 总结了传统网络 ResNet-12 和小样本算法在 SPPH 上的比较结果。为确保比较公平性，所有的模型的主干网络均为 ResNet-12。

表 2-9　SPPH 进行 5-*way K-shot* 实验结果

K-shot	网络模型	类型	准确率	*F*1
5-*shot*	ResNet-12	传统	(31.26±0.46)%	(33.65±0.75)%
5-*shot*	PN	元学习	(36.31±0.89)%	(38.78±0.28)%
5-*shot*	ACL (ours)	对比学习	(51.93±0.51)%	(51.97±0.54)%
10-*shot*	ResNet-12	传统	(35.15±0.28)%	(38.07±0.50)%
10-*shot*	PN	学习	(41.69±0.74)%	(43.94±0.62)%
10-*shot*	ACL (ours)	对比学习	(56.11±0.55)%	(55.89±0.57)%
20-*shot*	ResNet-12	传统	(39.00±0.32)%	(42.85±0.48)%
20-*shot*	PN	度量学习	(44.69±0.35)%	(47.53±0.74)%
20-*shot*	Ours	对比学习	(60.84±0.49)%	(61.03±0.53)%
30-*shot*	ResNet-12	传统	(43.33±0.51)%	(47.05±0.52)%

① Luo X, Wei L, Wen L, et al. Rectifying the shortcut learning of background for few-shot learning [J]. Advances in Neural Information Processing Systems, 2021, 34: 13073-13085.

续表

K-shot	网络模型	类型	准确率	*F*1
30-*shot*	PN	学习	(48.69±0.62)%	(52.37±0.49)%
30-*shot*	ACL (ours)	对比学习	(63.02±0.48)%	(63.84±0.49)%

实验设置*K*=5、10、20、30，其主要是为了探究随着*K*的增加，传统深度学习方法和小样本方法的性能提升特点。这一做法是前人没有去尝试去比较的。其主要目的就是证明小样本的方法在数量低的情况下，优于传统深度学习的方法，而随着数量的提升，小样本的方法也能得到大幅度的提高，具有十分重要的实际意义。

首先，可以得出结论：在*K-shot*任务中，小样本学习的性能结果高于传统的分类网络，当样本量越小，传统网络的效果越差，小样本算法的性能越好。这证明了在小样本数据集的情况下，传统分类方法将不再强大。

实际上，在传统分类网络中，ResNet-12优于其他传统分类网络，因为其网络更深，梯度消失和退化问题不再严重。但是在所有的实验中，挑选出来最差的PN网络性能仍然优于ResNet-12。以SPPH视网膜眼底数据集5-*way* 5-*shot*的实验结果为例，原型网络的平均精度和*F*1分数分别为36.31%和38.78%，而ResNet-12的平均精度和*F*1分数分别为31.26%和33.65%，两个数值都比原型网络低5个百分点以上。这进一步说明了在样本数量极少的情况下，小样本学习方法的巨大优越性。

此外，随着样本数量的减少，小样本学习的优势将更加明显。为了证明这一猜测，将样本数从30个减少到5个（由于传统分类网络上的1-*shot*的准确性和*F*1分数值极低，它没有实际意义。所以不采取1-*shot*）。可以发现，随着样本数的减少，传统分类网络的结果下降的幅度要比小样本少量学习的下降幅度更大。例如，以SPPH视网膜眼底数据集为例，提出的模型在30-*shot*上的平均分类精度为63.02，5-*shot*上的平均分类精度为51.63%，下降幅度为11.39%，而ResNet-12在30-*shot*的平均分类准确率为47.33%，5张照片的平均分类准确率为31.26%，下降了16.07%。同样都是以ResNet-12为骨干，但随着样本数量的减少，提出的方法的性能明显高于ResNet-12。

（3）消融实验。为研究ACL模型中的每一个模块的作用，主要是Attention模块和属性分类（Attribute）模块对实验结果的影响，将在SPPH数据集5-*way* *K-shot*设置下，设定好关键参数，进行消融实验验证每一个子模块的有效性（见表2-10）。

表2-10　ACL的消融实验

K-shot	Attention	Attribute	准确率
1-*shot*			(45.53±0.48)%
1-*shot*	√		(48.13±0.54)%
1-*shot*	√	√	(49.16±0.42)%

续表

K-shot	Attention	Attribute	准确率
5-*shot*			(49.78±0.41)%
5-*shot*	√		(50.88±0.51)%
5-*shot*	√	√	(51.93±0.51)%
10-*shot*			(52.01±0.47)%
10-*shot*	√		(54.95±0.52)%
10-*shot*	√	√	(56.11±0.55)%
20-*shot*			(55.98±0.53)%
20-*shot*	√		(58.83±0.23)%
20-*shot*	√	√	(60.84±0.49)%
30-*shot*			(60.13±0.56)%
30-*shot*	√		(61.98±0.63)%
30-*shot*	√	√	(63.02±0.48)%

从表 2-10 中可以得知，每一个模块都可以提高小样本分类算法的性能，属性分类模块在 Attention 模块的基础上还能进一步提升，随着 *shot* 的数量增加，模型的性能仍然可以保持稳定提升，说明了属性分布度量修正模块的有效性，能够应用到医学分类任务当中。Attention 模块在使类与类之间的差异扩大，同时尽可能保留类内特征，这一做法是符合对比学习所采用的自监督预训练的初衷，因此进一步加强了实验效果。如图 2-23 所示，在 ACL 模型中，通过添加 Attention 模块和属性分布的度量修正模块，不仅能改善模型的过拟合、低泛化能力的情况，还能进一步提高小样本分类的准确率。

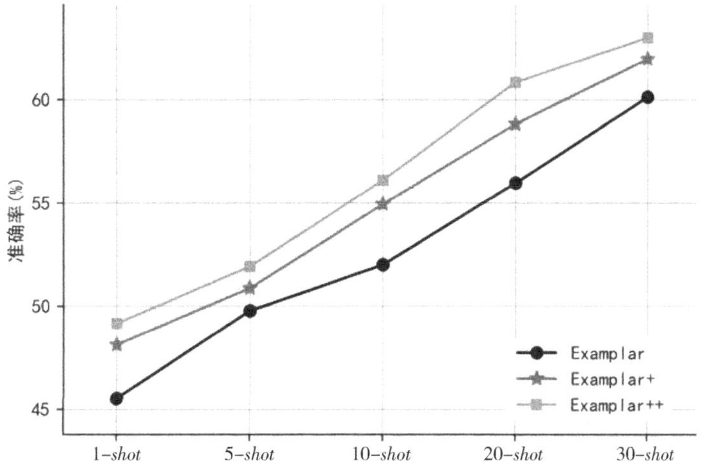

图 2-23 消融实验

在图 2-23 中可以知道，随着 *shot* 的增加，模型的整体性能保持提升。每添加一个模块，模型的性能进一步提升。最后集成了两个模块的模型，性能相对不添加模块的模型来说，性能更优。消融实验表明，最简单的 Examplar 模型获得的相似度相对不够准确，存在一定的偏差，而基于属性对比学习算法的模型能缓解这一情况，通过注意力模块的方法能使模型进一步提升，主要使特征尽可能地保留有用信息，因此在一定的程度上能提高模型的准确率。

为了进一步地提升注意力模块的性能作用，将经过主干网络的数据进行可视化，在 5-*way* 5-*shot* 任务上，对不加注意力模块和加了注意力模块的分别进行可视化，可视化所用的数据集为 SPPH 的训练集，如图 2-24 所示。

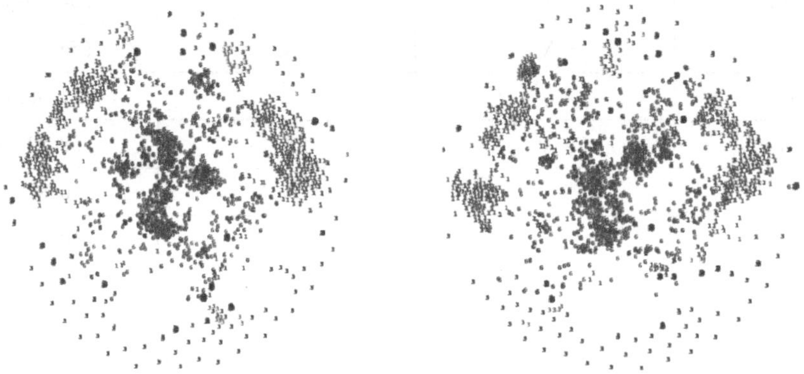

（a）Examplar 特征可视化　　（b）Examplar+（添加注意力模块）特征可视化

图 2-24　特征可视化

为了清楚地表现模型性能，过多的类别不利于仔细观察可视化效果，随机选择其中的三个类进行可视化。通过特征可视化图 2-24 可以看出，在模型添加注意力模块后，类别特征收缩得更为紧凑一些，而没有注意力模块的，类别要稍微松散一些。可视化图反映出注意力模块能帮助模型更好地关注模型中有利于分类的部分。但是图中也反映出某些类别不太能被模型很好地辨别出来，这可能和数据的质量有关，因此对于模型的性能优劣，数据的质量也极为重要。可视化图的紧凑情况和实验效果两个方面证明训练集的紧凑情况和测试集的分类效果存在关系：训练集样本在映射空间上越紧凑，分类效果越好，这可能是由于信息迁移能力得到了提升。

第二节　零样本分类算法与应用

一、基于第一人称视频数据的零样本人体动作识别

随着深度学习等相关技术的发展，基于多样本学习的人体动作识别方法取得了突破性进展，然而此类方法需要大量地标注样本，且无法在样本量极少甚至是零样本的情况下完成识别任务。零样本分类技术可以将可见类别数据的知识迁移到对不可见类别的预测中，能有效地解决上述问题。

在将零样本分类技术应用到人体动作识别领域时，研究人员大都是基于第三人称视频数据展开研究的。例如，Gan 等人①提出了一种从多源域泛化的角度来处理属性检测的零样本人体动作识别方法；Xu 等人②通过可视化语义映射和动态数据重加权的方法来优先选择与不可见类相关的辅助数据，从而实现了零样本人体动作识别功能；Jain 等人③将重点放在与动作最相关的属性上，通过使用预训练的对象分类器来查找从动作视频中提取出的对象，从而实现了零样本人体动作识别功能。但第三人称视频数据易受采集场景单一、无法全时段跟踪拍摄等因素的限制。为了更直观地表示出第一人称视频和第三人称视频的区别，选用从两段视频中截取出的图片进行对比展示，如图 2-25 所示。从图 2-25 中可以看出，第一人称视频中的场景更加丰富多样。

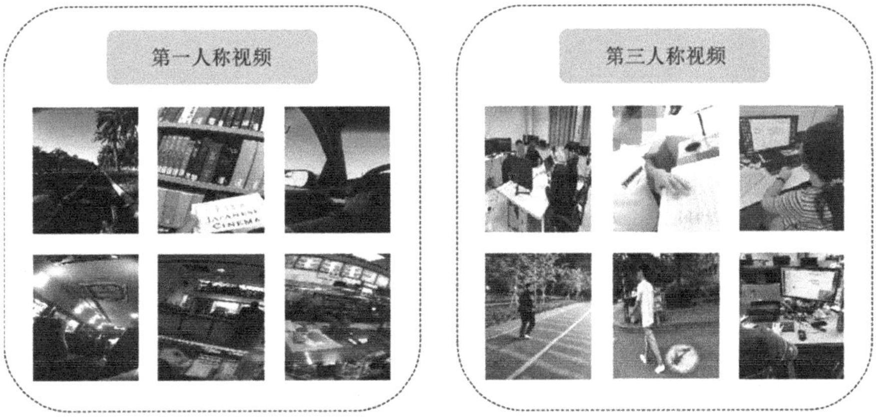

图 2-25 第一人称视频和第三人称视频对比展示

在此研究了基于特征判别的特征生成对抗网络（FD-fGAN）的零样本人体动作识别算法，实现了在第一人称视频数据上的零样本动作识别。具体来说，基于 FD-fGAN 主要由生成网络和判别网络构成，其中，生成网络从采样的噪声与图像特征的描述中生成不可见类的特征，判别网络对生成的特征进行判断，随后生成网络则尝试生成更加真实的图像来欺骗判别网络，通过两个网络相互的对抗学习，判别网络判别真伪的能力不断增强，生成网络生成虚假特征的能力不断增强，最终模型生成足够接近真实特征的不可见类的图像特征，再将该特征送入分类器中进行分类。

（一）基于 FD-fGAN 的零样本人体动作识别算法

在此，主要研究了基于 FD-fGAN 的零样本人体动作识别算法，FD-fGAN 模型是基于

① Gan C，Yang T B，Gong B Q. Learning attributes equals multi-source domain generalization［C］. Proceedings of the 2016 IEEE Conference on Computer Vision and Pattern Recognition. Las Vegas，NM USA. 2016：87-97.

② Xu X，Hospedales T M，Gong S G. Multi-task zero-shot action recognition with prioritised data augmentation［J］. Springer，9906：343-359.

③ Jain M，Gemert J C，Mensink T，et al. Objects2action：Classifying and localizing actions without any video example［C］. Proceedings of the 2015 IEEE International Conference on Computer Vision. Santiago，Chile. 2015：4588-4594.

生成对抗网络（GAN）进行设计的，主要由生成网络和判别网络构成，其学习方式主要通过二者之间的相互竞争来实现。在生成图像的过程中，判别网络从输入的图像中准确地判断出真实图像的存在，而生成网络则尝试生成更加真实的图像来欺骗判别网络。生成对抗网络相互作用过程如图 2-26 所示。基于 FD-fGAN 的零样本人体动作识别算法如图 2-27 所示。

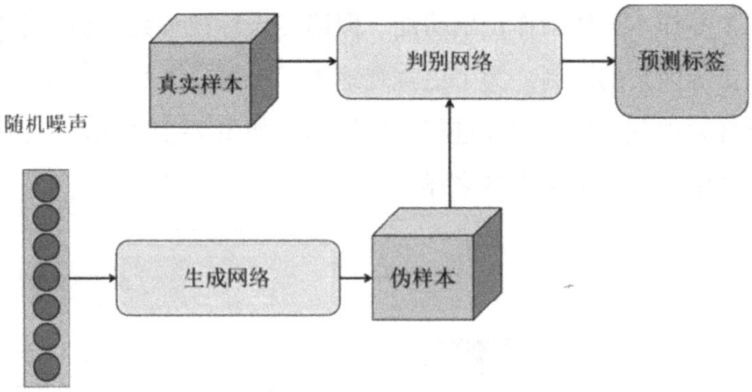

图 2-26　生成对抗网络相互作用过程

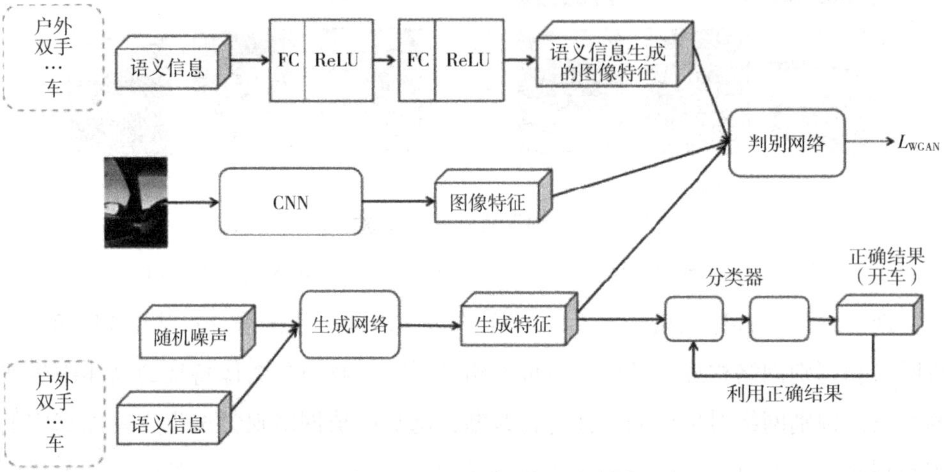

图 2-27　基于 FD-fGAN 的零样本人体动作识别算法

1. 特征提取网络

基于 FD-fGAN 的零样本人体动作识别算法使用卷积神经网络来提取图像特征。卷积神经网络是一种前馈神经网络，其从本质上来说是一种输入到输出的映射关系，且具有不需要任何精准地表达输入和输出之间关系的公式，就能学习到大量的输入与输出之间的映射关系的优势。卷积神经网络模型最早出现在 1989 年，得益于 ReLU 和 Dropout 等技术的提出，其在 2012 年之后得到了快速的发展，并逐渐出现了很多性能优异的模型。卷积神经网络结构演化过程如图 2-28 所示。

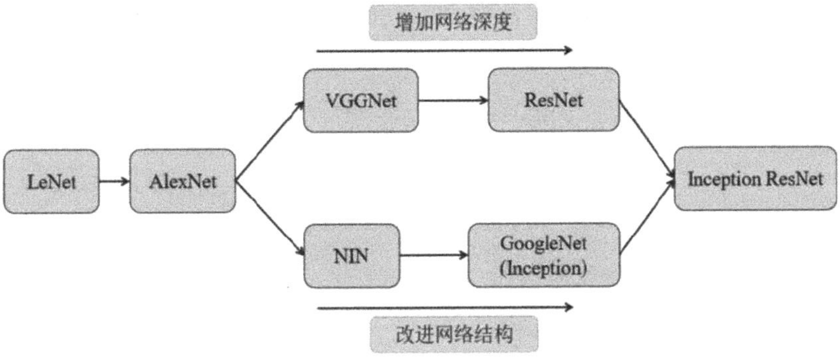

图 2-28　卷积神经网络结构演化过程

经过几十年的发展，卷积神经网络已经得到了全面的改进，逐步从巨型网络演变成轻量化网络。在结构上主要采用四种方法进行改进，分别为优化网络输入、改进特征融合、限制卷积核大小和结合多种分类器；在训练算法上主要采用两种方法进行改进，分别为改进非线性映射函数和改进训练网络的方式。

卷积神经网络通常由输入层、卷积层、池化层、全连接层和输出层组成，输入层的功能是对原始数据进行预处理，目前常用的方法是去均值和归一化等；卷积层的功能是使用卷积核从经过预处理过的数据中进行特征提取和特征映射；池化层的功能是进行特征选择和信息过滤，常用的方法是最大池化和均值池化；全连接层的功能是连接所有的神经元权重，并向其他的全连接层传递信号；输出层的功能是输出不同应用的最终结果。常见的卷积神经网络结构如图 2-29 所示。

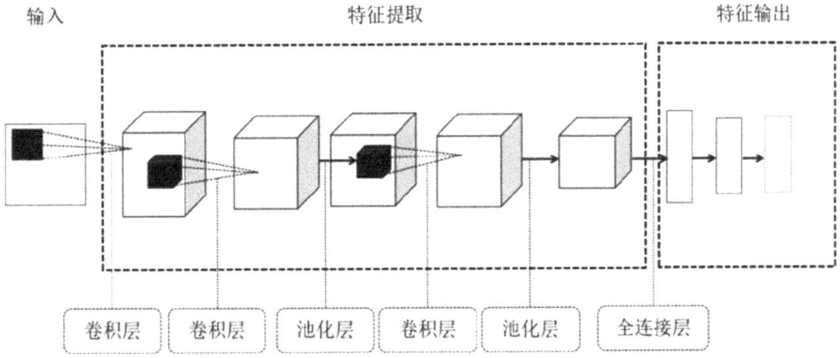

图 2-29　卷积神经网络结构

卷积神经网络除了基本的卷积运算以外，还用到了参数共享和稀疏连接。

（1）参数共享。参数共享是指同一个的参数集合可被一个模型中的多个函数使用，此设计的意义在于：处于同一层的网络节点所需要学习的参数使用同一个集合进行学习，而不是分别学习所有节点的参数集合。采用参数共享的方式可以降低资源消耗、提高算法模型整体的计算效率和降低算法的复杂度。

（2）稀疏连接。稀疏连接是指卷积层中的各个节点只和其前一层的部分节点相连接，从而实现只学习局部特征的功能，该操作能减少整个卷积神经网络中的神经元参数的数量、降低网络的复杂性和提高整体算法模型的性能，并且随着网络层数的逐步增加，处于深层次的网络层的单元与大多数输入单元不是直接接触的。在此，以 5 个输入输出为例来介绍全连接与稀疏连接的区别，如图 2-30 所示，图（a）表示全连接，图（b）表示稀疏连接。

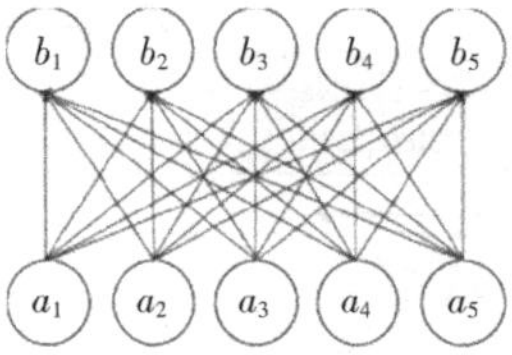

（a）全连接

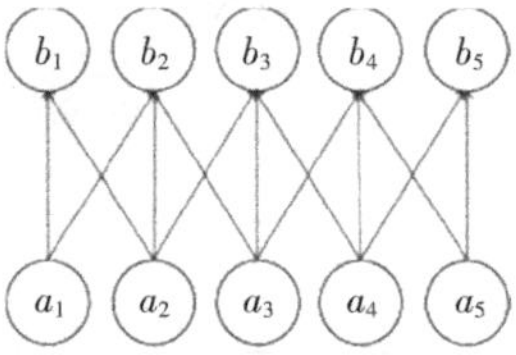

（b）稀疏连接

图 2-30　全连接与稀疏连接

从图 2-30（a）中可以看出，各输入和输出之间的联系非常复杂，而且在实际应用中，随着输入和输出的节点数量增多，整个算法的效率会被严重影响；从图 2-30（b）可以看出，当卷积核的宽为 3 时，仅有 3 个输出受输入影响，在实际中，卷积核大小的设置一般远远小于输入的大小，采用稀疏连接的方式能大幅度地减少计算量，提高计算速度。

得益于卷积神经网络具有超强的自学能力、快速的并行处理能力、良好的泛化能力等优势和其自身技术的快速发展，该技术被广泛应用到图像特征提取领域。因此，基于 FD-fGAN 的零样本人体动作识别算法使用卷积神经网络来提取图像的特征。

基于 FD-fGAN 的零样本人体动作识别算法利用卷积神经网络提取出的图像特征的维度是 2048 维的，样本特征的语义信息 $c(y)$ 的维度为 42 维，即对一个类别的描述由 42 个不同的特征组成，为了使语义信息生成的特征与利用卷积神经网络提取出的图像特征的维度保持一致，算法对类别的语义信息执行以下操作来增加其维度。

（1）将语义信息 $c(y)$ 通过一个具有 ReLU 函数激活的全连接层，以将其转换为 1024 维的语义信息。

（2）将（1）中获得的 1024 维的语义信息再经过一层具有 ReLU 函数激活的全连接层，以将其转换成 2048 维的特征 x^c。

经过上述操作，特征提取模块将语义信息生成的特征的维度与利用卷积神经网络提取的特征的维度保持一致。

在基于 FD-fGAN 的零样本人体动作识别算法中，语义信息生成的特征可以辅助 GAN 中的判别网络对真实样本的图像特征 x 和生成的不可见类图像特征 $\tilde{x}$ 进行判别，此操作能够提高判别网络对图像特征的判别能力，从而提高零样本分类的准确率。

2. 生成网络

在利用 GAN 生成不可见类样本时，要保证生成图像的多样性，并确保生成的图像和语义描述高度相关。为了达到上述效果，FD-fGAN 模型引入了中间样本，即生成的不可见类样本和语义信息之间的样本。

具体来说，FD-fGAN 模型首先将一个可见类的真实特征分为 k 个簇（$k=3$），然后为每个簇计算一个中间样本。假设类别 a 有 k 个簇，分别为 $\{X_{c1}, X_{c2}, X_{c3}, \cdots, X_{ck}\}$，其中间样本为 $S_c = \{S_{c1}, S_{c2}, S_{c3}, \cdots, S_{ck}\}$，可见类图像特征的中间样本可定义为：

$$S_{ak} = \frac{1}{|X_{ak}|} \sum_{\tilde{x}_i \in \tilde{X}_{ak}} x_i \tag{2-9}$$

同上，模型生成的不可见类图像特征的中间样本定义为：

$$\tilde{S}_{ak} = \frac{1}{|\tilde{X}_{ak}|} \sum_{\tilde{x}_i \in \tilde{X}_{ak}} \tilde{x}_i \tag{2-10}$$

式（2-10）中，$\tilde{x}_i$ 为一个生成的不可见类图像特征，$\tilde{x}_i = G(z, X^c)$。

在实际应用中，类别 a 中每个生成样本 $\tilde{x}$ 都应当尽可能地接近至少一个中间样本 s_c。因此，对于生成网络的规范化如式（2-11）所示：

$$L_{R1} = \frac{1}{n_1} \sum_{i=1}^{n_1} \min_{j \in [1, k]} || \tilde{x}_i - s_{aj} ||_2^2 \tag{2-11}$$

式（2-11）中，n_1 表示生成网络生成的样本数，k 表示每个类的中间样本数。

由于中间样本可以视作一个簇的平均点，因此生成的中间样本应至少与同一类别中的一个真实中间样本接近，其可以表示为：

$$L_{R2} = \frac{1}{A} \sum_{a=1}^{A} \min_{j \in [1, k]} || \tilde{S}_{aj} - s_{aj} ||_2^2 \tag{2-12}$$

式（2-12）中，A 表示类别 a 总的类别数，L_{R1} 表示约束单个样本的正则化，而 L_{R2} 表示约束整个中间样簇的正则化，通过添加 L_{R1} 和 L_{R2}，模型生成的特征更加多样化且更接近真实的图像特征。

3. 判别网络

FD-fGAN 模型首先将语义信息 $c(y)$ 送入两个全连接层中，然后将其嵌入图像特征空间中，最后再将得到的新的图像特征与卷积神经网络提取的图像特征一起送入判别网络：

$$L_{WGAN} = E[D(x, x^c)] - E[D(\tilde{x}, x^c)] - \lambda E[|| \nabla_{\tilde{x}}(D(\hat{x}, x^c)) ||_2 - 1)^2] \tag{2-13}$$

式（2-13）中，x^c 为语义信息 $c(y)$ 生成的图像特征，λ 为惩罚系数，$\hat{x} = \alpha x + (1 - \alpha)\tilde{x}$，$\alpha$ 服从平均分布，$\alpha \sim U(0, 1)$。

最后，FD-fGAN 模型将接近真实特征的生成特征送入分类器进行分类，分类器的损失如式（2-14）所示：

$$L_{CLS} = -E_{\tilde{x} \sim P_{\tilde{x}}}[\log P(y | \tilde{x}; \theta)] \tag{2-14}$$

式（2-14）中，$\tilde{x} = G(z, c(y))$，y 表示生成特征 $\tilde{x}$ 的类标签，$P(y | \tilde{x}; \theta)$ 表示生成特征 $\tilde{x}$ 被其类标签 y 正确预测的概率，该条件概率是由 θ 作为参数的线性 Softmax 分类器计算得出：

$$P(y \mid \tilde{x};\ \theta) = \frac{\exp(\theta_y^T \tilde{x})}{\sum_i^N \exp(\theta_i^T \tilde{x})} \tag{2-15}$$

式（2-15）中，T 为可见类样本与不可见类样本的并集，FD-fGAN 模型最终所要优化的目标如式（2-16）所示：

$$F = \min_G \max_D L_{WGAN} + L_{CLS} \tag{2-16}$$

（二）实验设计与结果分析

1. 数据集简介

第一人称视频可以全方位地描述出人类的活动模式和活动状态，主要研究了基于第一人称视频数据的零样本人体动作识别算法，第一人称视频和第三人称视频的区别如表 2-11 所示。

表 2-11　第一人称视频和第三人称视频的区别

任务描述	第一人称视频	第三人称视频
特点	场景多样	场景单一
	采集时间灵活	无法长时间、无间断地跟拍
	保护隐私	容易泄露隐私

由表 2-11 可知，与第三人称视频相比，第一人称视频具有很大的应用前景。因此，选择 Stanford-ECM 数据集中的第一人称视频进行实验，也是该数据集首次被应用到零样本人体动作识别研究中。

Stanford-ECM 原始数据集包括 23 种日常活动动作、大约 31 个小时的第一人称视频，人体动作视频的持续时间从 3 分钟到 51 分钟不等。为了保证实验结果的客观性，使用 Stanford-ECM 数据集中的用户信息作为训练集和测试集的划分依据，即同一用户的数据只能出现在训练集或者测试集中。由于该数据集中部分动作分布不均衡，例如，骑车和骑车上坡、上楼梯和下楼梯等动作，不满足实验所需数据集的划分标准。因此，最终选择 16 种动作进行实验，所选类别名称如表 2-12 所示。

表 2-12　实验所选动作名称

动作名称	
骑自行车	站着谈话
健美操	坐着谈话
走路	坐着的任务
下楼梯	会议
呈现	吃
驾驶	排队等候
购物	骑马
准备食物	阅读

最后，选取16种动作中50%的动作作为训练集来训练模型，剩余50%的动作作为测试集来测试模型。

2. 实验结果与分析

为了验证基于FD-fGAN的零样本人体动作识别算法在第一人称视频上的有效性，使用了Stanford-ECM数据集进行实验，并与基于生成对抗网络的零样本识别算法（ZSR-GAN）进行对比。在此为两种方法选择前5个最大的识别准确率进行对比，两种算法的结果如图2-31所示。

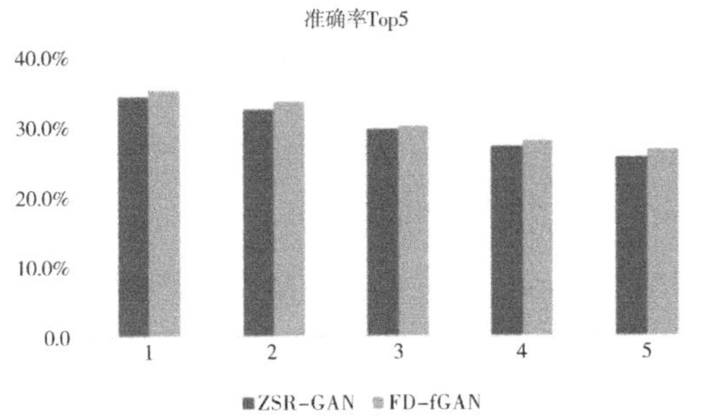

图2-31　实验结果对比

由2-31图可知，在第一人称视频上，基于FD-fGAN的零样本人体动作识别算法比ZSR-GAN算法的准确率高出1%左右，由此证明了基于FD-fGAN的零样本人体动作识别算法在第一人称视频上具有更好的识别效果。

二、基于图神经网络的多模态零样本人体动作识别

随着人们对生活质量和居住环境的要求不断提高，人体动作识别领域受到了研究人员的关注，逐渐成为机器学习和人工智能领域的重要研究课题，由于受到计算机技术不断发展和现实环境的影响，人体动作识别的研究重点已经从早期对简单动作的识别逐渐转变成对真实场景中复杂动作的识别。人们对动作行为的监测、识别和分析等需求的不断增加，也促使计算机视觉的研究人员对动作建模和识别算法进行了更加深入的研究。

在人体动作识别研究领域中，利用从视频中提取出的特征来实现零样本人体动作识别的研究逐年增多。但是，目前大多数零样本人体动作识别算法都是利用单模态数据展开的，关于多模态融合的研究还比较少。

除视频数据以外，人体动作视频中还包含多个数据源，例如，音频、文本等数据，不同数据形式具有不同的属性，可以表示动作不同方面的特征。为了提升多种模态数据的利用率，在Gao等人①算法的基础上做出改进，提出一种新的基于图神经网络的多模态零样

① Gao J Y, Zhang T Z, Xu C S. I know the relationships: Zero-shot action recognition via two-stream graph convolutional networks and knowledge graphs [C]. Proceedings of the Thirty-First Innovative Applications of Artificial Intelligence Conference. Honolulu, Hawaii, USA. 2019: 8303-8311.

本人体动作识别框架。具体来说，提出的框架主要由多模态特征融合网络和零样本人体动作识别网络组成，在多模态特征融合网络中，传感器特征提取模块使用卷积神经网络来提取加速度数据和心率数据的特征；视频特征提取模块使用语义子图来实现传感器特征和视频特征的融合，并通过利用图卷积神经网络将每个动作的传感器特征、属性和对象分数映射到属性—特征空间中；在零样本人体动作识别网络中，所提出的框架使用分类模块来实现零样本分类功能，并通过利用传感器特征、人体动作和对象的词向量来生成动作分类器。最后，所提出的框架使用分类模块生成的分类器对传感器特征和视频特征提取模块中得到的对象特征进行分类，从而实现了零样本人体动作识别功能。

总体来说，主要贡献如下。

（1）提出了一个多模态融合网络，该网络利用语义子图来充分地融合传感器特征和视频特征，有效地解决了多模态数据融合的问题。

（2）在多模态融合网络的基础上，提出了一个基于图神经网络的多模态零样本人体动作识别框架，该框架通过从可见类的特征训练得到的分类器得到不可见类的分类器，实现了零样本人体动作识别功能。

（3）在 Stanford-ECM 数据集上的实验结果表明，在此提出的框架比基于单模态的零样本人体动作识别算法在识别准确率上提高了 4%左右。

（一）基于图神经网络的多模态零样本人体动作识别

与先前大多数仅对单一的视频特征进行研究的方法不同，这里把研究重点放在了多种模态融合的方法研究上，并通过将与动作状态最相关的传感器特征和视频特征进行融合来对单一的视频特征进行补充。基于图神经网络的多模态零样本人体动作识别算法实现过程如图 2-32 所示，图中，训练集和测试集之间无相同动作类别，带箭头的实线表示训练过程，带箭头的虚线表示测试过程。

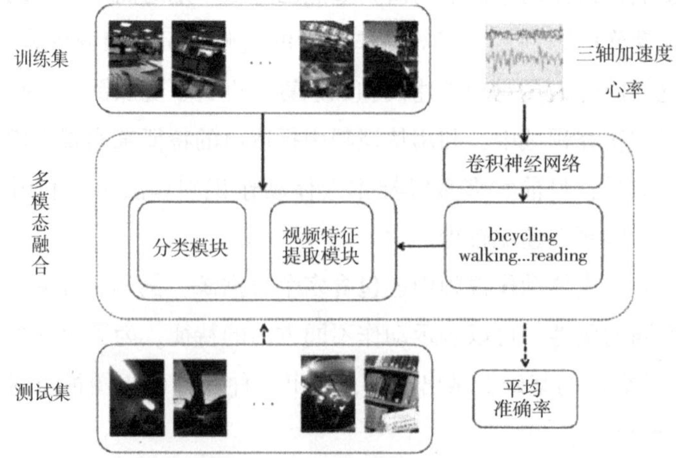

图 2-32　基于图神经网络的多模态零样本人体动作识别算法实现过程

在此提出的框架主要包括多模态特征融合网络和零样本人体动作识别网络；模型的输

入包含两个部分，一是从人体动作视频中提取出的视频特征；二是从与动作视频同步采集的加速度和心率数据中提取出的传感器特征，模型的输出是零样本人体动作识别的准确率，准确率的大小代表模型对人体动作识别性能的优劣。

1. 多模态特征融合网络

主要介绍构成多模态特征融合网络的传感器特征提取模块、视频特征提取模块和多模态特征融合的过程。

（1）传感器特征提取模块。传感器特征提取模块主要使用卷积神经网络来提取包含加速度和心率特征的传感器特征。在此，使用 Zhang 等人①在 2019 年提出的卷积神经网络模型设计了传感器特征提取模块，该模块的主要功能是利用与人体动作状态相关的加速度数据和心率数据来预测出动作的传感器特征。传感器特征提取网络如图 2-33 所示。

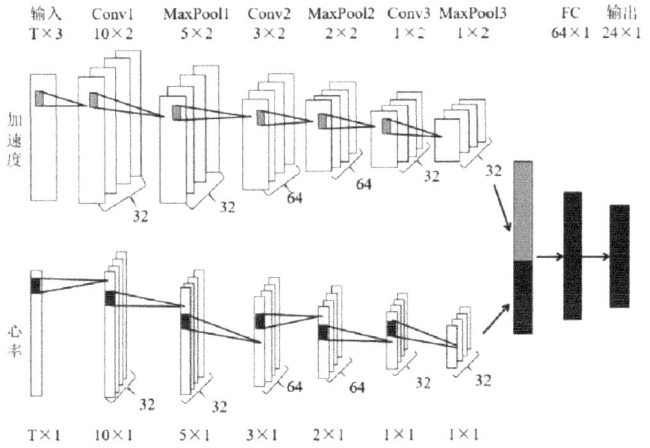

图 2-33　传感器特征提取网络

在基于图神经网络的多模态零样本人体动作识别研究中，f^s 除视频数据 v^s 之外，还包含一系列的传感器数据，具体可表示为：$\{(a_1,\ h_1),\ (a_2,\ h_2),\ \cdots,\ (a_T,\ h_T)\}$。

上面公式中，a_T 表示加速度数据，h_T 表示心率数据，T 表示数据样本数。

在此使用的传感器数据中，加速度数据具有 x 轴、y 轴和 z 轴三个方向，具体可表示为：$a_t=\{a_{x,t},\ a_{y,t},\ a_{z,t}\}$，心率数据 h_t 只具有一个方向。因此，在从加速度数据中提取特征时，使用宽度为 2 的卷积核来提取传感器轴与单轴时间序列特征之间的相关特征：

$$acc_t^s = CONV_2(a_t) = a_t \times \Gamma_2 \tag{2-17}$$

式（2-17）中，×表示卷积操作，Γ_2 表示宽度为 2 的卷积核。

在提取心率数据特征时，使用宽度为 1 的卷积核来提取心率变化的时间序列特征：

$$hea_t^s = CONV_1(h_t) = h_t \times \Gamma_1 \tag{2-18}$$

式（2-18）中，×表示卷积操作，Γ_1 表示宽度为 1 的卷积核。

---

① Zhang W M, Huang Y, Yu W T, et al. Multimodal attribute and feature embedding for activity recognition [C]. Proceedings of the MMAsia'19: ACM Multimedia Asia. Beijing, China. 2019: 1-7.

通过执行上述卷积操作，获得加速度特征 acc_t^s 与心率特征 hea_t^s，并将二者串联起来得到传感器信号特征 e_t^s：

$$e_t^s = acc_t^s \oplus hea_t^s \tag{2-19}$$

式（2-19）保留了输出层前的全连接层的特征 c_t^s 来增加传感器特征的语义信息，并将 c_t^s 与传感器信号特征 e_t^s 串联起来得到最终的传感器特征 g_t^s：

$$g_t^s = e_t^s \oplus c_t^s \tag{2-20}$$

至此，每个动作的传感器特征 G^s 可以表示为：

$$G^s = [g_1^s,\ g_2^s,\ \cdots,\ g_T^s] \tag{2-21}$$

接下来，利用带有 Softmax 激活函数的全连接层来得到传感器特征对应动作类别的概率分布：

$$y_{seen}^s = \mathrm{softmax}(WG^s + b) \tag{2-22}$$

式（2-22）中，W 和 b 分别表示全连接层的权重和偏置。

最后，使用交叉熵损失来对网络进行优化，并得到传感器特征对应的类别，进而为每个可见类动作选出最相关的传感器特征词。

$$L_{seen} = -\sum_{s}^{S} y^s \log(y_{seen}^s) \tag{2-23}$$

（2）视频特征提取模块。在此所提出的框架中，视频特征提取模块的主要功能是利用图卷积神经网络将每个动作的传感器特征词、属性和对象分数映射到属性—特征空间中。

图卷积神经网络是一种将卷积神经网络应用到图结构数据上提取特征的技术，其不仅可以处理具有广义拓扑图结构的数据，还可以通过利用图的结构信息和有效挖掘图数据来提取出有用的特征向量。

现有的基于图卷积神经网络技术的方法可以分为基于频谱的方法和基于空间的方法，其中，基于频谱的方法通过借助图谱的理论来对拓扑图进行卷积操作，此类方法通过使用图形频谱滤波器来平滑节点的输入信号；基于空间的方法可以将多源图（例如，边输入、有向图、有符号图和异构图等）输入轻松地合并到聚合函数中，并通过汇总邻域的特征信息来提取节点的高级表示。

以 Kipf 等人①提出的图卷积网络模型为例，对图卷积神经网络的原理进行简单的介绍：给定具有 m 个节点的无向图、节点之间的一组边、邻接矩阵 $A \in R^{m \times n}$，在这里，图卷积的线性变换形式可以由图信号 $X \in R^{k \times m}$ 与卷积核 $W \in R^{k \times c}$ 的乘积得到：

$$Z = \hat{D}^{-\frac{1}{2}} \hat{A} \hat{D}^{-\frac{1}{2}} X^{\mathrm{T}} W \tag{2-24}$$

① Kipf T N, Welling M. Semi-supervised classification with graph convolutional networks [C]. Proceedings of the 5th International Conference on Learning Representations. Toulon, France. 2017: 1-6.

$$\hat{A} = A + I \tag{2-25}$$

$$\hat{D}_{ii} = \sum_j \hat{A}_{ij} \tag{2-26}$$

式（2-24）至式（2-26）中，Z 表示生成的特征向量，I 表示单位矩阵，$\hat{D}_{ii}$ 表示度矩阵。Kipf 等人提出的图卷积神经网络模型如图 2-34 所示。图中，X 和 Z 表示的含义同上所述，C 表示输入通道，F 表示特征映射，Y 表示类别标签，图形结构在各层之间共享。

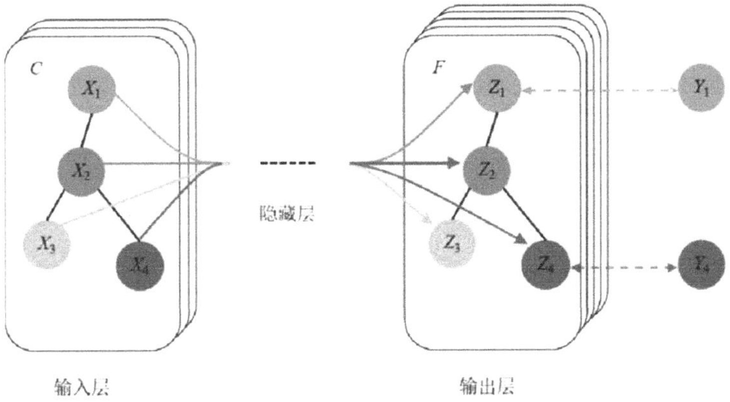

图 2-34　图卷积神经网络模型

在提取动作视频特征时，为了获得与每类动作最相关的对象词，首先将动作视频按帧截取成图片，并通过使用 GoogLeNet 模型对动作的图片进行训练来得到每张图片对应 12988 个类别的概率；然后，在每张图片获得的概率中选出前 K 个最大的值，进而为每张图片选出前 K 个最相关的对象在这里，每个对象对应的概率被作为其对应的对象分数，视频的原始表示 V 由视频不同帧的对象分数共同组成。

在从视频中提取特征时，视频的时序动态信息十分重要。因此，利用 Jing 等人①提出的方法，对 v 执行自注意力操作来获取含有时间动态信息的视频表示 $\hat{V}$。

$$\hat{V}_s = \gamma \sum_{i=1}^{I} \alpha_{s,i} r(v_i) + v_s \tag{2-27}$$

式（2-27）中，γ 表示初始值为 0 且可学习的比例参数，r（·）表示卷积核大小为 1×1 的卷积层，v_i 和 v_s 为 V 的列向量，$\alpha_{s,i}$表示注意力权重，其通过计算 v_i 和 v_s 的相似性并执行归一化操作后获得：

$$\alpha_{s,i} = \frac{1}{C_i}\exp(b(v_i))^{\mathrm{T}} c(v_s)) \tag{2-28}$$

式（2-28）中，b（·）和 c（·）分别表示卷积核大小为 1×1 的卷积层，C_i 表示归一化系数：

① Jing Y, Hao J S, Li P. Learning spatiotemporal features of CSI for indoor localization with dual-stream 3D convolutional neural networks [J]. IEEE Access, 2019, 7: 147571-147585.

$$C_i = \sum_{i=1}^{I} \exp(b(v_i))^{\mathrm{T}} c\ (v_s)\ ) \tag{2-29}$$

（3）多模态特征融合。知识表示对于计算机视觉领域中的研究十分重要，在获取不同的知识类型时，人们需要采取不同的知识表示方式。在众多的知识表示方式中，知识图谱是最常用的表示方式之一。

知识图谱是由语义网络（Semantic Graph）演变而来，是一种具有语义网络结构的知识库，该技术不仅可以将网络中的信息描述成接近人类认知的形式，还提供了一种便捷的组织、管理和利用海量信息的方式。

与前期的语义网络不同，知识图谱具有非常显著的优势，两者之间的不同之处见表 2-13。

表 2-13　知识图谱与前期语义网络对比

任务描述	前期语义网络	知识图谱
知识获取途径	人工构建	通过网络爬虫爬取百科网站的信息
实现功能	将自然语言的句子表达出来	更加注重实体之间的关系和实体的属性值

从本质上来说，知识图谱是一种特殊的图数据，它通过利用图形来表示实体、概念和实体之间的关系，并采用可视化的方法直观地表示知识资源与载体。在这里，概念指对现实世界中客观事物的概念化表示，实体指现实世界中的具体事物。

换句话说，知识图谱就是一个具有有向图结构的知识库，在这个有向图结构中，概念或实体对应图中的节点（Vertex），概念和实体之间的关系对应图中的边（Edge）。由于在实际情况中，概念和实体之间存在着多种不同的关系，因此，知识图谱属于多关系图（Multi-relational Graph）。经典图结构与多关系图结构如图 2-35 所示。图 2-35（a）表示经典图结构，图 2-35（b）表示多关系图结构，不同的形状表示不同类型的节点和边。

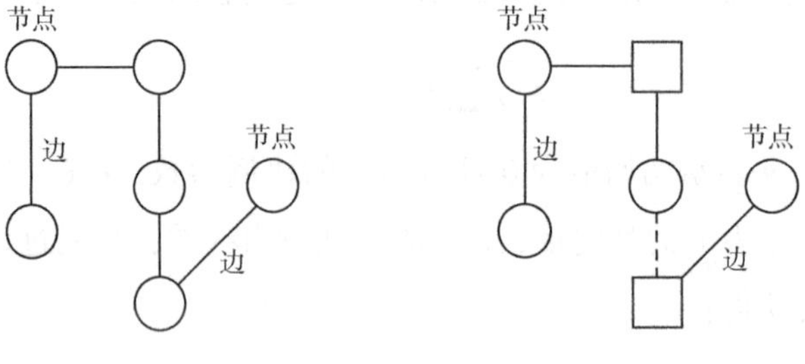

（a）经典图结构　　（b）多关系图结构

图 2-35　经典图结构与多关系图结构

由于知识图谱强大的功能和人们对该技术需求的增加，知识图谱的构图技术得到了快速发展，促使了多种语言和多种类型的知识图谱的出现。例如，WordNet 和 ConceptNe 等，其中，WordNet 是最典型的词典知识库，拥有超过 15 万个词语和 20 万种语义关系，通常被用于词义消歧；ConceptNet 是一个包含大量开放的结构化数据的多语言知识库，该图谱不仅包含的关系类型多，而且对于关系的表示也更为详细。

从 Gao 等人①将 ConceptNet5 的英文子图应用到零样本人体动作识别的工作中受到启发，利用传感器特征和从视频中得到的对象共同得到包含两种模态关系的语义子图，进而实现多模态特征融合。

具体来说，多模态特征融合过程主要包含以下两个部分。

（1）将从传感器数据中提取出的传感器特征作为 ConceptNet5 的英文子图中节点的一部分。

（2）同样地，为每张由动作视频截取的图片选取前 20 个最相关的对象，执行去重操作后得到 1050 个对象词，并把它们作为 ConceptNet5 的英文子图中节点的另一部分，进而实现与动作的传感器特征的多模态特征融合。

在融合两种模态之后，使用传感器特征的词向量与对象的词向量作为 L 层图卷积网络的输入，并在最后一层输出特征向量：

$$Z_L^{vid} \in R^{(G+O)\times d} \tag{2-30}$$

多模态融合过程如图 2-36 所示，图中，圆形节点表示视频特征，正方形节点表示传感器特征，节点间不同形状的边表示两个特征之间的关系。

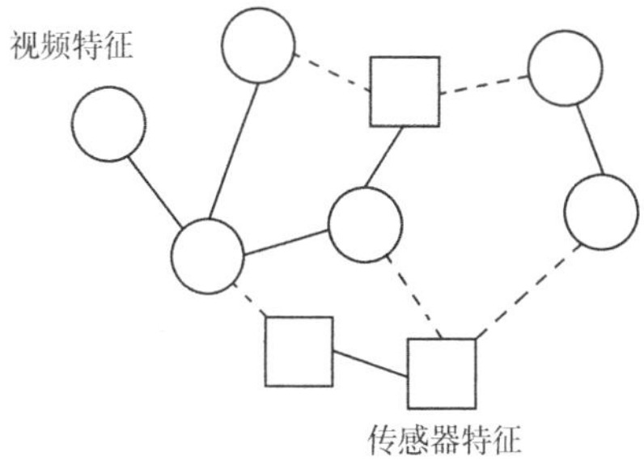

图 2-36 多模态融合过程

获得语义子图最重要的环节是确定节点与节点之间的关系。为了使所获得的语义子图能更准确地表示语义一致性和传送节点之间的信息，在此使用 Marino 等人②提出的方法，将节点与节点之间的关系简化为邻接矩阵，并在训练过程中通过固定邻接矩阵来保持原有的知识结构。

2. 零样本人体动作识别网络

这里主要介绍模型中能实现零样本人体动作识别功能的分类模块和模型的训练与预测过程。

---

① Gao J Y, Zhang T Z, Xu C S. I know the relationships: Zero-shot action recognition via two-stream graph convolutional networks and knowledge graphs [C]. Proceedings of the Thirty-First Innovative Applications of Artificial Intelligence Conference. Honolulu, Hawaii, USA. 2019: 8303-8311.

② Marino K, Salakhutdinov R, Gupta A. The more you know: Using knowledge graphs for image classification [C]. Proceedings of the 2017 IEEE Conference on Computer Vision and Pattern Recognition. Honolulu, HI, USA. 2017: 2028.

（1）分类模块。在所提出的框架中，分类模块的作用是生成可见类动作和不可见类动作的分类器。具体来说，分类模块使用 L 层的图卷积神经网络，其中，第 l 层的输入为 $l-1$ 层生成的特征矩阵（Z_{l-1}^{cls}），输出为该层的特征矩阵（Z_{l}^{cls}）。换句话说，分类模块的输入是 $k\times(S+U+O+G)$ 的矩阵 X^{cls}，即动作名称、对象和传感器特征词的词向量，输出是 $d\times(S+U+O+G)$ 的矩阵 w^{cls}，其中，k 表示的是词向量的维数，d 表示的是分类器的维数。

在此实验中，可见类动作（S）的分类器 $w_{1:S}^{cls}$ 通过学习可见类动作的训练数据得到，不可见类动作（U）的分类器通过使用图卷积神经网络在训练阶段从可见类动作的分类器中泛化得到。在这里，传感器特征和对象的分类器用于在训练和测试过程中建立可见类动作与不可见类动作之间的关系，以更好地识别出不可见类动作。

实验使用在 Wikipedia 数据集上训练的 GloVe 文本模型作为词嵌入模型，并为传感器特征词、动作和对象名称得出 300 维向量表示。

（2）训练与预测。在实验中，由分类模块得到的输出矩阵 w^{cls} 的前 S 列向量是可见类动作的分类器，$S+1$ 至 $S+U$ 列的向量是不可见类动作的分类器。在训练过程中，模型使用可见类动作的分类器对所有被标记的样本特征进行分类：

$$\hat{y}_n^s = \mathrm{softmax}(q_n^s) \tag{2-31}$$

$$q_n^s = (w_s^{cls})^{\mathrm{T}} Z_s^{vid} \tag{2-32}$$

式（2-31）、式（2-32）中，$\hat{y}_n^s$ 表示 q_n^s 经过 Softmax 归一化后得到的预测类别的概率，q_n^s 表示第 s 个动作的预测分数，w_s^{cls} 表示分类模块产生的第 s 个动作的分类器，Z_s^{vid} 表示从视频特征提取模块生成的可见类动作的所有特征的特征向量和：$\sum_{O\in N(s),\ G\in G^s} Z_{L,\ n,\ o,\ G}^{vid}$，$N(s)$ 表示语义子图中第 s 个动作的单跳对象的集合，G_s 表示可见类的传感器特征，这表示将研究重点放在了与人体动作最相关的对象和传感器特征词上，并利用其对特定的动作进行分类。

最后，通过使用交叉熵损失函数来对视频特征提取模块和分类模块进行优化：

$$L_{obj} = -\frac{1}{N_S}\sum_{n=1}^{N_S}\sum_{s=1}^{S} y_n^s \log(\hat{y}_n^s) \tag{2-33}$$

式（2-33）中，S 表示可见类别的数目，N_S 表示样本总数。

总的来说，在训练过程中，所提出的模型既可以优化可见类动作的分类器，又可以通过对视频特征提取模块与分类模块之间的关系建模将其推广到不可见类动作中进行泛化学习。在测试阶段，模型使用分类模块生成的不可见类动作的分类器对视频特征提取模块中不可见类动作的传感器特征和对象特征进行分类，从而实现零样本人体动作识别：

$$q_n^u = (w_u^{cls})^{\mathrm{T}} Z_s^{vid} \tag{2-34}$$

式（2-34）中，w_u^{cls} 表示不可见类动作的分类器，Z_s^{vid} 表示从视频特征提取模块获得的不可见类动作所有属性的特征向量和：$\sum_{O \in N(u), G \in G^u} Z^{vid}_{L, n, o, G}$，$N(u)$ 表示不可见类动作的单跳对象集合，G_u 表示不可见类的传感器特征。

（二）实验设计与结果分析

1. 数据预处理

实验使用 Stanford-ECM 数据集的第一人称视频以及与视频同步采集的加速度和心率数据进行实验，该数据集的采集者除了采集第一人称视频以外，还使用挂在胸前的手机记录了 30Hz 的三轴加速度数据，并通过戴在手腕的心率传感器每 5 秒记录一次心率。在数据采集过程中，手机和手表的时间始终保持同步。

与上述实验相同，在去除不符合零样本人体动作识别算法要求的动作后，选择 16 种人体动作作为实验的数据集，并进行后续数据处理工作。

（1）划分数据集。采用 Xu 等人[①]在 2017 年提出的方法对包含 16 种动作的数据集进行划分，选取 16 种动作中的 50%的动作作为训练集来训练模型，剩余 50%的动作作为测试集来测试模型，并在此基础上对 16 种人体动作生成 50 个独立的划分。

（2）处理视频特征。由视频特征提取模块可知，为每个动作视频帧选取前 K 个最相关的对象，执行去重操作后将最终得到视频特征（对象）作为语义子图中节点的一部分来获得语义子图。针对从视频中提取出的对象词，主要采取以下两种方法来处理。

①为了实现传感器特征与视频特征的融合，在视频特征提取模块中使用 ConceptNet5 的英文子图，并利用字符串匹配的方式将传感器特征词和对象词映射到 ConceptNet5 的英文子图中对应的节点。但是，使用 GoogLeNet 模型提取出的某些对象词在 ConceptNet5 的英文子图中找不到对应的节点。为了保证人体动作特征的语义信息的完整性，将其进行连接符和字母大小写替换来转化为在 ConceptNet5 的英文子图中可以找到的常用词。例如，将其中的“Used car”替换成“used car”等。

②经过 GoogLeNet 模型提取出的某些对象词的缩写形式的对象词在 ConceptNet5 的英文子图中可以找到，但在词向量模型中只存在该词完整形式的词向量表示，所以，在此把这些词替换成其完整表达，该项操作不会改变词原本的语义信息。

在执行去重操作后，最终得到的对象数、语义子图中替换的词语数和词向量替换的词语数。特征词替换数目统计见表 2-14。

---

① Xu X, Hospedales T M, Gong S G. Transductive zero-shot action recognition by word-vector embedding [J]. International Journal of Computer Vision, 2017, 123 (3): 309-333.

表 2-14　特征词替换数目统计

K	20	50	100	150
对象数	1050	1899	2886	3675
语义子图	80	123	191	263
词向量	24	55	65	84

2. 参数设置

视频特征提取模块和分类模块均使用 3 个图卷积层组成的图卷积神经网络，图卷积层的输出通道维数分别为 2048、1024 和 512，然后采用 Wang 等人①提出的方法，使用 LeakyReLU 函数作为两个模块中图卷积层的激活函数。

在视频特征提取模块中，使用传感器特征（G）和对象（O）的概念来获得语义子图 $A^{vid}\in R^{(G+O)\times(G+O)}$；在分类模块中，使用了与动作相关的所有概念（传感器特征、动作类别和对象），最终得出形状为（$G+S+U+O$）×（$G+S+U+O$）的邻接矩阵 A^{cls}，然后通过对产生的分类器执行 L2-Normalization 操作来把它们调整为相似的大小。

整体采用 Abadi 等人②提出的 Tensorflow 框架来完成代码，并使用 Kingma 等人③提出的 ADAM 优化器来训练整个模型，模型具体参数设置如表 2-15 所示。

表 2-15　模型具体参数设置

参数	batch size	learning rate	epochs	dropout	weight decay
数值设置	24	0. 005	200	0. 5	5e-4

3. 算法性能分析

为了验证基于图神经网络的多模态零样本人体动作识别模型的有效性，选取了两种基于图神经网络的单模态零样本人体动作识别算法进行对比。

（1）ZSR - SEKG（Zero - shot Recognition via Semantic Embeddings and Knowledge Graphs）：该方法使用知识图谱中不同的节点来表示类别的语义特征嵌入，并利用图卷积神经网络来得到不同类别的分类器。

（2）TS-GCN（I Know the Relationships：Zero-shot Action Recognition via Two-Stream Graph Convolutional Networks and Knowledge Graphs）：该方法联合建模动作—属性、动作—动作和属性—属性之间的关系，通过一个利用知识图谱和图卷积神经网络的端到端框架来实现零样本人体动作识别。

---

① Wang X，Ye Y，Gupta A. Zero-shot recognition via semantic embeddings and knowledge graphs［C］. Proceedings of the IEEE conference on computer vision and pattern recognition. Salt Lake City，UT，USA. 2018：6857-6866.

② Abadi M，Barham P，Chen J M，et al. Tensorflow：A system for large-scale machine learning［C］. Proceedings of the 12th USENIX Symposium on Operating Systems Design and Implementation. Savannah，GA，USA. 2016：265-283.

③ Kingma D P，Ba J. Adam：A method for stochastic optimization［C］. Proceedings of the 3rd International Conference on Learning Representations. San Diego，CA，USA. 2015.

为了直观地表示出三种算法的性能，为每种算法选取前五个最大的实验结果进行对比，最终的结果对比如图 2-37 所示。

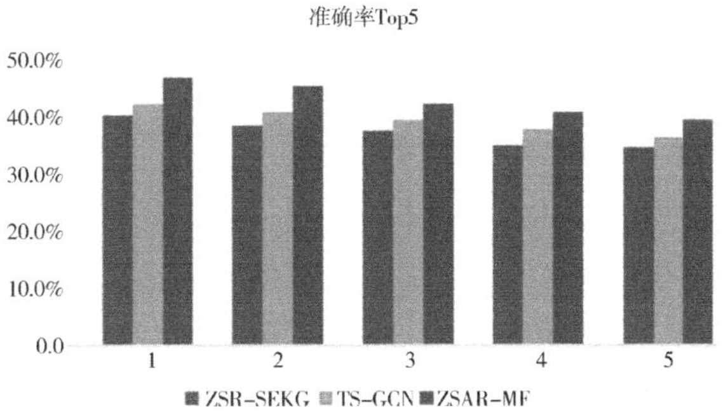

图 2-37　实验结果对比

由图 2-37 的实验结果可知，在此提出的方法比其他两种基于图神经网络的单模态零样本人体动作识别算法的结果有明显的提升，这证明了对于在第一人称视频上实现零样本人体动作识别功能来说，传感器特征和视频特征融合的方法，在一定程度上优于现有单一视频或辅助信息与视频融合的方法。

4. 不同 *K* 值结果分析

知识图谱技术是在此提出的模型中涉及的关键技术之一，对最终的实验结果具有一定的影响。因此，选取了影响语义子图大小的不同的 *K* 值设计了对比实验，并通过分析实验结果来确定模型的最优参数。

在实验中，每个人体动作相关的对象数量直接影响语义子图的大小，选择较大的 *K* 值可以使语义子图更全面和完整，即较大的 *K* 值代表着一个动作可以使用更多的对象来描述，从而使得对动作的描述更加形象和具体。

为了研究 *K* 取值不同对最终实验结果的影响，在词向量模型为 GloVe 模型、图卷积神经网络层数为 3 的情况下，分别选取 *K* 为 20、50、100 和 150 进行实验，最终的实验结果如图 2-38 所示。

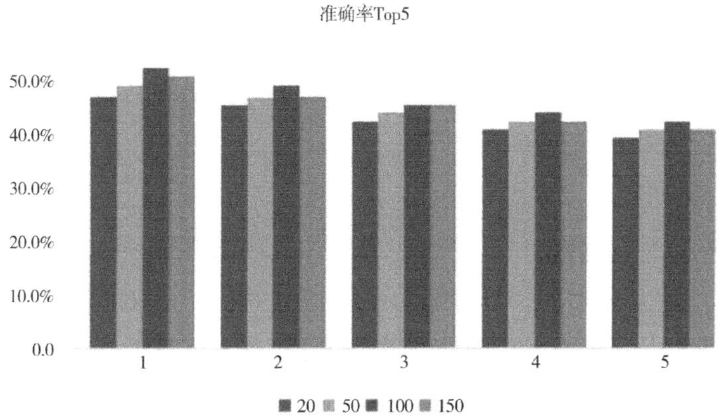

图 2-38　不同 *K* 取值结果对比

由图 2-38 可知，当 K 取小于 100 的数时，随着 K 值的不断增加，零样本人体动作的识别准确率也在逐步上升；当 K 取值为 100 时，模型的识别准确率为 52.4%，是此模型的最佳实验结果；但是，当 K 取大于 100 的数之后，随着 K 值的增大，准确率反而降低了。由分析可知，造成上述现象的原因是 K 取值过大导致整个模型的计算量过大，从而给语义子图带来噪声，最终导致模型识别的准确率降低。

5. 词向量模型分析

词向量可以将文本中的单词或短语用固定长度的向量表示，是无监督信息的类别语义表征领域中最常用的技术。这些使用词向量来表示传感器特征词、动作和对象名称，并将得到的词向量表示作为分类模块的输入，最终生成人体动作类别的分类器。因此，词向量表示在模型实现中起着十分重要的作用。在此，选取了不同的词向量模型来设计对比实验，并通过分析实验结果来确定模型的最优参数。

具体来说，在 K 为 20、图卷积神经网络层数为 3 的情况下，分别选取 GloVe 模型、FastText 模型和在 GoogleNews 中训练过的 Word2vec 模型进行实验，最终的实验结果如图 2-39 所示。

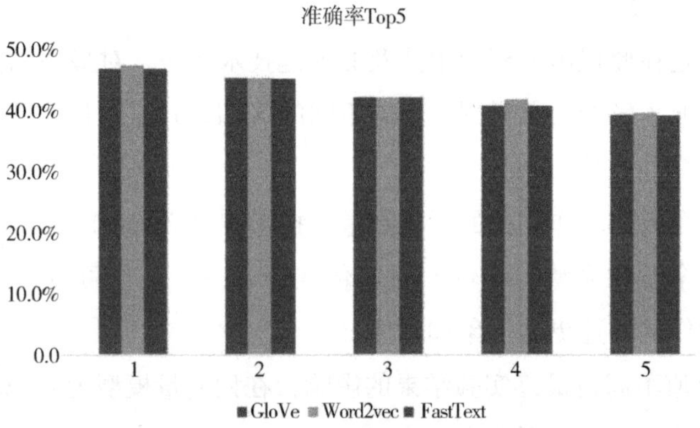

图 2-39　不同词向量模型结果对比

由图 2-39 可知，选取的 3 种常用词向量模型的最终的识别准确率几乎没有差别，排除实验误差等其他因素的影响之后，可以认为实验结果近似相等。由此可知，所提出的基于图神经网络的多模态零样本人体动作识别框架对不同的词向量表示不敏感，不同的词向量模型对最终实验结果不产生较大的改变。

6. 图卷积层数分析

模型中的视频特征提取模块和分类模块都使用到了图卷积神经网络技术，其中，视频特征提取模块使用图卷积网络来提取融合了两种模态特征的语义子图中的信息，分类模块使用图卷积神经网络从可见类动作的分类器中泛化得到不可见类动作的分类器，进而实现了零样本人体动作识别功能。因此，图卷积网络是此模型中极其重要的一部分，相关参数的选择对框架最终的性能是否存在影响，是一个非常值得深入研究的问题。那么，选取了影响图卷积网络性能的层数设计了对比实验，并通过分析实验结果来确定模型的最优参数。

具体来说，在 K 为 20、词向量模型为 GloVe 模型的情况下，分别选取 3 个不同的层数进行实验，最终的实验结果如图 2-40 所示。

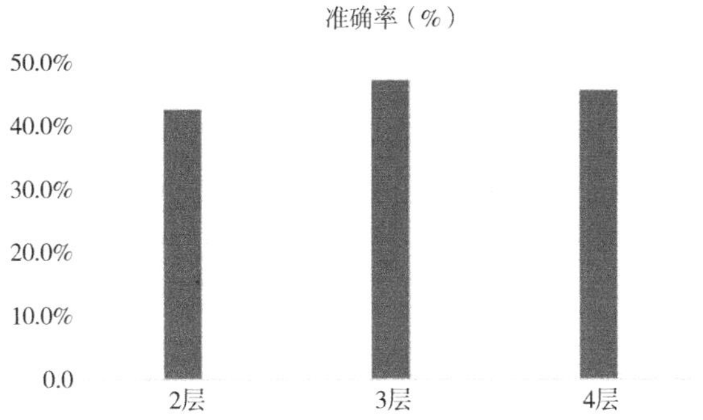

图 2-40　GCN 不同层数结果对比

从理论上来说，随着图卷积层数的加深，图中节点间信息传播的能力会逐步提高。但是，从图 2-40 中可以看出，在 2 层图卷积网络之上添加层数，模型识别准确率提高了 4.6%，在 3 层图卷积网络之上添加层数，准确率反而降低了 1.5%。由上述实验数据可知，3 层的图卷积神经网络为在此模型的最优参数，在 3 层之上增加更多的层数不能提高模型的识别准确率。分析造成这种实验结果的原因可知，在 3 层之上增加更多的层数而准确率降低的一个潜在因素是训练集中的数据量太少，在深层的图卷积网络中出现了过拟合问题。

第三章　小样本/零样本学习算法与应用

本章就小样本/零样本学习算法与应用进行分析。

第一节　小样本学习算法与应用

一、SS-MTL：基于自监督的元迁移小样本学习算法

下文首先论述了现有小样本算法的缺陷。然后，针对现有算法缺陷，详细论述了所提出新的高效的基于自监督的元迁移小样本学习算法 SS-MTL（Self-Supervised based Meta Transfer Learning，SS-MTL）。最后，在小样本数据集 miniImageNet 和 Fewshot-CIFAR100（FC100）上，将所提出的算法与目前最新最好的小样本学习算法进行精度比较，以证明算法的高效性。

（一）算法设计动机

深度学习小样本问题的本质是训练过程中的监督信息过少而很难拟合模型中大量参数，导致其产生过拟合以及精度低等问题。由于现有的普通数据增强方法只能缓解而不能解决小样本问题，利用生成网络进行数据增强由于先验知识的不完美，生成的数据与真实数据之间的差异会导致概念偏移。因此，如何利用模型从有限少量数据中充分挖掘其信息是解决小样本问题的关键。

元迁移学习是目前最新效果最好的小样本学习算法，然而仍存在以下缺陷：(1) 现有的模型缺乏对不同尺寸特征的挖掘，卷积神经网络的感受视野都取决于卷积核的大小，则只能挖掘固定尺寸的特征，而图像中特征的尺寸并不是固定的，因此不能很好地挖掘不同尺寸的特征限制了模型的精度；(2) 缺乏对重要特征的关注，通过对人类对图像的感知的分析表明，人们主要关注显眼的物体，而不是图像中的整个场景。现有网络对图像或者中间特征的处理都是无差别的，缺乏对重要特征的关注势必会影响模型的精度；(3) 现有算法缺乏针对数据本身结构信息的监督信息的利用，目前大部分小样本学习算法都是针对计算机视觉任务，对图像本身结构信息的忽略导致丢失了大量的监督信息。

为了解决现有算法的缺陷，提出了一种基于自监督的元迁移小样本学习算法 SS-MTL。具体地，设计了一种模型，不仅能提取不同尺寸的特征，还增强了对重要特征的关注度；

在此模型的基础上基于图像数据本身的结构信息建立监督信息进行训练以提高模型精度；同时设计了一种新的损失函数，缓解了算法过拟合的问题。

（二）算法设计思想及框架

为了解决现有算法的上述缺陷（1），提出了一种双路膨胀卷积网络，通过膨胀卷积增大了模型的感受视野，双分支的设计使模型能提取不同尺寸的特征；为了解决上述缺陷（2），提出了一种残差注意力网络，增强了模型对于重要信息的关注度；为了解决上述缺陷（3），提出了一种基于自监督辅助任务的预训练方法，通过对图像数据进行旋转，建立了关于图像结构信息的标签，增加了训练任务中的监督信息。此外，还提出了一种加入 l_2 正则化项的损失函数，缓解了小样本学习算法的过拟合问题。基于这些思想，提出了一种基于自监督的元迁移小样本学习算法（SS-MTL）。下面首先介绍 SS-MTL 算法所使用的网络模型（见图 3-1）。

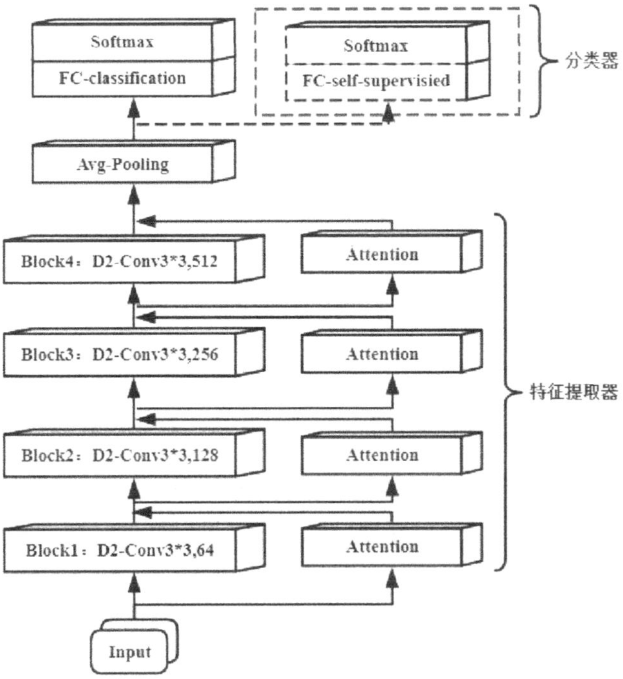

图 3-1 SS-MTL 算法模型（虚线框内为预训练阶段添加的自监督分类器）

在图 3-1 中所使用的网络模型，SS-MTL 算法主要由特征提取器以及分类器两个模块构成，各模块的功能如下。

（1）特征提取器。为了克服现有算法无法提取不同尺寸特征以及缺乏对重要特征关注度的缺陷，设计了一种添加了膨胀卷积与残差注意力机制的 ResNet12 网络模型作为特征提取器。该提取器对输入网络模型中的图像数据进行处理，以提取其不同尺寸的特征；其中 D2-Conv3×3 表示采用了膨胀卷积的，卷积核尺寸为 3×3 的卷积操作。

（2）分类器。采用一个全连接层 FC-classification 与 Softmax 层作为类别分类器，全连接层处理特征提取器的输出，并通过 Softmax 对输出进行归一化处理，从而得到输入数据属于每个类别的概率。

特别地，如图 3-1 中虚线框所示分类器为在预训练阶段所设计的自监督辅助任务的自监督分类器（一个全连接层 FC-self-supervised 与 Softmax 层，类似于预训练类别分类器），以解决现有算法忽略图像数据本身结构信息的缺陷。具体来说，在此构建了一种基于旋转的自监督任务，通过旋转输入图像数据并构建新的旋转角度标签，从而获得更多的监督信息对模型进行训练，以提升特征提取器的性能。预训练阶段的分类器在预训练结束后被丢弃。

下面对算法框架进行介绍，SS-MTL 算法框架如图 3-2 所示。

SS-MTL 算法框架

步骤 1：随机初始化模型参数；
步骤 2：从训练数据集中采样并通过添加自监督辅助任务的模型计算模型损失，优化模型参数；
步骤 3：重复步骤 2，直到参数收敛或执行了给定次数的迭代，然后将模型参数"冻结"；
（以上为：预训练阶段）

步骤 4：初始化缩放与移位(SS)参数；
步骤 5：从任务分布中随机采样一个任务对 SS 参数进行优化，并得到分类精度最低的类别 m 并将其添加到集合{m}中；
步骤 6：重复步骤 5 直到执行了给定次数的迭代；
步骤 7：从集合{m}中进行再采样然后继续对模型 SS 参数进行优化；
步骤 8：重复步骤 5～步骤7，直到参数收敛或执行了给定次数的迭代，然后进行最终的测试并输出分类精度；
步骤 9：结束。
（以上为：元迁移学习阶段）

图 3-2　SS-MTL 算法框架示意

如图 3-2 所示，SS-MTL 算法主要分为两个阶段：预训练阶段和元迁移学习阶段。其中，步骤 1～步骤 3 为预训练阶段，步骤 4～步骤 9 为元迁移学习阶段。步骤 1 对模型参数进行随机初始化；步骤 2 对训练集数据进行采样，然后采用添加自监督辅助任务的方法对模型参数进行优化。步骤 4 对元迁移学习阶段要学习的 SS 参数 Φ_{S_1} 和 Φ_{S_2} 进行初始化，Φ_{S_1} 初始化为全 1，Φ_{S_2} 初始化为全 0；步骤 5～步骤 6 通过不断随机采样任务对 SS 参数进行优化，并得到分类精度最低的类别集合｛m｝；步骤 6 采取 Hard Task（HT）机制从精度低的困难任务中进行采样再训练，进一步优化 SS 参数。

以下，将详细介绍 SS-MTL 算法的主要设计策略。

（三）算法主要设计策略

1. 特征提取器的设计

为了克服现有算法不能提取不同特征以及缺乏对重要特征的关注度从而导致模型性能受限的问题，设计了一种添加了膨胀卷积与残差注意力机制的特征抽取器。其中，膨胀卷积增大了模型的感受视野，从而能提取更大尺寸的特征，残差注意力机制增强了模型对重要特征的关注度。

增大卷积网络模型感受视野的方法有两种：一是增大卷积核尺寸；二是增大卷积核相

邻两步间隔 *dp*，*dp* 也称为膨胀系数。固定的卷积核尺寸只能获取固定尺寸的特征，过大的卷积核尺寸无法捕获局部细腻特征，而且大尺寸的卷积核意味着更多的参数，更易产生过拟合，因此通过增大卷积间隔来扩大视野。将引入膨胀系数的卷积网络称为膨胀卷积，传统卷积与膨胀系数为 2 的膨胀卷积对比如图 3-3 所示。

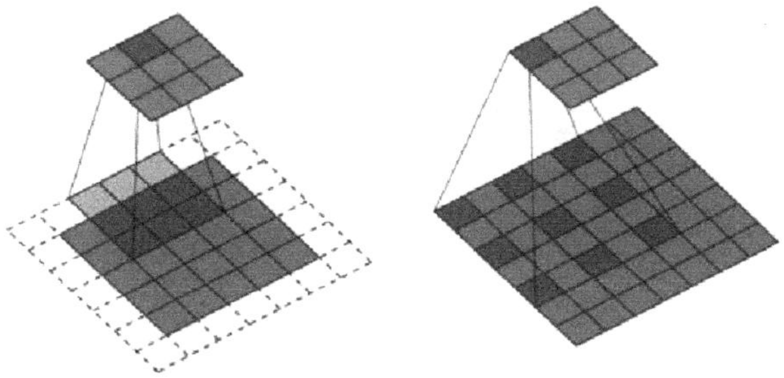

（a）传统卷积　　（b）膨胀卷积（$dp=2$）

图 3-3　传统卷积与膨胀卷积对比

如图 3-3 所示为传统卷积与膨胀系数为 2 的膨胀卷积对比示意图，在卷积核尺寸相同的情况下，膨胀卷积能提取更大尺寸的特征。具体地，基于 ResNet12 模型的结构，在特征提取器的每一个残差块（Block）添加了膨胀卷积，如图 3-4 所示的特征提取器网络中共包括 4 个残差块（Block），其中 Conv3×3 代表每个残差块中卷积核尺寸为 3×3，每个残差块中卷积核个数分别为：64，128，256 和 512。四个残差块的结构相同，只是卷积核个数不同，为了便于描述，用 Num 表示各个残差块中的卷积核个数。改进前的 ResNet12 网络残差块结构如图 3-4 所示。改进后的残差块结构如图 3-5 所示。

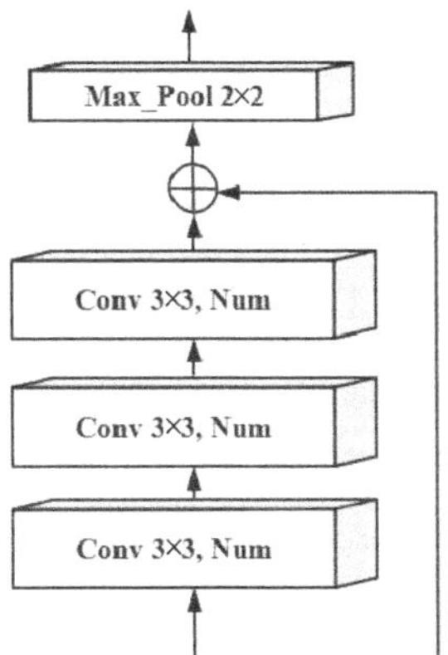

图 3-4　改进前的 ResNet12 网络残差块结构

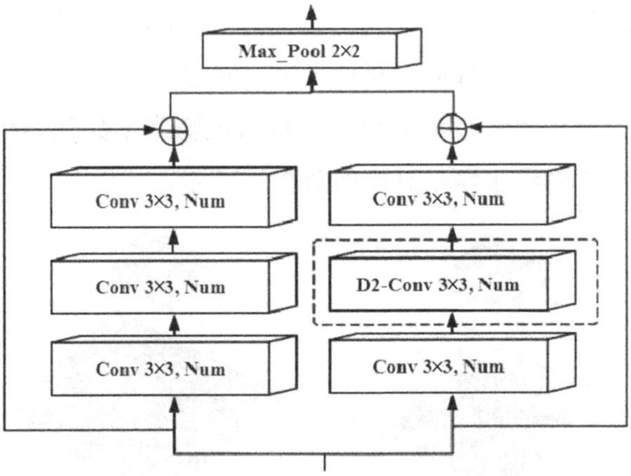

图 3-5　改进后的残差块结构（虚线框为添加的膨胀卷积层）

如图 3-5 所示，在保持原始网络模型（如图 3-5 左分支所示）的基础上，添加一个膨胀卷积分支（如图 3-5 右分支所示），其中红色框中 D2-Conv3×3 表示膨胀系数为 2 的卷积操作。最后通过逐元素取最大值的操作将两个分支所得特征向量进行整合，作为下一步的输入。

膨胀卷积克服了传统卷积网络模型只能提取固定尺寸特征的缺陷，通过调节膨胀系数 *dp* 能够获得不同尺寸的特征。在此采用双分支的设计，原始卷积分支提取尺寸为 3×3 的特征，而提出的膨胀卷积在卷积核为 3×3 的情况下采用膨胀系数为 2 的卷积可以提取尺寸为 5×5 的特征，实现了同时提取不同尺寸特征的目标，进一步增强了模型的性能。双路膨胀卷积网络通过膨胀卷积能够捕获不同尺寸的特征，且双路设计使每个分支独立更新自己的参数，进一步增强了模型的适应性。

为了克服目前算法对重要特征关注度不足的问题，基于提出的膨胀卷积网络对每一个 Block 添加了残差注意力机制，以提高对重要特征的关注度。

与大部分卷积网络相同，ResNet12 网络作为特征提取器，对于输入网络模型中的图像或网络中的中间特征的处理都是无差别的。但是人类智能与深度学习不同，人类偏向于关注显眼的物体，深度学习中的注意力机制从本质上来说和人类的选择性视觉注意力机制类似，核心目标也是从众多信息中选择出对当前任务目标更关键的信息，它会增强有意义的特征，而抑制无意义的信息。在提出的膨胀卷积网络模型中加入一种残差注意力机制，该注意力网络是通过堆叠在网络的每个残差块上的注意力模块而构建的，该机制的主要思想如图 3-6 所示。

在图 3-6 中，每个注意力模块都分为两个分支：主干分支和掩码分支。其中，*X* 表示输入，黑色分支表示原网络残差块中的卷积主分支（Trunk branch），*T*（*x*）表示主分支输出，红色分支表示对输入进行两次下采样和两次上采样的操作后输出与 *T*（*x*）尺寸相同的掩码分支（Mask branch），掩码分支输出 *M*（*x*）则作为主分支的 Attention Map（注意力向量)，Attention Map 中的每一个值相当于对原始特征向量上每一个元素的权重，将（1+M（x）×T（x））作为最终输出，其中掩码分支 M（x）的计算与整个模型的输出计算方式相似，当 M（x）=0 时，该层的输出就等于 T（x），同时这样的相加，使显著的特征更加显著，增加了特征的判别性。

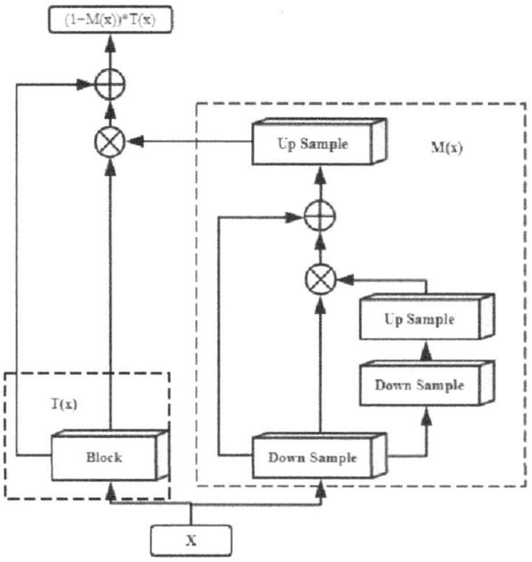

图 3-6　残差注意力机制示意（虚线框为设计的注意力分支）

其中，下采样操作采用最大池化方法，上采样则采用双线性插值法，双线性插值算法是一种很好的图像缩放算法。它充分利用原始图像中虚拟点周围的四个实际像素值来共同确定目标图像中的像素值。如图 3-7 所示在二维空间内，通过 P_{11}，P_{12}，P_{21}，P_{22}4 个点的像素值利用双线性插值方法确定点 Q 的像素值，其计算过程如下：

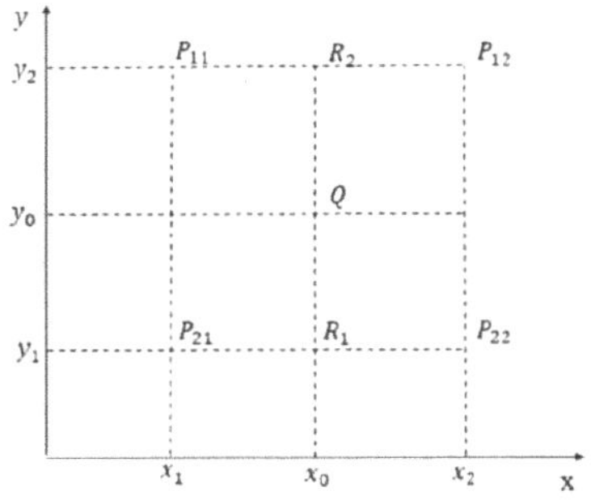

图 3-7　线性插值示意

式（3-1）与式（3-2）分别在 x 方向上执行两次插值计算，以计算 R_1 和 R_2 的像素值：

$$f(x_0,\ y_1) \approx \frac{x_2 - x_0}{x_2 - x_1} f(P_{21}) + \frac{x_0 - x_1}{x_2 - x_1} f(P_{22}) \tag{3-1}$$

$$f(x_0,\ y_2) \approx \frac{x_2 - x_0}{x_2 - x_1} f(P_{11}) + \frac{x_0 - x_1}{x_2 - x_1} f(P_{12}) \tag{3-2}$$

式（3-1）、式（3-2）中，f（x_0，y_1）表示 R_1 的像素值，f（x_0，y_2）表示 R_2 的像

素值，$f(P_{ij})$，$i, j \in \{1, 2\}$ 表示点 P_{ij} 的像素值。如式（3-3）所示，执行在 y 方向上的线性内插，通过 R_1 和 R_2 计算 Q 点的像素值 $f(x_0, y_0)$。

$$f(x_0, y_0) \approx \frac{y_2 - y_0}{y_2 - y_1} f(x_0, y_1) + \frac{y_0 - y_1}{y_2 - y_1} f(x_0, y_2) \tag{3-3}$$

最大池化即只取对应位置的最大值，并且不经过反向传播的修改，池化层对特征进行压缩时只是过滤掉无关的信息，而留下来的信息则具有尺度不变性的特征，这些特征最能表达图像内容，从而增强了重要特征的表现力。由双线性插值的具体过程可知，对获得的重要特征进行双线性插值能使原来不重要的特征产生退化，这一过程减弱了不重要的特征。通过两次上采样与下采样的操作，模型更加突出了重要的特征同时抑制了不重要的特征。在此提出的残差注意力机制的添加使提出的膨胀卷积网络模型能专注于更重要的特征，堆叠结构的应用使模型可以在不同的注意力模块中各自捕获不同的注意力向量，进一步提高了算法的精度。

综合以上两种机制，设计了一种双路膨胀卷积网络，使模型能提取到不同尺寸的特征，克服了传统小样本学习模型不能提取不同尺寸特征的缺陷；通过设计一种残差注意力机制，增强了模型对于重要特征的关注度。

2. 模型损失函数

深度神经网络模型中的损失函数用来衡量模型预测的好坏，并对模型参数进行更新。一个好的损失函数对于训练一个优秀的模型至关重要。当训练样本过少时，深度模型很容易产生过拟合问题，即模型在训练样本上性能好，而在测试样本上性能差。为了缓解小样本学习算法中过拟合的问题，提出了一种添加 l_2 正则化项的损失函数：

$$loss = -\frac{\sum_{c=1}^{N} y_c \log(p_c)}{K} + \| w \|^2 \tag{3-4}$$

式（3-4）中，$-\sum_{c=1}^{N} y_c \log(p_c)/K$ 表示模型的分类损失项，N 代表类别数，y_c 表示变量 0 或 1，如果预测类别和样本的实际类别相同则为 1，否则为 0，p_c 是样本属于类别 c 的概率，即模型的输出值，K 代表每类样本数量；$\| w \|^2$ 表示 l_2 正则化项，w 是权重参数。

深度网络模型产生过拟合的原因是深度网络模型中的参数过多，导致模型复杂度过高。而小样本学习过程中训练样本过少，很容易导致过拟合现象。l_2 正则化项就是模型参数的 l_2 范数，将参数的 l_2 范数加入损失函数中求最优，$\| w \|^2$ 项最小化，从而使 w 的每一个元素都是一个接近于 0 的非常小的值。因为一般认为参数值小的模型比较简单，能够适应不同的数据集，也在一定程度上避免了过拟合现象。若模型参数大，即使数据有微小的偏移，也会对结果产生显著的影响，但若模型参数足够小，即使数据偏移大，对结果的影响也会很小，模型就具有较强的抗扰动能力。

3. 基于自监督辅助任务的预训练阶段

为了解决小样本学习算法缺乏监督信息的问题，提出了一种基于自监督辅助任务的预训练方法，自监督利用辅助任务从大规模的无监督数据中挖掘自身的监督信息。通过构造的监督信息对训练网络，可以学习到丰富的、通用的、对下游任务有价值的表征。换言之，可仅用数据中存在的结构信息来提取监督信息。目前大多数预训练方法以监督的方式训练，限制了模型的迁移能力。如果使用自监督方式，设置一个辅助任务，就可以从数据本身学习到健壮的表示，提高模型的泛化能力。目前最常用的是基于旋转的方法，适用于多种模型。在此提出的基于自监督辅助任务的预训练方法如图 3-8 所示。

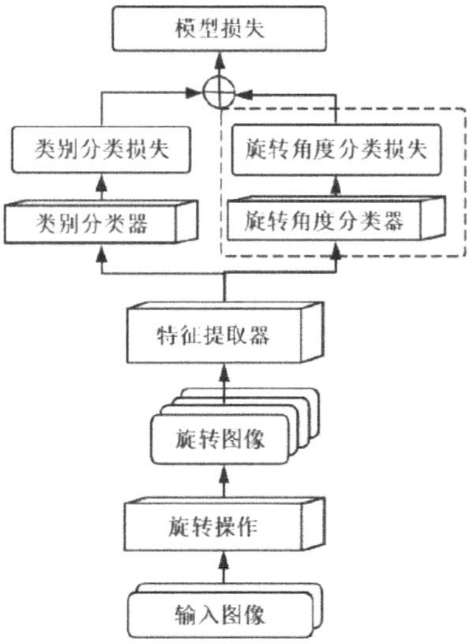

图 3-8　基于自监督辅助任务的预训练方法（虚线框内为自监督辅助任务）

图 3-8 提出了一种基于旋转的自监督预训练方法，对于每一个批次的图片分别进行 0°、90°、180°、270°旋转，并将旋转角度作为监督信息建立图像旋转角度标签，从而获得了更多的监督信息。由此构建了一个旋转角度分类器，旋转角度分类损失与标准类别分类损失作为最终的损失函数对模型进行预训练。

与经典的预训练方法不同，采用大规模数据集进行基于自监督辅助任务的预训练，如对于 miniImageNet 数据集，训练集中总共有 64 个类，每个类包含 600 个用于预训练 64 类分类器的样本。在本阶段，首先随机初始化特征提取器 Θ，传统类别分类器 θ 以及自监督辅助任务的旋转角度分类器 θ_{ss}，然后通过梯度下降法利用式（3-5）对其进行优化：

$$[\Theta,\ \theta,\ \theta_{ss}] = [\Theta,\ \theta,\ \theta_{ss}] - \alpha \nabla L_D([\Theta,\ \theta,\ \theta_{ss}]) \tag{3-5}$$

式（3-5）中，L_D 代表损失函数，此处采用交叉熵损失函数，α 代表学习率，如上所述，在此采取了添加自监督辅助任务的预训练方式，因此 L_D 包含传统的分类损失与旋转角度分类损失，具体计算方式如下所示：

$$L_D = \lambda L_{\text{Classification}} + (1 - \lambda) L_{\text{Self-supervised}} \tag{3-6}$$

$$L_{\text{Classification}} = L_D([\Theta, \theta]) = \frac{1}{|D|}\sum_{(x, y) \in D} l(f_{[\Theta, \theta]}(x), y) \tag{3-7}$$

$$L_{\text{Self-supervised}} = L_D([\Theta, \theta_{ss}]) = \frac{1}{|D|}\sum_{(x, y) \in D} l(f_{[\Theta, \theta_{ss}]}(x), y) \tag{3-8}$$

式（3-6）至式（3-8）中，λ 代表类别分类损失与旋转分类损失之间的平衡参数，在此实验中选取为0.7。在预训练阶段主要学习特征提取器 Θ，它将在接下来的元迁移学习阶段被冻结。分类器 θ 以及 θ_{ss} 将被丢弃，因为随后的小样本学习任务包含不同的分类目标，例如5-*way* 1-*shot* 的分类是5个类别而不是预训练阶段的64类，且在元迁移学习阶段没有添加关于旋转的自监督分类目标。

4. 元迁移学习阶段

元学习由两个阶段组成：元训练和元测试。整个训练集 D_{train} 是从分布 P（T）采样的分类任务 T，对整个模型进行训练，测试集 D_{test} 构建模型从未见过的任务 T_{unseen}，T 被称为一个 episode，在元训练阶段，任务 T 中包括用于优化特征提取 Θ 的训练划分 $T^{(t,r)}$ 即支持集 $D_{train-suppor}$ 和用于优化分类器 θ' 的测试划分 $T^{(t,e)}$ 即查询集 $D_{train-query}$。元训练旨在从 P（T）采样的多个 episode，即 $\{T\}$ 中学习。元测试阶段旨在从未曾见过的任务 T_{unseen}。上基于特征提取 Θ 的经验去适应分类器 θ'，通过测试 $T_{unseen}^{(te)}$ 即 $D_{test-query}$ 在模型上的效果来完成最终评估。

正如前所述，这里采用的HT元批处理训练优化了SS参数，SS参数表示为 Φ_{S_1} 和 Φ_{S_2}，在元迁移学习期间不会更改冻结的特征提取器 Θ 神经元权重。下面将详细介绍元迁移学习的过程：

给定一个任务 T，与其相关的训练损失用于通过梯度下降来优化当前分类器 θ'：

$$\theta' \leftarrow \theta - \beta \nabla_\theta L_{T^{(tr)}}([\Theta, \theta], \Theta_{S\{1, 2\}}) \tag{3-9}$$

式（3-9）与式（3-5）不同，这里不更新特征提取器 Θ，需要注意的是，这里的 θ 与上一阶段［式（3-5）中的大型分类器 θ］不同。这个 θ 仅涉及少量几个类别，每次都对新的小样本设置进行分类。θ' 对应于仅在当前任务中起作用的，有时效性的分类器，通过针对上一个任务优化过的 θ 进行初始化。

对SS参数 Φ_{S_1} 进行全1初始化，Φ_{S_2} 进行全0初始化，然后通过任务 $T^{(te)}$ 的测试损失对他们进行优化，如式（3-10）所示：

$$\Phi_{S_i} = \Phi_{S_i} - \gamma \nabla_{\Phi_{S_i}} L_{T^{(te)}}([\Theta, \theta'], \Phi_{S_{\{1, 2\}}}) \tag{3-10}$$

式（3-10）中，γ 表示学习率，在这一步骤，θ 以与式（3-10）中相同的学习率 γ 来更新。

见式（3-11），θ' 来自任务 $T^{(tr)}$ 的最后一个 epoch。

$$\theta = \theta - \gamma \nabla_\theta L_{T^{(te)}}([\Theta, \theta'], \Phi_{S_{\{1, 2\}}}) \tag{3-11}$$

（四）算法实现

在此提出的 SS-MTL 算法伪码及在一个任务上的学习步骤如算法 3-1、算法 3-2 所示。其中，算法 3-1 宏观地介绍了算法的整个流程，包括预训练与元迁移学习阶段；算法 3-2 介绍了在一个任务上的学习步骤。

算法 3-1　SS-MTL

输入：任务分布 P（T）及相关的数据集 D，学习率 α，β 以及 γ

输出：特征提取器Θ，分类器 θ，SS 参数 Φ_{s_1} 和 Φ_{s_2}

1. 随机初始化Θ和 θ
2. for samples in D do
3. 分别旋转每张图像并构建自监督的标签
4. 通过式（3-6）计算 L_D
5. 通过式（3-5）优化Θ以及 θ
6. end for
7. 对 φ_{s_1} 进行全 1 初始化，对 Φ_{s_2}进行全 0 初始化
8. 针对小样本任务重新设置并初始化分类器 θ
9. for meta-batches do
10. 从任务分布 P（T）随机采样一组任务 $\{T\}$
11. while not done do
12. 从这组任务中采样一个任务 $T_i \in \{T\}$
13. 利用任务 T_i 通过算法 2 优化 $\Phi_{s_{\{1, 2\}}}$ 以及 θ
14. 得到返回的精度最低的类 *class-m* 并将其添加到 $\{m\}$
15. end
16. 从 p（T | $\{m\}$）中采样困难任务 $\{T_{hard}\}$
17. while not done do
18. 采样一个困难任务 $T_j^{hard} \in \{T^{hard}\}$
19. 利用 T_j^{hard} “通过算法 2 优化 $\Phi_{s_{\{1, 2\}}}$ 以及 θ
20. end
21. 清空 $\{m\}$
22. end for

算法 3-2　在一个任务上的 SS-MTL

输入：任务 T，学习率 β 以及 γ，特征提取器Θ，分类器 θ，SS 参数 Φ_{S_1} 以及 $\theta\alpha_{S_2}$

输出：更新后的 θ 以及 Φ_{S_1} 和 Φ_{S_2}，在任务 T 中分类结果最差的类 *class-m*

1. 从 T 中采样 $T^{(tr)}$ 和 $T^{(tr)}$
2. *for samples in* $T^{(tr)}$ *do*
3. 计算 $L_{T^{(tr)}}$
4. 通过式（3-9）优化 θ'
5. end for
6. 通过式（3-10）以及式（3-11）优化 θ，Φ_{S_1}，以及 Φ_{S_2}
7. while not done do
8. 从 $T^{(te)}$ 中采样一个类 *class-k*
9. 计算 $T^{(te)}$ 中的分类精度 ACC_k
10. *end*
11. 返回具有最差分类精度 ACC_m 的类 *class-m*

如算法 3-1 所示，输入：任务分布 P（T）以及与其相关的数据集 D，学习率 α，β 和 γ；输出：特征提取器 Θ，分类器 θ，SS 参数中 Φ_{S_1} 和 Φ_{S_2}。第 1~6 行表示大规模数据集上的预训练阶段；其中第 1 行，随机初始化特征提取器 Θ 和大规模分类器 θ；第 2~6 行遍历数据集 D 中的样本，通过式（3-6）计算损失，由于添加了自监督辅助任务，这里的损失既包括原始的分类损失，也包括添加自监督辅助任务后的旋转角度分类损失，然后第 4 行通过式（3-5）对特征提取器 Θ 和大规模分类器 θ 进行优化。第 7~22 行表示元迁移学习阶段；其中第 7 行表示 SS 参数的初始化，在元迁移阶段特征提取器的参数被冻结，通过 SS 操作给特征提取器 Θ 的卷积核添加了缩放与移位参数 Φ_{S_1} 和 Φ_{S_2}，Φ_{S_1} 初始化为全 1，Φ_{S_2} 初始化为全 0；第 8 行针对小样本任务重新设置并初始化分类器 8；第 9~22 行表示通过多个批次对模型进行训练；第 10 行从任务分布 P（T）中采样一批任务 $\{T\}$；第 11~15 行通过算法 2 利用这些任务对模型进行训练，并得出精度最低的类 *class-m* 加入集合 $\{m\}$ 中，其中第 13 行采用算法 Φ_{S_1} 和 Φ_{S_2} 以及分类器 θ 进行优化；第 16 行从集合 $\{m\}$ 的分布中采样一批困难任务 $T_j^{hard} \in \{T^{hard}\}$；第 17~20 行通过算法 2 利用 HT 元批处理训练对 Φ_{S_1} 和 Φ_{S_2} 以及分类器 θ 进行进一步优化；第 21 行表示每一个批次训练结束后将集合 $\{m\}$ 清空。

算法 3-2 对算法 3-1 中针对每个任务的具体学习步骤进行阐述。输入：任务 T，学习率 β 和 γ，特征提取器 Θ，小样本分类器 θ，SS 参数 Φ_{S_1} 和 Φ_{S_2}；输出：更新之后的小样本分类器 θ，SS 参数 Φ_{S_1} 和 Φ_{S_2}，以及在任务 T 中分类结果最差的类 *class-m*；第 1 行从任务 T 中划分出支持集 $T^{(tr)}$ 以及查询集 $T^{(te)}$；第 2~5 行遍历支持集 $T^{(tr)}$ 的样本并计算分类损失，采用式（3-9）优化θ'；第6行通过式（3-10）和式（3-11）优化小样本分类器θ，SS参数Φ_{S_1}和Φ_{S_2}；第7~10行从查询集$T^{(te)}$中采样并计算分类精度；第11行返回精度最低的*class-m*。

（五）算法实验及实际应用

这里，在两个标准数据集上对所提出的算法SS-MTL进行实验，并与其他最新最好的小样本学习算法进行比较。对算法的实验平台、实验数据集，对比标准、实验结果以及对实验结果的分析进行了介绍。

1. 实验环境及设置

为了对比的公平性，所有实验均在Linux环境下运行，采用Intel（R）Xeon（R）Gold 5115 CPU @ 2.40GHz的CPU以及NVIDIA Tesla P40的GPU。其中SS-MTL算法是使用Python 3.5和Tensorflow 1.3.0实现和进行测试的。

针对两个小样本标准数据集miniImageNet和FC100进行实验。

miniImageNet数据集由Vinyals等人于2016年提出，用于小样本学习算法的评估，miniImageNet节选自ImageNet数据集，ImageNet是为促进视觉识别的研究而建立的一个大型的数据库，它包含20000多个类别，如“汽车”“水母”“气球”等，每个类别均包含500张以上的图片。miniImageNet节选了其中100个类别，每个类别包含600个84×84彩色图像样本。这100个类别中有64个类别用于元训练，16个类别用于元验证，20个类别用于元测试的采样任务。

FC100数据集是基于流行的对象分类数据集CIFAR100构建的。它提供了更具挑战性的方案，且具有较低的图像分辨率和更具挑战性的元训练/测试划分。它包含100个对象类，每个类有600个32×32彩色图像样本。这100个类别属于20个超类。元训练数据来自属于12个超类的60个类，元验证和元测试集分别包含20个类，分别属于4个超类。这些划分是基于超类的，从而最大限度地减少了训练和验证以及测试任务之间的信息重叠。

基于miniImageNet数据集进行了2种分类实验设置，分别为5-*way* 1-*shot*，5-*way* 5-*shot*；基于FC100数据集进行了3种分类实验设置，分别为5-*way* 1-*shot*，5-*way* 5-*shot*，以及5-*way* 10-*shot*，*N-way K-shot*设置表示每个测试批次具有N个未出现在训练集中的类别，每个类别有K个图像样本。采用图像分类准确率Acc作为评估指标，具体计算方法如下：

$$Acc = \frac{\text{Number of correct predictions}}{\text{Total number of predictions}} \times 100\% \tag{3-12}$$

2. 实验参数设置

下面对算法SS-MTL所需的一些重要参数进行介绍，所做的关于SS-MTL的实验均遵循表3-1所列的参数值。

表 3-1　SS-MTL 算法参数

参数名称	参数意义	参数值
PRE_ TRA_ TTER_ MAX	预训练阶段迭代次数	20000
PRE_ LR	预训练学习率	0.001
MAX_ TTER	元训练迭代次数	20000
β，γ	元学习率	0.001
α	基础学习率	0.001

3. 对比算法介绍

在此将提出的算法 SS-MTL 算法与以下几个较为优秀的小样本学习算法进行比较。

（1）MAML 算法：该方法是经典基于优化的元学习框架，很多元学习算法均基于此优化框架进行改进。

（2）MAML++算法：基于 MAML 算法进行改进，不仅能提高 MAML 训练的稳定性，而且可以极大地提高 MAML 的泛化性能，收敛速度并降低计算开销。

（3）TADAM 算法：基于度量的小样本学习算法，提出一种辅助任务协同训练的方法。

（4）TransMatch 算法：目前最新的基于迁移学习的混合型小样本学习算法，该算法采用半监督学习方法对模型进行更新。

（5）MTL 算法：一种元学习与迁移学习相结合的小样本学习算法，该算法通过冻结预训练权重并添加缩放参数的机制以适应新的任务。

（6）T-NAS 算法：提出一种基于元学习的可迁移的神经体系结构搜索方法，在小样本学习算法中有效减少了参数数量。

这 6 个算法都是非常优秀的小样本学习算法，其中 MAML 算法是 2017 年提出的经典的元学习框架，TADAM 算法是 2018 年提出的一种辅助任务训练的小样本学习算法，2019 年提出的 MAML++算法针对 MAML 算法进行了一系列的改进，取得了更好的性能，基于 2019 年提出的 MTL 算法进行改进，MTL 算法是在此的重点对比算法，TransMatch 算法和 T-NAS 算法是 2020 年最新基于迁移学习和基于元学习的混合型小样本学习算法，也是目前效果最好的算法。

4. 算法精度比较及分析

（1）自监督辅助任务的有效性。对所提出基于自监督的预训练方法的有效性进行验证，分别对采用 2 分类自监督辅助任务，4 分类自监督辅助任务以及不采用自监督辅助任务的算法在 miniImageNet 数据集上进行了 5-*way* 1-*shot* 以及 5-*way* 5-*shot* 实验，见表 3-2。

表 3-2　自监督辅助任务实验精度对比

实验设置	Pretrain（%）		2-SS-Pretrain（%）		4-SS-Pretrain（%）	
	Meta-Tr	Meta-Te	Meta-Tr	Meta-Te	Meta-Tr	Meta-Te
5-*way* 1-*shot*	59.7	57.1	60.2	57.9	62.4	58.4
5-*way* 5-*shot*	73.6	72.8	74.7	73.5	75.8	74.3

在表 3-2 中，分别基于 2 分类自监督辅助任务与 4 分类自监督辅助任务，以及未添加自监督辅助任务的算法进行实验，其中 2-SS-Pretrain（2-self supervised-Pretrain）表示添加 2 分类自监督辅助任务的 MTL 算法，分别对输入图像进行 0°、180°旋转；4-SS-Pretrain（4-self supervised-Pretrain）表示添加 4 分类自监督辅助任务的 MTL 算法，分别对输入图像进行 0°、90°、180°、270°旋转。Meta-Tr 代表在元训练阶段的分类精度，Meta-Te 表示在元测试阶段的分类精度。由实验结果可知：相比于传统的预训练方法，添加自监督辅助任务的预训练不仅在预训练的过程中取得较好的精度，在元迁移学习阶段也能取得具有竞争力的结果，充分说明添加自监督辅助任务的有效性；由于构造了更多的监督信息，相对于 2 分类自监督，4 分类自监督辅助任务对于算法精度提高取得的效果更为显著；预训练阶段自监督辅助任务的添加对于算法的精度有了进一步的提升，并且是在保持原始需要优化的参数量的情况下。

（2）l_2 正则化项缓解过拟合的有效性。为了验证提出的添加 l_2 正则化项对缓解模型过拟合问题的有效性，分别使用添加 l_2 正则化项的损失函数与未添加的损失函数在 miniImageNet 数据集上进行 5-*way* 1-*shot* 以及实验（5000 次迭代），实验结果见表 3-3。

表 3-3　l_2 正则化项对过拟合有效性对比

	5-*way* 1-*shot*（%）		5-*way* 5-*shot*（%）	
实验设置	train	Test	train	Test
未添加 l_2 正则化项	45. 17	38. 69	60. 94	52. 63
添加 l_2 正则化项	45. 55	43. 20	59. 68	54. 45

表 3-3 为添加 l_2 正则化项的损失函数与未添加的损失函数在 miniImageNet 数据集上进行 5-*way* 1-*shot* 以及 5-*way* 5-*shot* 实验分别在训练阶段与测试阶段的精度。由表中数据可知，未添加 l_2 正则化项的实验中相比于训练过程中的精度，测试精度下降严重，产生了过拟合现象。而添加了 l_2 正则化项的实验中，精度下降幅度较小，实验结果表明，添加 l_2 正则化项的损失函数能够有效缓解小样本学习算法的过拟合问题。

（3）SS-MTL 算法与对比算法的精度比较。这里对所提出的 SS-MTL 算法与目前最好的小样本学习算法在 miniImageNet 以及 FC100 上进行了实验，结果见表 3-4、表 3-5。

表 3-4　SS-MTL 算法与对比算法在 miniImageNet 上精度对比

算法名称	5-*way* 1-*shot*（%）	5-*way* 5-*shot*（%）
MAML	48. 70±1. 75	63. 11±0. 92
MAML++	52. 15±0. 26	68. 32±0. 44
TADAM	57. 8±0. 3	75. 90±0. 30
MTL	57. 1±1. 4	72. 8±0. 7

续表

算法名称	5-*way* 1-*shot*（%）	5-*way* 5-*shot*（%）
TransMatch	58. 43±0. 93	76. 43±0. 61
T-NAS	54. 11±1. 3	69. 59±0. 8
SS-MTL（ours）	59. 8±1. 6	76. 6±0. 9

表 3-5　SS-MTL 算法与对比算法在 FC100 上精度对比

算法名称	5-*way* 1-*shot*（%）	5-*way* 5-*shot*（%）	5-*way* 10-*shot*（%）
MAML	38. 1±1. 7	50. 4±1. 0	56. 2±0. 8
MAML++	38. 7±0. 4	52. 9±0. 4	58. 8±0. 4
TADAM	40. 1±0. 4	56. 1±0. 4	61. 6±0. 5
MTL	43. 8±1. 4	55. 4±1. 1	61. 2±0. 6
TransMatch	44. 7±1. 1	55. 8±0. 7	63. 9±0. 7
T-NAS	40. 4±1. 2	54. 6±0. 9	60. 2±0. 7
SS-MTL（ours）	45. 7±1. 3	56. 9±1. 1	64. 2±0. 9

表 3-4 和表 3-5 展示了所提出的小样本学习算法与目前最新算法在不同的小样本场景下的分类精度结果。通过对表 3-4 及表 3-5 实验结果进行分析，可得出以下结论：在此提出的 SS-MTL 算法在两个实验数据集上不同实验设置下均优于目前最新的小样本学习算法，充分验证了所提出算法的有效性。所提出的 SS-MTL 算法精度相对于 MTL 算法有了明显的提升，特别是在 miniImageNet 数据集上，这是因为 miniImageNet 数据集中的图像尺寸相对于 FC100 数据集比较大，通过膨胀卷积增大了模型的感受野，所以对于固定尺寸的卷积核，尺寸较大的图像能挖掘其更多大尺寸的特征，因此针对算法精度的提升更为显著。

5. SS-MTL 算法实际应用 1：鸟类识别

传统的深度神经网络模型通过大规模数据的训练已经可以实现简单的图像分类任务。然而对于复杂的图像，特别是数据量不足的情况下，这些模型难以达到令人满意的结果。图像分类是经典的基于深度学习的小样本学习任务，基于小样本学习的鸟类识别旨在将少量不同的鸟类图像输入深度神经网络模型，使其能对这些图像特征进行学习，进而根据其特征识别出其属于的类别。当给定一些深度网络模型从未学习过的鸟类图像，深度神经网络也能很好地对其进行分类。基于提出的 SS-MTL 算法，通过自监督的预训练方式已经获得了一个良好的特征提取器，通过迁移学习的方法很容易将其应用到小样本学习场景中。

CUB-200-2011 数据集是由加利福尼亚理工学院所提供的用于小样本鸟类细粒度识别的数据集，其中包括 200 个鸟类的超过 10000 张图片，采用其中 100 个类别作为元训练集，剩余的 100 个类别作为元测试集。小样本鸟类识别流程如图 3-9 所示。

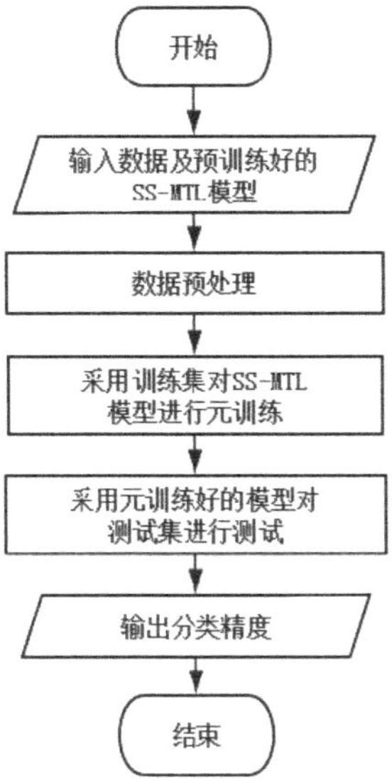

图 3-9 小样本鸟类识别流程

如图 3-9 所示为整个鸟类识别的流程图，首先对所有鸟类图片进行了预处理，将每一张图片采用 Python 的 PIL 工具通过裁剪压缩处理为 84×84×3 的图片，以方便模型的处理。然后通过训练数据对 SS-MTL 模型进行元训练，最后将训练好的模型对测试数据进行分类。基于 CUB-200-2011 数据集进行了 100-*way* 1-*shot* 以及 100-*way* 5-*shot* 的分类实验，并与最新的 MTL 算法以及 TransMatch 算法进行比较，所得精度如表 3-6 所示。

表 3-6 SS-MTL 算法在 CUB-200-2011 数据集上性能对比

算法	100-*way* 5-*shot*（%）	100-*way* 10-*shot*（%）
TransMatch	52.25	63.79
MTL	51.97	63.54
SS-MTL	52.78	65.03

由表 3-6 中数据可知，在此提出的算法相对于小样本情况下的鸟类识别精度高于目前最新的算法，进一步证明了提出的 SS-MTL 算法针对鸟类识别的有效性以及相对于其他算法在鸟类识别方面的优越性。

6. SS-MTL 算法实际应用 2：手写字符识别

人类可以很容易理解一张图片所表达的信息，但是对于计算机来说，这是非常困难的任务。手写字符识别作为智能计算机接口的重要组成部分，在现实生活中的应用非常广泛，如银行票据的处理、文献检索、邮政系统及自动化办公等方面。但是，不同语言间不同意义的字符可能存在非常相近的特征，而同一字符由不同的人手写可能表现出非常迥异的特征，这是手写字符识别面临的非常严峻的挑战。

基于 Omniglot 手写字符数据集进行了手写字符识别的应用研究，该数据集包含了 50 种不同语言的 1623 个手写字符，每个字符包含 20 种不同的笔迹，选取其中 1150 个类作为训练集，50 个类作为验证集，剩下的 423 个类作为测试集。手写字符识别流程如图 3-10 所示。

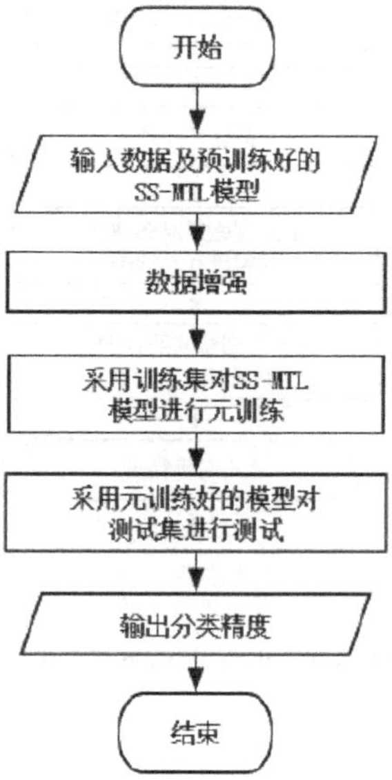

图 3-10　手写字符识别流程

如图 3-10 所示为整个手写字符识别流程，由于数据集中的每张图像已经被裁剪到统一尺寸为 28×28，这里不再需要对其进行预处理。由于每个类别的样本量过少，采用旋转的方式进行数据增强，采用增强的数据集对所提出的 SS-MTL 模型进行元训练，然后将测试集输入模型，对模型的性能进行测试，基于 Omniglot 数据集分别进行 20-*way* 1-*shot* 以及 20-*way* 5-*shot* 实验，并与其他对比算法进行比较，实验结果如表 3-7 所示。

表 3-7　算法在增强的 Omniglot 数据集上性能对比

算法	20-*way* 1-*shot*（%）	20-*way* 5-*shot*（%）
MAML	95. 8±0. 3	98. 9±0. 2
MAML++	97. 65±0. 05	98. 9±0. 2
TADAM	98. 16±0. 12	99. 45±0. 09
MTL	97. 73±0. 24	99. 34±0. 06
SS-MTL	98. 42±0. 13	99. 63±0. 07

由于手写字符图片是灰度图且图像特征相对于传统图片比较简单，在传统分类问题中其精度都能达到 100%。在小样本场景下的分类精度虽然很高（都能达到 95%以上），但是与传统分类精度来比，这样的性能还是相形见绌。

与最新的小样本学习算法相比（见表 3-7），SS-MTL 算法在两种实验设置下的性能均高于其他算法，证明了在此所提出的 SS-MTL 算法对于手写字符识别任务的有效性，更体现了 SS-MTL 算法对于其他算法的优越性。

为了对比小样本学习算法针对具有不同复杂度特征的图像数据的性能，将提出的小样本学习算法 SS-MTL 应用于具有复杂特征的图像数据（鸟类）和具有简单特征的图像数据（手写字符）可以发现，目前小样本学习算法虽然对于具有简单特征的图像数据取得了非常可观的性能，但对于具有复杂特征的图像数据性能仍有待进一步提升。

二、IFML-FSRE：信息融合的元学习小样本关系抽取算法

首先对目前小样本学习算法应用到关系抽取领域的难点以及缺陷进行了阐述，之后对所提出的一种新的高效信息融合的元学习小样本关系抽取算法 IFML-FSRE（Information Fused Meta-learning for Few-shot Relation Extraction，IFML-FSRE）进行了详细论述。最后，在基准测试数据集 FewRel 上对算法及相关最新最好算法进行性能测试。

（一）算法设计动机

以上提出的小样本学习算法 SS-MTL 是基于元学习与迁移学习的混合型算法，算法较为复杂，不适应小样本的关系抽取问题。且由于文本不能直接计算，目前大部分小样本学习算法难以直接应用于关系抽取领域。为了保证小样本学习算法应用到关系抽取任务中的效率与准确性，所以选取较为简单的元学习算法，在小样本关系抽取领域进行了应用研究，并提出了一种新的有效的小样本关系抽取算法。

关系抽取是自然语言处理领域的重要任务，旨在根据两个给定实体的相关上下文对它们之间的语义关系进行分类。然而，小样本关系抽取任务仍然面临着以下问题：(1) 关系抽取任务中的数据为文本数据，为了提升小样本学习算法应用到关系抽取领域的性能，如何有效利用文本数据的语义信息是小样本关系抽取算法的难点。(2) 简单的小样本学习算法——元学习 MAML 框架学习如何进行参数的初始化和在有限实例下进行参数的快速适应。但是 MAML 算法基于统计信息进行模型参数的适应，即对于参数适应而言，每个实例共享相同的学习率，参数适应效率低，算法精度有待于进一步提高。

针对以上问题，基于经典的小样本学习框架 MAML 提出一种信息融合的元学习小样本关系抽取算法 IFML-FSRE。具体而言，提出一种基于匹配信息的实例重表示方法，利用句子实例之间的匹配度以增强对查询集（测试样本）有益的支持实例（训练样本），并基于实例间的相似度进行任务过滤，从而提高算法精度。提出一种融合类名信息与实例信息的参数快速适应方法，充分利用文本数据的语义信息以提高有益实例的学习率，从而更好地对模型参数进行快速适应。

（二）算法设计思想及框架

针对元学习算法应用影响抽取领域面临的问题（1），设计了一种基于匹配信息的实例重表示方法，增强了对查询实例有益的支持实例的权重。小样本分类问题的实质是需要模型首先学习支持集上的分类器然后处理查询集上的分类任务。通过突出对查询集有益的支

持实例，能增强查询集在模型上的性能。同时，提出一种任务过滤机制对有效任务进行筛选以提高算法精度；针对上述问题（2），提出一种实例信息与类名信息融合的参数快速适应方法，利用类名与句子实例的语义信息，为每个实例计算相应的学习率，从而更好地对模型参数进行快速适应。基于以上这些思想，针对小样本关系抽取任务，提出了一种新的有效的信息融合的元学习小样本关系抽取算法 IFML-FSRE。IFML-FSRE 的算法框架如图 3-11 所示。

IFML-FSRE 算法主要由实例编码模块、参数初始化模块、参数快速适应模块及元优化模块四个部分组成，其中每个部分的功能如下。

实例编码模块：将句子实例编码为向量。为了充分利用文本数据的语义信息，在这一模块中采用任务过滤策略对每个任务中采用 BERT 编码后的实例进行计算，以筛选有效任务。然后采用一种基于匹配度的重表示方法，突出了对查询实例有益的支持实例。

参数初始化模块：带有元参数 ϕ_n 的参数初始化模块根据类名信息动态地初始化与类相关的参数 θ^0。

参数快速适应模块：针对 MAML 框架参数适应过程中共享学习率导致参数适应效率低的问题，提出一种融合了支持实例与类名信息的模型参数快速适应方法，带有元参数 ϕ_n 的参数快速适应模块对初始化参数 θ^0 进行快速适应，得到适应好的模型参数 θ^T 。

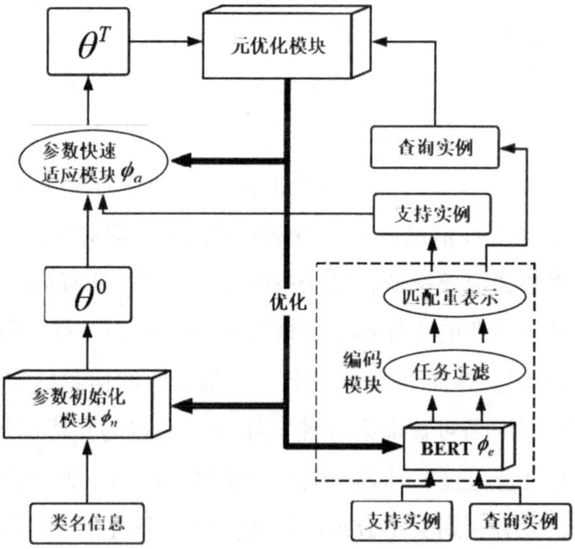

图 3-11　IFML-FSRE 算法框架示意（圆形部分为所提出的机制）

元优化模块：通过查询集在适应后的模型上的性能对元参数 $\Phi=\{\phi_e, \phi_n, \phi_a\}$ 进行更新。

在此提出的 IFML-FSRE 算法旨在基于改进的元学习框架 MAML 下进行模型参数的快速适应以进行小样本关系抽取任务。以下，对提出的算法的主要设计策略进行详细阐述。

（三）算法主要设计策略

主要针对 IFML-FSRE 算法中的主要设计策略进行详细的介绍。

1. 实例编码模块的设计

针对元学习对文本数据的语义信息难以有效利用的问题，在实例编码模块中设计了一种基于相似度的任务过滤策略，对有效任务进行筛选；接着，通过一种基于匹配度的重表示方法，增强了对查询实例有益的支持实例的权重，从而提高查询集在模型上的性能，具体来说，通过计算查询实例与支持实例的匹配度，并利用注意力机制为每个实例分配权重。

实例编码模块如图 3-12 所示。给定一个任务，由于 BERT 对于 NLP 任务的有效性，首先采用 BERT 对任务中的每个实例进行编码，然后添加了任务过滤策略对任务进行过滤，针对过滤后的任务中的实例进行基于匹配信息的重表示。以下，将对这三个部分的具体操作进行详细介绍。

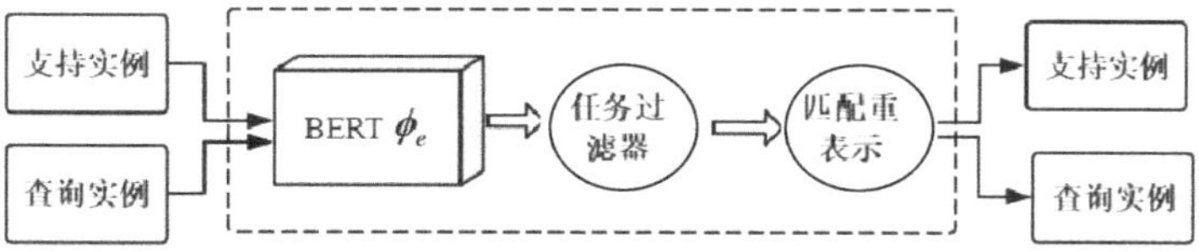

图 3-12 实例编码模块（圆形为所提出的策略）

（1）BERT 编码。具体来说，在 BERT 编码阶段，给定一个句子和相应的目标实体对（头实体 h 和尾实体 t），采用 BERT 对实例进行编码，BERT 编码器的形式化表示图以式（3-13）表示：

$$x_j = g(x_j,\ h,\ t;\ \phi_e) \tag{3-13}$$

式（3-13）中，x_j 表示一个句子，h 和 t 分别表示句子中的头实体和尾实体，g（·）是编码器，ϕ_e 是编码器的参数，$x_j \in R^{d_s}$ 是句子实例的编码，d_s 为编码长度。

（2）任务过滤器。目前大部分小样本关系抽取算法采用注意力机制突出重要实例，然而一个任务中如果存在相似实例过多会严重影响模型的训练。因此，选择含有丰富实例的任务进行训练能够有效增强模型性能。

针对上述问题，提出一种基于相似度的任务过滤策略，具体来说，对于小样本关系抽取中的 *N-way K-shot*（抽取 N 个类，每类抽取 K 个样本）的设置，一个任务中的支持集共包含 $N\times K$ 个实例，如果支持实例中相似实例的个数大于 $N\times K^2$ 个（包含实例与自己本身相似），则说明这个任务是无效的。具体地，采取余弦相似度对两个实例相似度进行衡量，如式（3-14）所示：

$$sim_{ij} = \cos(x_i,\ x_j) = \frac{x_i \cdot x_j}{||x_i|| \times ||x_j||} \tag{3-14}$$

式（3-14）中，x_i 与 x_j 分别表示支持集中两个不同的实例，$sim_{ij} \in$（0，1）表示这两个实例间的余弦相似度，当 sim_{ij} 大于阈值 0.5，相似实例个数大于阈值 $N\times K^2+K$ 时，则表示相似实例过多，这个任务是失败的，应将这个任务舍弃。同时，这种任务过滤机制使模型尽可能选择不相似的实例进行训练，进一步增强了模型的性能。

（3）基于匹配度的实例重表示。小样本分类问题的实质是需要模型首先学习支持集（包含少量训练实例）上的分类器，然后处理查询集（测试实例）上的分类任务，因此选择对查询实例有益的支持实例能有效提高查询集在分类器上的性能，为了在一个任务中选出对查询实例有益的支持实例，提出了一种基于匹配信息的重表示方法，具体方法如式（3-15）所示：

$$\begin{cases} \alpha_{mn} = q_m^T S_n \\ \tilde{s}_n = \sum_{m=1}^{T_q} \dfrac{\exp(\alpha_{mn})}{\sum_{m'=1}^{T_q} \exp(\alpha_{m'n})} q_m \\ \tilde{q}_n = \sum_{n=1}^{T_s} \dfrac{\exp(\alpha_{mn})}{\sum_{n'=1}^{T_s} \exp(\alpha_{m'n})} s_n \end{cases} \tag{3-15}$$

式（3-15）描述了每个支持实例与查询实例的重表示方法，其中，α_{mn} 表示第 n 个支持集 s_n 与第 m 个查询集 q_m 之间的匹配度，$m\in\{1, \cdots, T_q\}$，$n\in\{1, \cdots, T_s\}$，T_q 及 T_s 分别表示查询实例与支持实例的个数，$\tilde{q}_m$ 和 q_m 表示重表示后的查询集 $\tilde{Q}$ 以及原始查询集 Q 的第 m 行，$\tilde{s}_n$ 和 s_n 表示重表示后的支持集 $\tilde{s}$ 以及原始支持集 s 的第 n 行。利用注意力机制通过获得的查询实例与支持实例的匹配度分别计算出每个实例的权重，从而获得含有注意力信息的支持实例与查询实例的重表示。基于匹配信息的查询实例与支持实例的重表示进一步增强了对查询集有益的支持实例权重，由于 FSL 场景中缺少支持数据，因此选择对查询集有益的支持实例能有效提升算法的性能。

2. 参数初始化模块的设计

从类分布 $p(C)$ 中抽取一组类 $\{C_1, C_2, \cdots, C_N\}$ 构建一个任务，MAML 算法学习与类无关的初始化，这种初始化可以通过少量梯度更新步骤而适应新类。受 MIML 启发，通过参数初始化模块以生成方式利用类名信息进行类感知的参数初始化。参数初始化模块如图 3-13 所示。

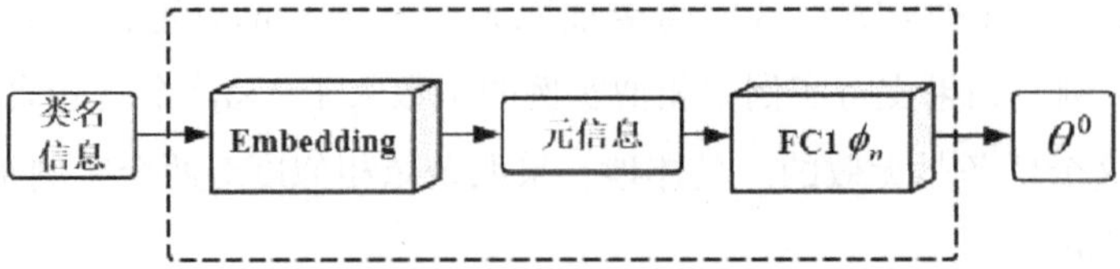

图 3-13 参数初始化模块

参数初始化模块使用从语义概念派生的元信息来初始化每个类的参数，将类名用作元信息。具体而言，如图 3-13 所示，给定类 C_i 的名称，通过词嵌入（Embedding）模块得到该类名信息的词嵌入作为元信息 $c_i \in R^{dw}$，然后，通过参数初始化模块按式（3-16）所示初始化该类的参数：

$$\theta_i^0 = \psi(c_i;\ \phi_n) \tag{3-16}$$

式（3-16）中，θ_i^0 是类 C_i 的类感知的初始化参数，ψ（·）是参数初始化器，通过一个全连接层 FC1（Fully Connect）实现，ϕ_n 是相应的参数。初始化参数 θ_i^0 可以用来计算实例的分类得分，如式（3-17）所示：

$$s_{i,\ j} = \theta_i^{0^T} x_j \tag{3-17}$$

式（3-17）中，$s_{i,j}$ 是实例 X_j 属于类 c_i 的得分，快速初始化后的模型可以表示为 $f_{\theta^0,\ \{\varphi_e,\ \varphi_n\}}$，其中 $\theta^0 = \{\theta_1^0,\ \theta_2^0,\ \cdots,\ \theta_N^0\}$ 表示所有类的初始化参数。

3. 参数快速适应模块的设计

针对 MAML 算法所有实例共享学习率进行参数适应效率低的问题，提出一种信息融合的参数快速适应方法。具体而言，提出了一种基于类名与实例信息融合的类向量计算方法，通过计算实例与类向量的匹配度得到实例属于该类的得分，根据得分利用选择性注意力机制为每个实例分配不同的学习率，为含有重要信息的实例分配较高的学习率，从而更好地进行参数适应。

根据支持集上实例的分类性能，通过梯度下降步骤来自适应初始化参数 θ^0。参数快速适应模块如图 3-14 所示。

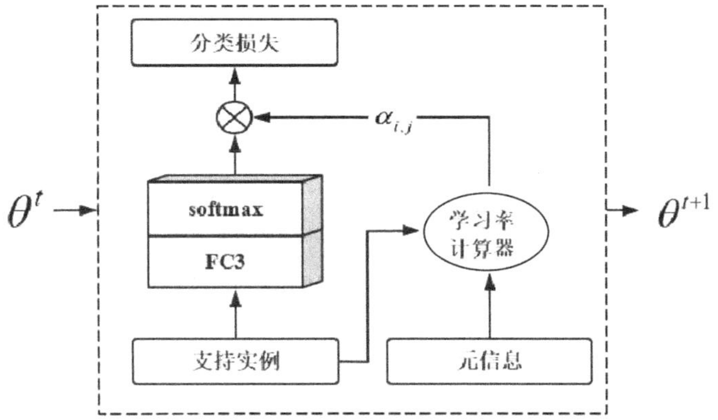

图 3-14　参数快速适应模块（圆形为动态的学习率计算器）

如图 3-14 所示为一个时间步内的参数更新机制，在快速适应模块，模型参数根据给定的 ι 个时间步内进行动态的迭代，在每个时间 t，参数 θ^t 通过梯度下降的方式进行更新，如式（3-18）所示：

$$\theta^{t+1} = \theta^t - \sum_{i,\ j} \alpha_{i,\ j}\ \nabla_{\theta^t} L(F_{\theta^t,\ \{\varphi_e,\ \varphi_n\}},\ x_j,\ y_j) \tag{3-18}$$

式（3-18）中，L 表示通过模型 $f_{\theta^0,\ \{\varphi_e,\ \varphi_n\}}$ 计算的支持实例（x_j，y_j）的交叉熵损失，该损失由支持实例经过图 3-14 中的全连接层 FC3（Fully Connect）以及 Softmax 层而得到，

x_j 表示一个句子实例，y_j 表示该句子的类别标签，$\alpha_{i,j}$是支持实例（x_j，y_j）在 θ_i 上的学习率，L 的具体计算方法如式（3-19）所示：

$$L_{cross-entropy} = -\sum_{c=1}^{N} y_c \log(p_c) \tag{3-19}$$

式（3-19）中，N 代表类别的数量，y_c 表示变量 0 或 1，如果该类别和样本的类别相同则为 1，否则为 0，P_c 是对于观测样本的预测概率。

为了解决 MAML 框架参数适应效率低的问题，不同于 MAML 算法假设支持集中的所有实例同等重要，从而共享相同的学习率以进行参数调整。考虑到实际情况下文本实例通常是多种多样的，并且有益实例可以在快速适应中主导模型参数，分别对每个实例赋予不同的学习率$\alpha_{i,j}$进行适应，每个实例的学习率的计算方法如图 3-15 所示。

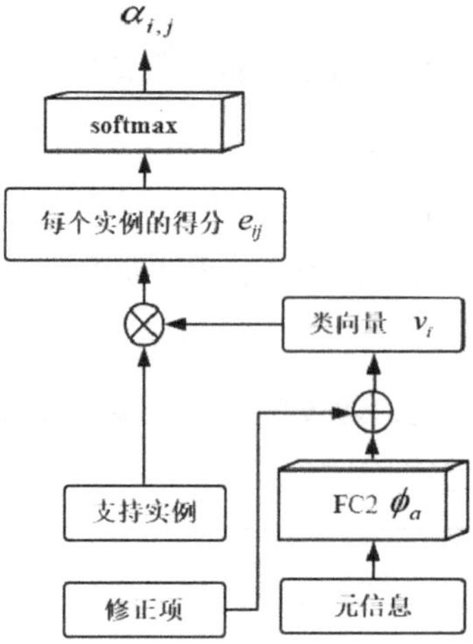

图 3-15　学习率计算器设计示意

如图 3-15 所示，首先，提出了一种融合了从类名信息得到元信息与实例信息的类向量计算方法，通过计算每个支持实例相对于类向量的匹配度作为支持实例属于该类的得分，然后通过选择性注意力机制动态确定每个实例的学习率。类向量的计算方法如式（3-20）所示：

$$v_i = \lambda\psi(c_i,\ \phi_a) + (1-\lambda)\sum_{j=1}^{K} x_j/K \tag{3-20}$$

式（3-20）中，v_i 是类 C_i 的类向量表示，其中 ψ（·）由一个具有参数 ϕ_a 的全连接层所实现，c_i 是第 i 类的类名重表示，即元信息，$c_i \in R^{dw}$ 是通过类名的词嵌入所获得，嵌入空间向量长度为 d_w。K 表示在一个任务中每个类的支持实例个数，x_j 表示支持实例，$j \in \{1, \cdots, K\}$。其中，为了克服类名信息的单一性可能导致的偏差，通过实例均值 $\sum_{j=1}^{K} x_j/K$ 对类名信息在嵌入空间进行修正，λ 为修正系数，这里选择为 0.7。

然后，采用实例 x_j 与类向量 v_i 的匹配度作为支持实例 x_j 属于类 C_i 的得分 e_{ij}，如式（3-21）所示：

$$e_{ij} = v_i^{\ T} x_j \tag{3-21}$$

其中，v_i 是类 C_i 的类向量表示，如果 x_j 是类 C_i 的有益实例，则 e_{ij} 应该较大，因此 x_j 应该对参数的适应做出更大的贡献。为了选择有益实例以在模型中快速适应，每个实例的学习率由选择性注意力机制动态确定，如式（3-22）所示：

$$\alpha_{ij} = \frac{\exp(e_{ij})}{\sum_j \exp(e_{ij})} \tag{3-22}$$

式（3-22）中，e_{ij} 表示支持实例 x_j 属于类 C_i 的得分，通过分别对每个实例针对不同的类别的得分赋予不同的学习率来进行参数适应，经过 T 步自适应后的参数表示为 θ^T。

针对 MAML 框架参数适应过程共享学习率导致效率低的问题，本模块设计了一种类名信息与实例信息相融合的类向量计算方法，从而得到每个支持实例的学习率，有效突出了每个类中的有益实例，实现了模型参数的快速适应。

4. 元优化模块的设计

元优化模块如图 3-16 所示。

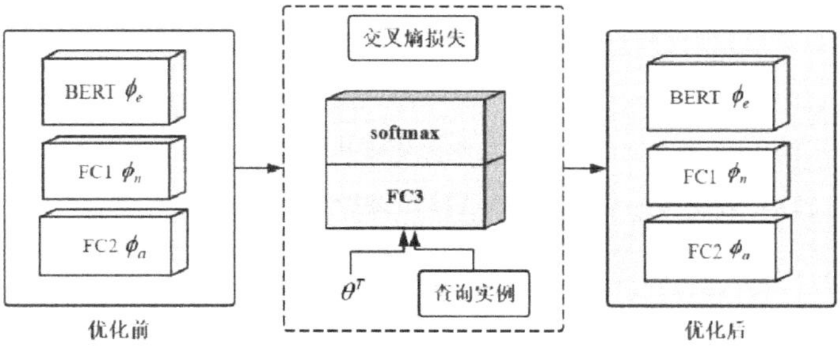

图 3-16　元优化模块

如图 3-16 所示，在对支持实例的快速适应后，元参数 $\Phi = \{\varphi_e, \varphi_n, \varphi_a\}$ 根据查询集 Q 在适应后的模型上的性能进行优化，如式（3-23）所示：

$$\Phi = \Phi - \beta \nabla_{\Phi} L(f_{\theta^T, \Phi}, x_j, y_j) \tag{3-23}$$

式（3-23）中，β 是元参数的学习率。L 表示查询集数据在训练好的模型上的损失函数。这样，IFML-F SRE 算法可以有效地为每个实例进行编码，并选择有效支持实例以进行快速适应，从而在查询集上产生良好的分类结果。

（四）算法实现

为了更详细地介绍 IFML-FSRE 算法的具体过程，给出了 IFML-FSRE 算法的伪码，如算法 3-3 所示。

算法 3-3　IFML-FSRE

输入：类分布 p（C），元学习率 β

输出：更新后的模型参数

1. 随机初始化元参数：$\phi = \{\phi_e,\ \phi_a,\ \phi_n,\ \}$
2. while not done do
3. 从类分布采样一组类 $C_i \sim p$（C）
4. 采样支持集 S 及查询集 Q 构成一个任务并通过式（4-1）对所有实例进行编码
5. 通过式（4-2）计算支持集 S 中相似实例的个数 Num_{sim}
6. if $Num_{sim} > N \times K^2 + K$ then
7. 将这个任务过滤掉
8. end if
9. 采用式（4-3）对过滤后的查询实例及支持实例进行重表示
10. for all C_i do
11. 通过式（4-4）对类 C_i 的参数进行初始化
12. end for
13. for t=1，…，T do
14. 使用支持实例集 S 计算梯度和学习速率以实现快速适应
15. 通过式（4-6）利用梯度下降法计算自适应参数
16. end for
17. 通过式（4-11）使用查询集 Q 进行元优化
18. end

在算法 3-3 中，输入：类分布 p（C），β 学习率；第 1 行：随机初始化元参数。第 2~18 行表示整个算法的迭代过程，其中第 3 行表示从数据分布中采样一个批次的类别。第 4~9 行表示实例编码阶段，其中第 4 行表示从这个批次中构建查询集 Q 与支持集 S 并采用 BERT 对每个实例进行编码；第 5~8 行表示任务过滤策略对每一个任务进行判断，如果这个任务所含相似实例过多，就将这个任务过滤掉，第 9 行对未被过滤的任务中的每个实例进行基于匹配信息的重表示。第 10~12 行表示对每个类进行基于元信息的初始化阶段，在这个阶段，类名作为元信息引导针对每个类的参数的初始化。第 13~16 行表示类名信息与实例信息融合的参数快速适应阶段，在这一阶段，针对每个任务通过实例修正的类向量计算每个支持实例相对应的学习率与梯度，采用式（3-18）来计算适应后的模型参数。第 17 行表示元优化过程，采用式（3-23）通过查询集 Q 在适应后的模型上的性能对元参数进行优化。

（五）算法实验与分析

在此对所提出的 IFML-FSRE 算法进行了大量的实验验证，主要介绍了实验平台，实验数据，实验设置及参数设置，对比算法以及实验结果及分析。

1. 实验环境及设置

为了对比的公平性，所有实验均在 Linux 环境下运行，采用 Intel（R）Xeon（R）Gold 5115 CPU @ 2.40GHz 的 CPU 以及 NVIDIA Tesla P40 的 GPU。所提出的 IFML-FSRE 算法使用 Python 3.6 以及 Pytorch 1.0 实现。

在 FewRel 数据集上对算法性能进行了实验验证，FewRel 数据集是由清华大学自然语言处理实验室所提出的用于小样本关系抽取的数据集。FewRel 中包含 100 个关系类别，每个关系分别有 700 个实例。其中训练集包含 64 个关系类别，验证集包含 16 个关系类别，测试集包含 20 个关系类别。

以下设计了 4 种类型的小样本关系分类实验设置，分别为 5-*way* 1-*shot*、5-*way* 5-*shot*、10-*way* 1-*shot* 以及 10-*way* 5-*shot*，*N*-*way* *K*-*shot* 设置表示每个测试批次具有 *N* 个未出现在训练集中的类别，每个类别有 *K* 个支持实例。采用查询实例的分类准确率 *Acc* 作为评估指标，具体计算方法如式（3-24）所示：

$$Acc = \frac{\text{修正后的偏好数}}{\text{偏好总数}} \times 100\% \tag{3-24}$$

2. 实验参数设置

采用 Adam 优化器对元参数进行优化，下面对一些超参数进行介绍，见表 3-8。

表 3-8 IFML-FSRE 算法超参数

参数名称	参数意义	参数值
$\beta-\phi_n$	参数初始化模块学习率	1
$\beta-\phi_a$	类向量编码模块学习率	1
$\beta-\phi_e$	实例编码模块学习率	5e-5
d_s	实例编码长度	1536
d_w	元信息编码长度	50
T	适应步骤数	150

3. 对比算法介绍

将 IFML-FSRE 算法与以下几个具有强大性能的算法进行比较。

（1）MAML 算法。MAML 是经典的与模型无关的小样本学习算法，MIML 算法与本书提出的 IFML-FSRE 算法均基于 MAML 算法的思想进行改进。

（2）MLMAN 算法。MLMAN 算法通过多级匹配与聚合的方法获得类原型，是目前较为优秀的基于原型网络的方法。

（3）HATT-Proto 算法。HATT-Proto 是目前最为优秀的基于原型网络的算法，通过实例与特征级别的双重注意力机制显著提高算法精度和模型鲁棒性。

（4）MIML 算法。MIML 算法基于 MAML 算法框架，提出了元信息引导的快速初始化和适应的方法，且取得了目前最具有竞争力的性能。

其中，MAML 是 2017 年提出的非常经典的小样本学习算法，MLMAN 以及 HATT-Proto 是 2019 年比较优秀的算法，MIML 是 2020 年最新的算法，是在此的重点对比算法。

4. 算法性能比较及分析

（1）算法分类精度比较。对所提出的 IFML-FSRE 算法在精度方面与上述算法进行比较，其中 *N-K* 表示 *N-way K-shot* 实验设置，实验结果见表 3-9。

表 3-9　IFML-FSRE 算法与其他对比算法在 FewRel 上的精度对比

算法	5-*way* 1-*shot*	5-*way* 5-*shot*	10-*way* 1-*shot*	10-*way* 5-*shot*
MAML	80. 32±0. 11	90. 39±0. 13	73. 46±0. 23	84. 25±0. 18.
MLMAN	82. 98±0. 20	92. 66±0. 09	75. 59±0. 27	87. 29±0. 19
HATT-Proto	81. 50±0. 09	90. 12±0. 04	74. 28±0. 09	83. 05±0. 05
MIML	84. 55±0. 12	92. 96±0. 17	84. 91±0. 13	87. 02±0. 12
IFML-FSRE（ours）	87. 40±0. 15	94. 72±0. 08	87. 28±0. 21	89. 13±0. 11

表 3-9 为各个算法在 5-*way* 1-*shot*，5-*way* 5-*shot*，10-*way* 1-*shot* 以及 10-*way* 5-*shot* 这四种实验设置下所取得的分类精度，IFML-FSRE 算法均取得了优于目前最新算法的效果。在此提出的算法突出了所有实例中的有益实例，因此本算法在小样本情境下也能通过有益实例主导模型参数快速适应，从而取得更好的效果。因此，在这四种实验设置下，本算法的效果更为显著。

（2）针对存在噪声情况下的算法精度比较。由于文本的多样性和复杂性，现实中的文本数据大多是含有噪声的。为了研究所提出的 IFML-FSRE 算法在存在噪声的情况下的分类精度，分别将 0、10%、20%、30%的支持实例替换为从 FewRel 数据集中不同关系中随机采样的噪声实例，进行 5-*way* 5-*shot* 以及 10-*way* 5-*shot* 实验，并与所有对比算法进行比较，实验结果见表 3-10。

表 3-10　各个算法在不同噪声比例下的分类精度

算法	噪声率	5-*way* 5-*shot*（%）	10-*way* 5-*shot*（%）	噪声率	5-*way* 5-*shot*（%）	10-*way* 5-*shot*（%）
MAML	0	90. 39±0. 13	84. 25±0. 18	10%	88. 60±0. 12	82. 78±0. 13
HATT-Proto		90. 12±0. 04	83. 05±0. 05		88. 74±0. 06	81. 09±0. 08
MIML		92. 96±0. 17	87. 02±0. 12		91. 89±0. 08	84. 93±0. 22
IFML-FSRE（ours）		94. 72±0. 08	89. 13±0. 11		93. 86±0. 12	87. 36±0. 18

续表

算法	噪声率	5-*way* 5-*shot*（%）	10-*way* 5-*shot*（%）	噪声率	5-*way* 5-*shot*（%）	10-*way* 5-*shot*（%）
MAML	20%	86.22±0.10	80.24±0.13	30%	83.96±0.20	77.86±0.11
HATT-Proto		87.04±0.13	78.46±0.18		84.71±0.07	75.68±0.11
MIMI		90.04±0.10	82.81±0.23		88.78±0.18	80.13±0.27
IFML-FSRE		62.35±0.12	84.93±0.16		90.03±0.21	82.55±0.20

由表 3-10 中数据可知，MAML 算法的性能会随着噪声比例的增加而显著降低，因为它在参数快速适应过程中会严重受到噪声实例的影响。Prot-HATT 算法采用基于原型网络的方法，原型网络使用所有实例的平均值构建原型，显示出较小的性能下降。相比于基于原型网络的方法，基于优化的元学习方法在处理噪声实例时性能下降明显，从中可以得出基于优化的元学习方法在处理噪声实例时的脆弱性。而 IFML-FSRE 显示出了与原型网络相当的抗噪声性能，分类精度下降较少，充分说明在此提出的 MAML 框架下的参数快速适应方法，能有效在含有噪声的数据中突出重要的有益实例，并实现在存在噪声的情况下取得更强大的性能。

第二节　零样本学习算法与应用

一、基于知识图谱的零样本学习方法

现有的机器视觉、自然语言处理等经典的深度学习任务大多是基于有监督学习的，但这些方法和技术特别依赖于大规模、强标记的数据。大量数据的标注是极为消耗人力与精力的，同时传统监督学习方法模型所得到的可见类的判别机制无法很好地迁移至其他类别中。在现实场景中有标注的数据类别仅占少数，有许多任务需要对以往从未见过的实例类别进行分类，在这种场景下零样本学习是一种有效的解决方式。

在零样本学习中，如何建立可见类与不可见类之间的联系从而使得目标域在无标注数据的情况下，可以基于已有可见类的信息进行有效的学习与预测，是零样本学习要解决的核心问题。针对此问题，以往许多学者从属性知识迁移、视觉语义映射、生成式模型等多个角度进行了探索，但这些方法模型仅仅利用了如属性信息等初级知识及数据流形分布等抽象知识，而忽视了对知识图谱这一类的外部显式知识的使用，知识图谱是一种将节点和关系作为其基本组成单元从而可以对客观世界中的实体、概念、关系进行结构化描述的图数据结构。由于目前基于知识图谱的零样本学习方法研究仍处于起步阶段，现有的方法都在一定程度上存在着一些不足之处，GCNZ 是首个将知识图谱（基于 NELL 与 NEIL 自构建的知识图谱）与图神经网络相结合并应用至零样本学习中的方法模型，但由于其使用的对

称归一化图拉普拉斯来学习图神经网络，在层数过深时会带来类别特征表示趋同化的问题，而层数过浅又会导致模型性能表现不佳。同时其在训练时需要整个知识图谱结构，目前绝大多数知识图谱的规模极大，因而这种情况下 GCNZ 的训练是极为困难的，而后的 DGP 则通过增加祖先连接与后代连接来改进 WordNet 知识图谱结构，使其节点间关联更加紧密，并通过轮流优化的方式进行训练，但其特定构造的知识图谱与训练方式使模型泛化能力不强。当遇到新的类别及知识图谱时往往需要重新训练，ZSL-KG 使用 ConceptNet 常识知识图谱作为外部知识源，但其在使用该图谱确定邻节点时，仅考虑了知识图谱中的拓扑信息而忽略了节点间的语义关联。

（一）算法描述

1. 算法概述

如图 3-17 所示，由于知识图谱的规模极为庞大，使用完整的知识图谱进行训练是不切实际的，因此，对知识图谱进行处理并构建不同数据集下的子图，是基于知识图谱的零样本学习方法的第一步。首先，需要将数据集中需要进行训练与预测的类别映射至知识图谱中的节点，并获取其邻节点信息得到一阶子图。而后，需要对一阶子图所有节点的邻节点中未映射的节点进行再映射，从而得到二阶全子图，接着为便于后续邻节点采样等操作须对子图信息进行补充，分别为计算所有节点与其邻节点的节点嵌入余弦相似度、计算所有节点的邻节点在以本节点为起点下的随机游走概率以及获取节点与其所有邻节点的概念关联置信度，在子图构建完毕后即可通过基于关系特征增强与 Performer 的双向图卷积聚合网络模型，在包含可见类的子图上进行第一阶段的训练，为使此模块适配至零样本学习任务以将知识图谱中的知识信息引入进来，需要将模型的输出向量表示与从 CNN 模型最后一层分类器中抽取的对应可见类分类器权重向量构造损失，同时在训练过程中为避免过多噪声及与类别不相关节点信息的引入，须采用邻节点采样机制，这里同时结合余弦相似度、随机游走于事实置信度三者进行邻节点采样，从而使原有知识图谱中的拓扑结构信息及语义关联信息尽可能地得到保留。

在第一阶段训练完毕后，为缓解 Domain Shift 的问题还须进行针对 CNN 模型进行基于已生成的分类器的二阶段训练，在此阶段使用第一阶段中得到的可见类分类器替换 CNN 全连接层中对应类别分类器并固定其权重，并通过可见类图像数据集基于交叉熵损失来训练调整 CNN 特征提取网络部分的参数。在所有训练完毕后，即可进入评估阶段，以一张不可见类的图像为例，首先基于不可见类所在零样本数据集，及对应验证子图使用一阶段训练完毕的图聚合网络生成所有待评估的类别分类器，然后将图像经过二阶段微调训练的 CNN 特征提取网络得到图像特征，最后通过将特征向量与不同类被分类器权重做点积，即得到该图像在不同类别下的零样本分类概率。

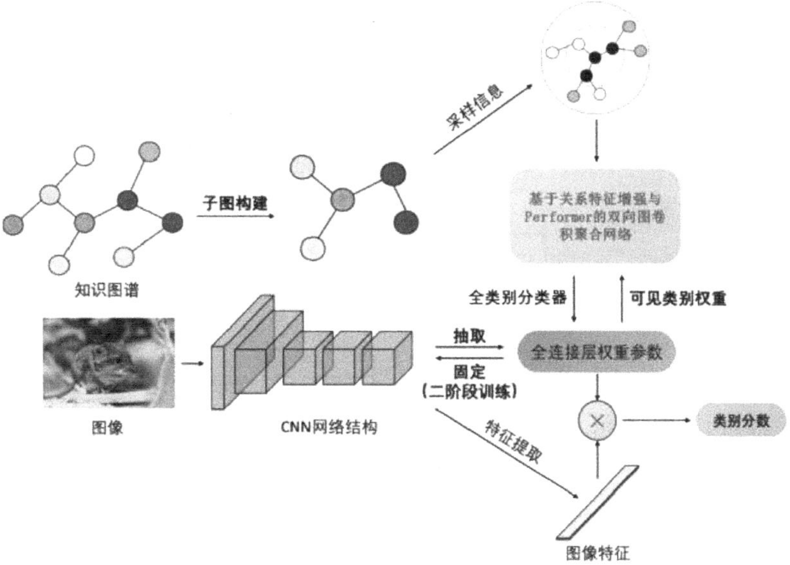

图 3-17　基于知识图谱的零样本学习方法

2. 子图构建

子图构建是基于知识图谱的零样本学习方法的第一步，知识图谱的实体及关系的规模往往是数百万例甚至上千万例的。本实验中所使用的 ConceptNet 及 WordNet 知识图谱皆属于此规模，而将如此大规模的知识图谱完整地引入零样本学习中是极为不切实际的，同时不同知识图谱的组织结构与实体关系信息也有很大差别，因此需要基于不同结构的知识图谱对不同的零样本数据集构建不同的子图，以实现对知识图谱中显式知识高效合理的利用。

（1）ConceptNet 子图构建。如图 3-18 所示，为 ConceptNet 知识图谱子图构建流程。对于任一零样本学习数据集中的所有类别，须逐一将其映射至 ConceptNet 知识图谱中的节点，而后在 ConceptNet 知识图谱中获取该映射节点的邻节点信息，由于 ConceptNet 是一个多语言知识图谱，但在本方法模型中仅需要英文概念，因而需要移除掉所有的非英文概念与边，同时为避免邻接关系的不对称需要将映射后的关系双向化。接着为了避免同义多表示概念的干扰，需要将具有相同名词前缀的节点邻域进行合并从而得到完整的邻域信息，在已经获取到节点及其邻节点的信息后，即可通过节点嵌入方式生成节点的初始嵌入表示，在此已经得到了一个一阶基本子图，而后需要对子图进行信息补充以便于后续邻节点采样等操作。首先，需要基于节点的嵌入表示计算映射节点与其所有邻节点的向量表示的余弦相似度，这代表着映射节点与邻节点在向量空间下的相关性；其次，需要通过从映射节点的随机游走算法计算映射节点的邻节点的到达概率，在这里将随机游走步数设置为 24，而游走轮数设置为 12，同时为每个邻节点增加 1 次到达次数，最终对邻节点的到达计数进行归一化；最后，还需要为每一个映射概念—邻节点概念在 ConceptNet 中获取其事实置信度，这代表着二者间在宏观语义概念上的相关性。当对此节点映射完成后，须继续对邻节点中尚未映射的节点继续映射。而当对该零样本数据集所有类别节点及其邻接点映射完成后，即可得到二阶全子图。在这里选择仅映射至二阶是因为在二阶以外的节点数量过多且语义关系较弱，易引入过多的噪声。

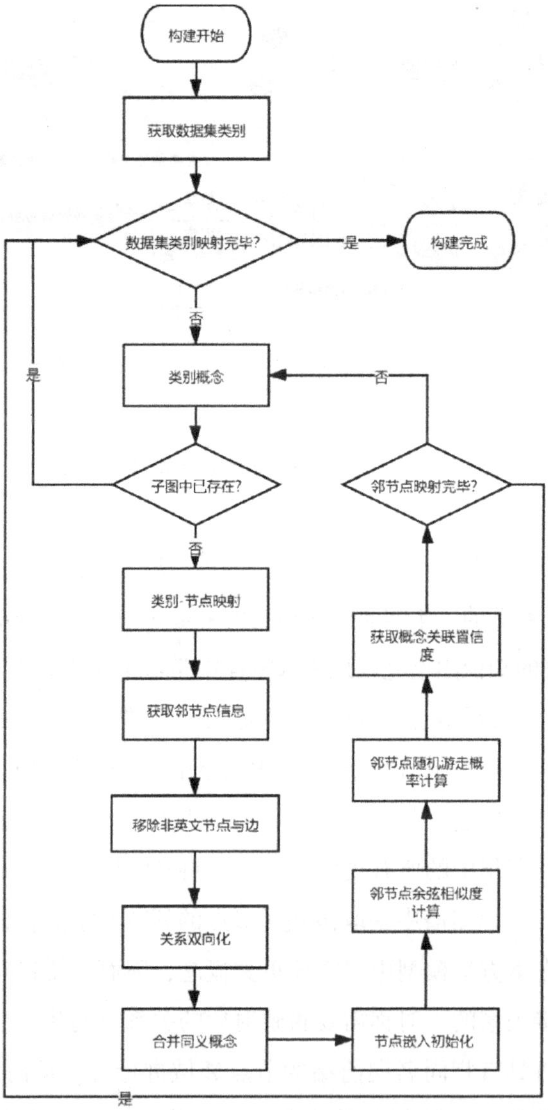

图 3-18　ConceptNet 知识图谱子图构建流程

（2）WordNet 子图构建。如图 3-19 所示为 WordNet 知识图谱子图构建流程，WordNet 知识图谱是以具有层次结构的上下位词的形式来组织的。由于 ImageNet 数据集其类别就是以 WordNet 中的名词表示的，同时仅 ImageNet 数据集在测试时使用 WordNet 知识图谱，因此这里只对 ImageNet 数据集构建了其在 WordNet 知识图谱下的子图。

首先根据 ImageNet 数据集的全类别 wnid 获取其全同义词集，然后根据 ImageNet 训练集及测试集 wnid 获取其子同义词集。这里的步骤可以理解为与 ConceptNet 知识图谱中类别—节点映射类似的步骤，而后根据子同义词集构建一个上位词查询队列，对每一个 synset 逐一查询其上位词，此时若某一 synset 在全词集中则跳过此词，同时在上位词查询过程中，若查询到了新的未在队列中出现的 synset 需将其添加至查询队列尾部从而迭代向上查询，直到子同义词集已全部通过上下词位关系与全词集建立了联系。为了确保最终构建的子图是完整的，需将全词集中未出现在已查询上位词关系的词集中的词进行补全，而后根据子图中上下位关系构建边，最后根据词的嵌入表示来初始化节点嵌入表示，WordNet 子图构建完成。

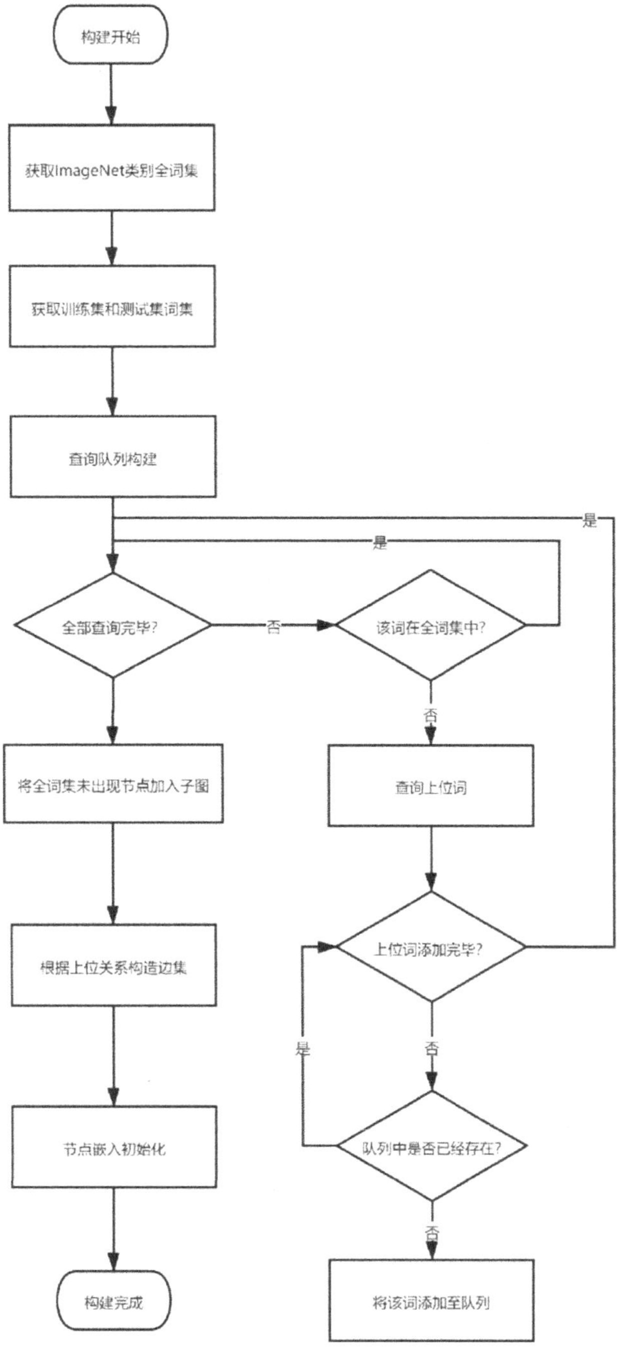

图 3-19　WordNet 知识图谱子图构建流程

3. 邻节点采样

对于零样本分类中的类别分类器无论是在训练还是预测过程中，其都是通过聚合周围邻域节点的信息而学习来的，而即便是通过子图构建得到了基于此零样本数据集类别的子图，对于任意类别节点来说，其邻节点的数量仍然是较大的。而过多的邻节点数量的引入，一方面会给模型的计算与训练带来极大的难度，另一方面会引入过多的噪声从而稀释掉重要信息的表达，因而需要邻节点的采样机制，但如何采样才能使得对类别表示有益的节点尽可能被保留而舍弃信息关联较弱的节点则是一个关键问题。

针对这个问题，改进了现有的邻节点采样方法提出了一个综合嵌入级别的相关性、知识图谱中拓扑结构信息及概念级别关联性的邻节点采样方法，其中嵌入级别的相关性使用目标节点与邻节点向量表示的余弦相似度来度量。拓扑结果信息使用随机游走算法，得到的到达概率来度量而概念级别的关联性使用 ConceptNet 知识图谱中的三元组置信度来度量。这三个信息已在子图构建阶段中得到，而在训练或测试时依据三者均值的降序排列进行采样，针对不同规模的子图及数据集采样数量也会随之改变，经过实验验证，对于 AWA2 数据集，在第一跳采样数为 60、第二跳采样数为 120 时分类效果最佳，而对于 ImageNet 数据集在第一跳采样数为 110、第二跳采样数为 220 时模型效果最佳。

4. 基于生成可见类分类器的二阶段训练

由于在第一阶段的训练中是使用的 ResNet 预训练模型（本实验中使用的 CNN 模型为 ResNet 预训练模型）的全连接层的可见类分类器权重作为训练目标，从而与基于关系特征增强与 Performer 的双向图卷积聚合网络的输出进行损失计算的。而此时经过该图聚合网络所生成的分类器权重与原 ResNet 权重是不完全一致的，若不加调整地直接使用原有 ResNet 特征提取模块则会带来 Domain Shift 的问题从而降低模型表现，因此需要二阶段再训练的方式来微调此部分模块参数。

首先，需要使用一阶段已训练好的基于关系特征增强与 Performer 的双向图卷积聚合网络生成可见类的类别表示。然后，将 ResNet 预训练模型的全连接层中对应可见类别的分类器权重替换为生成的可见类别表示，并将该全连接层的权重固定。最后，使用可见类的图像数据对 ResNet 预训练模型除全连接层外的特征提取部分的网络参数进行训练，对于 AWA2 数据集，其 40 个可见类别中的 22 个为 ILSVRC2012 中的类别，因而对于 AWA2 的二阶段训练使用的是其独有类别中的图像数据进行训练，且 AWA2 数据集使用的特征提取网络为 ResNet101，对于 ImageNet 数据集，则使用 ILSVRC2012 数据集、ResNet50 作为特征提取网络结构进行二阶段训练，两者的二阶段训练均使用交叉熵分类损失作为损失函数。

二阶段训练可以看作使用知识图谱经过基于关系特征增强与 Performer 的双向图卷积聚合网络所聚合得到的类别信息来约束现有 ResNet 模型的输出空间，从而在一定程度上缓解了 Domain Shift 问题。

（二）实验与结果分析

1. 实验环境

实验采用基于 Python 的深度学习库 Pytorch 搭建、训练和验证神经网络模型，Pytorch 是一个易于使用、非常灵活和强大的深度学习库，其具有支持 GPU 加速、易于调试和可视化，同时有非常好的与其他 Python 库的兼容性，在学术界和工业界被广泛使用，其中详细实验环境配置如表 3-11 所示。

表 3-11　实验环境

项目	参数
操作系统	Ubuntu20. 04
开发语言	Python
开发框架	PyTorch
中央处理器	AMD EPYC 7543
显卡	RTX A5000
内存	30GB
硬盘	2TB
项目	参数

2. 实验数据

实验使用了 AWA2 数据集与 ImageNet 数据集，Animals with Attributes 2（AWA2）数据集包含了 50 种不同种类的动物，每种动物都有至少 2 个属性，共有 30475 张图片。这个数据集非常适合用于零样本学习的研究，因为它包含了大量的动物属性信息，可以用于学习和推断动物的属性。此外，AWA2 数据集也提供了多个动物的图像，可以用于研究动物识别的复杂性。ImageNet 数据集是一个非常大的图像数据集，包含了超过 1400 万张图片和超过 1 万个类别。这个数据集在计算机视觉领域被广泛使用，其中也包括了零样本学习。每个类别都有至少 50 张图像，并且每个类别都有唯一的 WordNet ID，在零样本学习中，ImageNet 被用来评估模型在新类别上的泛化能力。零样本学习模型需要从已知类别的图像中学习一些共享特征，并且使用这些特征来泛化到新的、未知的类别。在 ImageNet 中，新的类别可以是从 WordNet 中选择的任意一个类别，但是需要满足以下条件：这个类别在 ImageNet 中没有出现过，但是这个类别的定义与已知类别有某种程度的联系。

AWA2 与 ImageNet 数据集的一阶段训练都使用基于 ILSVRC 1000 类所构造的 ConceptNet 知识图谱子图，在测试阶段 AWA2 数据集使用基于该数据集构造的 ConceptNet 知识图谱子图，而 ImageNet 数据集则使用 WordNet 知识图谱子图。

3. 实验设置

对于 AWA2 与 ImageNet 数据集的一阶段训练，使用 Adam 作为优化器，学习率设定为

0.001，权重衰减设置为0.0005，对于AWA2使用ILSVRC2012中1000类中随机950个类别作为训练类，训练轮数为1500，剩余50类为验证类，对于ImageNet则将ILSVRC2012中1000类作为训练类，训练轮数为2500。对于AWA2的二阶段训练，使用SGD作为优化器，学习率设定为0.0001，动量设置为0.9，训练轮数为30，对于ImageNet的二阶段训练，使用SGD作为优化器，学习率设定为0.0001，动量设置为0.9，训练轮数为25。

实验遵循训练集与测试集划分，在ImageNet 21K数据集中，定义了三项难度不断增加的任务，分别为“2跳”“3跳”与“全部”，跳数是指该类别在ImageNet层级结构中ILSVRC2012 1K中类别的距离，“2跳”包含距离可见类的两跳内所有的类，由大约1500个类组成，“3跳”包含大约7800个类而“全部”包含接近20000个类。

在GZSL任务中，由于推断类别将同时包含可见类与不可见类，而模型往往会倾向于将样本分类至可见类别，在本实验中遵循Xu等人①的设置，通过使用校准系数来降低可见类的兼容分数，将AWA2数据集该校准系数设置为2.8。

4. 实验结果与分析

（1）邻节点采样机制对比实验。基于以上的分析，为在不引入过多噪声及语义无关节点信息的前提下，尽量保留原有知识图谱的拓扑结构信息与语义关联信息，提出了使用余弦相似度、随机游走概率及三元组置信度的均值降序来进行节点采样的方法，为验证所提出机制的有效性，分别对单独使用余弦相似度、随机游走概率及三元组置信度以及它们的两两结合均值和三者均值进行了实验（见表3-12）。

表3-12　不同邻节点采样机制对比实验结果

测试集	邻节点采样机制	Hit@k（%）				
		1	2	5	10	20
ImageNet 3-hops	仅余弦相似度	5.9	9.6	16.9	28.0	36.8
	仅随机游走概率	6.1	10.2	18.6	28.2	36.4
	仅三元组置信度	5.2	9.0	16.5	27.1	34.8
	Avg（余弦相似度+随机游走）	6.3	11.0	19.6	28.6	37.5
	Avg（余弦相似度+三元组置信度）	5.8	9.7	19.6	27.9	35.1
	Avg（随机游走概率+三元组置信度）	6.1	10.8	19.2	28.3	36.9
	Avg（余弦相似度+随机游走概率+三元组置信度）	6.5	11.0	20.6	29.2	39.6

从实验结果可以看出，使用余弦相似度、随机游走概率及三元组置信度三者均值进行邻节点采样机制是最佳方案。

（2）基于生成可见类分类器的二阶段训练对比实验。为验证所分析的针对ResNet所

① Xu W，Xian Y，Wang J，et al. Attribute prototype network for zero - shot learning［J］. Advances in Neural Information Processing Systems，2020，33：21969-21980.

进行的基于关系特征增强与 Performer 的双向图卷积聚合网络所生成的可见类的二阶段训练的有效性，在其他模块及训练步骤相同的情况下，对比了进行二阶段训练与否的零样本分类效果（见表 3-13、表 3-14）。

表 3-13 AWA2 二阶段对比实验结果

	是否进行二阶段实验	Top-1 ACC（%）
测试集	否	75.1
AWA2 测试集	是	79.6

表 3-14 ImageNet 3-hops 二阶段对比实验结果

测试集	是否进行二阶段实验	Hit@k（%）				
		1	2	5	10	20
ImageNet 3-hops	否	5.3	8.1	17.2	25.4	35.9
	是	6.5	11.0	20.6	29.2	39.6

从两数据集的测试集分类结果来看，相比于不进行二阶段实验，经过再训练微调后 AWA2 测试集准确率提升了 4.5%，ImageNet 3-hop 测试集的各个指标也均有提升，可以看出二阶段的训练可以有效提高零样本分类效果。

（3）与其他模型的性能对比与分析。为了更直观地说明所提出的基于知识图谱的零样本学习方法的效果，在 AWA2 与 ImageNet 这两个数据集上从 ZSL 与 GZSL 两个任务与零样本学习领域中其他模型进行了实验比较（见表 3-15 至表 3-22）。

表 3-15 AWA2 数据集 ZSL 实验结果对比

AWA2	Top1 ACC（%）
f-VAEGAN-D2	70.3
AGZSL	76.4
TransZero	70.1
GCNZ	77.0
DGP	77.1
ZSL-KG	78.1
Ours	79.6

表 3-16 AWA2 数据集 GZSL 实验结果对比

AWA2	MCA_u	MCA_s	H
f-VAEGAN-D2	57.1	76.1	65.2
AGZSL	69.0	86.5	76.8
DPPN	63.1	86.8	73.1
TransZero	61.3	82.3	70.2

续表

AWA2	MCA_u	MCA_s	H
GCNZ	66.6	81.6	73.3
DGP	71.3	79.4	75.1
ZSL-KG	66.8	84.4	74.6
Ours	67.2	85.3	75.2

表 3-17 ImageNet 2-hops ZSL 实验结果对比

测试集	模型	Hit@k（%）				
		1	2	5	10	20
ImageNet 2-hops	GCNZ	19.8	33.3	53.2	65.4	74.6
	DGP	26.6	40.7	60.3	72.3	81.3
	ZSL-KG	26.3	40.6	60.3	71.9	81.2
	Ours	26.6	40.4	60.5	71.7	81.0

表 3-18 ImageNet 3-hops ZSL 实验结果对比

测试集	模型	Hit@k（%）				
		1	2	5	10	20
ImageNet 3-hops	GCNZ	4.1	7.5	14.2	20.2	27.7
	DGP	6.3	10.7	19.3	27.7	37.7
	ZSL-KG	6.3	11.1	20.1	28.8	38.8
	Ours	6.5	11.0	20.6	29.2	39.6

表 3-19 ImageNet All ZSL 实验结果对比

测试集	模型	Hit@k（%）				
		1	2	5	10	20
ImageNet All	GCNZ	1.8	3.3	6.3	9.1	12.7
	DGP	3.0	5.0	9.3	13.9	19.3
	ZSL-KG	3.0	5.3	9.9	14.8	21.0
	Ours	3.2	5.1	10.1	15.0	19.9

表 3-20 ImageNet 2-hops GZSL 实验结果对比

测试集	模型	Hit@k（%）				
		1	2	5	10	20
ImageNet 2-hops	GCNZ	9.7	20.4	41.6	57.0	68.2
	DGP	10.3	26.4	50.3	65.2	76.0
	ZSL-KG	11.1	26.2	50.0	64.3	75.3
	Ours	10.9	26.0	49.8	65.4	75.6

表 3-21　ImageNet 3-hops GZSL 实验结果对比

测试集	模型	Hit@ k（%）				
		1	2	5	10	20
ImageNet 3-hops	GCNZ	2.2	5.1	11.9	18.0	25.6
	DGP	2.9	7.1	16.1	24.9	35.1
	ZSL-KG	3.4	7.5	16.9	26.1	36.5
	Ours	3.7	7.2	16.8	26.5	36.6

表 3-22　ImageNetAll GZSL 实验结果对比

测试集	模型	Hit@ k（%）				
		1	2	5	10	20
ImageNet All	GCNZ	1.0	2.3	5.3	8.1	11.7
	DGP	1.4	3.4	7.9	12.6	18.7
	ZSL-KG	1.7	3.8	8.5	13.5	19.9
	Ours	1.6	4.1	8.5	13.8	20.3

通过在 AWA2 数据上与经典的基于属性学习及嵌入学习的零样本学习模型 f-VAEGAN-D2、AGZSL、TransZero 以及其他将知识图谱引入零样本学习中的 GCNZ、DGP、ZSL-KG 模型进行对比实验，见表 3-15 及表 3-16。设计的方法在 ZSL 任务上的 Top-1 准确率有至少1.5%的准确率提升，但在 GZSL 任务上表现却不如基于属性知识学习的 AGZSL 及 DPPN。经过进一步分析，这两种方法允许模型在训练期间获取不可见类的属性和名称从而带来了一定的效果提升，而在此所设计实现的方法在训练过程中仅使用了可见类信息，因此这两种基于属性学习模型无法很好地应用至无属性知识的任务。尽管如此，设计的方法在 GZSL 任务上的实验结果仍在部分指标上有竞争力，同时超过了其余仅基于可见类属性的方法和其他引入知识图谱的零样本学习方法。

由于 ImageNet 类别层次结构中没有属性知识，因而把实验着重放在了与其他基于知识图谱的零样本学习方法进行比较上。首先 ZSL 任务下的结果（见表 3-17、表 3-18 及表 3-19），可以看出在 ImageNet 3-hops 测试集和 ImageNet All 测试集下，此方法的实验结果其绝大多数指标都超过了已有方法，特别的在 ImageNet 3-hops 测试集中 Top-1、Top-5、Top-10、Top-20 的准确率都超过了其他方法，但在 ImageNet 2-hops 测试集下 Top-2、Top-10 及 Top-20 下的准确率则不如 DGP。经过分析认为其对 WordNet 知识图谱进行了增加父连接和子连接的改造使节点间连接更加密集，这可能有助于其性能的提升但其专门进行的改造不利于新类别的引入，降低了泛化至其他任务的能力。在 GZSL 任务下的结果见表 3-20、表 3-21 及表 3-22，可以看出在此的方法实验结果在 ImageNet All 测试集下有最佳的表现，在 ImageNet 2-hops 测试集中与 ZSL-KG、DGP 分别在不同的准确率指标下各有优劣，但总体来说 DGP 的表现略优于其他方法，这与在 ZSL 中的分析一致，在 ImageNet 3-hops 测试集下 ZSL-KG 与在此的方法实验结果表现不相上下。

二、基于知识图谱的零样本图像分类应用系统

（一）需求分析

1. 需求背景

近年来，随着人工智能技术的迅速发展，机器学习技术在各个领域得到广泛应用。零样本学习作为机器学习的重要分支之一，旨在通过少量的样本数据进行学习和分类，解决传统机器学习在数据量不足时存在的问题。在图像识别、自然语言处理、推荐系统等领域，零样本学习已经成为一种重要的技术手段。

然而，由于零样本学习技术本身的复杂性和计算量大，实际应用时面临着诸多挑战。其中一个重要的挑战就是如何将零样本学习技术应用到实际场景中，为用户提供便捷和高效的服务。因此，需要一个零样本图像分类应用系统，用于展示零样本学习技术在图像分类领域的应用和优势。

该系统旨在提供一个方便、快捷、准确的图像分类服务，用户可以通过上传图片来获取该图片可能属于的类别及其概率。与传统机器学习技术不同的是，该系统可以通过少量的样本数据进行学习和分类，提高了系统的分类准确率和性能。该系统可以为研究人员和开发者提供一个实验平台，用于评估和优化零样本学习算法的性能和效果。

同时，该系统可以为企业和用户提供一种新型的图像分类服务，用于解决传统机器学习算法在数据量不足时的限制。企业可以将该系统应用于产品推荐、广告投放、品牌识别等场景中，提高产品推广和市场竞争力。用户可以通过该系统获取更加准确和精细的图像分类结果，提高用户体验和满意度。

因此，需要开发一个基于知识图谱的零样本图像分类应用系统，为用户提供方便、快捷、准确的图像分类服务，同时为研究人员和开发者提供一个实验平台，为企业和用户提供一种新型的图像分类服务。

2. 功能性需求

基于知识图谱的零样本图像分类应用系统中应包括用于用户身份认证的登录功能，进而需要用户注册功能，同时针对其核心功能“用户可上传图片并获得零样本分类结果数据”的功能需具有图片上传、图片分类功能。以下分别对各个需求进行详细分析。

（1）用户登录。为保证系统的安全性，用户需要使用已注册的账号和与其相匹配的密码来登录系统，密码为密文显示，同时对输入的账号与密码进行长度限制，当输入的账户不存在或账号与密码不匹配或字段格式校验未通过等情况出现时，需要对用户进行合理清晰有效的错误提示，用户登录成功后需自动跳转至主功能页面，同时主功能页面用户也可

自主退出登录同时需自主跳转至登录页面。

（2）用户注册。用户可通过注册模块以获得可登录系统的账号权限，用户在此需要填写必要如昵称、手机号、邮箱、密码等必要信息，同时需对所填写的字段进行长度与格式校验，当出现字段错误、信息不匹配或格式校验未通过等异常情况时，需给用户合理清晰有效的错误提示，最终仅注册过的用户才能登录系统，用户注册成功后需自动跳转至用户登录页面。

（3）图片上传。用户可选择一张图片进行上传，上传图片的方式有两种，可以通过点击“选择图片上传”按钮浏览本地文件进行上传，同时为增强用户体验，在此用户还可将已选择好的图片直接通过拖拽的方式将图片移动至拖拽上传区域以实现上传，而后系统需要对图片进行大小、格式等相关信息进行校验，若所上传的图片不符合要求，系统需对用户进行合理清晰有效的提示，如若校验通过，系统需将图片进行保存并传输至后端服务器以进行分类。

（4）选择推断类别数据集。由于零样本学习的训练和推断所采用的数据集及知识图谱不同，因此在用户欲上传图片进行零样本图像分类时需选择想要对图片进行类别推断的范围，这里根据已训练的模型用户可以选择 AWA2、ImageNet 2-hops、ImageNet 3-hops 以及 ImageNet All 作为推断范围。

（5）零样本图像分类。后端程序接收到前端传输的图片后，仍需对接收的文件进行大小、格式的二次校验以确保接收数据安全且完整，在确保接收数据完整后，根据用户所选择的推断类被数据集调用与之对应的基于知识图谱的零样本学习算法模型进行零样本分类，而后将分类后前 Tops 的结果按顺序返回给前端，前端对分类结果进行相应展示。

3. 非功能性需求

（1）系统安全。系统需要采取措施保证用户信息的安全，包括用户密码的加密存储和传输等。同时，系统需要对上传的图片进行隐私保护，确保用户的个人信息和隐私不会被泄露。系统需要采取措施防止恶意攻击和非法访问。

（2）系统可用性。系统需要具有良好的可用性和易用性，确保用户可以方便地上传图片并获得分类结果。系统需要采用友好的用户界面，用户可以轻松地完成上传、分类和反馈等操作。同时，系统需要支持多种浏览器和设备，以满足用户不同的需求。

（3）系统性能。系统需要能在较短的时间内完成图片的上传、分类和反馈等操作，系统需要具有良好的响应速度和稳定性。同时，系统需要具备扩展性，以便在需要的时候可以轻松地扩展系统容量和性能，以满足用户的需求。

（4）系统可靠性。系统需要具备高可靠性和容错性，以确保系统在遇到异常情况时能正常运行。系统需要具有自动备份和恢复功能，以保证数据的完整性和可靠性。同时，系统需要具有良好的日志管理功能，以方便管理员进行故障排查和问题解决。

（5）系统易维护性。系统需要具备易维护性和可扩展性，以方便管理员进行系统维护和升级。系统需要采用模块化的架构设计，以便在需要的时候可以轻松地添加、删除或替换模块。同时，系统需要提供详细的文档和用户手册，以方便管理员进行操作和维护。

4. 需求建模与分析

基于已有分析，对基于知识图谱的零样本图像分类应用系统通过系统用例图和数据流图进行需求建模，包括图片上传、选择推断类别数据集和利用训练好的零样本学习算法模型对已上传图片进行零样本分类。

如图 3-20 所示为基于知识图谱的零样本图像分类应用系统用例，展示了系统的核心功能关联，用户当且仅当注册登录后方能使用系统核心功能，在用户登录成功后，用户可以通过点击选择上传以及拖拽上传两种方式上传欲分类图片，并且用户可以进行推断类别数据集的选择，而后当用户上传图片成功后才能进行图像的零样本分类。

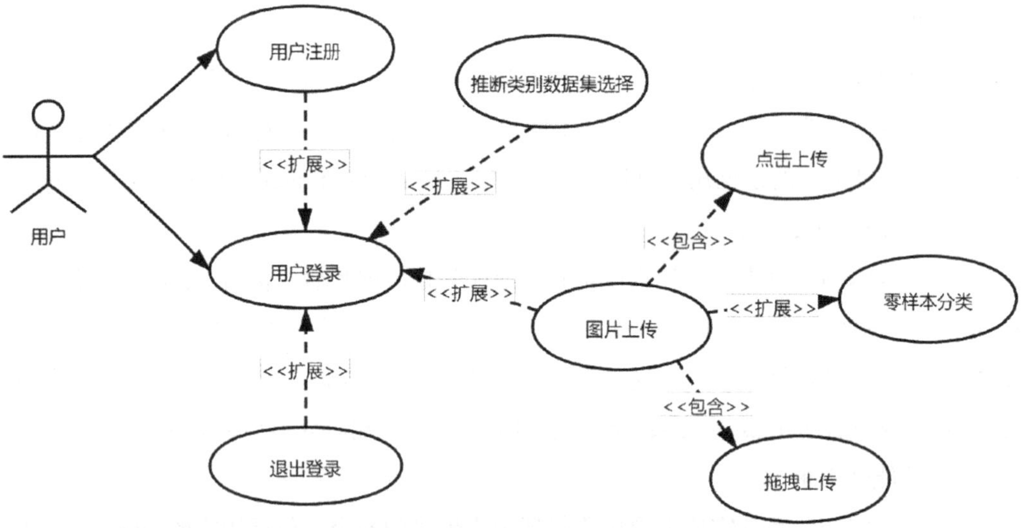

图 3-20 基于知识图谱的零样本图像分类应用系统用例

如图 3-21 所示为基于知识图谱的零样本图像分类应用系统顶层数据流，在该数据流图中对业务流程、设计做了抽象化的顶层设计，用户可以通过选择不同的功能项以驱动数据流转，在前端接收到业务数据后需及时进行处理并构造、发送网络请求以将请求或数据发送给后端，后端接收到网络请求后需根据用户的操作及上传的信息进行不同的处理、调用后端程序指令进行存储、计算等操作并得到结果反馈。然后将该反馈以响应的方式发送给前端，前端在接收到包含业务结果的响应后，同样需对其进行相应处理并将业务结果反馈展示给用户。

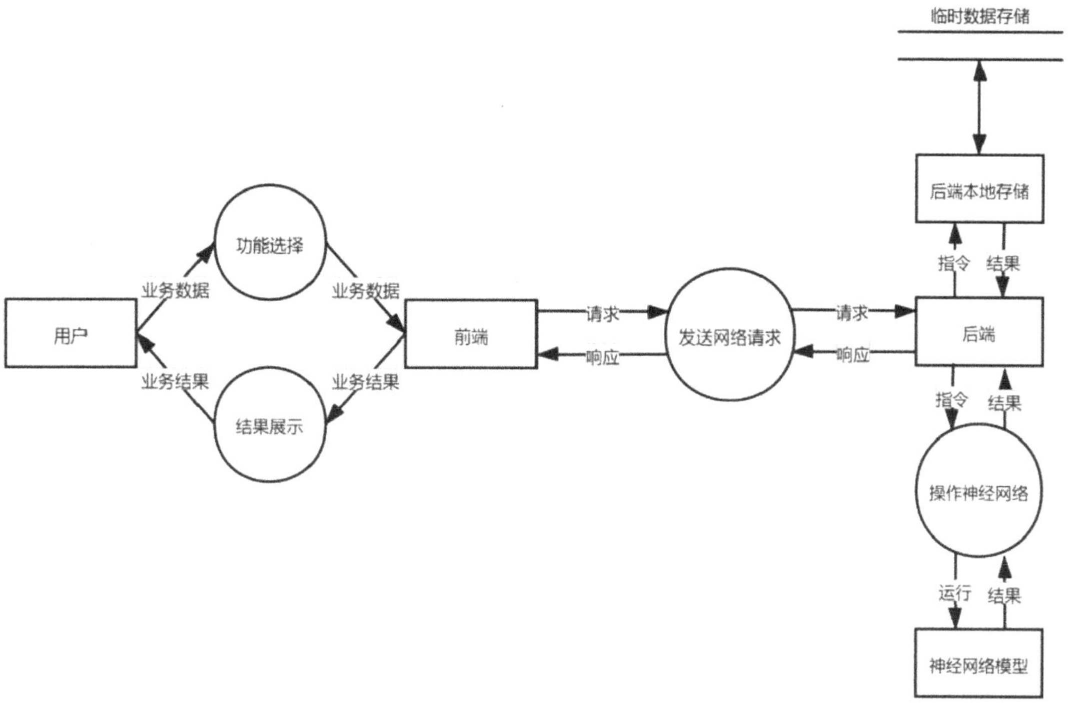

图 3-21　基于知识图谱的零样本图像分类应用系统顶层数据流

如图 3-22 所示，为基于知识图谱的零样本图像分类应用系统中上传图片功能的第一层数据流图，展示了用户在上传图片过程中前端、后端、神经网络模型之间的数据流转及数据交互。首先，用户可以通过点击选择或者拖拽进行图片的上传；然后，前端需要通过构造、发送网络请求的方式以将用户上传的图片以载荷的方式发送给后端系统，后端在接收、解析网络请求后调用保存指令以将用户所上传的图片数据保存至本地临时数据存储中；最后，将校验、保存等成功与否的反馈通过响应的方式返回给前端，前端在对响应进行接收、解析后将上传结果展示给用户。

如图 3-23 所示，展示了利用基于知识图谱的零样本学习算法模型对图片进行零样本分类的数据流图，用户在上传图片成功后，可以选择推断类别数据。在用户点击进行零样本分类后，前端则需构造、发送网络请求以将用户所选择的推断类别数据集信息发送给后端，后端在接收、解析请求后根据用户所选择的不同，推断类别数据集调用与之对应的已训练好的基于知识图谱的零样本学习算法模型对图片进行零样本分类。后端在获取到模型分类结果后也需通过响应的方式返回给前端，前端在对响应进行接收、解析后将零样本分类的 Tops 标签按顺序展示给用户。

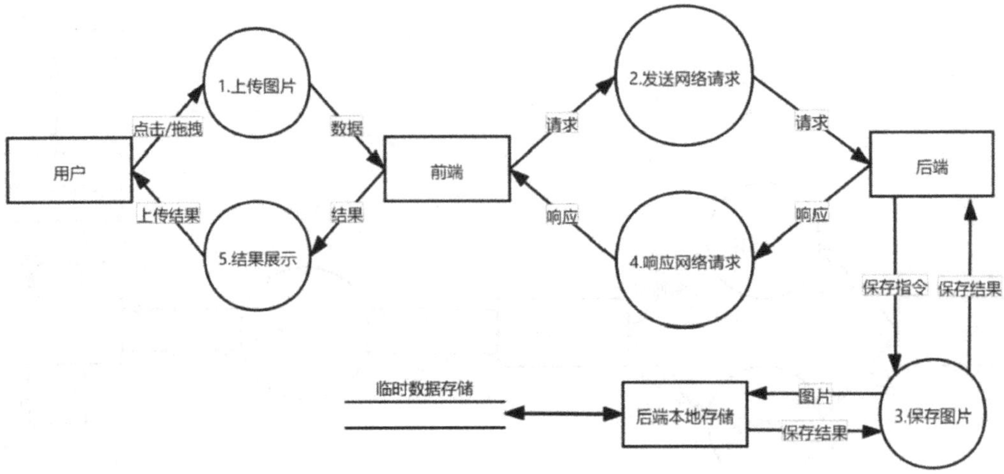

图 3-22　第一层数据流图：上传图片

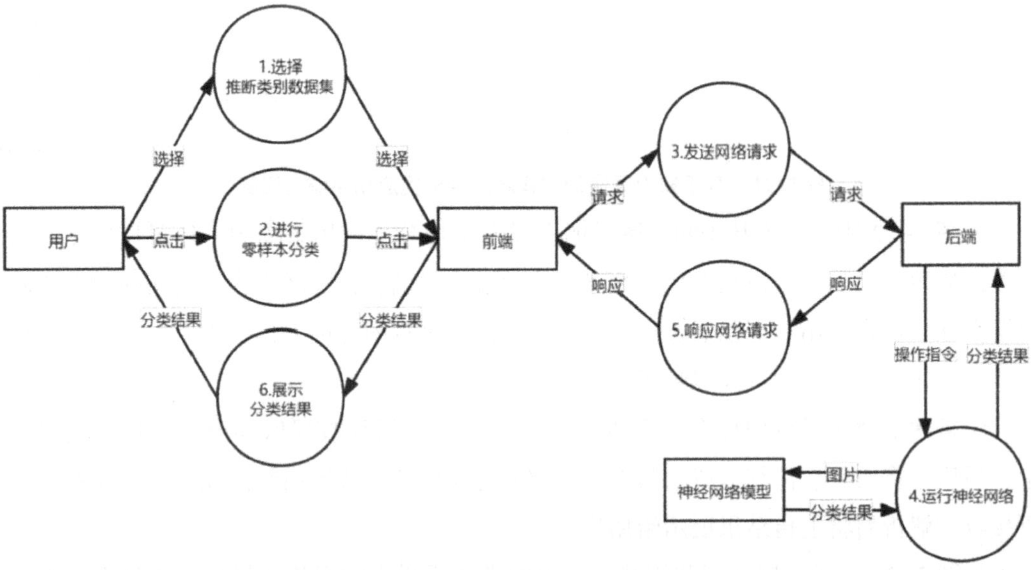

图 3-23　第一层数据流图：零样本分类

（二）设计与实现

1. 概要设计

（1）系统架构设计。基于知识图谱的零样本图像分类应用系统采用面向对象技术进行设计分析，其整体架构采用 B/S 模式，系统详细架构设计如图 3-24 所示，根据系统结构设计原则将该系统从上至下分为展现层、控制层、服务层及数据层。展现层以基于知识图谱的零样本图像分类应用系统前端为主体，主要以 PC Web 端 HTML5 及 Echarts 库呈现；控制层则作为中介层提供 Restful 接口；服务层为系统核心功能层，为系统提供图片上传及存储、零样本图像分类等功能；数据层中由于本系统对数据的存储需求不高，因此仅使用了后端本地数据存储。

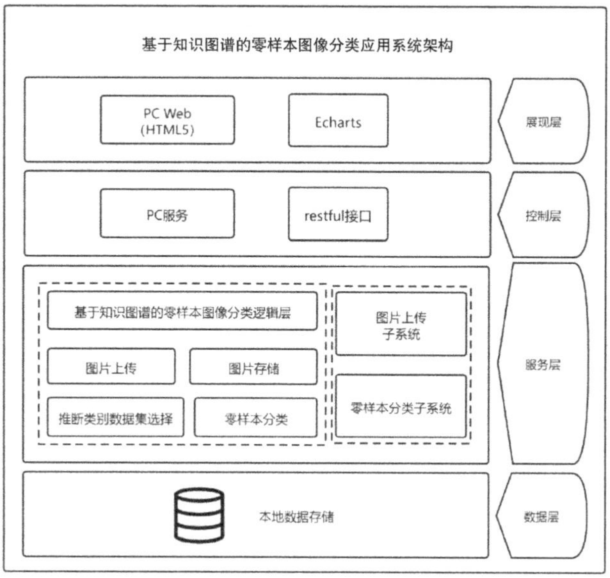

图 3-24　基于知识图谱的零样本图像分类应用系统架构

（2）软件技术架构设计。基于知识图谱的零样本图像分类应用系统软件技术架构如图3-25所示，基于之前所设计的系统架构图，将该系统分为前端、后端、模型及存储这四个模块。前端设计开发主要以HTML、CSS、JavaScript为技术基础，并以React为前端框架进行组件式开发、使用Redux进行集中状态管理，同时使用Antd作为前端组件库。后端框架使用的是Flask，它是一个基于Python的轻量级Web应用框架，使用Nginx实现反向代理，同时在对图片进行处理时使用了OpenCV库以及在进行后续网络模型操作时需要使用Pytorch深度学习框架。而系统所使用的神经网络模型则主要为经过二阶段微调训练的ResNet、基于关系特征增强及Performer的双向图卷积聚合网络，最后的存储模块与之前系统架构设计分析类似采用本地数据存储。

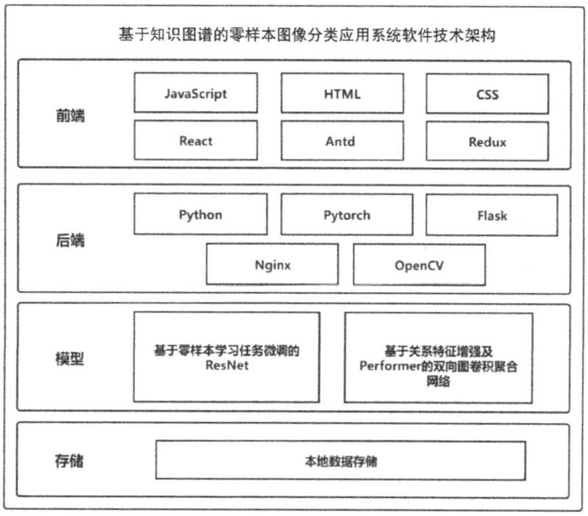

图 3-25　基于知识图谱的零样本图像分类应用系统软件技术架构

（3）子系统设计。根据基于知识图谱的零样本图像分类应用系统的功能，将系统划分为两个子系统：图片上传子系统以及零样本分类子系统。

图片上传子系统包图如图 3-26 所示，该子系统为用户提供了用户点击选择上传图片与拖拽上传图片两种上传图片的方式，而后该子系统通过网络请求将图片发送给后端，并且该子系统需为用户给出清晰直观的上传结果反馈。

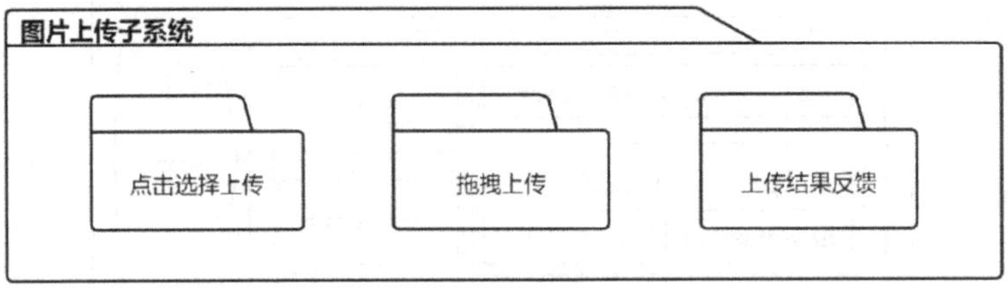

图 3-26　图片上传子系统包图

零样本分类子系统包图如图 3-27 所示，该子系统提供了图像零样本分类这一系统核心功能，该子系统首先为用户提供推断类别数据集选择，然后该子系统根据用户选择的推断类别数据集的不同，调用不同的已训练好的基于知识图谱的零样本算法模型进行图片零样本分类，并将分类结果以清晰直观的方式展示给用户。

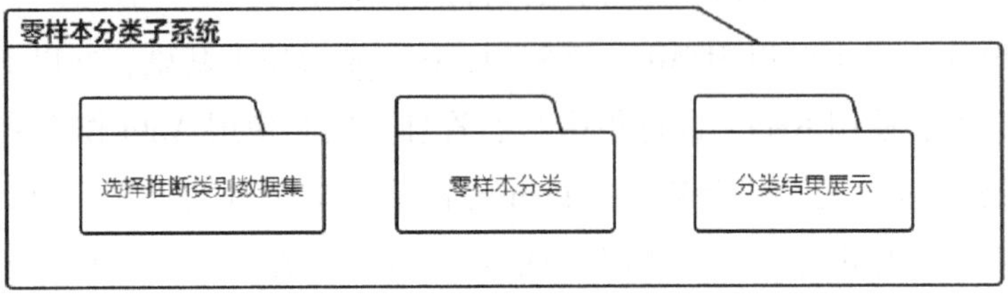

图 3-27　零样本分类子系统包图

2. 详细设计

基于知识图谱的零样本图像分类应用系统泳道如图 3-28 所示，展示了上传图片、零样本分类这两项系统核心功能的主要流程。

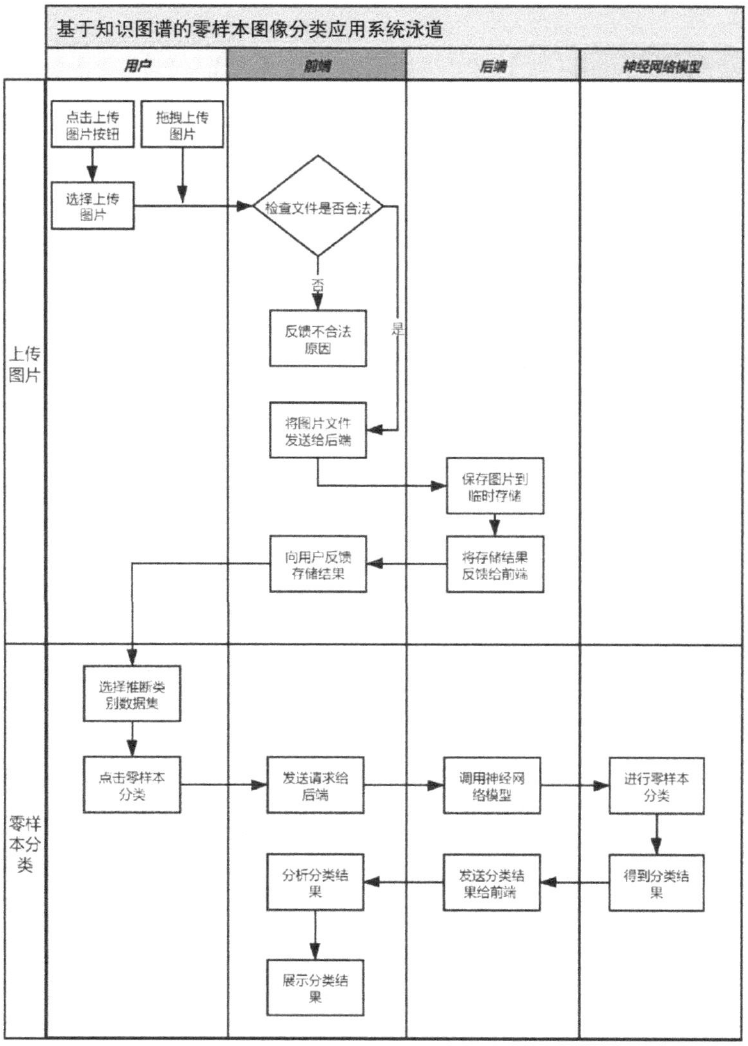

图 3-28　基于知识图谱的零样本图像分类应用系统泳道

（1）图片上传子系统。图片上传子系统类图与时序图如图 3-29 和图 3-30 所示，该子系统的视图界面中为用户提供了可点击的上传图片按钮以及可拖拽图片上传的区域，用户可以通过直接拖拽图片至上传区域，或者点击上传图片按钮选择欲上传图片两种方式进行图片上传，而请求处理器则通过不同阶段的函数调用实现前后端的数据交互，最终用户可在视图界面得到上传结果的反馈。

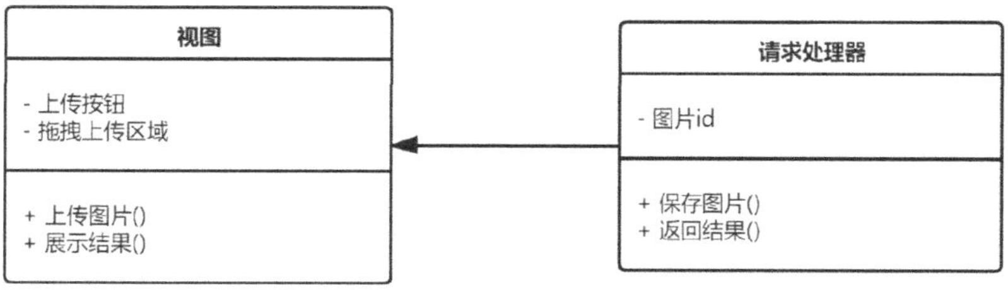

图 3-29　图片上传子系统类图

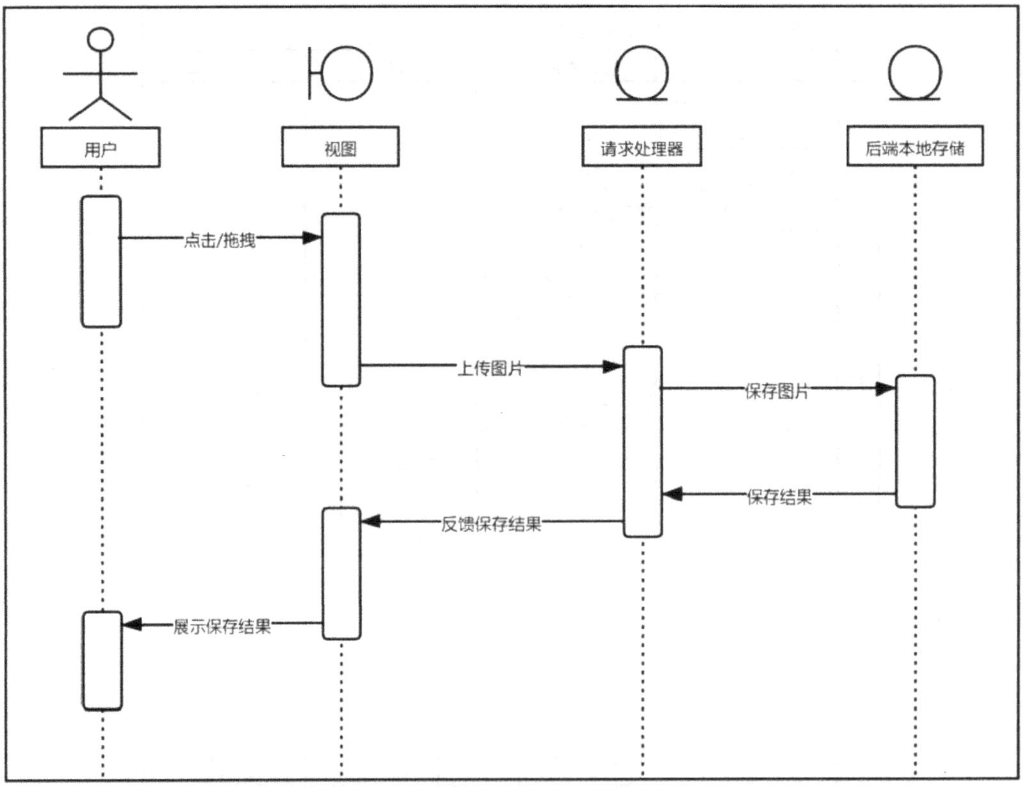

图 3-30　图片上传子系统时序图

（2）零样本分类子系统。零样本分类子系统类图与时序图如图 3-31 和图 3-32 所示，零样本分类子系统在视图界面上为用户提供了推断类别数据集的选择，包括 AWA2、ImageNet 2-hops、ImageNet 3-hops 以及 ImageNet All，请求处理器负责前后端数据处理与交互，前端将用户所选择的推断类别数据集信息传递至后端，后端根据此信息调用对应的神经网络模型，对已上传的图片进行零样本分类然后将零样本分类结果返回至前端，前端在视图界面给予用户清晰直观的零样本分类结果展示。

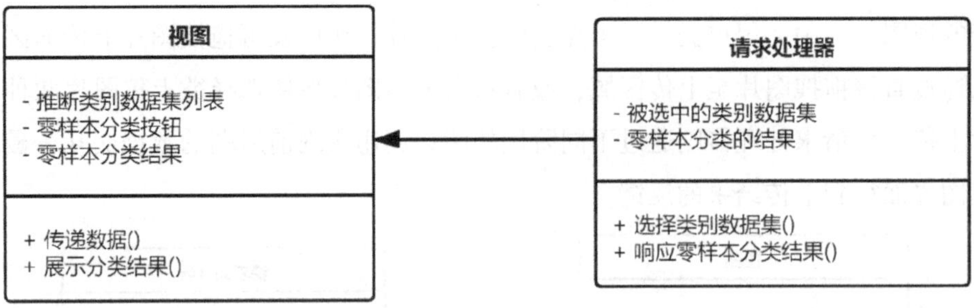

图 3-31　零样本分类子系统类图

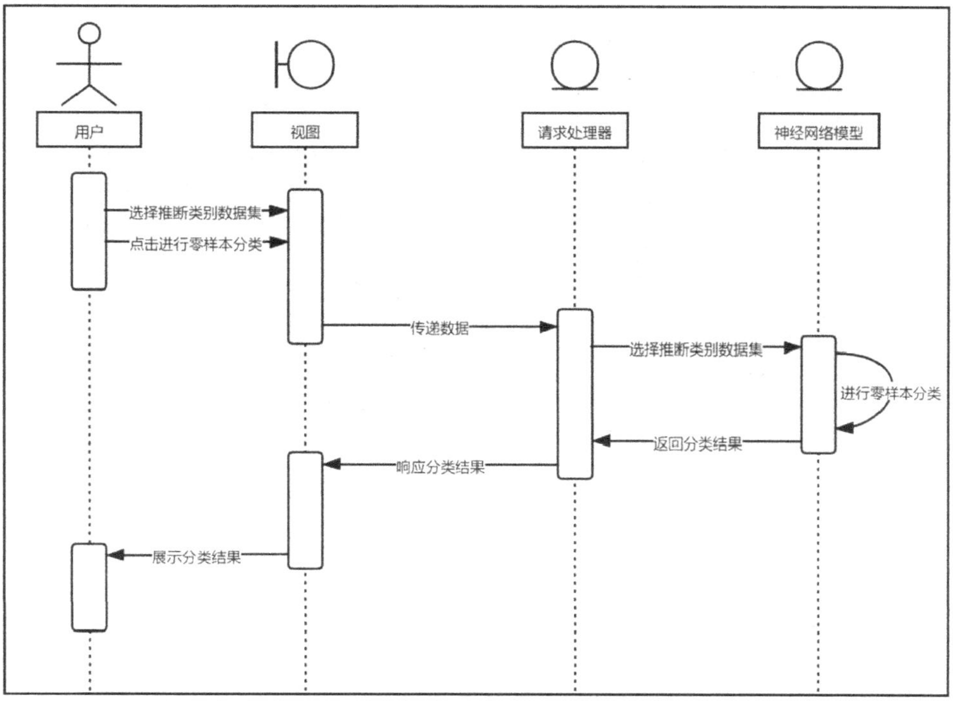

图 3-32　零样本分类子系统时序图

3. 系统测试

表 3-23 为基于知识图谱的零样本图像分类应用系统的测试用例，主要围绕图片上传、零样本分类两个功能来设计的，其中图片上传有点击选择上传和拖拽上传两个测试场景。

表 3-23　基于知识图谱的零样本图像分类应用系统的测试用例

测试场景	测试步骤	预期结果
上传图片（点击）	1. 点击，上传图片按钮 2. 选择需要上传的图片文件	前端反馈图片文件上传结果
上传图片（拖拽）	直接将欲上传的图片拖拽至上传区域	前端反馈图片文件上传结果
零样本分类	1. 选择推断类别数据集 2. 点击进行零样本分类	前端展示对先前上传的图片进行零样本分类的结果

4. 系统界面

基于知识图谱的零样本图像分类应用系统登录页面展示如下，图 3-33 为系统登录页面，用户在注册并输入正确账号密码后即可登录系统。

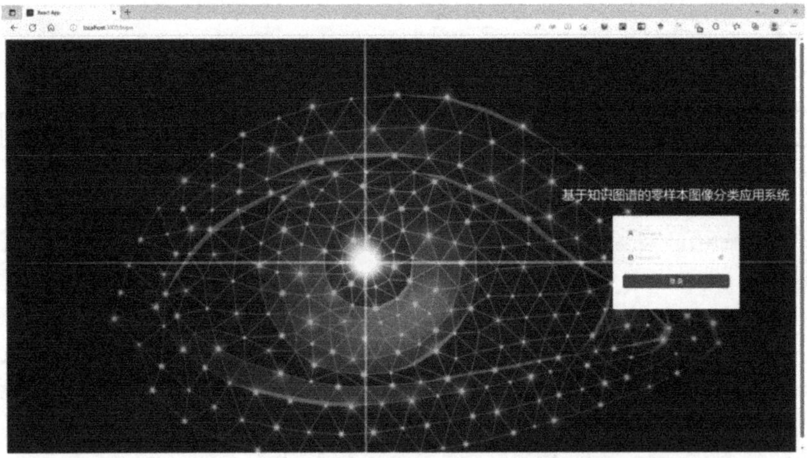

图 3–33　基于知识图谱的零样本图像分类应用系统登录页面

图 3-34 为系统核心功能页面，用户可通过点击选择上传图片或拖拽上传图片并查看已上传图片，在选择推断类别数据集后即可进行零样本图像分类。

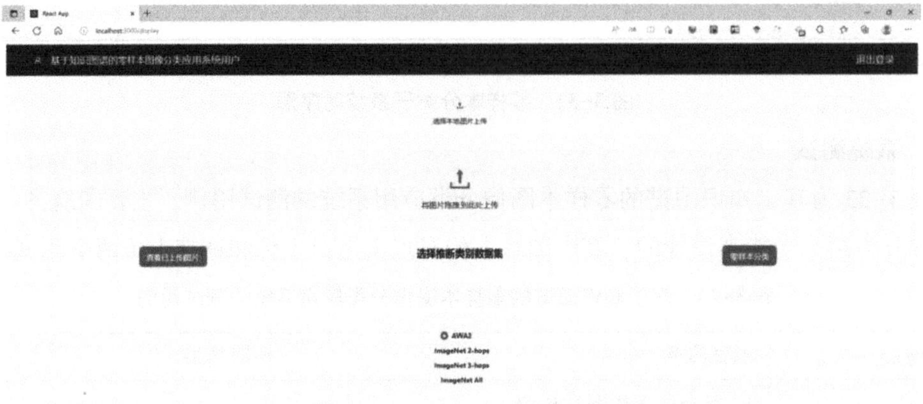

图 3–34　基于知识图谱的零样本图像分类应用系统核心功能页面

图 3-35 为上传图片，除点击选择上传外，用户也可选择直接将欲上传图片拖拽至上传区域以实现更便捷快速的上传操作。

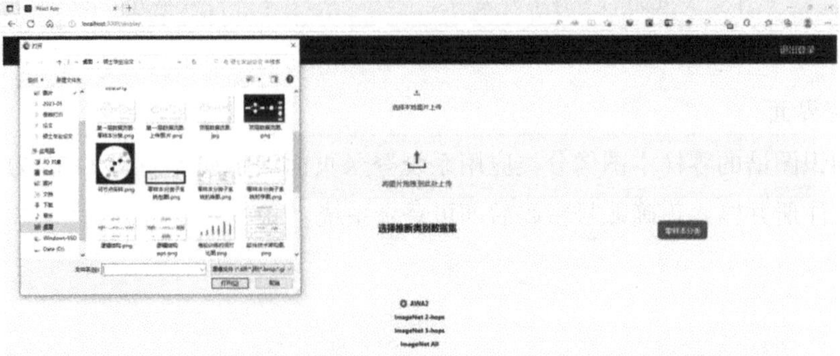

图 3–35　基于知识图谱的零样本图像分类应用系统上传图片页面

图 3-36 为最终零样本图像分类结果，在用户上传图片、选择推断类别数据集并点击零样本分类后，系统会将该图片的零样本图像分类结果前 Top5 的类别标签展示给用户。

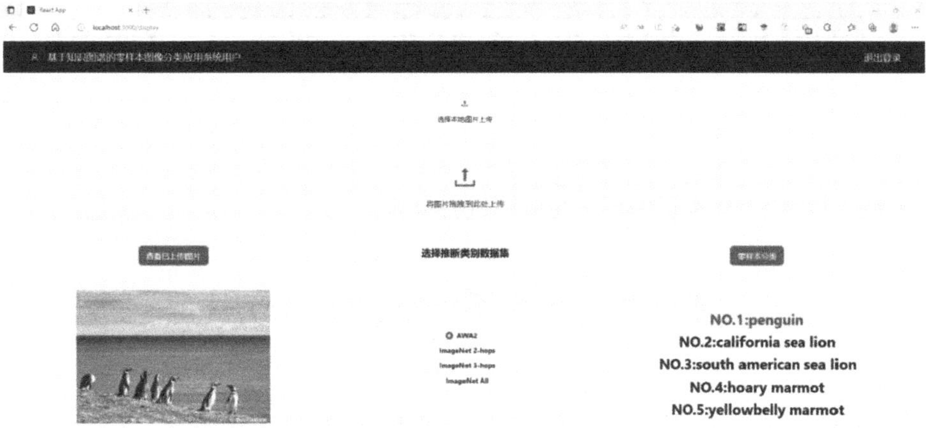

图 3-36　基于知识图谱的零样本图像分类应用系统分类结果展示页面

第四章　小样本/零样本识别算法与应用

本章就小样本/零样本识别算法与应用进行分析。

第一节　小样本识别算法与应用

一、跨域场景下基于显著性特征融合的目标域引导算法

由于 WO-GDCM 在跨域场景下存在局限，这里重点研究跨域小样本学习（CD-FSL）的提升策略。应对跨域问题的方法中表现较好的处理思路是，在训练阶段引入少量目标域样本从而学习其特征，但是该方法的随机混合策略对目标域特征关注不够，未能充分利用有限目标域特征。因此，提出了基于显著性特征融合的目标域引导算法（Target Domain Guided Algorithm，TDGA）。本算法在现有模型的领域混淆模块引入显著性目标检测，同时为提升计算效率及增强检测结果鲁棒性，采用较为新颖的图像频域分析算法获得图像的显著性区域，通过对显著性区域峰值裁剪，保证目标域特征丰富性，进而提高原算法对目标领域特征识别的泛化能力，最终在原算法的基础上进一步提高跨域场景下的识别表现。

（一）基础研究与理论分析

1. 跨域问题定义与符号约定

域可以定义为特征空间 X 与标签空间 Y 的联合分布 P，跨域的意思是对于 source 源域（X_s，Y_s）与 target 目标域（X_t，Y_t），其对应特征空间上的样本分布 $P_{X_S} \neq P_{X_T}$，并且各自的标签 Y_s、Y_t 集合是不相交的，即 $C_S \cap C_T = \phi$，其中源域的标签$y_j \in C_S$，目标域的标签 $y_j \in C_T$。结合数据集划分实际可以表现为：对于源数据集合 $D_S = \{X_j,\ Y_j\}_{j=1}^{n_S}$ 与目标数据集合 $D_T = \{X_j,\ Y_j\}_{j=1}^{n_T}$（$n$ 是各自域上的类别数目）而言，源域可以进一步由训练集（base）、验证集（eval）、测试集（novel）划分为 D_{S_b}、D_{S_e}、D_{S_n}，同样地，在目标域上可以按照相同的模式划分为 D_{T_b}、D_{T_e}、D_{T_n}。数据的详细划分是因为对于跨域小样本问题而言，“域”的范围非常重要。在此所述源域与目标域是为了突出跨域问题更为通用的说法，也就是通俗意义上的训练集和测试集。

2. 研究现状及局限性

跨域问题目前主要存在三种不同的研究策略：（1）只使用源域数据集，通过纯算法模

型提高泛化能力，但是单纯采用基于算法的模型很难预测目标域的各种特征和变化，因此纯算法模型的泛化能力通常存在上限；（2）使用大量目标域无标签样本作为辅助数据集进行无监督训练，该策略在类似医学图像处理这种无标注样本获取简单的领域，具有一定的适用性；（3）收集极少量的目标域带标注数据对目标域特征进行辅助学习，此类方法带来的产出投入比非常可观，因为在很多领域，比如稀有疾病诊断，收集少量目标域带标签数据要比收集大量目标域无标签数据更为有效。在此，主要工作也将延续第三类策略的已有成果，此类方法具体策略如图 4-1 所示，使用少量 D_{T_b} 作为 D_{aux} 辅助学习目标域特征，同时需要说明，虽然第三类研究策略在训练时使用了少量的目标域数据集 D_{T_b}，但是真正用来验证和测试的数据不会参与训练过程，这并没有违反小样本学习的一般设定。

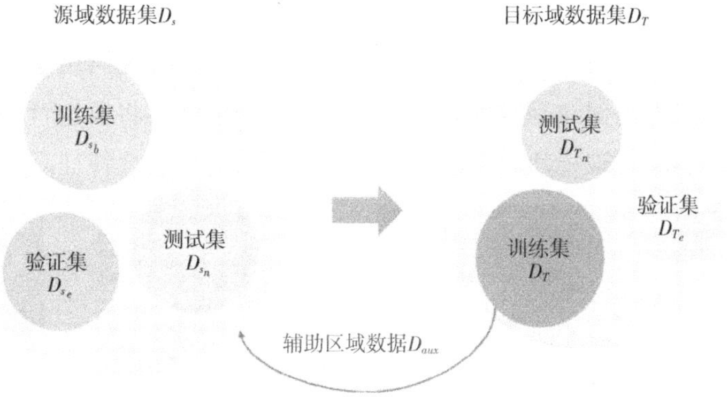

图 4-1　跨域小样本问题数据划分模式

但是，使用少量目标域数据进行引导的策略同时引入了新的挑战：来自源域数据集 D_S 和目标域数据集 D_T 的数据，在数量和分布这两个维度上，分别具有不平衡和不相交的特点。不平衡是指在训练阶段 D_S 和 D_T 的样本数量差距悬殊，源域数据量丰富，辅助域数据量稀缺，这可能会导致模型带有“偏见”；不相交是指从 D_S 和 D_T 两个数据集的数据分布依然具备跨域特点，两者特征对于模型的要求不同，这可能会导致模型的泛化能力受限。

针对以上两个问题，现有模型的解决方案是：首先从目标域中的训练集中提取少量数据作为辅助域数据集 D_{aux}；然后通过领域混淆模块均衡这两个来自不同领域的不平衡的数据，使得混合数据同样经过模型进行训练，并且不同领域数据之间参数共享，以此消除不同领域之间的关注点隔阂；最后用领域解耦模块来抽取出领域相关特征（Domain-Specific Feature）与领域无关特征（Domain-Irrelevant Feature），在具体分类时只使用领域无关的特征进行分类，这样便解决了源域和目标域不相交的问题，因为本质上领域无关特征并不关注具体“域”。

3. 改进策略

虽然现有模型可以通过领域混淆模块和领域解耦模块，解决源域数据和目标域数据不平衡和不相交的困境，但是现有模型的领域混淆模块采用随机线性插值的方法，对样本特征进行融合，依然存在两个方面的问题。

首先，已有研究证明这种逐像素插值方法会破坏图像的局部性特征（指对象像素与周围像素的比例关系），从而导致模型丧失对图像本身的整体感知能力，这同样会破坏模型对领域无关特征的“感知”。将现有模型的线性插值替换成一种更为直接的随机裁剪混合后（该操作指随机地从辅助域图像进行裁剪然后覆盖掉源域相同的位置像素），在实验结果上就有了一定提升。这种随机裁剪混合虽然保留了图像的局部性特征，但同样存在另一个问题：随机选择过程有极大的可能性从背景区域中选择到与目标域对象毫无关系的区块，由此产生的混合图像可能不包含目标域的任何特征。如图 4-2 所示：图（a）和图（b）分别是源域图和目标域图举例，图（c）和图（d）显示了两种可能的增强图像，显然这两种情况的混合图像中都不包含目标对象信息，组合没有任何意义。图 4-2（d）甚至因为引入的植物背景将源域图遮挡，然而，对应的混合标签鼓励模型从该训练图像中学习两个对象的特征，这样肯定是不可取的，并且会误导深度神经网络学习意想不到的特征表示。因为卷积神经网络对纹理高度敏感，并且由于插值标签将所选背景块指示为目标对象，这可能会鼓励特征提取模块将背景学习为目标领域的代表性特征。

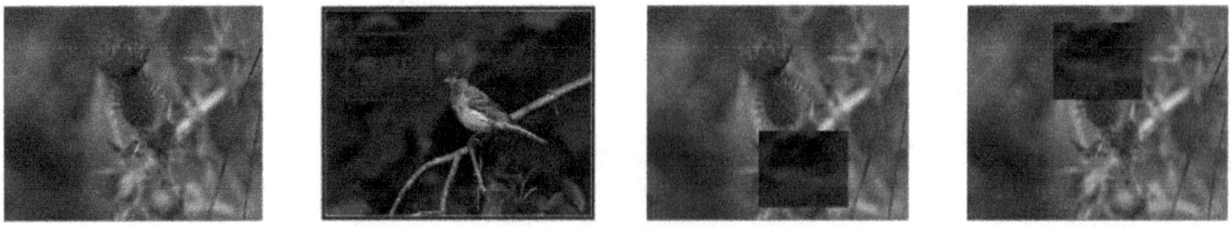

（a）源域图　　（b）目标域图　　（c）无效混合　　（d）噪声组合

图 4-2　不合理的随机裁剪举例

其次，采取领域混淆模块和领域解耦模块策略的模型，其出发点是通过解耦后的领域相关特征优化模型，并通过领域无关特征进行分类。然而，对于领域相关特征和领域无关特征的直观理解可以被认为是：如果要分类航母和战机，那么领域相关信息就是大海和天空这种与目标对象强关联的背景信息。因为一般而言，航母总是出现在海水中，战机也总是出现在天空中，如果不对领域混淆模块进行任何干预，那么模型很可能会将两者的区分特征学习为所关联的背景，误认为只要存在海水就是航母，只要出现天空就是战机，这在一定程度上导致了过拟合，理想的结果应该是模型重点关注的对象，这样即便存在跨域，被鼓励的区分特征依然是领域内的核心对象。

因此，提出基于显著性特征融合的目标域引导算法，该算法可以在保持现有混淆解耦类模型对跨域小样本学习优势的同时，通过更精细的目标背景选择，对领域混淆模块注入知识混淆，从而提高模型在目标域场景下的泛化能力。其出发点是，如果天空中也可能出现航母，那么通过航母的领域相关信息海水进行区分是不可靠的，从而引导模型关注真正的目标对象进而实现更精准的分类。

（二）基于显著性特征融合的目标域引导算法

在此提出的基于显著性特征融合的目标域引导算法，首先会对目标域图像进行图像显著性区域分析，然后选择目标域图像显著性峰值区域周围的像素区块，以确保模型从对象部分中选择裁剪部分，之后将裁剪部分与源域图像对应区块混合，从而确保选定的裁剪区块包含目标对象的相关信息。

结合现有研究并融入此策略得到如图 4-3 所示的模型整体结构，优化后的模型由六个核心模块组成，分别是：显著性检测模块、领域混淆模块、特征提取模块、领域解耦模块、小样本分类模块、领域分类模块。

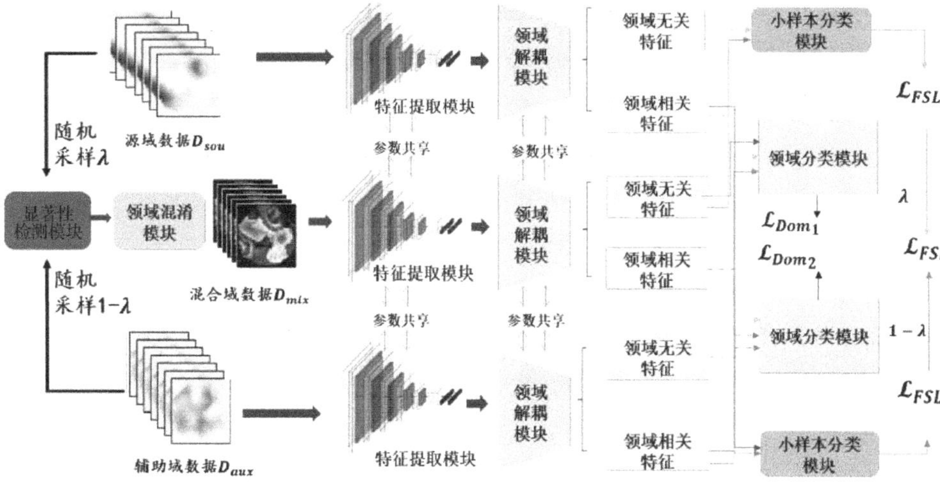

图 4-3 模型整体结构

1. 模型整体流程

模型训练过程由预训练阶段和元学习模型训练阶段两个阶段组成。预训练阶段的目的是训练出泛化能力强的特征提取模块，方便后续元学习模型的整体训练。在具体过程上，输入数据先经过特征提取模块，然后使用其输出结果，通过领域解耦模块后得到领域无关特征和领域相关特征，然后只使用领域无关的输出结果通过小样本分类模块进行分类，分类结果与模型标签进行对比得到损失值后通过反向传播优化模型。

第二阶段的元学习训练阶段则会完整地贯穿整个模型进行优化，首先从源域数据 D_{sou} 和辅助域数据 D_{aux} 中随机采样得到各自领域数据，其次对辅助域样本进行显著性检测，得到图像区域中最为视觉突出的部分，然后以显著性区域图峰值为中心进行随机裁剪，最后结合显著性特征融合得到混合域数据 D_{mix}。将三类数据 D_{sou}、D_{aux}、D_{mix} 分别通过相同的特征提取模块、领域解耦模块后，得到各自领域内的领域相关特征及领域无关特征，三类领域相关特征按照混合比例作为置信度，计算得到第一部分的领域来源混淆损失 L_{Dom_1}；三类领域无关特征按照相同置信度，计算得到第二部分领域来源混淆损失 L_{Dom_2}；使用源域以及辅助域的领域无关特征经过小样本分类模块得到相应的小样本分类损失 L_{FSL_S}，最终将三部分损失按照混合比例进行作为最终损失通过反向传播优化各个模块。将最为关键的元学习训练阶段流程表示为算法 4-1。

算法 4-1　基于显著性特征融合的目标域引导算法元训练阶段流程

输入：源域数据 D_{sou}，辅助域数据 D_{aux}，最大迭代次数 epoch，t，best_ ACC=0，0

输出：经过训练的各模块最优模型参数 best_ model

1. while t<epoch do
2. 分别源域数据 D_{sou} 和辅助域数据 D_{aux} 进行随机采样
3. 对辅助域数据 D_{aux} 显著性检测，然后通过式（4-6）与 D_{sou} 进行融合得到 D_{mix}
4. 三类数据 D_{sou}，D_{aux}，D_{mix} 分别依次通过特征提取模块，领域解耦模块后
5. 分别得到源域，辅助目标域，和混合域相关与无关特征 SP_{sou}，IR_{sou}，SP_{aux}，IR_{aux}，SP_{mix}，IR_{mix}
6. 通过式（4-10）计算小样本分类模块的和领域分类模块损失
7. 使用领域无关特征通过小样本分类模块得到分类准确率，迭代次数 t+=1
8. if *ACC*>*best_ ACC* then
9. *best_ ACC*←*ACC* 更新最优模型参数 best_ imodel
10. end if
11. 损失函数 反向传播更新模型参数
12. end while
13. return best_ mode

最终在元测试阶段，目标域测试图像样本仅通过特征提取模块、领域解耦模块，然后对领域解耦模块输出的领域无关特征，使用小样本分类模块实现分类。以下重点介绍 TDGA 如何与现有的领域混淆模块实现融合，以及损失函数的规定及考量。

2. 融合显著性检测的领域混淆模块

领域混淆模块的目的是充分融合来自源域和目标域的特征信息，解决源域和目标域不平衡以及不相交的两个问题，并且尽可能地混淆模型，从而提高模型在目标域上的泛化能力。该模块输入为采样自源数据集和目标数据集的样本特征，输出为结合了源域特征与目标域特征信息的混合数据，并记录混合比例作为损失函数置信度信息。领域混淆模块处理流程包含两个重要步骤：显著性区域检测和样本特征混合，具体过程如图 4-4 所示。

图 4-4　领域混淆模块处理流程

（1）显著性区域检测。显著性区域信息分析的目的是获得图像中的视觉显著区域，现有方法比较成熟，但是大部分方法计算复杂度较高，因为需要计算图像像素每一个点与其

他像素点颜色光照等距离，从而决定显著性，即可以通过统计直方图等方法降低复杂度，旨在进一步减少计算开销。除此之外，基于特征分析的方法获得图像显著性区域其通用性也有所欠缺，因为不同类型的图像有不同的色彩纹理特征，不能一概而论。

为了较低的计算复杂性并且保持一定的通用性，通过分析图像频域信息来确定显著性区域。已有研究表明，自然图像进行傅里叶变换后 log 频谱与频率成反比，亦即遵守式（4-1）所约定的范式。Hou 等人①通过广泛的实验证明，所有自然图像 log 频谱图叠加的结果接近一条平滑的曲线，对于某张具体的图片而言，其 log 频谱与频率关系图近似是一条曲线（这是因为图像中的高频信息导致了曲线的局部突出）。同理，对于人类视觉而言，如果没有任何显著性物体只有背景，那视觉上的感受也会光滑平整，因此具体图片上导致 log 频谱曲线不光滑的区域，正是视觉上的显著性区域。定义 log 频谱曲线中的局部突出区域为谱残差，这是因为在频域中，谱残差表示了图像中高频信息的分布情况，而高频信息通常与边缘和纹理等显著性特征相关联，通过将光谱残差转换到空间域，将这些高频信息与它们在图像中的位置相对应，最终可以确定显著性区域。

$$L(A(f)) \propto 1/f \tag{4-1}$$

式（4-1）中，f 表示图像进行快速傅里叶变换后的频率信息，$L(A(f))$ 表示 *log* 频谱，即对振幅取对数后的结果。为了找到导致曲线不光滑，也就是视觉上的显著性区域，需要通过分析得到谱残差图，在具体实施上总共分为三个步骤：（1）对图像进行快速傅里叶变换得到振幅及相位；（2）对振幅取对数，计算得到对数频谱，过滤背景区域后得到谱残差图；（3）对谱残差图进行傅里叶逆变换得到显著性区域。

对于具体的图片 X（其中 $X \in R^{d \times w \times h}$）而言，首先需要根据式（4-2）进行快速傅里叶变换后得到实部 $A(f)$ 和虚部 $P(f)$，实部代表其频率域的振幅，虚部代表其频率域的相位。直观理解上，可以将傅里叶变换看作将一个图像分解成一系列正弦波或余弦波的叠加，其中，振幅谱描述了每个正弦波或余弦波的振幅大小，而相位谱则描述了它们在空间中的位置和方向。

$$\begin{aligned} A(f) &= R(\tilde{S}(X)) \\ P(f) &= \tilde{s}(\tilde{S}(X)) \end{aligned} \tag{4-2}$$

式（4-2）中，$\tilde{S}()$ 表示快速傅里叶变换，$R()$ 和 $\tilde{s}()$ 分别表述对图像变换后的实部和虚部。在快速傅里叶变换后，通过计算每个频率分量的振幅 $A(f)$ 来获得其对数值，并将这些值绘制在以 log（f）为横轴、log（$A(f)$）为纵轴的坐标系上，从而得到 log 频谱，然后分离低频和高频信息，得到谱残差图进而进行显著性分析。谱残差图可以通过

① Hou X, hang L. Saliency detection: A spectral residual approach [C] //2007 IEEE Conference on computer vision and pattern recognition. Ieee, 2007: 1-8.

log 频谱减去背景部分而获得，其中背景部分可以通过对 log 频谱进行均值滤波后，获得结果作为近似值，亦即根据式（4-3）的计算获得谱残差图。

$$R(f) = \log(A(f)) - h_n(f) \times \log(A(f)) \tag{4-3}$$

式（4-3）中，h_n（f）表示均值滤波时 $n\times n$ 的卷积核，n 表示矩阵的大小。h_n（f）矩阵中的每个元素都是 $\frac{1}{n^2}$，表示在计算平均光谱时每个频率分量所占的权重。最后，对谱残差按照式（4-4）进行傅里叶逆变换，即可得到图像中的显著性区域。g（x）是为了使图像域结果更为平滑采用的高斯滤波器。

$$S(x) = g(x) \times \tilde{S}^{-1}[\exp(R(f) + P(f))]^2 \tag{4-4}$$

此外，对目标域图进行显著性特征分析，可以确保所得到的裁剪图片包含源域信息，但进行组合时有多个位置可供选择，包括覆盖源域图像非显著性区域，覆盖源域图像显著性区域和位置不变进行组合等，后续通过消融实验对不同组合方式进行了分析。

（2）样本特征融合。假设上述变化的整个过程为函数 S，其目的是获得目标图像的显著性特征图，假设显著性特征图的中心点为 r_x，r_y，需要根据 r_x，r_y 以及混合比例 λ 得到混合掩码 M，混合掩码 M 侧是一个方形的裁剪框，使用中心点坐标以及宽度和高度四个（r_x，r_y，r_w，r_h）参数进行表示，计算过程如式（4-5）所示：

$$\begin{aligned} r_x &= \operatorname{argmax}(S(_X) \quad r_w = W \times \sqrt{1-\lambda} \\ r_y &= \operatorname{argmax}(S(_X) \quad r_h = H \times \sqrt{1-\lambda} \end{aligned} \tag{4-5}$$

式（4-5）中，argmax（S（X）$_x$）、argmax（S（X）$_y$）分别表示显著性特征图在图像 x 方向和 y 方向的最大值，λ 是从 beta 分布中采样得到的值域位于区间［0，1］之间的常数，W、H 分别表示图片原始宽度和高度，式（4-5）最后可以得到包含目标域显著性峰值区域的掩码区块范围。

最终，将混合掩码 M 的相应位置设置为 1，其他位置设置为 0。M 与目标域图像的逐元素乘法结果为删除，除决定保留区域以外的，所有内容的图像，同样地，1-M 与 M 相反的方式执行，即与源域图像逐元素相乘后，保留源域图除所选裁剪区块之外的所有区域。最后，将这两者相加创建一个新的混合样本，其包含带有选定裁剪区块的目标图像以及源域图像对应裁剪区块的补集，计算过程如式（4-6）所示：

$$X_{mix} = M \odot X_T + (1-M) \odot X_S \tag{4-6}$$

式（4-6）中，$\odot$表示逐元素相乘，X_S、X_T 分别表示采样自源域和目标域的待混合的样本特征，由于不同的混合比例决定了样本所属类别的置信度，因此损失函数也需要做相应的调整，这部分内容将会在下面进行阐述。

3. 损失函数

TDGA 模型主干在训练过程中接受三部分数据的输入，分别是源域数据 D_{sou}、辅助目

标域数据 D_{aux} 以及混合域数据 D_{mix}，这三部分数据分别经过特征提取模块与领域解耦模块后会输出各自领域内领域相关特征（Domain-Specific Feature）与领域无关特征（Domain-Irrelevant Feature），因此对于每一轮训练而言网络会输出六组数据用于构成损失函数，分别是源域相关与无关数据 SP_{sou}、IR_{sou}，辅助目标域相关与无关数据 SP_{aux}、IR_{aux}，混合域相关与无关数据 SP_{mix}、IR_{mix}。最终，总的损失函数由小样本分类模块损失 L_{FSL} 与领域分类模块损失 L_{dom} 两个部分组成。

小样本分类模块的混合样本中包含了 λ 比例的源域数据和 1-λ 比例的辅助目标域数据，因此属于两个类别的置信度应进行相应的调整，总的小样本分类损失如式（4-7）所示，L_{FSL_S} 和 L_{FSL_A} 分别表示源域和辅助域的小样本分类损失，该部分的计算与现有小样本学习方法保持一致。

$$L_{FSL} = \lambda \cdot L_{FSL_S} + (1 - \lambda) L_{FSL_A} \tag{4-7}$$

领域分类模块损失 L_{dom} 主要由 L_{Dom_1} 和 L_{Dom_2} 两个部分组成，这部分损失计算来源及比例如图 4-5 所示。

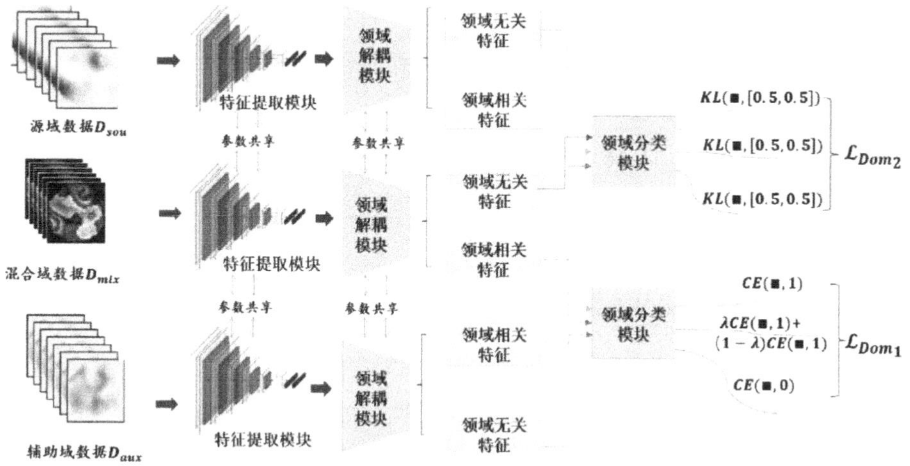

图 4-5　领域分类模块损失函数构成

L_{Dom_1} 的目的是判断领域相关特征来源于源域或是辅助域，源域和辅助域的置信度与其类别标签直接相关，混合域置信度按照混合比例衡量，通过交叉熵损失进行评估。具体计算过程如式（4-8）所示：

$$\begin{aligned} L_{dom_1} = \frac{1}{3} \sum [& CE(g_{dom}(SP_{S_{sou}}),\ y1_{S_{sou}}) \\ & + CE(g_{dom}(SP_{S_{aux}}),\ y1_{S_{aux}}) \\ & + \lambda \cdot CE(g_{dom}(SP_{Q_{mix}}),\ y1_{S_{mix1}}) \\ & + (1 - \lambda) \cdot CE(g_{dom}(SP_{Q_{mix}}),\ y1_{S_{mix2}})] \end{aligned} \tag{4-8}$$

式（4-8）中，$y1$ 为对应所属标签，对于源域和目标域领域相关数据分别设置为 0 和

1，混合域特征设置混合比例λ。

L_{Dom_2} 的目的是判断领域无关特征来源于源域或是辅助域，因为其不包含具体的领域信息，来自源域和目标域的置信度均可认为是［0.5，0.5］的分布，使用 KL 散度进行度量，领域无关特征损失计算如式（4-9）所示：

$$L_{dom_2}=\frac{1}{3}\sum[KL(g_{dom}(IR_{S_{sou}}),\ y2_{S_{sou}})\\+KL(g_{dom}(IR_{S_{aux}}),\ y2_{S_{aux}})\\+KL(g_{dom}(IR_{Q_{mix}}),\ y2_{S_{mix}})] \tag{4-9}$$

最终，模型总损失由小样本分类模块的损失 L_{FSl} 和领域分类模块的两部分损失 L_{dom_1}、L_{dom_2} 共同构成，亦即如式（4-10）所示：

$$L=L_{FSl}+L_{dom_1}+L_{dom_2} \tag{4-10}$$

（三）实验及分析

1. 跨域小样本图像识别数据集及指标介绍

（1）实验设置。小样本学习的实验结果和软硬件设施会有一定关联，为了方便其他实验开展进一步的研究扩展，现将实验过程中所用到的软硬件设置罗列如下。

深度学习框架：Pytorch 3.7

系统类型：Ubuntu 20.04 64 位版本

开发语言：Python 3.7

内存：16G

CPU：Intel Core i5-9600KF

CUDA 版本：11.0

GPU：NVIDIA GeForce RTX 1070Ti

存储介质：固态硬盘

（2）数据集介绍。由于跨域概念具备一定的宽泛性，跨域小样本识别在具体应用时目标领域有多种可能，穷尽所有场景并不现实。目前该研究领域采用的最为广泛的实验设定是在粗粒度域（一般为 miniImageNet）上进行训练，在其他细分领域如 CUB、Cars、Places、Plantae 上进行测试，这些细粒度域分布与训练集数据分布存在较大差异，满足跨域的定义。跨域小样本问题数据划分模式如图 4-6 所示，同时，目标域数据均属各种细粒度“域”，具备特殊应用价值，符合在实际场景中的使用设定。

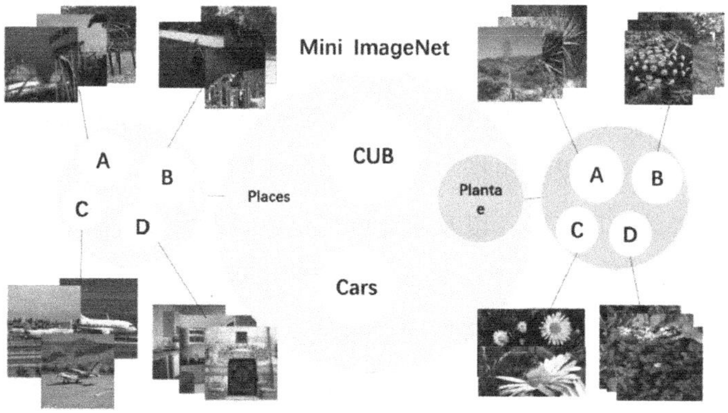

图 4-6 跨域小样本问题数据划分模式

其中 miniImageNet 是目前小样本领域使用最为广泛的粗粒度域数据集，它是从 ImageNet 数据集中抽取的 100 个常见子类别数据集，每个类别有 600 张图片，共 60000 张图片，这个数据集最初是由 Google DeepMind 团队在 2016 年提出，随后在小样本领域被广泛使用。其余四个数据集可以认为是 miniImageNet 数据集的子集，CUB 数据集，其总共包含 11788 张鸟类图片，其中训练集数据和测试集数据各占 5994 张和 5794 张；Cars 数据集，其中包含了 16185 张，196 种不同品牌的汽车，每种汽车都有至少 80 张不同视角的图像；Places 是最为著名的场景数据集，包括室内、户外、城市、自然景观等，在此按照 183 : 91 : 91 的比例划分为训练集、验证集、测试集；Plantae 是一个植物识别数据集，包含了来自 17 个植物属的 250 个物种的图像，该数据集中的图像包括植物的叶子、花、果实等部位，以及植物在不同生长阶段的图像，实验中训练集、验证集、测试集的划分比例为 100 : 50 : 50。

（3）跨域小样本学习评估模式。跨域小样本图像分类结果的评估模式与普通小样本图像分类一致，只是在训练集和测试集的选取上有所区别，主要有对一法和留一法两种策略：对一法是指每次的训练时源域样本采用 miniImageNet，目标域样本采用 CUB、Cars、Plantae、Places 其中之一，然后在所选取目标域的测试集上进行测试计算分类准确率；而留一法的模式则将重点放在目标域数据上，训练时源域数据除了所选取的 CUB、Cars、Plantae、Places 之一，其余三类数据以及粗粒度域数据 miniImageNet 均作为训练集源域数据。这两种模式的核心区别是对一法的源域数据只有固定的 miniImageNet，而留一法的源域训练数据是 miniImageNet 及三类数据；相同之处在于无论哪种方法，目标域数据与测试集数据依然保持交集为空集。因此留一法其实相当于扩充了源域数据，大部分情况下的表现效果要优于对一法。此实验与现有大部分已有方法保持一致，以留一法为主要实验设定。

2. 对比实验结果

实验基于 Fu 等人①开源的 MetaFD-mixup 代码，并在其基础上融入在此提出的基于显

① Fu Y, Fu Y, Jung Y G. Meta-fdmixup: Cross-domain few-shot learning guided by labeled target data [C] // Proceedings of the 29th ACM International Conference on Multimedia. 2021: 5320-5334.

著性特征融合的目标域引导策略（TDGA），训练期间每一组实验都至少进行 200 轮迭代，选取验证集上表现最好的权重信息作为模型训练结果，采用初始学习率为 0.001 的 Adam 用作优化器，每次测试均进行 1000 次迭代，将其平均准确率的 95%置信度区间作为最终结果，得到以下对比实验结果：包括与贯穿全文的典型度量学习模型的对比实验、与当前跨域场景下优秀成果的对比实验，以及通过可视化中间结果分析模型有效等。

（1）与当前经典模型实验对比。为了与在此所采用的基于度量学习的典型小样本学习方法原始表现进行对比，定性衡量跨域问题挑战，设计此实验。第二行 Baselines 中的 s-GNN、a-GNN、m-GNN 表示训练样本采用源域数据（source）、辅助域数据（auxiliary）或二者的混合数据（mix），GNN 则表示改进实验选用 GNN 为主要的小样本分类模块，D_{aux} 的选择表示是否使用少量目标域数据进行特征融合，主要实验结果见表 4-1。

表 4-1 与当前经典模型实验对比

5-*way*	1-*shot*	D_{aux}	CUB/%	Cars/%	Places/%	Plantae/%
FSL	MatchingNet	—	35.89±0.51	30.77±0.47	49.86±0.79	32.70±0.60
	ProtoNet	—	36.24±0.49	30.31±0.69	50.21±0.93	33.12±0.22
	RelationNet	—	42.44±0.77	29.11±0.60	48.64±0.85	33.17±0.64
	GNN	—	45.69±0.68	31.79±0.51	53.10±0.80	35.60±0.56
Baselines	s-GNN	—	45.69±0.68	31.79±0.51	53.10±0.80	35.60±0.56
	a-GNN	√	50.28±0.77	37.86±0.63	51.09±0.79	44.25±0.74
	m-GNN	√	57.65±0.80	46.03±0.72	55.70±0.79	48.25±0.74
CD-FSL	meta-FDMixup	√	63.24±0.82	51.31±0.83	58.22±0.82	51.03±0.81
	TDGA（Ours）	√	64.27±0.25	51.07±0.34	58.45±0.63	52.94±0.39
5-*way*	5-*shot*	D_{aux}	CUB/%	Cars/%	Places/%	Plantae/%
FSL	MatchingNet	—	51.37±0.77	38.99±0.64	63.16±0.77	46.53±0.68
	ProtoNet	—	55.24±0.44	37.39±0.33	65.32±0.56	46.73±0.32
	RelationNet	—	57.77±0.69	37.33±0.68	63.32±0.76	44.00±0.60
	GNN	—	62.25±0.65	44.28±0.63	70.84±0.65	52.53±0.59
Baselines	s-GNN	—	62.25±0.65	44.28±0.63	70.84±0.65	52.53±0.59
	a-GNN	√	64.98±0.67	48.53±0.64	67.96±0.68	60.21±0.69
	m-GNN	√	78.08±0.60	63.27±0.70	75.90±0.67	66.69±0.68
CD-FSL	meta-FDMixup	√	79.46±0.63	66.52±0.70	78.92±0.63	69.22±0.65
	TDGA（Ours）	√	80.59±0.72	66.93±0.63	79.89±0.59	70.98±0.77

根据实验结果可以发现：首先，对于跨域问题，不加任何调整的通用小样本学习方法大都表现不佳，这说明在跨域情况下针对性的研究亟待进行，所有典型度量学习模型中以 GNN 在各种数据集下表现最优，因此大部分实验选用 GNN 为小样本学习模块。

其次，对于 s-GNN、a-GNN、m-GNN 三种实验设定模式，大部分情况下使用辅助域数据集要优于不使用任何辅助数据，并且通过混合操作（m-GNN）消除领域间隙可以大幅提升模型表现，相比基本的 GNN 模型，四种数据集上准确率平均提升了 10.4%，这说明使用领域混淆模块解决不平衡和不相交困境的策略具有优越性。

最后，在 Meta-FDMixup 的基础上，将随机线性插值方法修改为 TDGA 算法之后，大部分情况下均有提升，在 5-*way* 1-*shot* 以及 5-*way* 5-*shot* 的场景下，添加 TDGA 的平均准确率分别取得了 0.73%和 1.07%提升，同时，在 Plantea 数据集上提升效果最为明显，对于 5-*way* 1-*shot* 和 5-*way* 5-*shot* 的实验设定识别准确率分别提升了 1.91%和 1.76%，但是在某些数据集比如 cars 上的 5-*way* 1-*shot* 实验设定准确率也略有下降，一个可能的原因是 Car 数据集的显著性区域一般较大，使用显著性目标裁剪很容易损失目标域完整信息或覆盖大部分源域信息，但是绝大多数情况下在此提出的 TDGA 策略要优于原始的随机线性融合策略。

（2）与近期先进成果实验对比。跨域小样本研究具备极强现实意义和挑战性，近几年涌现出了一批专门针对跨域问题的优秀研究，目前有研究专注于更有效的特征提取模块，也有研究专注于针对跨域的通用性增强模块，很大一部分实验并没有保持完全相同的基准设置，为了尽可能地展示每一种方法的基准设置，将其设置在列表的第一列位置。其中 ResNet10 和 LR2Net 表示不同的特征提取模块，LR2Net 是 Chen 等人①在 ResNet 基础上提出的更适合跨域设置的多尺度灵活特征提取模块；FT 表示通用的学习特征变换方法，是早期跨域小样本学习的经典代表作，使用“+”上标进行表示，“++”上标代表使用加强版的学习特征变换方法 LFT 算法；ATA（对抗性任务增强）算法，可以作为通用性增强模块集成到现有训练方法中；LRP 表示 Sun 等人②提出的分层相关传播（LRP）方法，该方法是一种训练引导，同样可以嵌入目前通用的小样本学习方法中以增强跨域表现，但其原文并不支持 LFT 算法；WaveSAN 通过引入小波变换来实现将视觉表达分解为低频组件（如形状和样式）和高频组件（如纹理），然后通过相互交换低频组件的样式来增强源域图像，以提升跨域表现。最后在陈宇③的实验结果汇总基础上，对近期的一些优秀成果以最经典的 5-*way* 1-*shot* 和 5-*way* 5-*shot* 实验场景为主，添加相关算法及 WaveSAN 的实际表现，将各种组合的结果分别总结见表 4-2 以及表 4-3。

---

① Chen Y, Zheng Y, Xu 2, et al. Cross-domain few-shot classification based on lightweight res2net and flexible gnn [J]. Knowledge-Based Systems, 2022, 247: 108623.

② Sun J, Lapuschkin S, Samek W, et al. Explanation-guided training for cross-domain few-shot classification [C] // 2020 25th International Conference on Pattern Recognition (ICPR). IEEE, 2021: 7009-7010.

③ 陈宇. 基于层级多尺度网络和灵活图神经网络的跨域小样本算法研究 [D]. 成都: 四川大学, 2022.

表 4-2 5-*way* 1-*shot* 场景下与近期优秀成果的对比

5-*way* 1-*shot*	CUB/%	Cars/%	Places/%	Plantae/%
ResNet-10				
with *RelationNet*++	48. 38±0. 63	32. 31±0. 51	50. 74±0. 66	35. 00±0. 52
with *GNN*++	51. 21±0. 73	34. 17±0. 62	56. 15±0. 79	40. 46±0. 67
ResNet-10				
with TPN+*ATA*+	50. 26±0. 5	34. 18±0. 4	57. 03±0. 5	39. 83±0. 4
with GNN+LRP+*ATA*+	45. 00±0. 5	33. 61±0. 4	53. 57±0. 5	34. 42±0. 4
ResNet-10				
with LRP+*RN*++	47. 78±0. 43	30. 68±0. 34	50. 19±0. 47	36. 58±0. 40
with LRP+*GNN*	48. 29±0. 51	32. 78±0. 39	54. 83±0. 56	37. 49±0. 43
with LRP+*GNN*++	53. 40±0. 76	34. 16±0. 56	54. 53±0. 79	42. 29±0. 72
LR2Net-10				
(26*w*4*s*) with *FGNN*++	52. 03±0. 76	34. 84±0. 62	57. 57±0. 78	42. 05±0. 70
(6*w*20*s*) with *FGNN*++	54. 49±0. 76	36. 51±0. 62	57. 16±0. 80	42. 72±0. 63
ResNet-10				
with *WaveSAN*+*GNN*	50. 25±0. 74	33. 55±0. 61	53. 75±0. 70	40. 71±0. 66
with *WaveSAN*+*FWT*	50. 33±0. 73	32. 69±0. 59	57. 84±0. 81	38. 25±0. 63
ResNet-10				
with MetaFD-mixup	63. 24±0. 82	51. 31±0. 83	58. 22±0. 82	51. 03±0. 81
with *GNN*+*TDGA* (Ours)	64. 27±0. 25	51. 07±0. 34	57. 45±0. 63	52. 94±0. 39

表 4-3 5-*way* 5-*shot* 场景下与近期优秀成果的对比

5-*way* 5-*shot*	CUB/%	Cars/%	Places/%	Plantae/%
ResNet-10				
with *RelationNet*++	64. 99±0. 73	43. 44±0. 59	67. 35±0. 79	50. 39±0. 52
with *GNN*++	71. 47±0. 64	49. 61±0. 68	75. 77±0. 64	60. 47±0. 70
ResNet-10				
with TPN+*ATA*+	61. 31±0. 4	46. 95±0. 4	72. 12±0. 4	55. 08±0. 4
with GNN+LRP+*ATA*+	66. 22±0. 5	49. 14±0. 4	75. 48±0. 4	52. 69±0. 4
ResNet-10				
with LRP+*RN*++	66. 23±0. 40	42. 38±0. 40	66. 23±0. 40	50. 50±0. 39
with LRP+*GNN*	64. 44±0. 48	46. 20±0. 46	74. 45±0. 47	54. 52±0. 46
with LRP+*GNN*++	74. 34±0. 65	50. 53±0. 64	73. 31±0. 67	61. 47±0. 69

续表

5-*way* 5-*shot*	CUB/%	Cars/%	Places/%	Plantae/%
LR2Net-10				
(26*w*4*s*) with *FGNN*⁺⁺	73. 94±0. 68	50. 63±0. 70	76. 68±0. 61	62. 14±0. 69
(6*w*20*s*) with *FGNN*⁺⁺	74. 96±0. 64	53. 12±0. 73	75. 64±0. 63	62. 64±0. 69
ResNet-10				
with *WaveSAN+GNN*	70. 31±0. 67	46. 11±0. 66	76. 68±0. 63	57. 72±0. 64
with *WaveSAN+FWT*	71. 16±0. 66	47. 78±0. 67	78. 19±0. 62	57. 85±0. 66
ResNet-10				
with MetaFD-mixup	79. 46±0. 63	66. 52±0. 70	78. 92±0. 63	69. 22±0. 65
with *GNN+TDGA* (Ours)	80. 59±0. 72	66. 93±0. 63	79. 89±0. 59	70. 98±0. 77

由实验结果可以发现，在此所采用的引入少量目标域样本的研究策略，相比于之前跨域学习专注于增强模块的改进型研究思路，在识别准确率的结果上取得了显著提升；同时，该策略结合目标域引导算法依然可以进一步获得准确率的提升，在 5-*way* 1-*shot* 以及 5-*way* 5-*shot* 的场景下本方法的平均准确率分别取得了 0. 73% 和 1. 07% 的提升，最终，TDGA 在四个典型跨域场景下均达到较为突出的表现。

(3) 模型有效性分析。Grad-CAM 是一种用于可视化卷积神经网络中特征图的方法，它可以生成类别激活的热力图，反映了输入图片中哪些区域对分类结果最重要，其原理是：首先计算最后一个卷积层中每个特征图对图片类别的权重，然后求每个特征图的加权和，最后把加权和的特征图映射到原始图片中。具体来说，Grad-CAM 首先选择 Softmax 值最大的节点（对应置信度最高的类别）反向传播，对最后一层卷积层求梯度，每张特征图的梯度的均值作为该张特征图的权重；其次，将所有特征图按照各自的权重相加得到一个二维的类别激活热力图；最后，将热力图放大到与输入图片相同大小，并叠加在输入图片上显示。

为了观察在此所提出的方法是如何发挥作用的，分别对使用原始的随机线性插值方法，以及基于显著性特征融合的目标域引导算法训练出来的模型，进行 Grad-CAM 特征分析。每个数据集随机选取 3 张图片，以领域解耦模块的最后一层全连接层得到的领域无关特征，作为置信度决定层，得到如图 4-7 所示的可视化结果。

分析可视化图可以发现，使用随机线性插值的方法得到的模型虽然也可以“关注”到图像分析的重点区域，但是很多情况下同样会“注意”到与目标关联性不大的区域，这说明随机混合训练可能会导致模型关注领域相关内容；结合本书方法后模型可以将更多的注意力放在更有效的信息上，因此可以推测，本书方法可以帮助模型更专注领域无关特征，进而提升模型在目标域上的泛化能力。

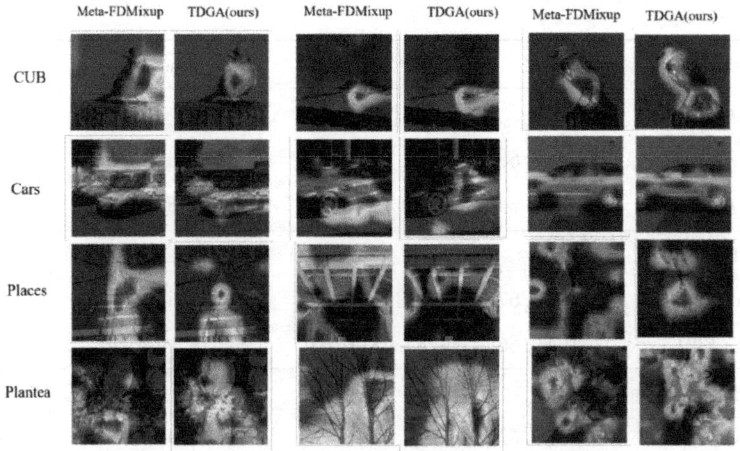

图 4-7 TGDM 影响下不同数据集 Grad-CAM 分析

3. 消融实验

由于本方法涉及不同改进融合的可能性和超参数，为了验证不同设置的合理性及其配合原理设计如下实验，首先是辅助数据样本量的影响，探索最合适的辅助样本数量；然后讨论不同的融合策略对结果的影响。

（1）辅助数据样本量的影响。在此所采用的基准策略是引入少量目标域样本辅助学习目标域特征，但如果引入的目标样本数量过少，可能无法充分捕捉到目标域相关特征；引入的目标域样本数量过多，在某些场景下则不切实际。因此，为了探究辅助样本数量的合适取值，在此实验中进行了相关研究。实验中采取 5-*way* 5-*shot* 的训练模式，分别在四个目标域上将辅助样本数值设置为 0、5、10、15、20，得到识别准确率绘制如图 4-8 所示趋势变化结果。

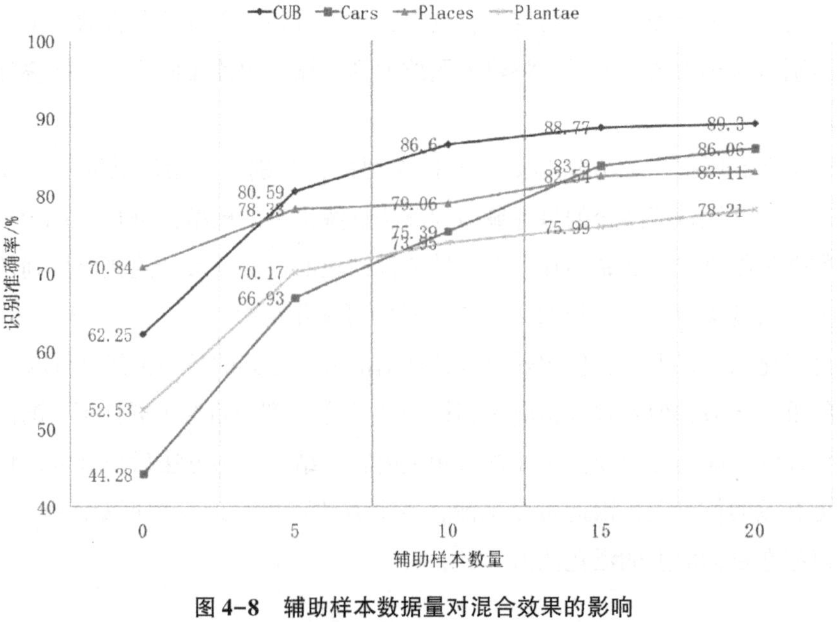

图 4-8 辅助样本数据量对混合效果的影响

观察结果可以发现，通常情况下模型的性能与标记样本的数量成正相关，这与常识是一致的，因为辅助样本数量越多越能提供足够的目标域特征；同时可以发现，随着标记样本数量的增加，其带来的性能改进会放缓，这可以通过边际效用递减定律直观地理解。以 CUB 为例，将 5 幅标记图像作为一个单元，通过引入 1-st、2-st、3-st 和 4-st 单元，每个 st 相比于上一个 st，准确率分别提高了 18.34%、6.01%、2.17%和 0.53%，其准确率增长的结果一直在放缓，因此在其他实验环节为了权衡性能和标签成本，将辅助样本数量设置为 5。

（2）显著率阈值的影响。显著性特征融合虽然可以在一定程度上引导模型关注目标域特征，但是过于关注目标域对象同样会导致过拟合。因此在实验实施过程中会设置显著率 ICI 值参数，来调节模型对目标域对象的关注度。当实验随机值小于显著性 ICI 值时会融合显著性检测策略，否则保持原有策略不变，这样可以通过显著率 ICI 值调整模型对目标域对象关注度。在此将保持上述基本实验设置不变，探究显著率 ICI 值对识别准确率的影响，最终显著率 ICI 值对准确率的影响结果如图 4-9 所示。

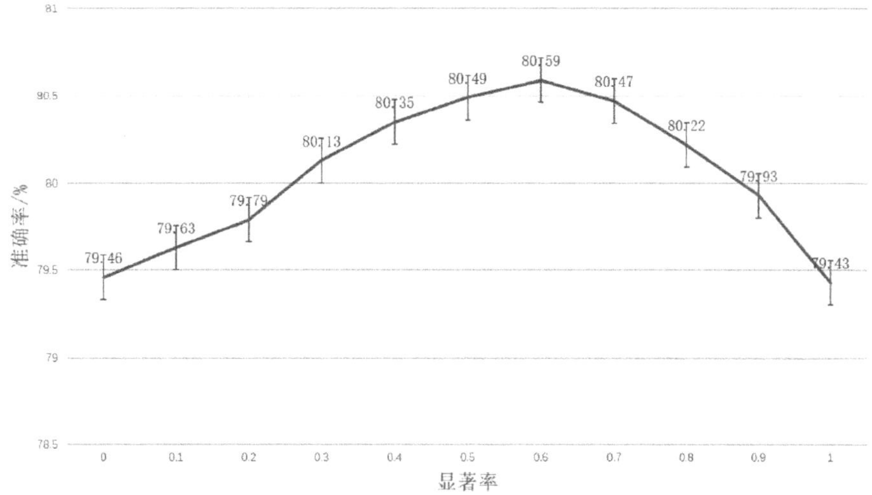

图 4-9　显著率阈值影响折线图

由实验结果可以发现，显著率阈值（融合显著性检测的混合策略占比）太高和太低均不利于模型的跨域识别表现，太高会导致模型发生过拟合，太低又无法充分融合目标域特征，因此在其他实验中最终设置为 0.6，尽可能地均衡显著性特征融合的影响，从而使模型在目标域上保持较强的泛化能力。

（3）混合模式的影响。在此提出了显著性特征融合的目标域引导算法（TDGA）来提高模型在跨域场景下的泛化能力，但是得到目标域显著性特征图后，有多种方法可以选择目标域区块并将其与源域图像混合，在此，将探讨这些可能的方案对 TDGA 的影响。实验设置为 5-*way* 5-*shot* 的模式，可能的组合方式具体如图 4-10 所示：图（a）表示输入样本，图（b）表示对源域图和目标域图进行显著性检测后的结果，使用Ⅰ表示最显著区域，Ⅱ表示最无关区域；最终得到图（c）在对应于输入图上的组合模型选项，使用 A 表示源目标显著性区域，a 表示最无关区域，使用 B 表示目标域显著性区域，b 表示最无关区域，B′表示直接对源域不进行任何检测，直接裁剪到对应位置。

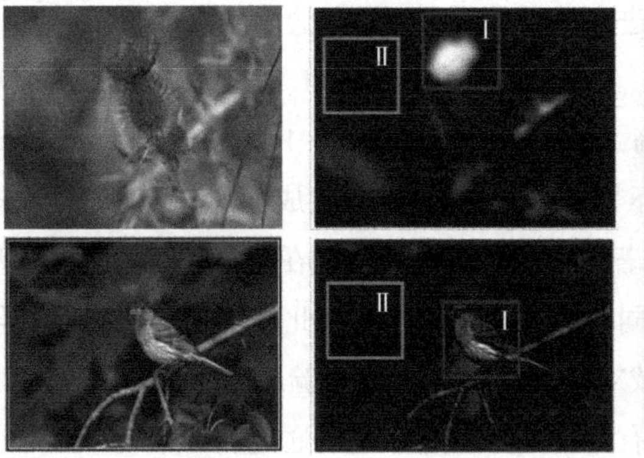

（a）输入样本　　（b）显著性检测结果　　（c）组合模式选项

图 4-10　混合模式的选择示意

然后探究不同的融合策略的影响，共进行五种可能的混合方案，其中：（1）如图 4-10 所示 B-B ′，表示从目标域最显著的区域中选择裁剪区块，并将其混合到源域图像的相应位置；（2）图示 B-A，从最显著的区域中选择目标块，并将其混合到源域图像的最显著区域；（3）图示 B-a，即从最显著区域选择裁剪区块，但将其混合到源域图像的非显著区域；（4）图示 b-A，从目标图像的非显著区域中选择裁剪区块，并将其混合到源域图像的最显著区域；（5）图示 b-a，从目标图像的非显著区域中选择裁剪区块，并将其混合到源域图像的非显著区域，最终分别在四种细粒度域上进行实验得到结果如图 4-11 所示。

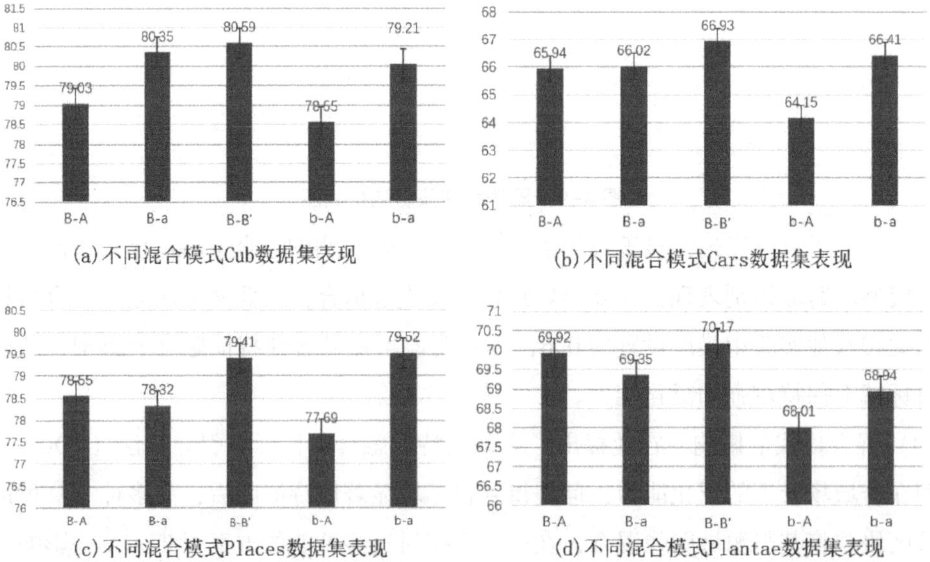

(a)不同混合模式Cub数据集表现　　(b)不同混合模式Cars数据集表现

(c)不同混合模式Places数据集表现　　(d)不同混合模式Plantae数据集表现

图 4-11　不同混合模式对不同数据集的影响直方图

从结果可以看出，首先，b-A 和 b-a 都从目标域图像的非显著性区域中选择裁剪区块，该区域不包含有关目标对象的任何信息，因此与其他组合方案对比表现最差，尤其

b-A 的策略，不仅不包含任何目标域信息，还遮挡了源域对象，在各种情况下对模型都存在比较大的损害，这也证明显著性检测是有效的，即选取目标域图块时必须包含有目标对象的信息；其次，B-A 覆盖了目标图像的最重要部分，限制了模型学习其最重要的特征，因此在大部分情况下表现不佳，B-a 虽然在大部分场景下可以同时保留源域和目标域的信息，但是可能因为数据过于固定，从而导致模型过拟合，表现结果不如预期；而 B-B′通过根据源对象和目标对象的位置可变地遮挡最重要的部分和其他部分，来保持平衡，因此，它会产生更多种类的增强数据，更有利于模型通过多样性数据从而实现较强的泛化能力。此外，B-B′需要较少的计算负担，因为只需要对目标域图像进行显著性分析，所以，实验使用 B-B′作为主要混合模式。

二、小样本图像识别系统设计与实现

以上针对跨域的小样本学习场景，提出了不同的改进策略弥补现有算法的不足。然而，在实际应用中，还需要考虑如何将这些技术成果转化为可用且易用的应用系统，从而扩大小样本研究的实际应用价值。因此，将进一步探讨小样本图像识别技术在应用创新方面所能发挥的作用，设计并实现一个简单易用且功能完善的小样本图像分类系统，最终降低小样本图像识别算法成果的应用门槛。

（一）系统需求分析

本系统是一个基于小样本图像识别技术算法成果的应用程序，旨在根据少量支持集和已有模型文件对查询集图片进行正确分类，用户可以选择类别数（way）、类别支撑数（shot）和相关的模型文件，上传支持集和查询集图片后，调用训练成果对查询集进行分类，最终得到最有可能的类别标签及其概率。

1. 功能需求

（1）用户注册与登录，管理。为了提高系统安全性，防止外部攻击，需要有统一的用户注册与审核模块进行用户管理。只有通过注册的用户并将其信息核验通过后，才可以登录本系统进行使用。系统需要提供管理员账号，管理员拥有管理用户信息、操作系统设置等相关权限。

（2）模式选择。系统需要提供预训练模型供用户自行选择使用，由于存在跨域可能性，系统数据集训练的结果可能无法直接使用，因为跨域研究算法需要少量目标域样本，因此也需要提供用户自行训练或系统提供上传训练成果的模块，训练完成后将模型存入数据库方便用户后续使用。对于两种模式的区别系统应做简单的提示，防止用户混淆。

（3）任务录入。用户选择模式后进行具体的任务录入模块，之后可以根据具体需求以及数据特点选择类别（way）、类别支撑数（shot）和模型文件相关信息（包括训练数据集，特征提取网络类型，度量学习模型的选择等）若为用户自行训练还须提供训练任务执行次数，是否使用本书提出的各种增强模块等选择，系统需要提供下拉框、是否勾选，输入框和选择框等方式方便用户选择，对其中的数值需提前进行合法性校验。

（4）上传图片或压缩包。根据用户选择的类别数和支持集数，系统需要提供相应数量的上传按钮，用户可以点击上传按钮并选择本地文件夹中的图片进行上传，此外，应提供用户自行上传经过元训练阶段的模型用于自行分类，此类信息可以为非必填项；最后如果用户选择使用网站在线训练，还须提供训练数据集，因此系统也需要提供上传压缩包的接口和界面。

（5）结果处理与展示。上传图片后，系统需要对图片进行预处理，包括图像大小归一化、增强等操作，使其符合模型输入条件；然后系统需要根据选择的模型文件进行图像分类，模型预测时应给出处理进度，方便用户感知处理进度；处理后，对于上传的查询集图片，最终给出最大类别的概率及预测结果，系统需要提供查询按钮供用户点击，查询结果需要以图形化方式展示给用户。

2. 非功能需求

除以上具体的功能需求外，设计的系统还须具备以下其他需求：（1）界面友好，可以对用户进行正确的引导，降低用户入门和使用门槛；（2）安全性要求，进行一定的用户过滤，只有合法的用户和请求才可以被处理和执行；（3）性能要求，预训练模型要尽可能充足，避免用户自行训练造成不必要的等待和系统服务器资源开销，用户的每一步操作需要及时响应，避免失去耐心而影响体验，最后应满足一定的并发性能要求；（4）具备一定的系统兼容性，为用户提供不同的使用场景，比如同时满足移动端和 Web 端的使用等。

（二）系统技术设计

系统技术设计主要包含较为宏观的系统架构设计，以及较为细节的数据库表结构字段设计两个部分内容。

1. 总体架构设计与业务划分

为了降低用户使用门槛，本系统采用典型的 B/S 结构架构设计，用户无须安装软件，通过验证后即可动态地、随时随地地体验小样本图像识别服务，由于该系统为初级阶段，考虑到系统的后续可扩展性，采用前后端分离的设计模式，方便后续更新维护。如图 4-12 所示，该小样本图像分类系统采用典型的 Spring MVC 三层架构设计：View 层，亦即界面显示层，负责与用户直接相关的展示与交互设计；Controller，亦即业务逻辑层，负责作为中间桥梁连接前后端数据流转，参数传递等；Model 层，亦即数据模型层，负责处理后端业务逻辑，将前端需求转化为数据请求通过中间桥梁传递给后端进行处理。

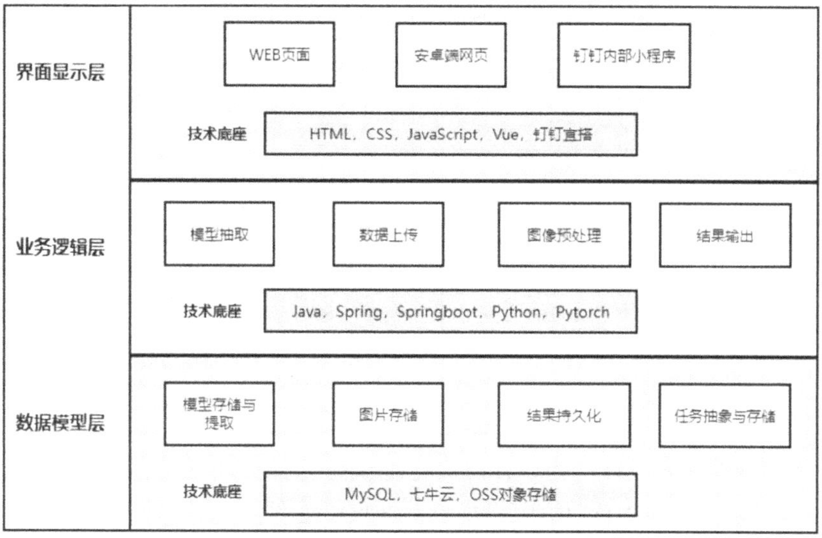

图 4-12 小样本图像分类系统总体架构设计

考虑到实际的业务需求，具体采用如下设计思路。首先，前端界面需要提供用户选择参数和上传图片的功能，并与后端服务器进行通信，技术上，除前端基本三件套外采用 Vue 提高开发效率，采用钉钉宜搭降低开发难度，保持界面简洁合理。其次，对于后端服务器，需要负责处理用户请求，查询数据库中是否存在模型文件，如果不存在，则调用模型训练的接口或者自行上传训练文件的接口，这一部分采用 Java 结合 SpringBoot 进行实现，同时，后端服务器还需要负责图像预处理和模型推理的功能，并将结果返回给前端界面，该功能使用 Python 以及 Pytorch 进行实现。最后，还需要一个数据库系统。数据库系统需要存储模型文件和预训练数据集，任务提取结果等，并提供查询和更新的接口，可以使用 MySQL 等技术实现。考虑到图片的读取加载以及大文件的存储，因此引入对象存储以及七牛云图床服务。

2. 数据库存储模块设计

在此对业务需求进行抽象后，将数据库模块根据系统功能划分为：用户表、预训练模型表、训练任务表、预测结果表 4 个部分，以下逐一展开设计思路。

（1）用户表设计。用户表（user）用于存储用户的相关信息（见表 4-4），其总共包含 7 个字段，除与用户直接相关且比较基本的用户编号（id）、用户名（name）、邮箱（email）外还设计了盐值字段（salt），用于用户密码加密，其特点是随机的 6 位字符串，用户真实密码与盐值进行加密后才为数据库所存储的密码，真实密码（password）字段是被加密后的 32 位字符串，这样设计的目的是保护用户隐私，即使管理员也没有直接查看用户真实密码的权限；用户类型（type）用于区分用户身份，可用于区分是否具有管理权限；状态（status）字段用于区分用户是否具备系统使用权限，若为 0 则表示被禁用状态，此字段可以用于后续的系统资源保护。

表 4-4　用户表字段设计

字段名称	数据类型	字段长度	备注
id	int	4	用户编号，唯一主键
name	char	30	注册名称
password	char	50	密码，加密后存储
salt	int	50	盐值，用于密码加密
email	varchar	50	注册邮箱，唯一
type	int	4	0—普通用户；1—超级管理员
status	int	4	0—禁用状态；1—已激活

（2）预训练模型表设计。为了方便快速地获得与任务匹配的预训练模型，设计预训练模型表（pretrained_ model）用于存储系统预训练模型资源并提供查询接口，或接受用户上传模型资源。表 4-5 共设计 7 个字段，分别是：模型编号（id），类别数（way），类别支撑数（shot），特征提取模型（backbone），度量模型（metric），是否采用增强策略（if_ enhance），本地资源存储路径（path）。类别数和支撑数表示预训练时的任务模型，如 5 *way*-1 *shot*；除与预训练任务相关的基本字段外，是否采用增强策略（if_ enhance）表示是否使用以上所提出的各种改进策略用于模型增强。

表 4-5　预训练模型表设计

字段名称	数据类型	字段长度	备注
id	int	4	模型编号，唯一主键
way	int	4	类别数
shot	int	4	类别支撑数
backbone	varchar	16	特征提取模型
metric	varchar	16	度量模型
if_ enhance	int	4	0 表示不使用，1 表示使用
path	varchar	100	本地资源存储路径

此外，path 字段与其他预训练相关字段强关联，用户在选择模型后会执行类似于“select path from pretrained_ model where way=5 and shot=1 and backbone=’ ResNet10’ and if_ enhance=0 and metric=’ gnn’ ”的数据库查询语言进行模型预查询，若存在则直接使用预训练模型进行分类，若不存在需要提示用户自行上传用户本地训练模型用于特定的任务识别（比如跨域任务场景）。

（3）训练任务表设计。训练任务表（trainingtask）用于存储用户每次所建立的任务以及对应的数据信息如表 4-6 所示：共包含有七个字段：任务序号：id、关联用户 ID：user_ id、类别数：way、类别支撑数：shot、模型类型：model_ type、支持集列表：

support_ set 和查询集列表：query-set。id 是数据集的唯一标识，主键；user-id 是数据集所属的用户的标识，外键，引用 user 表的 id 字段；way 是数据集的类别数；shot 是数据集每个类别的支持数；model_ type 是数据集使用的模型类型，如 gnnnet，relationnet，protonet，machingnet，外键，引用预训练模型表 id 字段；support_ set 是数据集的支持集，存储图像文件名或 URL 的数组或字符串；query_ set 是数据集的查询集，存储图像文件名或 URL 的数组或字符串；name_ list 表示支持集标签名列表，前端会对其进行格式限定，后端通过字符分割得到每个类别名称，用于最终分类展示，方便用户查看。

表 4-6　训练任务表字段设计

字段名称	数据类型	字段长度	备注
id	int	4	任务编号，唯一主键
user_ id	int	4	外键，关联用户表
way	int	4	支持集类别数
shot	int	4	单类别下支持样本数
model_ type	int	4	外键，关联预训练模型表
support_ set	varchar	500	支持集样本列表
query_ set	varchar	100	查询集样本列表
name_ list	varchar	100	支持集标签名列表

由于支持集需要关联不同的类别以及每个类别下的图片路径，存储需要一定的技巧，因此数据集表里面的 support_ set 字段可以用字符串来存储多个数量的图像文件名或 URL，例如：字符串："cat1. jpg，cat2. jpg，dog1. jpg，dog2. jpg"，这样，便可以对这些数据进行区分和存储。如果需要根据类别来获取对应的支持集，可以使用以下方法：

字符串：先用逗号分隔字符串得到一个列表，然后根据类别的索引（从 0 开始）和 shot 的值，计算出列表中的起始位置和结束位置，然后切片获取子列表。例如，如果 way = 2，shot = 2，category = 1，则起始位置为 21 = 2，结束位置为 21+2 = 4，子列表为［"dog1. jpg"，"dog2. jpg"］，这样便可以和用户选择的 shot 和 way 进行关联。

（4）预测结果表设计。预测结果表用于存储用户对查询集图片进行分类预测后得到的结果信息如表 4-7 所示，共设计 5 个字段，id：预测结果的唯一标识，主键；task_ id：预测结果所属的数据集的标识，外键，引用任务表的 id 字段；query_ path：预测结果对应的图片名或 URL；image_ name：对应预测结果名称，用户事先指定可选项，若未指定则根据 way 以此编号进行对应；probabilities：预测结果给出的对应类别数对应概率值；时间(time)：表示预测结果得出时间，存储于数据库方便用户后续查看历史，以及提供管理员进行任务管理，结果统计，历史结果可视化等功能，冗余设计满足系统可扩展性要求。

表 4-7 预测结果表字段设计

字段名称	数据类型	字段长度	备注
id	int	4	结果编号，唯一主键
task_ id	int	4	外键，关联任务表
query_ path	varchar	100	查询集路径或 URL
image_ name	varchar	50	对应预测结果名称
probabilities	float	8	预测置信度
time	datatime	32	预测结果时间

（三）系统实现与界面展示

基于以上的需求分析和系统设计部分，可以对小样本图像识别系统的业务流程进行实现，由于重新训练模型对后端服务器 GPU 资源开销比较大，受限于具体的硬件设施，因此在这里只是对训练模式的业务与技术进行梳理，没有进行具体实现。目前支持的功能有采用系统预训练模型进行预测，或者用户上传模型训练结果进行预测，用户注册登录，任务录入，结果展示等业务模块。由于注册与登录模块比较简单且通用，仅对特有的三大模块：模型加载界面，数据上传界面，结果查看界面以及移动端页面进行展示。

1. Web 端功能设计及界面展示

结合业务需求及数据库表结构设计将主要的业务流程设计为三个步骤：（1）模型加载界面、用户选择类别数（way），类别支撑数（shot），模型文件（可选项为 Relationnet，Protonet，Machingnet 等度量学习模型），预训练数据集（可选 CUB，Car 等常用数据集），特征提取网络（默认 ResNet10，同样可以选择其他支持的特征提取网络）后进入下一个界面。（2）数据上传界面。首先根据第一步的选择查询数据库看是否存在模型，若存在，给出模型路径，若不存在，由用户自行上传；其次会根据第一步类别数 way 的参数提供 way 个上传按钮，每一个按钮点击后会打开本地文件夹，可以分别上传 shot 张图片，然后上传查询集样本图片，点击下一步后进入第三步。（3）结果查看界面。结果查看界面可以对第二步上传的查询集图片进行预处理，然后调用第一步从数据库查询出的模型文件对上传的图片进行分类，最后给出这张图片最有可能的类别及其概率预测。

（1）模型加载界面。模型加载界面主要用于创建任务和匹配系统预训练模型，如图 4-13 所示，模型加载界面提供五个参数输入接口，各自设计细节如下：①类别数（way），必填项，仅允许输入数字，且限制范围为 0~20，若采用预训练模型，其参数只能为 5，10，15；②支持样本数（shot），必填项，仅允许输入数字，且限制范围为 0~20，若采用预训练模型，其参数只能为 1，5，10；③度量模型选择，必选项，采用下拉框选择模式限定用户输入，可选类别为 GNN、Prototypical Networks、Matching Networks 等；④预训练数据集，必选项，可选项为 miniImageNet、IP102、CUB、Cars、Places、Plantae、

Multi，若为 Multi 则代表使用以上全部数据集进行预训练；⑤特征提取网络，必选项，可以选择 ResNet10 或 Conv4，默认选择 ResNet10。

图 4-13　模型加载界面展示

（2）数据上传界面。数据加载界面主要用于创建具体的识别任务，上传支持集和查询集，如图 4-14 所示。首先，上传模型接口会根据第一步创建的任务进行预训练模型匹配，若数据库存在对应的模型，则自动加载其系统路径，否则，需要用户根据创建的任务类型自行上传本地训练模型；其次，用户需在支持集名称输入框依次输入 way 个类别的实际名称，并用英文逗号隔开，为提示用户按照规定格式上传，在输入框内有预置规范填写指示；然后，系统会根据第一步填入的 way 数目，自动生成 way 个支持集上传按钮，点击后可批量上传每个支持集类别下的 shot 张支持集样本，上传数据类型及数目由前端进行参数校验从而规范限制；最后，进行查询集上传，与支持集上传窗口类似，支持批量上传与参数校验，最终后端接收数据后存储相关信息并调用模型文件处理请求。

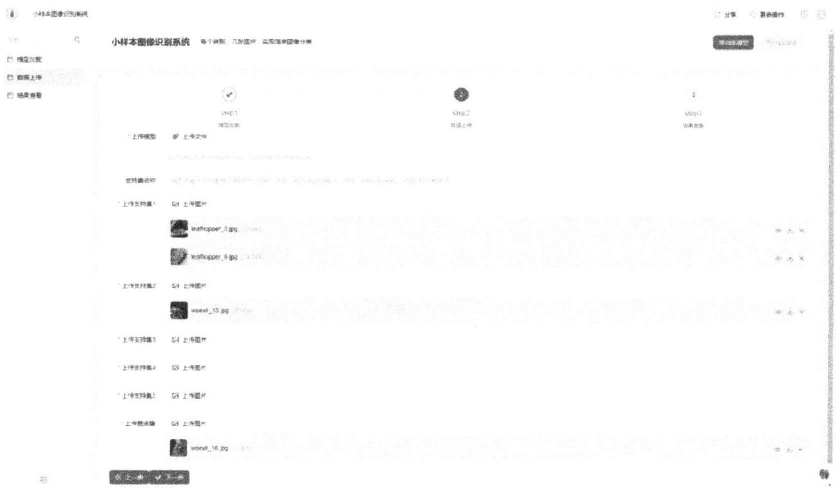

图 4-14　数据上传界面展示

（3）结果查看界面。结果查看用于最终的预测结果加载，用户完成第二步的数据上传后点击下一步进入结果查看加载页面，根据任务难度等待一定时间后端处理完业务逻辑并存储预测结果后，用户可以看到如图 4-15 所示的结果页面，系统会自动给出查询集缩略图以及预测类别及其概率，类别名称与数据上传页面所填写信息相关联，若无关联信息，则给出类别序号，最终所属概率通过进度条的形式进行可视化展示。若为多个查询集，则按照同样规则依次向后延续。

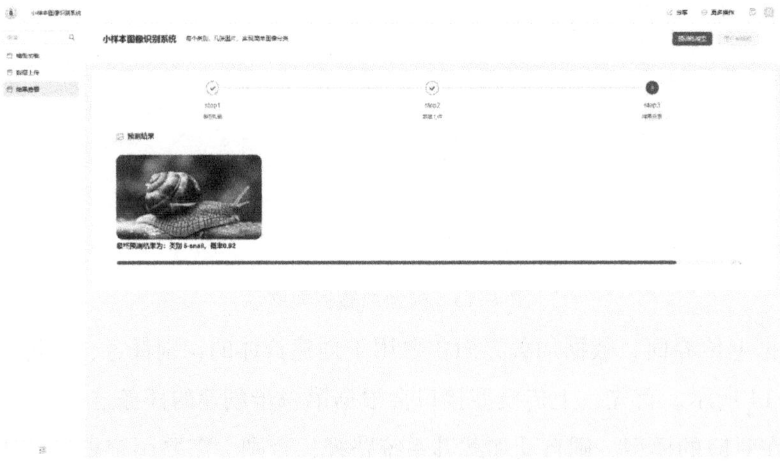

图 4-15　结果查看界面展示

2. 移动端界面展示

所设计的系统不仅适配 Web 页面，为方便用户使用，同样进行移动端适配，移动端界面如图 4-16 所示，功能与 Web 端无异，因此这里不做过多赘述。其中图（a）～图（c）分别是移动端网页模型加载，数据上传和结果查看界面截图，图（d）是方便用户使用建立的内部钉钉群应用（出于隐私考虑以及盲审要求，已对涉及个人信息的部分进行打码隐藏处理），点击框出的任意一个按钮，可以非常方便快速地进入钉钉群应用进行使用，界面示意图如图（e）所示，其余未展示部分与手机网页端相同。

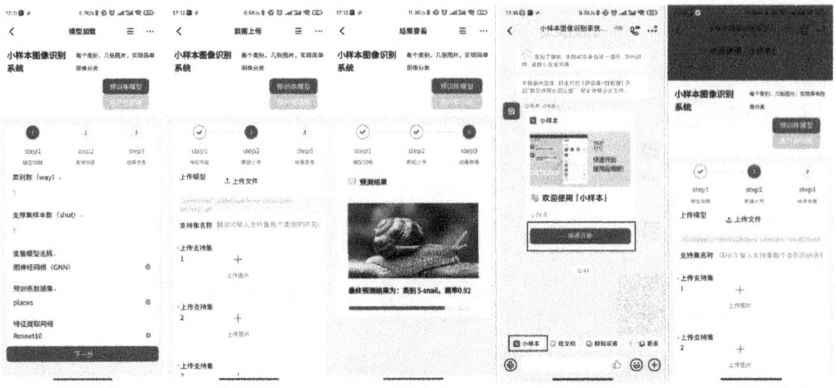

（a）模型加载　（b）数据上传　（c）结果查看　（d）钉钉群应用　（e）群应用加载

图 4-16　移动端界面展示

第二节　零样本识别算法与应用

一、基于自邻接知识图谱和集成图卷积神经网络的零样本行为识别算法

首先分析了现有基于 GCN 的零样本行为识别算法中存在的不足，然后针对现存的问题提出了基于自邻接知识图谱和集成图卷积神经网络的零样本行为识别算法。针对知识图谱不能充分表示节点之间连接关系的问题，提出了自邻接知识图谱。该图谱根据节点的高层语义信息，自适应地构建邻接矩阵，使节点根据与邻居节点的相似度来建立连接权重，以提升知识传播过程中的特征迁移的准确性，进而提高零样本行为识别的精确度。由于单一 GCN 网络挖掘和传播图知识的性能不足、鲁棒性低，对此，设计了集成图卷积神经网络。该网络由双层图网络结构构成，其中第一层由多个 GCN 对知识图谱进行图卷积操作，增加输出特征的数量。该网络的第二层由一个 GCN 组成，对第一层的输出进行特征融合，再进行图卷积。接着，在多个公开数据集上测试了算法的性能，并与性能先进的零样本行为识别算法进行了比较。最后，设计了消融实验来证明算法中创新部分的有效性。

零样本行为识别的目标是对在训练阶段从未出现过的类别样本进行识别。在实验中数据集被划分成 D_S 和 D_u 两个集合，第一个集合 $D_S=\{X_S, Y_S\}$ 包含未知类的视频数据 X_S 和相应的类别标签 Y_S，另一个集合 $D_u=\{X_u\}$ 包含的是没有标签的未知类视频数据 X_u。X_S 只出现在算法的训练阶段，X_u 只出现在算法的测试阶段，故 X_S 和 X_u 的交集为空集。假定已知类和未知类中包含的类别总数为 N。已知类的语义特征集合用 L_S 表示，与之相对应，未知类的语义特征集合记作 L_u。一般而言，零样本行为识别算法首先通过学习 L_S 和 L_u 的语义信息构建不同类别之间的关联，然后借助学习到的关联将 X_S 的视觉信息迁移到 X_u，最后根据特征表示实现对 X_u 的识别。

零样本行为识别任务中最困难的部分是如何构建已知类和未知类的公共语义空间和如何借助高层语义信息将已知类的低层视觉特征转移给未知类。随着行为类别的不断增加，使用不同语义特征描述不同行为的难度也随之攀升，尤其是两种或多种相似的行为会对构建语义特征造成干扰。因此，构建合适的方法提取数据集的语义特征是一个重点。另外，数据集中有些行为所描述的动作相近，而有些行为所描述的动作不太相近，构建合适的知识传播模型使未知类行为借助语义信息学习相近行为的视觉特征也是一个重点。

目前，基于 GCN 的零样本行为识别算法借助词向量模型将数据集构建成知识图谱，然后再使用 GCN 网络将图谱中训练节点的视觉信息转移到测试节点。然而，这类方法依赖知识图谱的结构和节点之间的关系，由于知识图谱的边权重是固定的，所以含有噪声或者低质量的知识图谱影响未知类节点构建视觉特征的能力。对此，深入研究了图谱的邻接

矩阵如何随节点的特征进行自适应的变化。具体来讲，提出了一个直接计算的方法，通过节点特征直接计算邻接矩阵，然后更新输入的知识图谱。更新后的输入图就是自邻接知识图谱，该图谱的构建通过计算公式得到，不需要任何新的网络来学习，节省了网络参数。

在图卷积的过程中，GCN 按照邻接矩阵对节点的特征进行传播，经过几层图卷积后，未知类节点能够获得已知类节点的知识特征。然而，当前单一的 GCN 结构单一、性能不足、鲁棒性低，未知类节点的知识学习过程会受到影响。因此，提出了集成图卷积神经网络，该网络由两层图结构网络构成。首先，第一层网络将多个 GCN 集成在一起，使不同的 GCN 单独对输入图谱进行知识传播，得到多个预测结果。然后，第二层网络对预测结果的特征进行融合，再对融合的结果使用 GCN 进行图卷积得到最终的预测结果。集成图卷积神经网络将多个 GCN 集成为一个更稳定的强监督模型，通过增加对输入图谱的特征传播过程减小视觉特征分类器的预测误差，进而提高对未知类行为的识别效果。

在此所提出算法的主要工作有以下内容：

（1）提出了自邻接知识图谱，根据知识图谱中节点的语义特征，两两直接计算出节点之间的距离并作为邻接边的权值，自适应地获取邻接矩阵，增强节点之间的知识转移能力。

（2）提出了集成图卷积神经网络，将多个 GCN 网络集成为一个强监督模型，通过集成的方式增强模型的表达能力，提高单一 GCN 的性能和鲁棒性。

（3）提出的算法在多个公开数据集上进行了实验，并与先进的零样本行为识别算法进行了对比，结果证明所提出的算法性能优异。还进行了大量的消融实验，结果证明算法中的创新部分是有效的。

（一）基于自邻接知识图谱和集成图卷积神经网络的零样本行为识别框架

借鉴 Kampffmeyer 等人在零样本图像分类领域提出的两阶段框架①，提出了基于自邻接知识图谱和集成图卷积神经网络的零样本行为识别框架，整体结构如图 4-17 所示。

框架的训练过程由以下五个步骤完成。（1）数据预处理。将已知类行为和未知类行为的标签作为输入，然后使用预先在维基百科语料库上训练的 GloVe 模型将文本类型的标签转化为语义特征。（2）图结构化。根据类别的语义特征和类别之间的关系构建自邻接知识图谱，该图谱中的每个节点对应特定的行为类别，节点的特征向量为对应类别的语义特征，节点之间通过语义的词集关系构建邻接关系，邻接边的权值通过节点的语义特征来计算。（3）知识传播。集成图卷积神经网络对自邻接知识图谱进行知识挖掘和知识传播，促使每个节点根据邻接矩阵学习相邻节点的特征信息。经过充分的知识传播过程，集成图卷积神经网络输出（或预测）所有类别的视觉特征分类器。（4）提取真实值。本算法获取训练模型的真实值也是一个复杂的过程，首先使用已知类的数据和对应的标签训练一个

① Kampffmeyer M, Chen Y, Liang X, et al. Rethinking knowledge graph propagation for zero-shot learning [C] // Proceedings of the IEEE/CVF Conference on Computer Vision and Pattern Recognition. 2019: 11487-11496.

I3D 网络，然后提取 I3D 网络中分类器层的权重作为真实值。（5）模型训练。由于在训练 I3D 过程中只使用了已知类，所以分类器层只能对已知类的视觉特征进行分类，而集成图卷积神经网络预测的是所有类别的分类器，导致在计算损失函数的时候只能计算已知类分类器的预测损失。对此，采用半监督的训练方式来训练网络。具体来讲，集成图卷积神经网络将已知类和未知类的语义特征转化到和 I3D 分类器权重维度相同的特征，然后计算转化后的特征与对应类别真实值之间的损失，损失函数采用均方误差损失。在反向传播过程中，集成图卷积神经网络输出的已知类特征通过网络学习转为视觉分类器权重，网络的参数也进行相应的更新。在正向传播过程中，集成图卷积神经网络通过更新后的网络参数将未知类的语义特征转为视觉分类器。I3D 网络的分类器层包含视觉信息，通过网络学习可以将视觉信息传递给预测的未知类分类器，然后再借助图谱的连接关系将视觉信息传递给未知类。因此，集成图卷积神经网络预测视觉特征分类器的过程中包含将已知类的视觉信息传递给未知类（或构建未知类节点的视觉信息）。

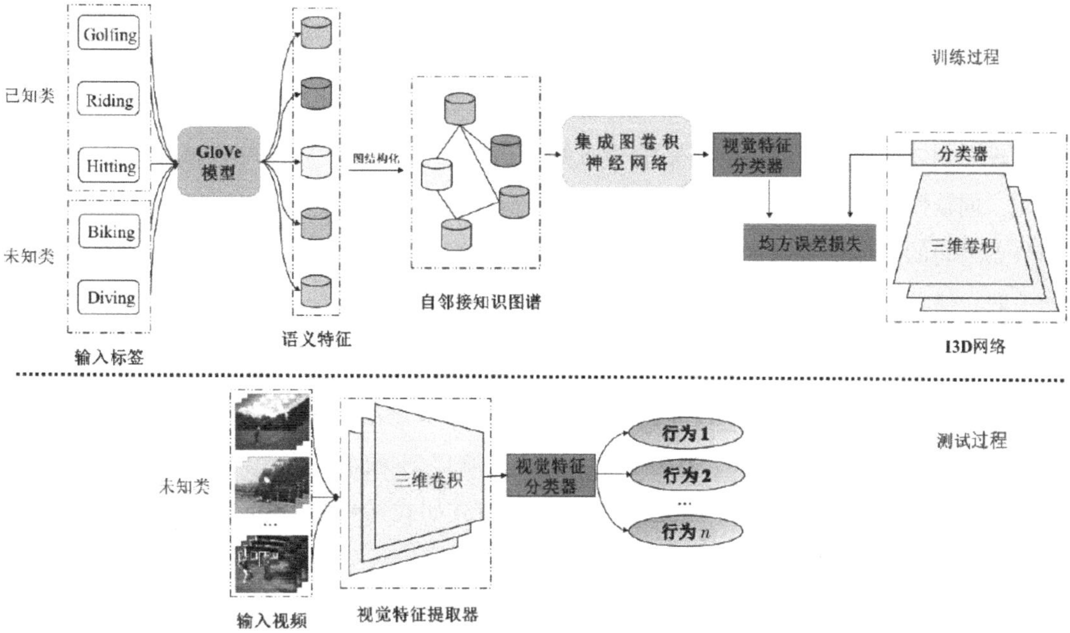

图 4-17　基于自邻接知识图谱和集成图卷积神经网络的零样本行为识别框架

在测试过程中，将训练过程中 I3D 网络的三维卷积作为视觉特征提取器来提取未知类视频的视觉特征。由于该 I3D 网络在已知类数据集上经过了充分的训练，所以可以有效地提取视频的视觉特征。接着，用集成图卷积神经网络预测的视觉特征分类器来对未知类数据的视觉特征进行分类。预测的视觉特征分类器中既包含已知类的也包含未知类的，其中未知类的视觉分类器可以使本算法完成零样本行为识别任务，已知类的视觉分类器可以进行广义零样本行为识别任务。

1. 语义特征提取

参照文献①中所采用的方式，在维基百科数据上训练 GloVe 模型，然后用含有广泛语义信息的 GloVe 模型处理文本标签，转换成维度大小为 300 的语义特征，具体的操作过程为以下几个步骤。第一步，去掉标签的介词、冠词、连接词等无实际意义的词语，将剩余的动词、名词、形容词等含有实际意义的词语组合成词组，例如将文本标签 “Writing On Board” 处理成词组 [Writing，Board]、将文本标签 “Cutting In Kitchen” 处理成词组 [Cutting，Kitchen]。第二步，按照 NLP 领域中的词集关系，对标签所对应词组中的词语寻找词集集合。第三步，寻找标签所对应词集集合的词汇，并将这些词汇合成一个集合。在 NLP 中，一个词语对应多个词集，一个词集对应多个词汇，所以一个类别标签经过处理后由多个词汇来表示。第四步，用预先训练好的 GloVe 模型将词汇转换为特征向量。第五步，计算每个词汇集合中特征向量的均值，将该均值作为对应行为的语义特征。第六步，按照上述步骤提取全部已知类和未知类行为的语义特征。

2. 自邻接知识图谱

行为的语义特征经过图结构化过程生成知识图谱，图谱中每个节点对应一种独立的类别。由于类别具有独立性，不同的类别之间的距离关系也具有独立性，现有的知识图谱未能体现类别之间的相似度，进而影响了未知类借助知识图谱学习已知类知识信息的能力。对此，创新性地提出了自邻接知识图谱，该图谱的邻接矩阵通过节点特征自适应生成，两个节点之间的连接权重为对应特征向量的相似度。自邻接知识图谱可反映类别之间更精确的关联，使节点之间按照相似度互相传播特征，提高未知类捕获视觉特征的准确度，进而提高最终的识别效果。

假设 $G_{self}=(V, A)$ 表示自邻接知识图谱，其中节点集合 $V=\{\vec{v}_1, \vec{v}_2, \cdots, \vec{v}_N\}$，$\vec{v}_l$ 可表示第 i 个节点（类别）的特征向量（语义特征）。A 表示邻接矩阵，其权重为相邻节点特征向量的余弦相似度。在数学上，A 的计算方式如式（4-11）所示：

$$A_{ij}=\begin{cases}\dfrac{<\vec{v}_l, \vec{v}_J>}{|\vec{v}_l|\cdot|\vec{v}_J|} & j\in\Omega_i\\ 0 & j\notin\Omega_i\end{cases} \tag{4-11}$$

式（4-11）中，Ω_i 表示与节点 i 相连的节点集合。按照以上第二步操作，寻找 i 的词集集合和 j 的词集集合，然后依据 WordNet 中面向语义的词典搜索 i 的上位词集，如果 i 的上位词集与 j 的词集有交集，那么 $j\in\Omega_i$，否则 $j\notin\Omega_i$。余弦相似度是用来衡量两个个体间的差异，在数值上等于向量空间中两个特征向量夹角的余弦值，其值域为 $[-1, 1]$。

① Wang X，Ye Y，Gupta A. Zero-shot recognition via semantic embeddings and knowledge graphs [C] //Proceedings of the IEEE conference on computer vision and pattern recognition. 2018：6857-6866.

当余弦值越接近 1，就表明两个特征向量的夹角越接近。

为了更直观地展示现有知识图谱和自邻接知识图谱计算邻接矩阵的区别，模拟了这两种运算过程，分别如图 4-18 和图 4-19 所示。现有知识图谱的邻接矩阵是一种方阵，用来表示有限图，它的每个元素代表各节点之间是否有边相连，若节点之间有边相连则在邻接矩阵中对应的位置为 1，若节点之间没有边相连则在邻接矩阵中对应的位置为 0。因为知识图谱的结构属于无向图，所以构造的邻接矩阵属于对称矩阵。这种图谱的边权重都相等，导致在知识传播过程中节点对其邻居节点一视同仁，不能根据邻居节点的重要性传播特征信息。而在此所提出的自邻接知识图谱属于有向图，在知识传播过程中能够有序地按照方向传播信息。自邻接知识图谱还拥有层次结构，高层次的节点（例如游泳）所表示的特征更抽象，低层次的节点（例如蛙泳、自由泳）所表示的特征更具体，在知识传播过程中，有助于节点学习更细节的信息表示。更重要的，自邻接知识图谱根据相似度为边自适应地分配权重，有利于未知类按照与已知类的相似度从已知类学习知识信息，从而增强未知类构建视觉特征的能力，进而在零样本行为识别任务中提高未知类的识别精确度。

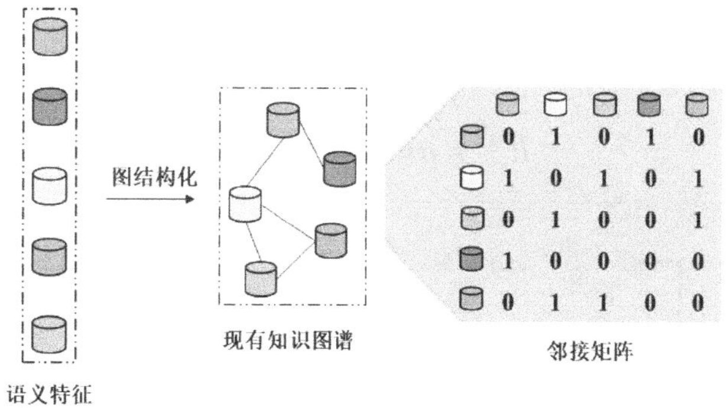

图 4-18　基于现有知识图谱的节点特征计算邻接矩阵

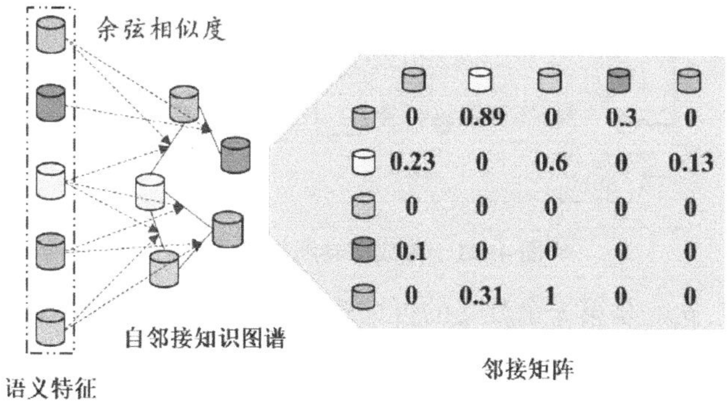

图 4-19　基于自邻接知识图谱的节点特征计算邻接矩阵

在此展示了一个自邻接知识图谱的特定例子，如图 4-20 所示，总共有五个行为类别，连接边的权重值由颜色条的颜色表示。在这个颜色条中，颜色越深权重值越大，颜色越浅权重值越小。例如，“Playing Baseball”表示击打棒球，“Playing Tabla”表示击打手鼓，“Horse Riding”表示骑马，显然击打棒球与击打手鼓两种行为更接近，则在图中“Playing

Baseball”与“Playing Tabla”的边权重值大于“Playing Baseball”与“Horse Riding”的边权重值。其余的行为都以此类推，最终在图 4-20 中可以直观地看出行为之间的相似度。

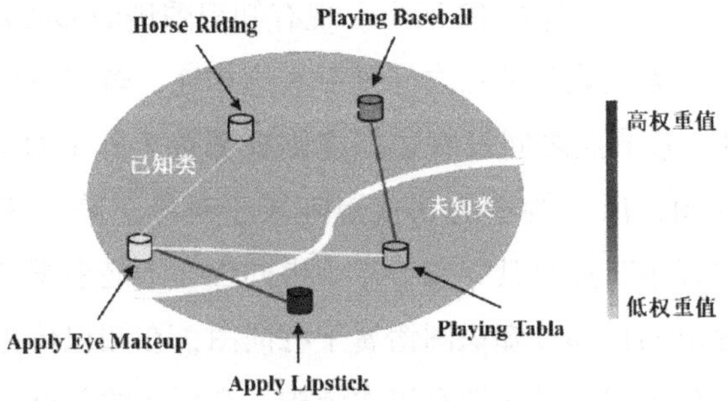

图 4-20　自邻接知识图谱示例

3. 集成图卷积神经网络

针对单一的 GCN 性能不足、鲁棒性低等问题，提出了集成图卷积神经网络，其结构如图 4-21 所示。可以看出，该网络分为两层，第一层由 K 个 GCN 分支并行集成，第二层由一个 GCN 网络组成。在第一层中，每个分支的输入都是自邻接知识图谱 $H^{(1)}$，第 k 个分支的图卷积过程可以公式化为：

$$H_k^{(2)} = \sigma(D^{-1}\tilde{A}H^{(1)}\theta_k^{(1)}) \tag{4-12}$$

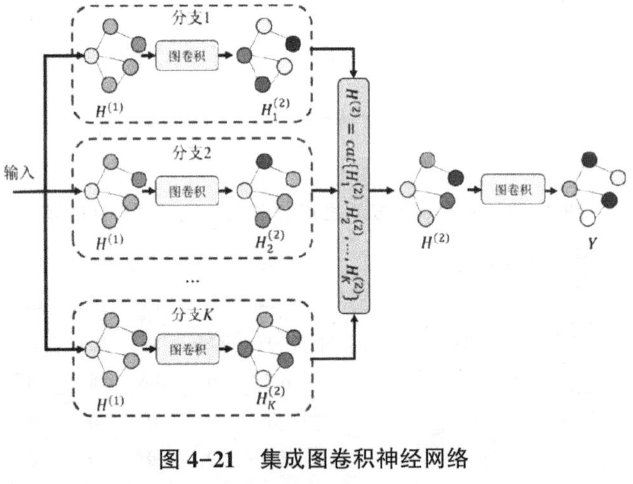

图 4-21　集成图卷积神经网络

式（4-12）中，$\theta_k^{(1)}$ 是第 k 个分支的可训练参数矩阵，也是对节点特征变换维度空间的矩阵。$\tilde{A}$ 是自邻接知识图谱中的每个节点增加自连接后的邻接矩阵。D 是度矩阵，其中包含的信息为图谱中每一个节点的度数。节点的度数在数值上等于与该节点进行连接的边权重之和，例如节点 i 的度数 $D_{ii} = \sum_{j=1}^{N}\tilde{A}_{ij}$。采用文献①的拉普拉斯平滑函数 $I_N - \gamma D^{-1}L$，

① Li Q, Han Z, Wu X M. Deeper insights into graph convolutional networks for semi-supervised learning [C] //Thirty-Second AAAI conference on artificial intelligence. 2018.

其中 I_N 表示 $N×N$ 的单位矩阵。γ 表示控制顶点特征与其相邻顶点特征之间的权重，一般情况下 γ 取 1。L 表示拉普拉斯矩阵，即 $L = D - \tilde{A}$ 。将 L 代入 $I_N - \gamma D^{-1}L$ 后再经过简化后变为 $D^{-1}\tilde{A}$ ，所以式（4-12）中的拉普拉斯算子为 $D^{-1}\tilde{A}$ 。另外，式（4-12）中的σ 为激活函数，在此采用 LeakyReLU 函数。

自邻接知识图谱经过集成图卷积神经网络的第一层，得到预测的 K 个特征图谱 $\{H_1^{(2)},\ H_2^{(2)},\ \cdots,\ H_K^{(2)}\}$ 。每个图谱的特征维度为 $N×S'$，也就是说，将特征向量为 S 的语义特征经过图卷积过程转化为维度为 S'的知识特征。然后，按照式（4-13）将 K 个特征图谱融合成一个图谱，并作为集成图卷积神经网络第二层的输入。

$$H^{(2)} = cat\{H_1^{(2)},\ H_2^{(2)},\ \cdots,\ H_K^{(2)}\} \tag{4-13}$$

式（4-13）中，cat 表示的是对节点的特征进行拼接，那么得到的 $H^{(2)}$ 的特征维度为 $N×\ (K×S')$。自邻接知识图谱的第二层可以公式化为：

$$Y = \sigma(D^{-1}\tilde{A}H^{(2)}\theta^{(2)}) \tag{4-14}$$

该式的结构和式（4-12）的结构相似，邻接矩阵、度矩阵和激活函数都不变。$\theta^{(2)}$ 表示参数矩阵。Y 是最终的输出。在集成图卷积神经网络的训练过程中，网络中参数均使用 Xavier 进行初始化。

在图卷积过程中，未知类节点借助语义空间学习未知类的视觉信息，并预测视觉特征分类器。单一 GCN 的预测可能会出现偏差，因此性能受限。集成图卷积神经网络利用多个 GCN 进行预测，并通过平均多个预测结果的方式来减小误差。集成图卷积神经网络提高了单一 GCN 的传播能力和鲁棒性。

4. 损失函数

为了训练集成图卷积神经网络，使用均方误差作为损失函数来指导模型训练，计算损失的具体过程如图 4-22 所示。首先，提取输出图谱 Y 的节点作为视觉特征分类器，该分类器的大小为 $N×F$，再提取该分类器的权重作为集成图卷积神经网络的最终输出。其次，提取预先训练的 I3D 网络分类器层的权重 W 作为真实值。然后，在 Y 中选择已知类的权重与 W 计算均方差作为损失。最后，使用反向传播算法训练模型。由于 I3D 网络在预先训练时只用已知类数据训练，因此 W 中只含有已知类的分类器权重，而被预测的 Y 中含有已知类和未知类的权重，所以 Y 的维度大于 W 的维度，故模型的训练属于半监督训练。

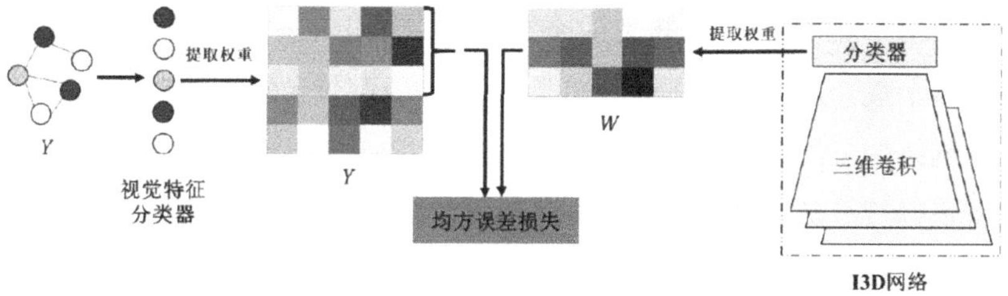

图 4-22　半监督训练

均方误差（Mean Square Error，MSE）是估计值与真值之差平方的期望值，可以评价数据的变化程度，MSE 的值越小，说明模型预测的结果有更好的精确度。通过最小化 MSE 的方式对模型训练，使得模型更好地拟合数据。模型的损失函数基于 MSE 设计，具体的数学表示如式（4-15）所示：

$$L = \frac{1}{2M}\sum_{i=1}^{M}\sum_{j=1}^{F}(Y_{ij} - W_{ij})^2 \tag{4-15}$$

式（4-15）中，M 表示已知类的数量，M 的数值上小于类别总数 N。F 表示 Y 和 W 的列维度，在此采用的是 1025。

5. 训练和测试

这里主要描述了 I3D 网络的训练细节、基于自邻接知识图谱和集成图卷积神经网络的零样本行为识别算法的训练细节和测试细节。

（1）I3D 网络的训练细节。训练 I3D 网络需要对输入数据进行预处理。首先，使用 OpenCV 将输入视频转换为 RGB 图像序列。其次，对 RGB 图像序列每隔 10 帧进行采样。然后，使用双线性插值法将图像序列均调整成宽为 256，高为 342，通道数为 3 的图像。最后，将调整后的图像序列以图像的中心像素点为中心裁剪 224×224×3 的区域。每次输入 I3D 网络的样本数量为 B。在训练的过程中，对网络的神经元采用 Dropout 策略来防止过拟合，损失函数采用交叉熵。训练该网络的数据为行为识别数据集中的已知类样本。

（2）集成图卷积神经网络的训练细节。由于自邻接知识图谱中的节点越多，知识信息也越多，所以引入了额外的知识信息。在训练模型时，使用 L2-Normalization 对自邻接知识图谱的节点特征进行归一化，同样也对从 I3D 网络提取的真实值进行归一化。进一步使用 Dropout 对神经元的输出处理以防止产生过拟合现象。Adam 作为优化器对模型进行训练。集成图卷积神经网络的第一层参数 $\theta_k^{(1)}$ 的维度大小均为 $S\times S'$，第二层参数 $\theta^{(2)}$ 的维度大小为 $S'\times F$。

（3）集成图卷积神经网络的测试细节。在测试阶段，采用准确率（Accuracy）作为评价指标，首先对每个未知类别单独进行测试，计算每个类别的识别准确度，然后再计算所有未知类的平均准确度。准确率的数学表达式如式（4-16）所示：

$$Accuracy = \frac{1}{U}\sum_{i=1}^{U}\frac{TP_i}{TP_i + FP_i} \tag{4-16}$$

式（4-16）中，U 指的是未知类的个数，在数值上 $U=N-M$。TP_i 指的是对未知类 i 预测正确的样本个数，FP_i 指的是对未知类 i 预测错误的样本个数。测试过程中，使用预先训练的 I3D 网络的三维卷积来提取未知类数据的视觉特征，然后用框架预测视觉特征分类器对视觉特征进行分类。I3D 网络已在已知类数据上进行了充分的训练，其三维卷积部分可以有效地提取视频特征，也可以有效地提取未知类数据的特征。框架预测的分类器既包含已知类的又包含未知类的，能够对未知类数据的视觉特征进行分类以实现零样本行为识别任务。用于测试算法的数据为行为识别数据集中的未知类样本。

（二）实验结果分析

主要是对所提出的基于自邻接知识图谱和集成图卷积神经网络的零样本行为识别算法进行实验验证。具体包括对公开数据集的介绍、实验设置的介绍、实验结果分析以及消融实验等。

1. 数据集介绍

Kinetics-400 行为识别数据集中主要是关于人类的行为动作。行为的种类包括个人行为（如绘画、喝酒、大笑、拳击）、人与人之间的行为（如拥抱、亲吻、握手）和人与环境的交互行为（如打开礼物、割草坪、洗碗）。有些行为是精细的，需要时间推理来区分，例如蛙泳、自由泳等不同类型的游泳行为。而有些行为需要分辨物体对象，例如演奏不同类型的乐器。这个数据集有四百种人体动作类别，每一种类别都至少有 400 个视频片段，每个片段都取自不同的 YouTube 视频。总共有大约 28 万个视频片段，每个视频的时长在 10 秒左右。

UCF-101 数据集由 13320 个视频片段组成，分为 101 个类别。这 101 个类别可大致分为 5 种类型：体育运动、人与人的互动、人与物的互动、身体运动和演奏乐器。这些视频的总时长超过 27 个小时。所有的视频均来自 YouTube，视频的帧率为每秒 25 帧，每一帧图像的大小为 320×240。UCF-101 在行为方面提供了最大的多样性，是迄今为止具有挑战性的数据集之一。由于大多数可用的行为识别数据集是由演员在特定场合表演形成的，UCF-101 旨在通过学习和探索新的现实行为类别来鼓励行为识别的进一步研究。

HMDB-51 数据集中包含了 51 个行为类别，又可以大致分为五大类：面部的单独行为（如微笑、咀嚼、交谈），面部与物体对象的交互行为（如吸烟、喝水、吃饭），身体的单独行为（如拍手、转身、倒立），身体与物体对象的交互行为（如起码、梳头、骑自行车）和人与人的交互行为（如拥抱、握手）。HMDB-51 中有 6766 个视频片段，其中的多数来源于电影，还有一部分来自公共数据库以及 YouTube 等网络视频库。这些视频的帧率为每秒 30 帧，视频的高度为 240，长宽比为固定值。

Olympic Sports 数据集是一个小型数据集，行为类别总共有 16 种，视频片段总共有 783 段。同样地，这些视频片段来自 YouTube，主要是运动员练习不同运动的片段，并标注了这些视频所属类别的标签。

2. 实验设置

对比多种算法的性能需要在统一的实验设置下，零样本行为识别任务中有多种实验设置，例如对已知类和未知类的划分情况、归纳式（Inductive，ID）学习、直推式（Transductive，TD）学习以及广义零样本行为识别（Generalized Zero - ShotAction Recognition，Generalized ZSAR）等。以下将详细地阐述这些设置细节以及模型训练过程中的细节。

（1）划分设置。对已知类和未知类的划分采用 1 比 1 的划分方式，具体来说，将数据集 50%的类别作为已知类，剩余 50%的类别作为未知类。在现有的工作中，主要是用 UCF-101、HIVIDB-51 和 Olympic Sports 这三个数据集进行实验验证，所以也用这三个数据集验证模型的性能，见表 4-8。按照 1 比 1 的划分设置，这三个数据集的已知类和未知类数量如表 4-8 所示。三个数据集构成一个自邻接知识图谱进行实验，并引入 Kinetics-400 数据集的 400 个行为以扩大语义空间。自邻接知识图谱共有 568 个节点，未知类节点有 83 个，已知类节点有 85 个。未知类节点的划分采用随机的方式，并进行 10 次、30 次、50 次的独立划分进行实验，对实验结果求平均值作为三种划分的最终指标。由于四个数据集中有行为重叠的类别，所以每次划分都要保证 83 个未知类行为都没有出现在已知类和Kinetics-400 中。

表 4-8　数据集的已知类和未知类数量

	UCF-101	HMDB-51	Olympic Sports
行为种类	101	51	16
已知类	51	26	8
未知类	50	25	8

（2）归纳式学习和直推式学习。零样本行为识别任务中有归纳式学习和直推式学习两种模型训练设置。其中，在归纳式学习设置下要求模型的训练阶段只能使用已知类数据，在直推式学习设置下允许未知类的数据出现在模型训练阶段但不允许未知类的标签出现在模型训练阶段。在实验中，对于归纳式学习，训练 I3D 网络时只使用已知类的数据进行训练。对于直推式学习，训练 I3D 网络时使用全部的数据训练网络，但在提取分类器权重时只提取已知类的权重。按照上述操作，训练模型时未知类的标签自始至终都没有出现。

（3）广义零样本行为识别。广义零样本行为识别要求模型既要测试未知类的数据，还要测试已知类的数据。由于在对行为进行自动化识别的实际应用场景中，不仅要准确地对未知类进行识别，还要对已知类数据进行识别，所以广义零样本行为识别在实际场景中更常见。为了和现有的先进方法进行对比，在广义零样本行为识别的测试实验中，既要测试所有的未知类数据，还要测试每个未知类中 20%的数据。

（4）I3D 网络训练设置。对 UCF-101、HMDB-51 和 Olympic Sports 三个数据集单独训练，每轮训练的输入样本数量 B 设置为 6。Dropout 率设为 0.36。使用 Momentum Optimizer 来优化 I3D 网络，动量因子为 0.9，学习率为 0.001，权重衰减率为 7×10^{-7}。I3D 网络基于 Pytorch 平台实现，在 Linux 环境下通过单块 K80 显卡完成训练。I3D 网络在三个数据集上训练完毕后，提取分类器后拼接成一个，作为模型的真实值。

（5）模型训练设置。在模型训练过程中，集成图卷积神经网络的参数 K 设为 8。最大迭代次数设置为 3000 轮。Dropout 率设为 0.5。采用 Adam 作为优化器，学习率为 0.001，权重衰减率设置为 0.0005。集成图卷积神经网络的第一层参数 $\theta_k^{(1)}$ 的维度大小均为 300×1024，第二层参数 $\theta^{(2)}$ 的维度大小为 1024×1025。在此，算法基于 Pytorch 实现，在 Linux 环境下基于单块 Nvidia RTX 2080ti 显卡完成训练。

3. 与其他算法对比

在此，算法与近年来多个性能优异的零样本行为识别算法进行了对比，包括 URL、TS-GCN、PS-GCN、RA、CEWGAN、IAF+D、CLASTER、VD-ZSAR，见表 4-9。表 4-9 中有两种语义嵌入方式，分别为属性嵌入（Attribute Embeddings，AE）和词向量嵌入（Word Embeddings，WE），还有两种零样本学习的设置方式，分别为归纳式设置（ID setting）和直推式设置（TD setting）。表中的实验结果均为多次随机划分实验的平均准确度±标准差。对比的方法中，RA 仅在归纳式学习设置下有实验结果，CEWGAN 和 CLASTER 仅在直推式学习设置下有实验结果。VD-ZSAR 是基于腹背流理论的零样本行为识别方法，其实验过程既不符合归纳式学习设置下的实验要求，也不符合直推式学习设置下的实验要求。除了上述四种算法，其余算法均有在两种设置下的准确度。

表 4-9　此算法与先进算法在三个数据集上的准确度±标准差

方法	语义嵌入方式	ID/TD	实验次数	UCF-101	HMDB-51	Olympic Sports
URL	WE	ID	10	17.5±1.6.	24.4±1.6	—
TS-GCN	WE	ID	50	34.2±3.1	23.2±3.0	56.5±6.6
IAF+D	AE	ID	30	25.23±2.95	17.88±3.71（WE）	52.06±11.72
PS-GNN	WE	ID	50	36.1±4.8	25.9±4.1	58.8±5.7
RA	WE	ID	10	48.0	32.7	—
此算法	WE	ID	10	51.7±1.4	38.1±6.1	77.8±1.5
	WE	ID	30	51.0±1.6	35.3±5.3	77.7±7.2
	WE	ID	50	50.6±1.9	35.4±4.9	78.8±7.8
URL	WE	TD	10	20.1±1.4	28.9±1.2	—
CEWGAN	WE	TD	30	26.9±2.8	30.2±2.7	50.5±6.9
CEWGAN	AE	TD	30	38.3±3.0	—	65.9±8.1
TS-GCN	WE	TD	50	41.6±3.7	31.0±3.2	59.9±5.3
IAF+D	AE	TD	30	26.1±2.95	19.2±3.71（WE）	54.9±11.72
PS-GNN	WE	TD	50	43.0±4.9	32.6±2.9	61.8±6.8
CLASTER	AE	TD	10	41.8±2.8	—	64.2±3.3
CLASTER	WE	TD	10	50.2±3.8	41.8±2.1	67.4±7.8
VD-ZSAR	WE	—	50	32.6±2.7	27.8±1.8.	60.8±5.4

续表

方法	语义嵌入方式	ID/TD	实验次数	UCF-101	HMDB-51	Olympic Sports
此算法	WE	TD	10	53.7±2.3	45.2±7.2	86.1±1.0
	WE	TD	30	53.0±2.1	42.6±6.3	86.7±6.2
	WE	TD	50	52.6±2.1	42.9±5.8	87.5±6.1

（1）归纳式学习设置下的实验结果。此算法在三个数据集上都表现了很好的性能。对于 UCF-101 数据集，此算法的准确率最高，达到了 51.7%。与对比算法中准确度最高的 RA 相比，提高了 3.7%。与 URL、TS-GCN、IAF+D 和 PS-GNN 方法相比，此算法获得了 34.2%、16.3%、25.77%、14.5%的提升。对于 HMDB-51 数据集，此算法取得了最高的准确度。与对比算法中最优秀的 RA 相比，同等实验条件下此算法提高了 5.4%。对于 Olympic Sports 数据集，RA 算法未在该数据集上进行实验验证，对比算法中准确率最高的是 PS-GCN 算法。此算法比 PS-GCN 算法在准确率上高出 20%。总的来说，此算法在归纳式学习设置下的性能达到了当前的先进水平。

多次实验结果的标准差反映的是算法的稳定性，标准差越低说明算法越稳定。此算法在三个数据集上的实验标准差均较小，这说明在此所提出的算法是鲁棒的。

（2）直推式学习设置下的实验结果。与 URL、CEWGAN、TS-GCN、IAF+D、PS-GCN、CLASTER 和 VD-ZSAR 方法相比，在相同的实验条件下，此算法在 UCF-101 数据集上的准确率提高了 33.6%、26.1%、11.0%、26.9%、9.6%、3.5%、20.0%。另外，此算法在 HMDB-51 数据集上的准确率比上述七种算法分别提高了 16.3%、12.4%、1.9%、23.4%、10.3%、3.4%、15.1%。在 Olympic Sports 上的实验结果显示，此算法同样取得了最佳的性能，比对比算法中准确率最高的 67.4%高 18.7%。

从表 4-9 中还可以看出，此算法在直推式学习设置下的性能优于归纳式学习设置下的性能。而直推式学习的实验设置更接近实际应用情况，这说明此算法有实际应用价值。

（3）广义零样本行为识别设置下的实验结果。此算法在三个数据集上进行广义零样本行为识别实验，并与现有方法进行了对比，包括 HAA、SJE、ConSE、GGM、CLSWGAN 和 CEWGAN-OD。具体的实验结果见表 4-10。

表 4-10　广义零样本行为识别设置下的实验结果

方法	语义嵌入方式	UCF-101	HMDB-51	Olympic Sports
HAA	AE	18.7±2.4	—	49.4±10.8
SJE	WE	8.9±2.2	10.5±2.4	32.5±6.7
ConSE	WE	12.7±2.2	15.4±2.8	37.6±9.9
GGM	WE	17.5±2.2	20.1±2.1	42.2±10.2
GGM	AE	23.7±1.2	—	52.4±12.2

续表

方法	语义嵌入方式	UCF-101	HMDB-51	Olympic Sports
CLSWGAN	WE	32. 4±3. 3	32. 7±3. 4	46. 1±3. 7
CEWGAN-OD	WE	37. 3±2. 1	36. 1±2. 2	53. 1±3. 6
此算法	WE	42. 0±0. 1	36. 6±0. 1	70. 2±0. 4

对比的方法都是直推式学习设置下进行的实验，故此算法也是在直推式学习设置下进行训练，之后进行广义零样本行为识别测试。见表 4-10，此算法在三个数据集上的精确度分别为 42. 0%、36. 6%、70. 2%，均超过对比的算法。CEWGAN-OD 算法是使用了 OD 分类器的 CEWGAN 算法，在对比的算法中性能最优。此算法在 UCF-101、HMDB-51、Olympic Sport 三个数据集上的准确度比 CEWGAN-OD 分别高 4. 7%、0. 5%、17. 1%。

总的来说，此算法性能优异，超越了许多性能优秀的零样本行为识别算法，达到了当前的先进水平。

4. 消融实验

在此所提出算法的创新点主要是自邻接知识图谱和集成图卷积神经网络，因此进行了消融实验来验证这两个创新点的贡献。

（1）自邻接知识图谱的贡献分析。为了验证自邻接知识图谱的作用，按照图卷积操作设计了一个两层的 GCN 网络，如式（4-17）所示，并用该网络训练一般的知识图谱和自邻接知识图谱。

$$Y=\sigma(D^{-1}\tilde{A}\sigma(D^{-1}\tilde{A}H^{(1)}\theta^{(1)})\theta^{(2)}) \tag{4-17}$$

在此，用式（4-17）的方法处理一般知识图谱的方法被称作 GCN 方法，处理自邻接知识图谱的方法被称作 SA-GCN 方法。见表 4-11，展示了 GCN、GAT、GRAND 和 SA-GCN 的实验结果，准确度为 10 次实验的平均值。

表 4-11 不同图卷积网络的识别准确度

方法	ID/TD	UCF-101	HMDB-51	Olympic Sports
GCN	ID	35. 6	30. 4	44. 0
	TD	40. 4	37. 3	49. 8
GAT	ID	41. 2	31. 7	60. 4
	TD	46. 0	37. 1	71. 6
GRAND	ID	38. 8	32. 0	54. 5
	TD	42. 6	40. 2	66. 7
SA-GCN	ID	47. 7	36. 0	65. 9
	TD	50. 1	43. 9	76. 5

表 4-11 中 GCN、GAT 和 GRAND 三种方法的输入都是普通的知识图谱，实验结果通

过复现得到，SA-GCN 的输入是自邻接知识图谱。四种方法在三个数据集、两种实验设置下都进行了实验，可以看出 SA-GCN 取得了最优秀的性能。在归纳式设置下，SA-GCN 比 GCN 在三个数据集上测试的准确度高 12.1%、5.6%、21.9%。在直推式学习设置下，SA-GCN 比 GCN 在三个数据集上测试的准确度分别高 9.7%、6.5%、26.7%。在同一个图卷积神经网络作用下，自邻接知识图谱比普通的知识图谱表现出更强的知识传播能力。普通知识图谱的边的权重是固定的，未知类从邻居节点学习特征信息的比重是一定的，这就导致与未知类关联较小的行为对未知类的学习产生噪声影响，进而限制了最终的识别精确度。自邻接知识图谱的邻接矩阵是通过节点特征自适应生成的，与未知类关联较小的行为连接权重小，有效地减少了噪声影响，使未知类学习到更多需要的视觉特征信息，最终获得了优秀的识别准确度。

GAT 使用一层全连接神经网络学习节点之间的连接权值，和自邻接知识图谱的设计出发点相似。在相同的实验条件下，GAT 比 GCN 的性能优秀，这可以说明自适应生成邻接矩阵权重的方式优于固定权重的方式。GAT 在图卷积操作之前都进行一次重新计算邻接矩阵，这种方式并不适用于零样本行为识别任务。在零样本行为识别任务中，首次计算邻接矩阵是合理的，但是第二次重新计算邻接矩阵时节点的特征不完全是对应行为的语义特征，而是包含了图谱中其他行为的特征，再次计算的邻接矩阵已经不能代表行为的相似关系，知识图谱的结构已经被改变。所以，在同等的实验条件下，SA-GCN 的识别准确度高于 GAT 的识别准确度。

GRAND 是近几年研究者提出的一种图神经网络，通过扩展输入图谱的方式来增强图数据，进而增强模型鲁棒性并减少过平滑。GRAND 并没有对邻接矩阵进行自适应计算。实验结果显示，在 UCF-101 和 Olympic Sports 的准确度高于 GAT 方法，在 HMDB-51 的准确度比 GAT 低。

（2）集成图卷积神经网络的贡献分析。集成图卷积神经网络通过集成多个 GCN 来挖掘图知识，集成的数量 K 对最终的识别准确度有不同的影响。为了验证参数 K 对此算法的影响，实验了 K 在 1 到 15 的不同取值下此算法在三个数据集上的准确度（准确度为 10 次实验的平均值）。当 K 的值取 1 时，该网络的结构和两层 GCN 的结构相同。见表 4-12，展示了在归纳式学习设置下 K 对此算法性能的影响，可以看出随着 K 值的增大，准确率大致上呈现先增大后减小的趋势。当 $K=8$ 时，在 UCF-101 和 HMDB-51 两个数据集上获得了最高的精度，当 $K=9$ 时在 Olympic Sports 数据集上获得了最高的精度。在 $K=8$ 时，本书算法在 Olympic Sports 数据集上的识别准确度为 77.78%，只比 $K=9$ 时的准确度低 0.39%。在归纳式设置下，集成图卷积神经网络的参数 K 在等于 8 时达到了最大性能。从表 4-12 中还可以看出，当 K 的取值大于 1 时，此算法在三个数据集上的识别准确度基本大于 $K=1$ 时的识别准确度。这说明在归纳式学习设置下，集成图卷积神经网络的性能优于单一的 GCN 网络。

表 4-12　归纳式学习设置下集成图卷积神经网络中的参数 *K* 对实验结果的影响

K	归纳式学习设置		
	UCF-101	HMDB-51	Olympic Sports
1	48.13	37.06	64.54
2	50.24	36.45	71.82
3	51.43	37.48	75.10
4	51.31	37.25	75.21
5	51.45	38.10	76.22
6	51.49	38.09	76.73
7	51.44	37.76	76.99
8	51.65	38.12	77.78
9	51.31	37.93	78.17
10	51.47	38.04	77.78
11	51.60	38.06	77.70
12	51.44	37.71	77.24
13	51.51	37.80	77.14
14	51.50	37.99	76.97
15	51.22	37.79	77.15

见表 4-13，展示了在直推式学习设置下识别精度随 K 的变化，当 $K=8$ 时，此算法在三个数据集上均取得了最高的准确度。K 的值从 1 到 8，在三个数据集上的精度大致呈现逐渐提高的趋势，K 的值从 8 到 20，此算法的性能大致呈现逐渐减弱的趋势。表 4-13 中也反映了本书算法在参数 $K>1$ 时的性能优于 $K=1$ 时的性能，在直推式学习的实验条件下集成图卷积神经网络的性能和鲁棒性优于单一图卷积神经网络。

所提出的集成图卷积神经网络对算法的提升较为明显，在归纳式学习设置下，比 SA-GCN 方法在三个数据集上的准确度分别提升 3.95%、2.12%、11.88%，在直推式学习设置下分别提升 3.64%、1.26%、9.56%。由此可见，集成图卷积神经网络比普通的 GCN 网络性能优异。

表 4-13　直推式学习设置下集成图卷积神经网络中的参数 *K* 对实验结果的影响

K	直推式学习设置		
	UCF-101	HMDB-51	Olympic Sports
1	50.43	44.52	76.27
2	52.80	44.41	82.86
3	53.55	44.70	84.56

续表

K	直推式学习设置		
	UCF-101	HMDB-51	Olympic Sports
4	53.70	44.67	84.78
5	53.64	45.13	85.24
6	53.41	45.14	85.24
7	53.53	45.15	85.37
8	53.74	45.16	86.06
9	53.33	44.83	85.46
10	53.54	44.84	85.82
11	53.72	44.58	85.52
12	53.63	44.79	85.38
13	53.34	45.11	85.27
14	53.54	44.78	85.65
15	53.26	45.02	85.68

在此对集成图卷积神经网络的计算效率进行了实验验证，所提出的算法模型在不同 K 取值下的训练时间见表 4-14。可以看出，随着参数 K 的不断增加，训练时间也在逐渐提高。这是因为每一个 GCN 分支都要对输入图谱进行图卷积操作，GCN 的分支越多，训练过程消耗的时间越多。集成分支的增加会影响模型的计算效率。

表 4-14　此算法模型在不同 K 取值下的训练时间（秒）

K	1	2	3	4	5	6	7	8
训练时间	243.75	246.02	247.49	252.35	253.79	278.72	284.52	285.13
K	9	10	11	12	13	14	15	
训练时间	292.40	292.70	298.21	344.34	363.35	380.74	384.50	

5. 单类结果分析

在此展示了算法在归纳式实验下对未知类的识别准确度。图 4-23 展示了 UCF-101 数据集中 50 个测试类（未知类）的识别准确度，公布的准确度结果均为 10 次独立划分实验的平均值。可以看出在“Baby Crawling”“Drumming”等 16 个类别上取得了优秀的识别结果，准确率均高于 85%，对“Apply Lipstick”“Billiards”等 20 个类别的识别准确度较低，均低于 10%。特别地，对有些类别的识别率达到了 100%，而有些类别的识别率为 0%。图 4-24 展示了 HMDB-51 数据集中 25 个测试类的识别准确度，其中准确度高于 85%的共有 5 类，低于 10%的有 10 类。图 4-25 展示了本书算法对 Olympic Sports 数据集中 8 个测试类的识别准确度，其中有 4 个类的准确度较高，达到了 100%。有两个类的准确度低于 10%，剩余的两个类的准确度在 40%到 70%之间。在同一个图谱上进行实验，有些类的测试准确度较高，而有些类的测试准确度较低。这说明不同的类在相同的知识图谱上捕获特征信息的能力不同，有些类别可以根据邻接矩阵和语义特征很好地捕获所需的视觉特征，而有些类别不能有效地完成该过程。对此，探讨了自邻接知识图谱中未知类节点和已知类节点的连接情况。

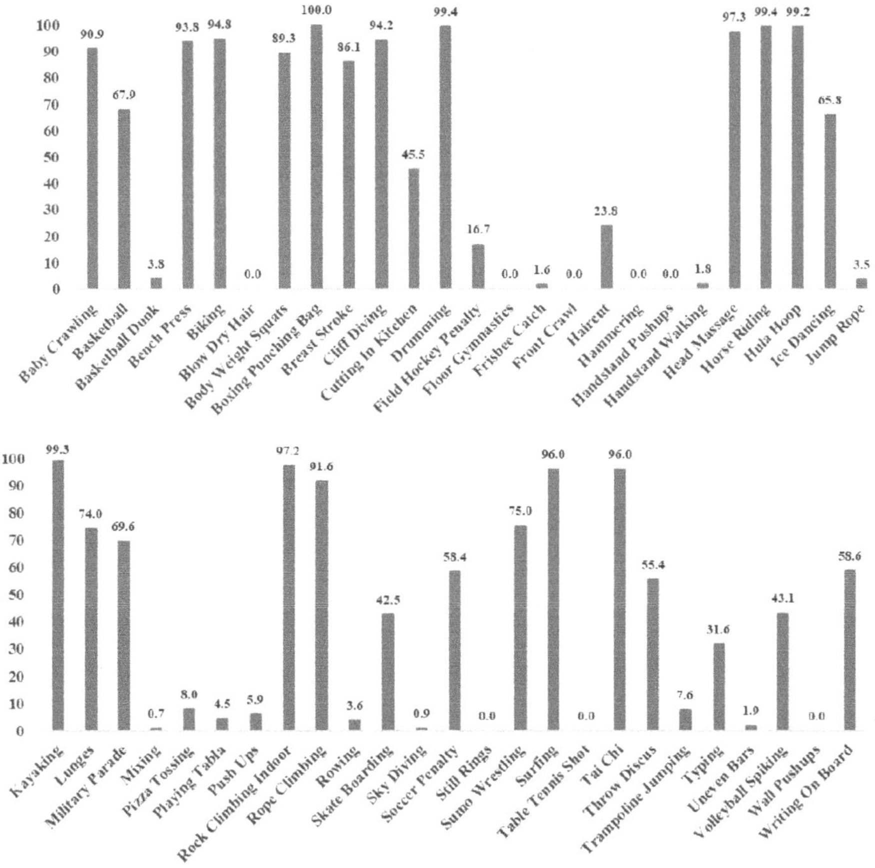

图 4-23　50 个 UCF-101 测试类的准确度

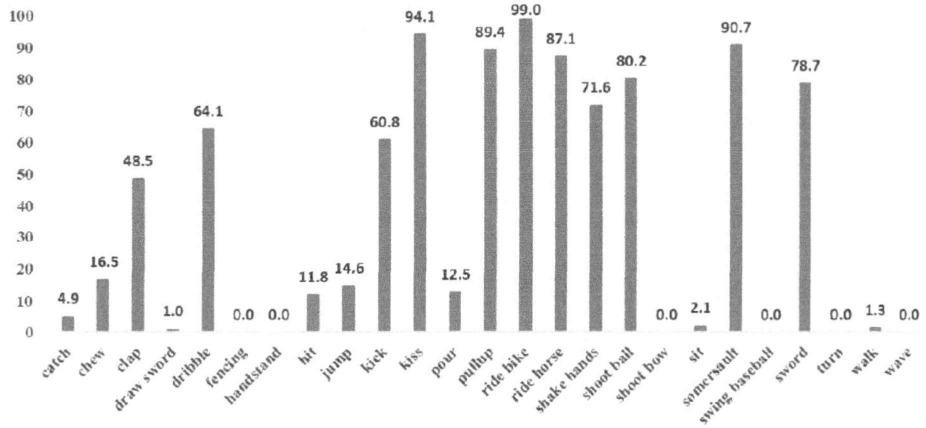

图 4-24　25 个 HMDB-51 测试类的准确度

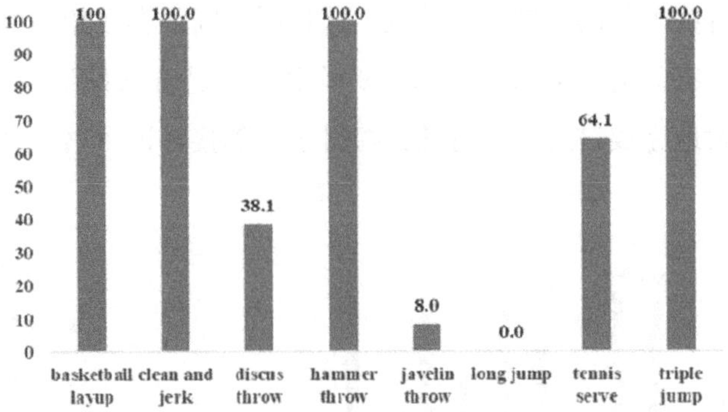

图 4-25　8 个 Olympic Sports 测试类的准确度

首先，分析了未知类行为“Baby Crawling”与自邻接知识图谱中已知类节点的连接情况。按照图结构化方式，行为“Baby Crawling”与数据集中的 9 个已知类行为存在上下位词集关系，所以在图谱中有 9 个节点与代表“Baby Crawling”的节点相连，图 4-26 中节点之间的连接权重为语义特征的余弦相似值。在网络的学习过程中，9 个已知类节点通过真实值构建视觉特征分类器，然后再通过图谱将视觉信息传递给节点“Baby Crawling”。与“Baby Crawling”相连接的已知类节点较多，此算法可以学习到关于该类别丰富的视觉信息，最终取得了 90. 9%的识别准确度。图 4-26 还展示了未知类“Haircut”在自邻接知识图谱中与已知类节点的连接情况，可以看出与该类节点相连的已知类节点共有 4 个。在图谱的知识传播过程中，该节点能够学习的视觉信息量少于“Baby Crawling”，这影响了此算法对“Haircut”行为的识别。此算法对“Haircut”类别的识别准确度为 23. 8%，小于对“Baby Crawling”识别的 90. 9%。

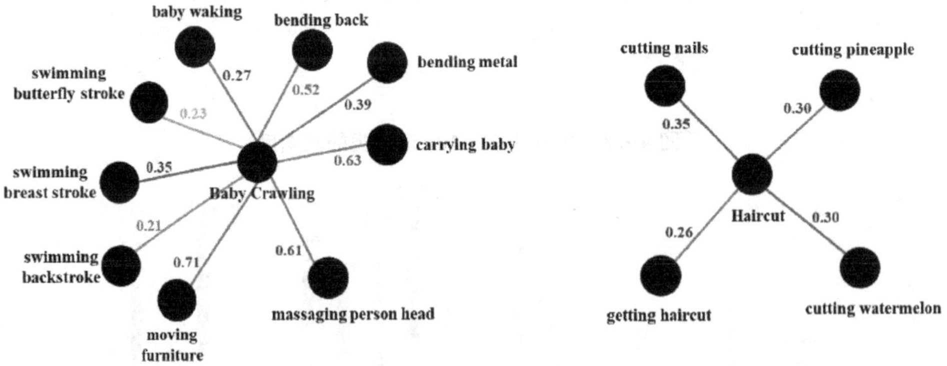

图 4-26　未知类“Baby Crawling”“Pizza Tossing”与已知类的连接情况

二、基于随机掩码增强的零样本行为识别算法

在基于图神经网络的零样本行为识别算法中，节点借助语义特征和知识图谱来构建该节点所属类别的视觉信息，这个过程可能会受到图谱中与该节点关联程度低的特征的干扰。针对这一问题，将特征增强应用到知识图谱中，提出了基于随机掩码增强的零样本行

为识别算法。在本书算法中，对图谱的节点特征进行随机擦除，该过程相当于给图谱添加噪声而实现对图谱特征的增强。为了利用增强后的特征提高未知类节点捕获视觉信息，提出了基于随机掩码增强的双分支图神经网络，该网络从并行的两个分支上分别对增强后的图谱和原始图谱进行知识挖掘和知识传播。为了验证所提出算法的有效性，在多个公开数据集上进行了对比实验和参数分析实验。

目前，常用的特征增强方法有基于随机翻转的特征增强方式和基于模拟遮挡的特征增强方式。基于随机翻转的特征增强方式指对输入数据复制后再进行平均、旋转、翻转等操作来增加输入数据的特征信息量。这种方式可以增强数据的局部特征，并且在增强的过程中不会造成信息的丢失。但对于具有图结构的数据，其特征信息分布在各个节点上，特征平均、特征旋转、特征翻转等操作均不能增加有效的特征信息，相反还会添加一些无实际意义的干扰特征，所以这类特征增强方法不适合对图谱进行处理。基于模拟遮挡的特征增强方式指对特征表示进行随机擦除、添加噪声、模板遮挡等添加噪声的操作来实现特征增强。其中，随机擦除方法在特征表示中随机选择一个区域，将该区域的特征值替换为随机值。添加噪声的方法是将原始特征与噪声函数相加得到新的特征表示，常见的噪声函数有椒盐噪声、高斯噪声等。模板遮挡的特征增强方式是使用一个固定形状的数值模板对特征表示中固定的位置进行替换。为了更直观地理解上述三种模拟遮挡的特征增强方式，可视化了在同一个特征上分别用这三种方式处理后的结果，如图 4-27 所示。

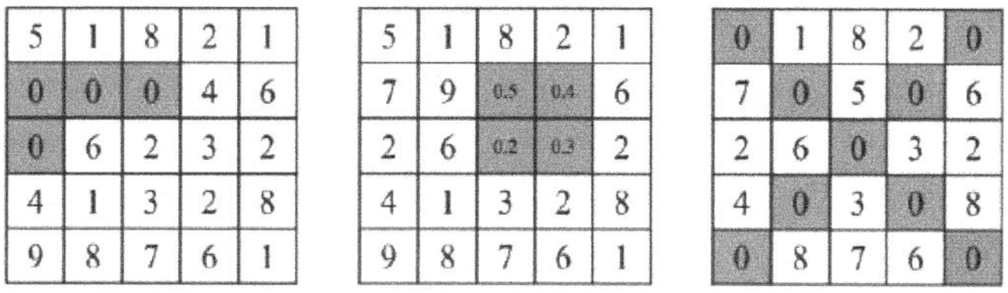

（a）随机擦除　　（b）添加噪声　　（c）模板遮挡

图 4-27　三种模拟遮挡方式示意

模拟遮挡的特征增强方式通过对特征直接处理得到增强后的特征，适用于具有图结构的数据。因此，将模拟遮挡的方法应用到知识图谱中来获取特征增强后的图谱。具体来讲，构造和待处理图谱相同节点数量的随机掩码模板，该模板中每个节点的特征值为全 0 或全 1，节点的特征维度和待处理图谱的特征维度相同。随机掩码模板与待处理图谱按照对应的节点将对应特征进行相乘，这个过程中模板中的全 0 节点会将图谱中对应的节点特征擦除，从而给图谱特征添加噪声，进而实现对图谱特征的增强。全 0 的节点可以理解为噪声节点，且模板中的每个节点以一定的随机概率为全 0 节点（或噪声节点）。在此提出的随机掩码增强方式能对知识图谱进行特征增强，以提高后续知识传播的能力，有利于未知类学习关键视觉信息的能力。

为了能够利用图特征增强策略来提高图神经网络的泛化能力，进一步提出了基于随机掩码增强的双分支图神经网络。具体而言，该网络包含两个分支，其中的一个分支利用提出的随机掩码模板对输入图谱进行处理得到特征增强后的图谱特征，另一个分支不对输入图谱进行增强处理以保留图谱的完整信息。然后，这两个分支分别使用结构相同的知识传播模块来处理各自的特征增强图谱或原始图谱，这两个分支的知识传播模块实现参数共享。对图谱进行了特征增强的分支可以提高图谱的知识传播能力，没有进行特征增强的分支可以提高知识传播过程中的信息完整性。基于随机掩码增强的双分支图神经网络利用图特征增强策略来提高知识传播模块的泛化性。

在此所提出算法的主要工作有以下内容。

（1）提出了基于随机掩码的图特征增强方式，通过随机掩码模板对图谱的节点特征进行随机擦除得到含有噪声的特征表示，实现对图谱的特征增强，提高图谱的知识传播能力，进而提高未知类节点学习关键视觉信息的能力。

（2）提出了基于随机掩码增强的双分支图神经网络，该网络使用图特征增强策略来提高图神经网络的泛化能力，使节点学习到更准确的视觉信息，从而实现准确、鲁棒的零样本行为识别。

（3）使用多个标准数据集测试了本书算法，实验结果表明所提出的算法性能优异，达到了先进的识别水平。为了验证所提出的图特征增强策略对其他图神经网络性能的影响，还将该策略应用到一个双层 GCN 网络上并进行实验验证，实验结果表明所提出的图特征增强策略对其他图神经网络的性能也有提升作用。

（一）基于随机掩码增强的零样本行为识别框架

在此提出的零样本行为识别框架如图 4-28 所示，该框架训练过程的输入数据预处理、语义特征提取以及图结构化过程采用和以上框架相同的方式。此算法的核心创新是提出基于随机掩码增强的双分支图神经网络来处理自邻接知识图谱。基于随机掩码增强的双分支图神经网络对自邻接知识图谱进行知识传播后得到两个输出特征 Y_a 和 Y_b，将这两个特征相加后得到视觉特征分类器。为了训练框架，采用由均方误差损失和一致性损失构成的联合损失函数，其中，由 Y_a 和 Y_b 合成的视觉特征分类器与从 I3D 网络中提取的分类器计算均方误差损失，Y_a 和 Y_b 之间计算一致性损失。I3D 网络在提取分类器之前需要在已知类数据上进行充分的训练，提取到的分类器仅能对已知类的视觉特征进行分类，而本框架输出的视觉特征分类器既能对已知类的视觉特征进行分类又能对未知类的视觉特征进行分类，所以均方误差损失属于半监督损失。

在此框架的测试过程中，首先，提取预先在已知类数据上训练的 I3D 网络的三维卷积并将其作为视觉特征提取器。然后，使用视觉特征提取器来提取未知类样本的视觉特征。最后，使用本框架预测的视觉特征分类器对未知类样本的视觉特征进行分类，最终实现零样本行为识别。

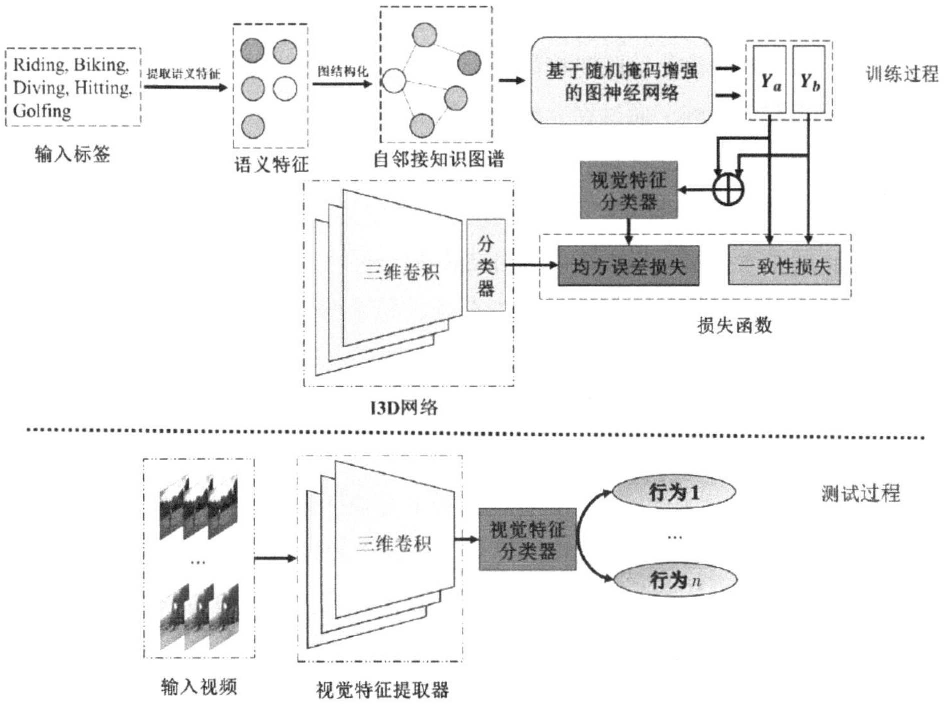

图 4-28　基于随机掩码增强的零样本行为识别框架

1. 随机掩码特征增强

在此将模拟遮挡的特征增强方式应用到具有图结构的数据上，提出了针对图谱特征的随机掩码特征增强方式。首先，构造随机掩码模板，该模板拥有和待处理图谱相同的结构，包括节点数量、节点之间的连接情况以及节点特征的维度。与待处理图谱不同的是，随机掩码模板的节点为全 1 的特征表示或者全 0 的特征表示，模板中每个节点以一定的概率生成全 0 特征或全 1 特征。每个节点为全 0 特征的概率以及全 1 特征的概率见式（4-18）：

$$f(x)=\begin{cases}p & x=0\\1-p & x=1\end{cases} \tag{4-18}$$

式（4-18）中，x 表示模板节点的特征值，仅有 0 和 1 两种取值，具体来说，$x=0$ 表示节点的特征值为全 0，$x=1$ 表示节点的特征值为全 1。$f(x)$ 表示节点特征为 x 的概率值，具体来说，$f(0)=p$ 表示节点特征为全 0 的概率为 p，$f(1)=1-p$ 表示节点特征为全 1 的概率为 $1-p$。

然后，将待处理图谱与随机掩码模板相乘得到特征增强后的图谱，具体操作为按照两者对应的节点将对应的特征相乘。特征为全 1 的模板节点与对应图谱的节点相乘后不改变原始图谱的节点特征；特征为全 0 的模板节点会将对应图谱节点的特征擦除，这种节点为掩码节点。由于随机掩码模板中每个节点以一定的概率为掩码节点，所以在对输入图谱进行特征增强的过程中，可以看作使用随机掩码模板对图谱的所有节点进行随机擦除。图谱的部分特征被擦除相当于在特征中添加噪声干扰，从而实现对特征的增强。

这种特征增强方式能提高后续图谱的知识传播能力，进而提高未知类节点学习关键视觉信息的能力。需要注意的是，随机掩码模板中掩码节点占节点总数的比例会对后续的知识传播过程造成不同的影响。通过在此的实验验证，当掩码节点的数量少于模板节点总数量的 10%时，算法的识别性能比较优异。

2. 基于随机掩码增强的双分支图神经网络

在此所提出的基于随机掩码增强的双分支图神经网络如图 4-29 所示，该网络的输入为自邻接知识图谱，该网络具有两个并行的分支，每个分支的输入均为自邻接知识图谱。对于第 1 个分支，首先使用随机掩码模板 V 对输入图谱进行特征增强，然后再使用知识传播模块处理特征增强后的图谱，得到输出特征 Y_a。该分支中的随机掩码模板 V 和输入图谱拥有相同的节点数量、图谱结构以及节点特征维度。图 4-29V 中白色节点的特征值均为 1，黑色节点的特征值均为 0。使用随机掩码模板 V 与输入图谱按照对应的节点将对应特征进行相乘，得到特征增强后的图谱特征。之后，该分支的知识传播模块进一步对特征增强后的图谱进行知识挖掘和知识传播并得到输出特征 Y_a。在基于随机掩码增强的双分支图神经网络的第 2 个分支中，直接使用知识传播模块对输入的图谱进行知识挖掘和知识传播并得到输出特征 Y_b。第 1 个分支利用图特征增强策略来提高节点学习关键视觉信息的能力，第 2 个分支利用输入图谱的完整信息来提高节点学习视觉信息的准确性。

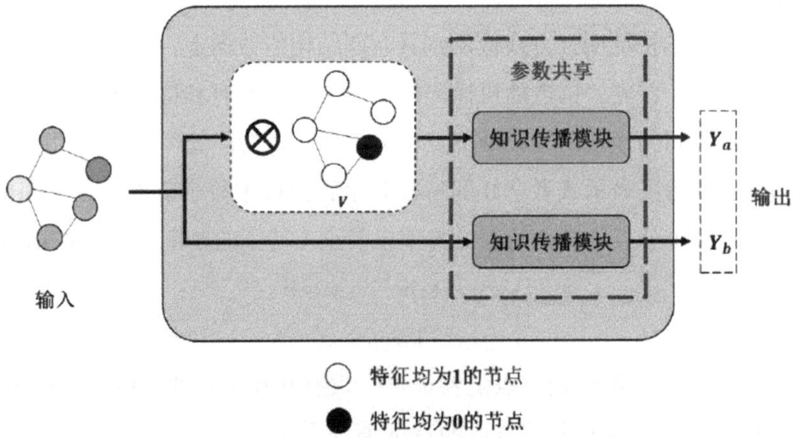

图 4-29　基于随机掩码增强的双分支图神经网络

基于随机掩码增强的双分支图神经网络中的两个知识传播模块均采用结构相同的集成图卷积神经网络，且互相实现参数共享。因此，这两个分支的知识传播模块既可以提高节点学习关键视觉信息的能力，又可以提高节点学习自身视觉信息的准确性。基于随机掩码增强的双分支图神经网络的最终输出为两个图谱特征 Y_a 和 Y_b，其中的 Y_a 由式（4-19）得到：

$$Y_a = GNN_a(H \otimes V) \tag{4-19}$$

式（4-19）中，GNN_a（·）表示第 1 个分支中的集成图卷积神经网络，V 表示第 1

个分支中的随机掩码模板，H 表示输入的图谱特征，$\otimes$ 表示逐点乘法运算。基于随机掩码增强的双分支图神经网络中第 2 个分支的输出特征由式（4-20）计算得到：

$$Y_b = GNN_b\ (H) \tag{4-20}$$

其中，GNN_b（·）表示第 2 个分支中的集成图卷积神经网络。还可以看出，该分支直接对输入的图谱特征进行处理，并未对输入图谱进行特征增强操作。输出特征 Y_b 所表示的视觉信息具有完整性。

3. 联合损失函数

在此提出了由均方误差损失和一致性损失构成的联合损失函数来训练所提出的框架，联合损失函数的数学表达式见式（4-21）：

$$L = L_{MSE} + \beta L_{CON} \tag{4-21}$$

式（4-21）中，L 表示总损失，L_{MSE} 表示均方误差损失，L_{CON} 表示一致性损失。β 为平衡两种损失的参数。

均方误差损失的计算，具体见式（4-22）：

$$L_{MSE} = \frac{1}{2M}\sum_{i=1}^{M}\sum_{j=1}^{F}(Y_{ij} - W_{ij})^2 \tag{4-22}$$

式（4-22）中，M 表示数据集中已知类的数量。F 表示框架预测的视觉特征分类器的权值维度，同时也是真实值的特征维度。W 表示真实值，在数值上等于 I3D 网络的分类层权重。Y 表示框架预测的视觉特征分类器权重，由基于随机掩码增强的双分支图神经网络的两个输出特征 Y_a 和 Y_b 相加得到，具体的计算方式见式（4-23）：

$$Y = Y_a + Y_b \tag{4-23}$$

在此框架中，I3D 网络的预训练阶段只在已知类数据集上进行了充分训练，所以提取的分类器只包含已知类，而预测的视觉特征分类器既包含已知类也包含未知类，所以 Y 和 W 的维度是不相等的。因此，框架的网络在训练过程中进行半监督训练。

基于随机掩码增强的双分支图神经网络通过增强图谱特征来提高知识传播模块的泛化能力，该网络中两个分支的输出均为知识传播之后的图谱特征，这些特征之间应具有相同的特征信息。对此，采用一致性损失 L_{CON} 来约束框架输出特征的一致性，一致性损失 L_{CON} 的数学表达式见式（4-24）：

$$L_{CON} = |Y_a - \hat{Y}| + |Y_b - \hat{Y}| \tag{4-24}$$

式（4-24）中，|·| 表示绝对值计算。$\hat{Y}$ 表示基于随机掩码增强的双分支图神经网络的输出 Y_a 和 Y_b 的平均值，由式（4-25）计算得到：

$$\hat{Y} = \frac{1}{2}(Y_a + Y_b) \tag{4-25}$$

在此将均方误差损失 L_{MSE} 和一致性损失 L_{CON} 组合成多任务学习的联合损失函数，并设置参数β来平衡两部分损失。联合损失函数在促进框架构建视觉特征分类器的同时提高知识传播过程的泛化能力，增强未知类学习视觉信息的能力，进而提高测试过程的识别准确度。

4. 训练和测试

（1）训练细节。在使用已知类数据训练I3D网络的过程中，采用和以上实验相同的训练步骤。在框架的训练过程中，使用L2-Normalization对输入的语义特征和提取的真实值进行归一化操作，对网络中神经元的Dropout率设为0.5，集成图卷积神经网络的分支参数K设为8，模板中节点为掩码节点的概率p设为0.1，用于平衡均方误差损失和一致性损失的参数β在归纳式学习设置下设为0.07、在直推式学习设置下设为0.02。反向传播过程中的优化器选用学习率为0.001、权重衰减率为0.0005的Adam，训练的迭代次数为3000轮。同时还验证了所提出的特征增强方法对其他图神经网络的影响，具体的操作为使用其他图神经网络替换框架的知识传播模块并进行实验验证。在这些实验中，同一组对比实验的参数确保相同。在此的实验均基于PyTorch平台实现，并使用单块Nvidia RTX 2080ti显卡进行训练。

（2）测试细节。首先利用训练阶段中I3D网络的三维卷积神经网络提取测试数据的视觉特征，然后利用框架预测的视觉特征分类器对视觉特征进行分类。评价算法性能的指标选用平均准确率，首先测试每个未知类的识别准确度，然后计算所有未知类准确度的平均值作为实验结果。另外，在此实验中，将数据集的行为类别一半划为已知类，另一半划为未知类。不同的划分方式对实验结果有较大的影响，对此，进行了10次、30次和50次的随机划分并进行相应的实验，采用多次实验结果的平均值作为最终的测试结果。

（二）实验结果分析

对基于随机掩码增强的零样本行为识别算法进行实验验证，具体包括：介绍实验数据集、介绍实验设置、展示在公开数据集上的实验结果、分析实验结果并进行参数分析实验。

1. 数据集介绍和实验设置

为了公平地对比所提出的零样本行为识别算法，采用UCF-101、HMDB-51、Olympic Sports三个数据集来验证算法的性能。三个数据集根据标签的语义信息构建自邻接知识图谱，并在图谱中引入Kinetics-400数据集来提升知识信息。测试识别准确度时对三个数据集的未知类样本一起进行测试，对每个数据集进行（10次、30次、50次）已知类和未知类的划分并对每次划分单独进行测试实验，将（10次、30次、50次）实验结果的平均值作为最终的识别准确度。

2. 与其他算法对比

为了充分证明在此所提出算法的有效性，在归纳式学习和直推式学习两种设置下与现阶段先进算法进行了对比实验。为了验证所提出的图特征增强策略的作用，还与上述算法进行了性能对比。对比实验中均采用 UCF-101、HMDB-51 和 Olympic Sports 三个数据集来测试模型性能，公布的实验结果为多次测试结果的平均准确度±标准差。

（1）归纳式学习设置下的性能比较。为了验证此算法的性能，在归纳式学习设置下训练的框架，并与性能先进的算法 URL、TS-GCN、IAF+D、PS-GNN、RA 进行比较，实验结果见表 4-15。

表 4-15　不同零样本行为识别算法在归纳式学习设置下的准确度±标准差

方法	语义嵌入方式	实验次数	UCF-101	HMDB-51.	Olympic Sports
URL	WE	10	17. 5±1. 6	24. 4±1. 6	—
TS-GCN	WE	50	34. 2±3. 1	23. 2±3. 0	56. 5±6. 6
IAF+D	AE	30	25. 23±2. 95	17. 88±3. 71（WE）	52. 06±11. 72
PS-GNN	WE	50	36. 1±4. 8	25. 9±4. 1	58. 8±5. 7
RA	WE	10	48. 0	32. 7	—
此算法	WE	10	52. 00±1. 8	38. 17±5. 8	78. 28±1. 4
	WE	30	51. 31±1. 9	35. 43±5. 5	78. 92±6. 5
	WE	50	50. 88±2. 1	35. 12±5. 1	79. 92±7. 2

从表 4-15 中的结果可以看出，此算法在三个数据集上都取得了最优的识别结果。其中，此算法在进行 10 次独立划分实验的情况下，在三个数据集上的平均准确度分别为 52%、38. 17%、78. 28%，在 UCF-101 和 HMDB-51 上分别比 RA 算法高出约 4%和 5. 47%。在三个数据集上 30 次独立划分实验的平均准确度分别为 51. 31%、35. 43%、78. 92%，分别比 IAF+D 算法高出约 26. 08%、17. 55%、26. 86%。在三个数据集上 50 次独立划分实验的平均准确度分别为 50. 88%、35. 12%、79. 92%，分别比 PS-GNN 算法高出约 14. 78%、9. 22%、21. 12%。

（2）直推式学习设置下的性能比较。表 4-16 提供了在直推式学习设置下此算法和先进算法的对比结果，进行对比的方法有 URL、CEWGAN、TS-GCN、IAF+D、PS-GNN、CLASTER、VD-ZSAR。

表 4-16　不同零样本行为识别算法在直推式学习设置下的准确度±标准差

方法	语义嵌入方式	实验次数	UCF-101	HMDB-51	Olympic Sports
URL	WE	10	20. 1±1. 4	28. 9±1. 2	—
CEWGAN	WE	30	26. 9±2. 8	30. 2±2. 7	50. 5±6. 9
CEWGAN	AE	30	38. 3±3. 0	—	65. 9±8. 1
TS-GCN	WE	50	41. 6±3. 7	31. 0±3. 2	59. 9±5. 3
IAF+D	AE	30	26. 1±2. 95	19. 2±3. 7（WE）	54. 9±11. 72
PS-GNN	WE	50	43. 0±4. 9	32. 6±2. 9	61. 8±6. 8

续表

方法	语义嵌入方式	实验次数	UCF-101	HMDB-51	Olympic Sports
CLASTER	AE	10	41.8±2.8	—	64.2±3.3
CLASTER	WE	10	50.2±3.8	41.8±2.1	67.4±7.8
VD-ZSAR	WE	50	32.6±2.7	27.8±1.8	60.8±5.4
此算法	WE	10	53.97±2.1	45.75±7.1	86.25±1.1
	WE	30	53.04±2.2	42.85±6.2	86.68±5.8
	WE	50	52.70±2.2	42.15±5.7	87.81±5.9

从表4-16中观察到，在相同的独立划分实验次数下，在此所提出的零样本行为识别算法在所有数据集上都达到了最高的准确度。例如，在进行10次独立划分实验的情况下，本书算法在UCF-101、HMDB-51和Olympic Sports三个数据集上的识别精度分别为53.97%、45.75%、86.25%，比对比方法中性能最优的CLASTER算法分别高出约3.77%、3.95%、18.85%。在进行30次独立划分实验的情况下，本书算法在三个数据集上的平均准确度为53.04%、42.85%、86.68%，比相同实验条件下的CEWGAN算法高出约26.14%、12.65%、36.18%。在进行50次独立划分实验的情况下，本书算法在三个数据集上的平均准确度为52.7%、42.15%、87.81%。对比实验中进行50次实验的方法为TS-GCN和PS-GNN，在性能上PS-GNN算法更优异。此算法在三个数据集上的性能均超过了PS-GNN算法。

表4-15和表4-16表明此算法的性能在归纳式学习和直推式学习设置下达到了先进水平。此算法的核心创新是利用特征增强策略提高图谱的知识传播能力，进而提高最终的识别性能。为了进一步验证特征增强方法的贡献，以下对此算法的性能和第一个算法的性能进行了对比。

（3）与第一个算法的性能比较。在此，基于图神经网络和半监督学习提出了两个零样本行为识别算法：基于自邻接知识图谱和集成图卷积神经网络的零样本行为识别算法和基于随机掩码增强的零样本行为识别算法。这两个算法针对不同的问题提升现有零样本行为识别算法，且第二个算法在第一个算法的基础上增加了特征增强策略。为了探索第二个算法所提出随机掩码特征增强策略对算法性能的贡献，对比并分析了两种算法的性能，对比结果如表4-17所示，表中的测试结果均为10次独立划分实验的平均值。

表4-17　两种零样本行为识别算法在10次独立划分实验下的平均精度

方法	ID/TD	UCF-101	HMDB-51	Olympic Sports
第一个算法	ID	51.65	38.12	77.78
	TD	53.74	45.16	86.06
第二个算法	ID	52.00	38.17	78.28
	TD	53.97	45.75	86.25

可以看出，在归纳式学习设置下的实验中，第二个算法在 UCF-101、HMDB-51 和 Olympic Sports 三个数据集上的精度比第三章算法的精度高出约 0.35%、0.05%、0.5%。在直推式学习设置下的实验中，第二个算法在三个数据集上的精度比第一个算法的精度高出约 0.33%、0.59%、0.19%。

在两种零样本设置的实验条件下，第二个算法在三个数据集上的测试结果均高于第一个算法，这说明在此所提出的特征增强策略能够提升集成图卷积神经网络的泛化能力。

3. 模型参数分析

与第一个算法的网络框架相比，此算法创新的是提出了基于随机掩码增强的双分支图神经网络和约束该网络训练的联合损失函数。这两部分中的参数会对整体的识别性能产生影响，平衡两种损失的参数β以及随机掩码模板中的参数 p 等。另外，基于随机掩码增强的双分支图神经网络中进行了图谱特征增强的分支数量，也会对最终的识别性能产生影响。为了分析上述参数和特征增强分支对本书算法性能的影响，针对参数和特征增强分支的取值设计了多个参数分析实验，并通过实验结果确定取值。

（1）特征增强分支的数量对实验结果的影响。在此提出了基于随机掩码增强的双分支图神经网络，除双分支结构，该网络还可以构建成多分支网络并对输入图谱进行多次特征增强。假设该网络共有 $Z+1$ 个分支，前 Z 个分支分别使用随机掩码模板 $\{V_1, V_2, \cdots, V_Z\}$ 对输入图谱进行特征增强，然后各个分支再对增强后的图谱进行知识传播得到 Z 个输出特征 $\{Y_1, Y_2, \cdots, Y_Z\}$。第 $Z+1$ 个分支直接使用知识传播模块处理输入图谱得到输出特征 Y_0。这 $Z+1$ 个分支的知识传播模块采用参数共享的集成图卷积神经网络。此时，将该网络输出的 $Z+1$ 个特征之和作为预测的视觉特征分类器，其数学表达式如式（4-26）所示：

$$Y = \sum_{i=0}^{Z} Y_i \tag{4-26}$$

一致性损失 L_{CON} 变为 $Z+1$ 个输出特征之间的损失，具体如式（4-27）所示：

$$L_{CON} = \frac{1}{Z+1}\sum_{i=0}^{Z} | Y_i - \hat{Y} | \tag{4-27}$$

式（4-27）中，$\hat{Y}$ 表示 $Z+1$ 个输出特征的平均值，由式（4-28）计算得到：

$$\hat{Y} = \frac{1}{Z+1}\sum_{i=0}^{Z} Y_i \tag{4-28}$$

基于随机掩码增强的双分支图神经网络中随机掩码模板的数量越多得到的增强特征越多，但是最终的识别准确度并不随着模板数量的增加而不断提高。因此，设计了针对参数 Z 的分析实验以确定参数 Z 的最佳取值，Z 的取值范围为 $\{1, 2, 3, 4, 5, 6, 7, 8\}$。在归纳式学习设置下，用于平衡两种损失的参数$\beta$ 设为 0.07，在直推式学习设置下，β 设为 0.02。随机掩码率 p 在两种学习设置下均为 0.1。其余的参数（如学习率、最大迭代次数等）在对比实验中均保持一致。此算法在参数 Z 的不同取值下的识别结果如表 4-18 所示，公布的每个实验结果为 10 次随机实验的平均值。

表 4-18　此算法在不同参数 Z 下的识别准确度

Z	ID			TD		
	UCF-101	HMDB-51	Olympic Sports	UCF-101	HMDB-51	Olympic Sports
1	52.00	38.17	78.28	53.97	45.75	86.25
2	52.20	36.11	78.71	53.68	44.23	85.32
3	52.19	35.98	78.31	53.94	44.69	84.93
4	52.44	36.05	79.00	53.68	44.56	84.60
5	52.25	35.96	78.85	53.72	44.64	84.84
6	52.05	35.29	78.67	53.41	44.08	84.60
7	51.87	35.22	76.26	53.16	43.69	83.23
8	52.07	35.40	76.26	53.24	43.52	82.58

可以看出在归纳式学习设置下的实验中，此算法在参数 Z 取值为 4 时对 UCF-101 和 Olympic Sport 两个数据集获得了最高的识别准确度，在 Z 取值为 1 时对 HMDB-51 数据集获得了最高的识别准确度。当 Z 的取值为 1 时，对 UCF-101 的测试结果为 52.00%，虽然没有达到 Z 取值为 4 时的 52.44%，但是也超过了第一个算法的识别准确度 51.65%，这说明特征增强分支对算法的性能有提升作用。同样地，此算法在 Z 的取值为 1 时对 Olympic Sports 的测试结果为 78.28，超过了第一个算法的 77.78%。在直推式学习设置下的实验中，此算法随着参数 Z 逐渐变大对三个数据集的识别准确度大致呈现逐渐变小的趋势，当 $Z=1$ 时在三个数据集上的测试结果达到了最优，分别为 53.97%、45.75%、86.25%。

由于在实验中将三个数据集行为类别的语义特征构成一个自邻接知识图谱，所以参数 Z 的选取需要兼顾所有的数据集。综合上述实验结果，将参数 Z 的值定为 1，此时基于随机掩码增强的双分支图神经网络中共有两个分支，其中一个分支对输入图谱进行特征增强并传播知识信息，另一个分支对信息完整的图谱特征进行知识传播。

（2）联合损失函数中的参数 β 对实验结果的影响。在此提出了一个由均方误差损失和一致性损失构成的联合损失函数来训练网络，并用参数 β 来平衡两部分损失。为了探讨出最佳的组合，设计了关于参数 β 的分析实验，β 的取值范围为 {0.01，0.02，0.03，0.04，0.05，0.06，0.07，0.08，0.09，0.1}。除了 β 其余参数在不同的实验上均保持一致，其中 Z 为 1，p 为 0.1。实验结果见表 4-19，所有的实验都是基于归纳式学习和直推式学习进行，采用 UCF-101、HMDB-51、Olympic Sports 进行测试，且展示的实验结果均为 10 次随机实验的平均值。

表 4-19　此算法在不同参数 β 下的识别准确度

单位：%

β	ID			TD		
	UCF-101	HMDB-51	Olympic Sports	UCF-101	HMDB-51	Olympic Sports
0	51.99	37.67	78.86	53.89	45.21	85.37
0.01	51.94	37.81	77.96	53.95	45.67	85.53
0.02	51.97	37.33	78.88	53.97	45.75	86.25
0.03	52.15	37.88	79.06	53.87	45.67	85.27
0.04	51.98	37.69	78.32	54.06	45.55	85.42
0.05	52.21	37.64	79.34	53.89	45.40	86.00
0.06	52.14	38.00	78.76	53.82	45.72	85.53
0.07	52.00	38.17	78.28	54.01	45.67	85.32
0.08	51.71	37.62	78.98	53.97	45.64	85.85
0.09	52.04	37.72	78.96	53.86	45.40	85.59
0.1	52.11	37.81	79.11	54.03	45.42	86.01

从表 4-19 中可以看出，在归纳式学习设置下，此算法在三个数据集上取得最优性能时 β 的值分别为 0.05、0.07、0.05。在直推式学习的设置下，本书算法在三个数据集上取得最佳性能时 β 的取值分别为 0.04、0.02、0.02。β 的取值在 0.02 到 0.07 之间使此算法的性能达到了最优。在归纳式学习的实验下，此算法在 β 的值为 0.07 时对 UCF-101 和 Olympic Sports 的测试结果分别为 52.00%和 78.28%，均超过第一个算法的性能。因此，为了保证本算法在不同数据集上的泛化能力，在归纳式学习设置下将参数 β 的值设为 0.07。在直推式学习设置下的实验下，此算法对 HMDB-51 和 Olympic Sports 的测试结果达到了最优，而且对 UCF-101 的测试结果为 53.97%，高于未使用特征增强策略的算法性能。因此，在直推式学习设置下将参数 β 的值设为 0.02。另外，β 的取值为 0 时的实验结果可以表明，联合损失函数训练出来的模型比单一的均方误差损失训练的模型表现更好，所以一致性损失能够有效地提高未知类节点构建视觉特征的能力。

（3）随机掩码模板中概率 p 对实验结果的影响。随机掩码模板和输入图谱拥有相同的结构，不同的是，随机掩码模板中的节点为全 0 或者全 1 的特征表示，其中特征为全 0 的节点被称为掩码节点。使用该模板与输入图谱进行逐个特征值相乘可实现对输入图谱添加噪声干扰。模板中节点属于掩码节点的概率为 p，p 的取值越小，模板中的掩码节点越少，特征增强过程中输入图谱被擦除的节点特征就越多；相反地，输入图谱中保留下来的特征就会越多。为了探索概率 p 对零样本识别性能的影响，进行了相关的参数分析实验。实验中 p 的取值范围为 {0.02，0.04，0.06，0.08，0.1，0.12，0.14}，且均在 UCF-101、HMDB-51 和 Olympic Sports 三个数据集上实施。

在归纳式学习设置下的实验中参数 Z 为 1，参数 β 为 0.07。表 4-20 展示了不同参数 p 下的实验结果，每个结果均为 10 次随机实验的平均值。从表 4-20 中可以看出，当 p 的值为 0.06 时，此算法在 UCF-101 和 Olympic Sports 数据集上取得了最高的识别精度，分别为 52.24%和 79.41%。但是，此时在 HMDB-51 数据集上的识别结果为 37.59%，识别效果并不优异。当 p 的值为 0.1 时，此算法在 UCF-101 和 Olympic Sports 数据集上的识别准确度分别为 52.00%和 78.28%，均超过了未使用图特征增强策略的算法性能。考虑到算法在不同数据集上的泛化能力，在归纳式学习设置下参数 p 设为 0.1。

表 4-20　归纳式学习设置下参数 p 对此算法性能的影响

p	UCF-101	HMDB-51	Olympic Sports
0.02	51.77	37.50	79.12
0.04	52.01	38.14	79.09
0.06	52.24	37.59	79.41
0.08	51.82	37.93	78.62
0.1	52.00	38.17	78.28
0.12	51.97	37.70	79.04
0.14	52.22	37.79	78.03

在直推式学习设置下的实验中参数 Z 为 1，参数 β 为 0.02。表 4-21 展示了参数 p 对本书算法的影响，展示的每个结果均为 10 次随机实验的平均值。可以看出，当在此所提出的算法在三个数据集上均获得最高测试结果时，p 的取值分别为 0.06、0.06、0.1。同样，兼顾考虑本书算法在所有数据集上的泛化能力，最终将参数 p 设置为 0.1。此时，在三个数据集上的识别准确度分别为 53.97%、45.75%、86.25%，超过了相同实验条件下未使用图特征增强策略的识别准确度。

表 4-21　直推式学习设置下参数 p 对此算法性能的影响

p	UCF-101	HMDB-51	Olympic Sports
0.02	53.82	45.55	85.40
0.04	53.73	45.48	85.79
0.06	53.98	45.88	85.28
0.08	53.85	45.70	85.26
0.1	53.97	45.75	86.25
0.12	53.85	45.85	85.58
0.14	53.80	45.77	84.81

当参数 p 的取值超过 0.1 之后，此算法在两种实验设置下的性能均呈现逐渐减弱的趋势。这是因为输入图谱的特征被擦除得越来越多，导致未知类行为无法根据语义特征和图

谱的结构进行有效的捕获视觉信息。

通过参数分析实验，在此所提出的基于随机掩码增强的双分支图神经网络中的特征增强分支和参数设置如下：在归纳式学习设置下，进行了特征增强的分支为 1，参数 β 和 p 的取值分别为 0.07 和 0.1；在直推式学习设置下，进行了特征增强的分支为 1，参数 β 和 p 的取值分别为 0.02 和 0.1。

4. 单类结果分析

展示了此算法与第一个算法对 UCF-101、HMDB-51 和 Olympic Sports 三个数据集未知类的识别准确度，分别如图 4-30、图 4-31 和图 4-32 所示，图中展示的实验结果均为 10 次随机实验的平均值。本实验中将三个数据集构造成一个图谱进行实验，两种算法的训练方式均采用归纳式设置。

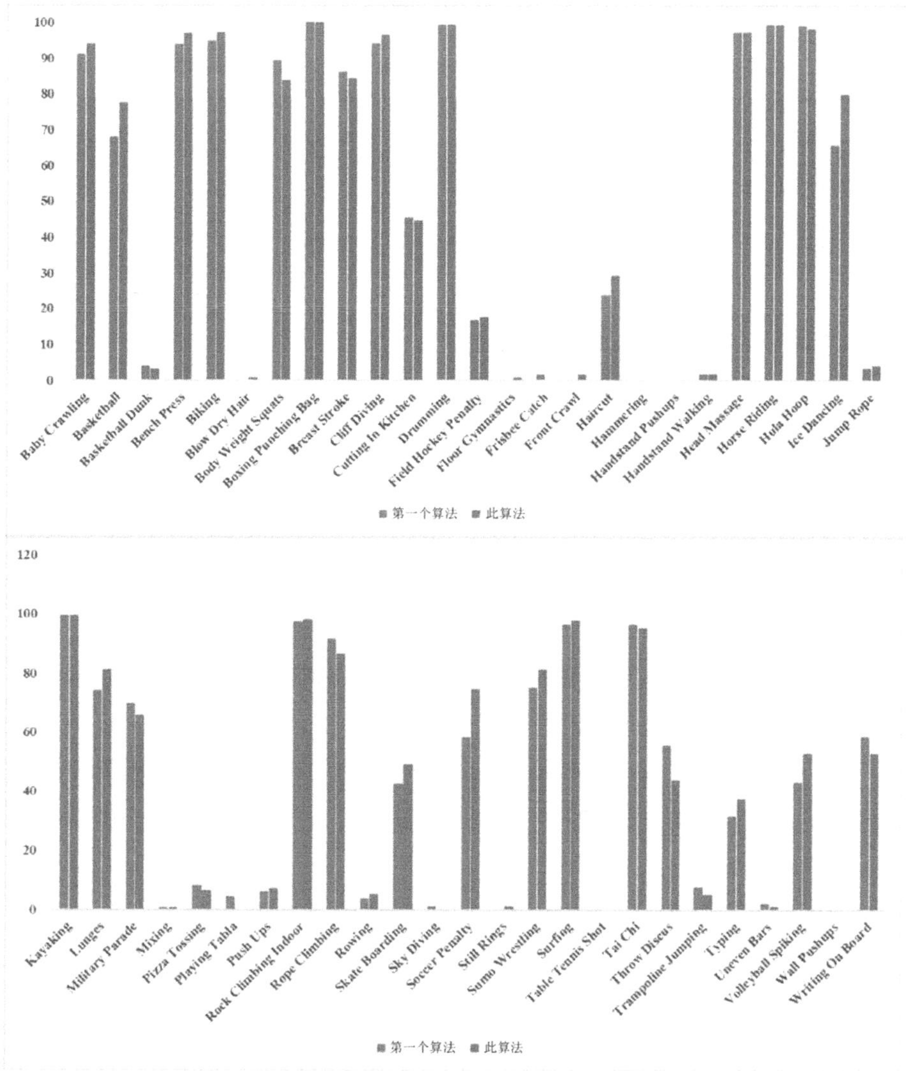

图 4-30　此算法与第一个算法对 UCF-101 数据集的识别准确度

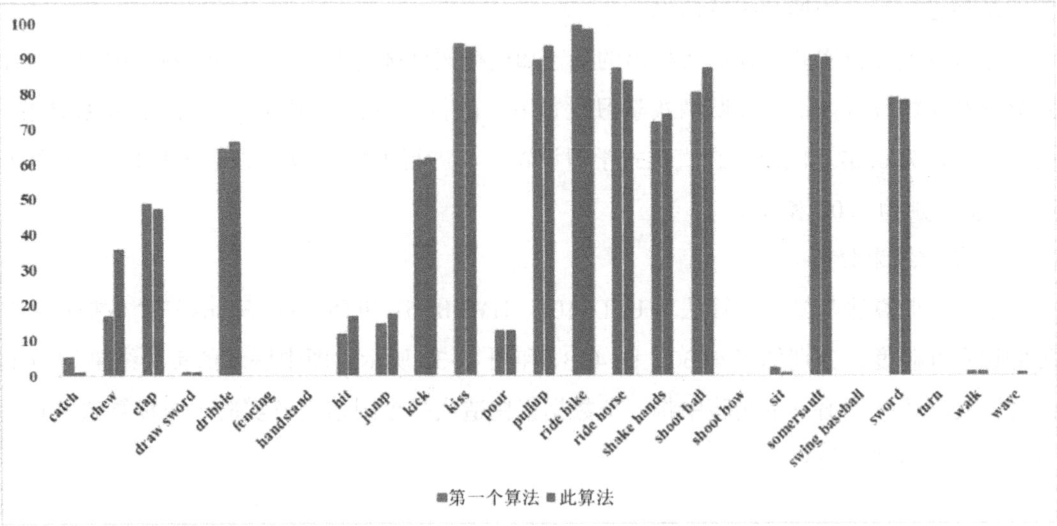

图 4-31 此算法与第一个算法对 HMDB-51 数据集的识别准确度

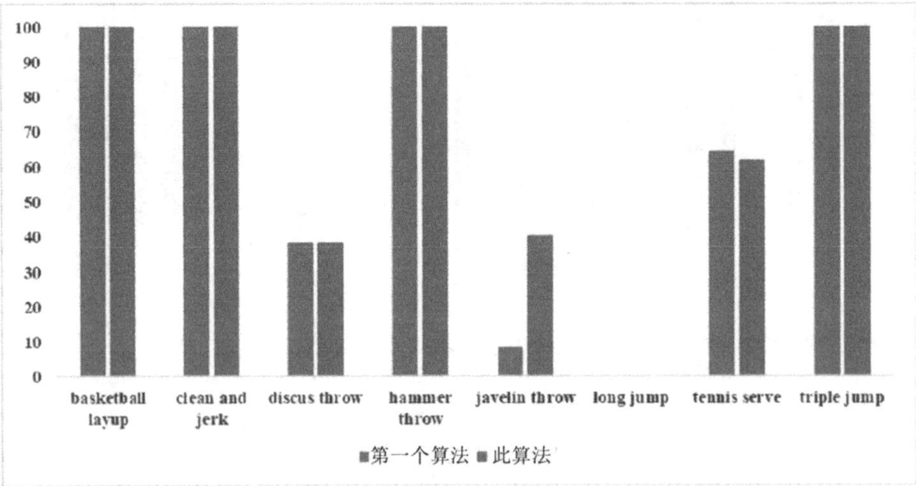

图 4-32 此算法与第一个算法对 Olympic Sports 数据集的识别准确度

在图 4-30 中，此算法识别准确度高于第一个算法识别准确度的类总共有 23 个，此算法识别准确度低于第一个算法识别准确度的类共有 17 个，两个算法的识别准确度相等的类共有 10 个。对于行为“Soccer Penalty”，此算法的准确度比第一个算法的准确度高 16.1%，该类别是此算法提升最多的类别。总的来说，此算法在 UCF-101 数据集上的识别准确度高于第一个算法。

图 4-31 展示了两种算法对 HMDB-51 数据集中未知类的测试准确度，对于行为“hew”，此算法的准确度高出了第一个算法近 20%。对于这 25 个测试类别，此算法平均提升了 1.1%。

图 4-32 展示了对于 Olympic Sports 数据集，提出的两种算法对“basketball layup”“clean and jerk”“hammer throw”和“triple jump”四个类别的识别准确度均为 100%，对

"discus throw"和"long jump"两个类别的识别准确度相同。对于行为"javelin throw"，本书算法提高了32%；对于行为"tennis serve"，此算法仅降低了2.6%。总的来说，此算法的性能优于一个算法。

（三）框架对其他图神经网络的影响

为了验证所提出的特征增强策略是否能提升其他图神经网络的性能和泛化能力，使用一个两层的图卷积神经网络替换基于随机掩码增强的双分支图神经网络中的知识传播模块，并在UCF-101、HMDB-51和Olympic Sports三个数据集上进行测试实验。上述被图卷积神经网络替换后的新方法在此被称为框架+SA-GCN，该方法在归纳式设置和直推式设置两种实验条件下进行了10次独立划分实验，10次实验结果的平均准确度见表4-22。

表4-22　不同框架的识别准确度

方法	ID/TD	UCF-101	HMDB-51	Olympic Sports
SA-GCN	ID	47.7	36.0	65.9
	TD	50.1	43.9	76.5
框架+SA-GCN	ID	50.49	36.31	73.83
	TD	53.52	44.19	83.89

表中的SA-GCN方法使用两层图卷积神经网络对自邻接知识图谱进行处理，除了与图谱特征增强有关的参数外其余的参数均和框架+SA-GCN方法保持一致。从表4-22中可以看出，在归纳式学习和直推式学习两种实验设置下，在此提出的随机掩码特征增强方法能够提高图卷积神经网络的泛化能力。

第五章　小样本/零样本检测算法与应用

本章就小样本/零样本检测算法与应用进行分析。

第一节　小样本检测算法与应用

一、基于 CBAM 掩码修复数据增强和加权原型网络的小样本目标检测算法

在此提出基于 CBAM（Convolutional Block Attention Module，CBAM）掩码修复数据增强模块和加权原型网络的小样本目标检测算法。该算法通过掩码修复方式实现数据增强，将数据增强模块嵌入小样本目标检测算法中，使数据增强和目标检测任务形成一个整体，实现端到端的小样本目标检测算法。这样有利于生成的数据对目标检测模型性能优化。数据扩充后每个类别的样本数量都有所增加，原型网络利用均值向量表示类原型向量，但是对于分布差异较大的训练集使用均值向量不能准确表示类原型向量。因此，利用改进的加权原型网络计算支持集样本的类原型向量，基于度量学习的思想，不同的样本具有不同的权重，距离中心点近的权重大，反之则权重越小。

（一）基于 CBAM 掩码修复数据增强模块和加权原型网络的小样本检测算法实现

1. 算法整体结构

Meta R-CNN 是现阶段小样本目标检测领域较为常用的算法框架且具有较好的表现，因此基于该算法提出了基于 CBAM 掩码修复数据增强模块和加权原型网络的小样本检测算法。在此所提算法利用掩码修复方法实现数据增强，并且在修复过程中加入 margin 使修复后的数据与原数据有所差别，避免生成的数据与原数据在特征空间重合。算法结构及流程如图 5-1 所示。算法框架包括四个部分：（1）特征提取模块；（2）掩码修复模块；（3）加权原型网络；（4）目标检测模块。算法遵循 Meta R-CNN 数据集设置，将数据集分为支持集 S 和查询集 Q。首先支持集样本和查询集样本共享特征提取网络 F（·），生成对应的特征图 F（x_Q）、F（x_S）。根据卷积神经网络的平移不变性，通过一定的缩放比例在支持图像特征图的目标区域加入随机掩码 $\hat{M}$。然后通过掩码修复模块 G（·）对图像掩码区域进行修复，生成新的特征图，如式（5-1）所示：

$$f_j(\tilde{x}_i^{c_k}) = G(\hat{M}_i,\ f_j(x_i^{c_k});\ \phi) \tag{5-1}$$

式（5-1）中，$f_j(\tilde{x}_i^{c_k})$ 表示支持集中第 i 个样本的第 c_k 个类生成的新特征，$f_j(x_i^{c_k})$ 表示第 c_k 类样本带掩码的特征，$\hat{M}$ 表示随机掩码，ϕ 表示掩码参数。

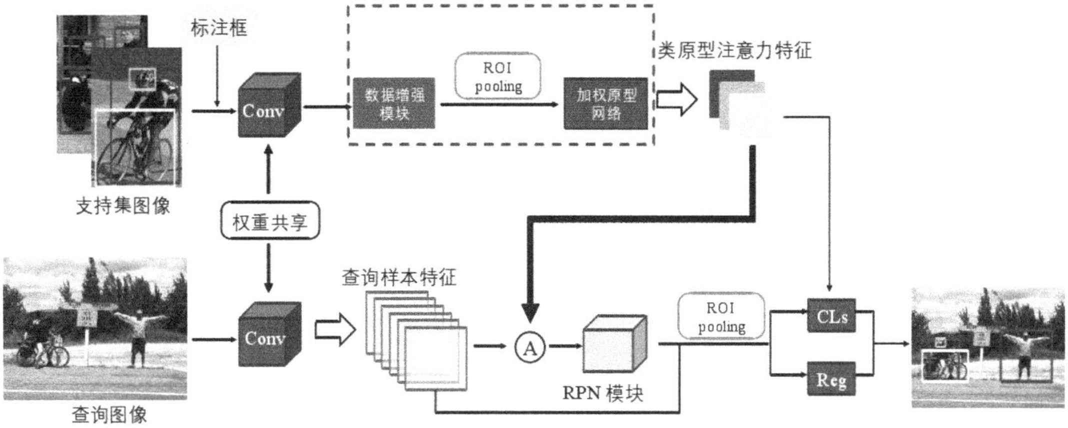

图 5-1　基于掩码修复模块和加权网络小样本检测模型结构

针对不同的随机掩码，掩码修复模型生成对应的特征图，掩码修复后的支持样本特征集 $S^{f(\cdot)}$ 表示为式（5-2）：

$$S^{f(\cdot)} = \{f_1(x_1^{c_k}),\ f_2(x_2^{c_k}),\ \ldots,\ f_j(x_i^{c_k}),\ f_1(\tilde{x}_1^{c_k}),\ f_2(\tilde{x}_2^{c_k}),\ \cdots,\ f_j(\tilde{x}_i^{c_k})\} \tag{5-2}$$

式（5-2）中，$x_i^{c_k}$ 表示第 k 个类别的第 i 个样本，$f(\cdot)$ 表示样本特征，$f(\tilde{x}_i^{c_k})$ 表示加入掩码后的样本特征。

通过 ROI Pooling 操作，固定每个目标区域大小。然后由加权原型网络计算支持集各类别的加权原型向量。加权原型向量与查询样本沿通道方向相乘，使查询图像的特征图更关注含有目标物的通道，然后经过 RPN 网络生成候选区域，最后对候选区域分类预测，在分类预测中同样引入类原型向量，这样使分类器充分利用支持集信息，提高分类准确率。

原型网络计算 S' 中每个样本的区域特征在映射空间的原型向量 $p_{c_k}^i$，对于同一个类别的向量，原型网络计算出它们的加权平均类原型向量 p_{c_k}，计算如式（5-3）所示：

$$p_{c_k} = \frac{1}{N}\sum_{i=1}^{N} \lambda_i p_{c_k}^i \tag{5-3}$$

式（5-3）中，N 表示 S' 中的特征个数，λ_i 表示第 i 个原型向量对应的权重。

2. 基于 CBAM 掩码修复的数据增强模块

在此，提出在小样本目标检测算法中嵌入数据增强模块，该方法实现端到端的小样本目标检测网络，解决了现有的数据增强方法容易引入随机噪声，且生成图像存在冗余信息，可用性不高的问题。另外，将基于修复的数据增强模块嵌入小样本目标检测模型，解决了其他数据增强模型参数设置复杂，复用程度不高的问题。基于 CBAM 掩码修复的数据增强方法与其他的基于生成对抗网络数据增强方式不同。该方法在数据增强的过程中能充分利用原图中的语义信息并且没有随机噪声的引入，因此生成的数据与原数据的关联性更强，这有助于目标检测模型的优化，同时目标检测结果可以反过来优化增强模块。CBAM随机掩码修复数据增强模块结构如图 5-2 所示。

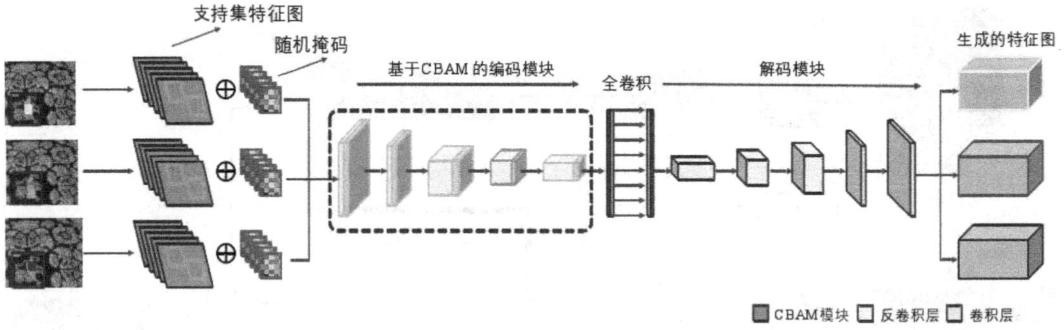

图 5-2　CBAM 随机掩码修复数据增强模块结构

在此采用改进的 Context Encoder 算法实现基于 CBAM 掩码修复数据增强模块。在 Meta R-CNN 模型中支持集与查询集共享特征提取模块，然后通过注意力机制使模型能准确提取查询样本中与支持集特征相似的部分。但是用于支持集的样本数量有限所以特征表达不明显，因此需要对支持集样本进行数据扩充。而在特征图上加入随机掩码然后修复掩码区域以此增强数据可以降低特征提取模块的训练难度。为了解决传统数据增强方法生成的数据冗余性强的问题，将随机掩码加在标注框区域内，标注框内的特征是决定样本分布的主要信息。基于 CBAM 掩码修复数据增强模块的特点有：（1）在特征图中加入随机掩码；（2）掩码只遮挡标注框区域；（3）掩码尺寸随机生成。随机掩码修复过程如图 5-2 所示。首先支持集样本的特征图加入随机掩码，然后 Context Encode：模块对加入掩码后的特征图进行掩码修复生成掩码区域的特征，加入 margin 能限制模型的修复能力增加增强数据的多样性。CBAM 掩码修复模块分为两个部分：（1）特征编码器；（2）特征解码器。考虑到小样本目标检测算法的整体速度，该编码器由 5 个卷积层，最后一层采用 Channel-wise fully-connected 层连接解码器，为了保持生成特征的尺寸不变，解码过程为五个反卷积操作。CBAM 随机掩码修复模块结构图最终数据特征的掩码区域，然后将生成特征结果与输入特征沿通道方向相加，生成一组新的支持样本特征。生成的样本和原始特征具有相同标签。

随机掩码修复编码通过卷积运算实现，因此编码结果缺少全局特征，修复的区域无法充分利用全文信息。因此在编码-解码器中引入 CBAM 机制。整个数据增强过程可以用式（5-4）表示：

$$f(\hat{x}) = G(\hat{M},\ f(x);\ \phi) + f(x) \tag{5-4}$$

式（5-4）中，$f(\hat{x})$ 表示生成的特征，$\hat{M}$ 表示随机掩码，$f(x)$ 表示输入特征，ϕ 为

CBAM 随机掩码参数。

上下文编码-解码器实现对带有掩码的特征的修复，编码器先对特征图进行下采样，然后上采样恢复特征图的尺寸这样有利于掩码区域修复。考虑到修复样本的语义性，在 Context Encoder 编码解码过程中加入了混合型注意力模块。Park 等人[①]提出轻量型注意力模块 CBAM，可以在通道和空间维度进行注意力融合。CBAM 结构如图 5-3 所示，CBAM 模包含两个部分 Channel Attention Module（CAM）和 SpatialAttention Module（SAM），两个子模块分别表示通道注意力和空间注意力。

引入 CBAM 注意力机制后，编码-解码器每一层的特征计算可以用式（5-5）表示：

$$f'''(x) = (f(x) \otimes f'(x)) \otimes f''(x) \tag{5-5}$$

式（5-5）中，$f'(x)$ 表示通道注意力图，$f''(x)$ 表示空间注意力图，$f'''(x)$ 表示经过 CBAM 注意力机制后的新特征。

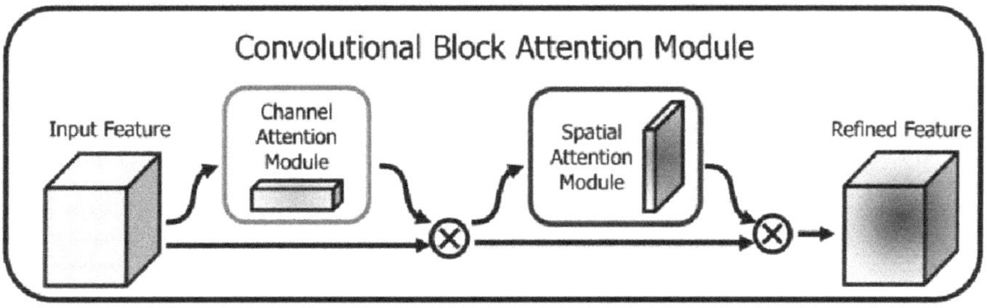

图 5-3　CBAM 结构

3. 加权原型网络设计

在此提出加权原型网络，解决了原型网络用支持集的样本均值向量表示类的原型向量导致先验知识中关键特征被弱化的问题。在 one-shot 场景中，原型网络在训练阶段将样本映射在特征空间，将训练样本作为一个类别的原型向量，然后根据度量学习的方法实现样本分类。当同一个类别有多个样本时，原型网络通过均值向量表示该类别的原型向量。由于小样本数据分布随机性大，则简单地利用均值向量无法准确表达类原型向量的真实分布。鲜维富[②]提出了加权原型网络，并且采用一维高斯核函数实现计算同一类别下不同样本的权重系数。在此对权重计算方式进行了改进，并且权重计算与数据增强相关联，使得权重分布更符合样本的真实分布，进而提高模型的泛化性能。

原型网络是一种基于度量学习的小样本学习模型，采用 SGD（Stochastic Gradient Descent）优化器，在计算类别概率时原型网络采用归一化，且利用最小距离表示最有可能的类别分布。原型网络遵循元学习训练过程，以任务为学习单位。对有 N 个类别每个类别

① Park J, Woo S, Lee J Y, et al. Cbam: Convolutional block attention module［C］//Proceedings of the European conference on computer vision（ECCV）. 2018: 3-19.

② 鲜维富. 基于深度学习的小样本图像分类与检测算法研究与实现［D］. 成都：电子科技大学，2021.

有充足的样本的数据集 S_{train}，原型网络随机挑选 K 个类别且每个类别只有少量的样本构成一个支持集 S_s。再随机为每个类别挑选一些样本作为查询集 S_q，原型网络为每个类别构建一个原型空间，然后计算 S_q 所属类别。原型网络旨在通过特征编码的方式将样本空间映射到嵌入空间，在 one-shot 场景中原型网络的效果优于 Matching Net。

原型网络通过学习图像的特征编码生成不同类别的原型特征向量。将查询图像的原型向量和支持图像的原型向量进行相似性估计，然后根据估计值实现样本分类。原型网络分类模型如图 5-4 所示，图 5-4（a）表示有多个样本是用样本均值向量表示该类别的原型向量，图 5-4（b）表示在零样本条件下利用聚类向量表示各个类别的原型向量。给定小样本数据集 $S=\{(x_1, y_1), \cdots, (x_N, Y_N)\}$，其中 x_i 为输入样本的 D 维特征向量，样本标签有 N 个类别，且每个类别只有少量样本。原型网络根据 S 计算每个类别的原型类向量 p_k，计算如式（5-6）所示：

$$p_k = \frac{1}{|S_k|}\sum_{(x_i, y_i)\in S_k} f_\phi(x_i) \tag{5-6}$$

式（5-6）中，p_k 表示第 k 个类别嵌入空间的原型向量均值，S_k 表示第 k 个类别样本集合，$f_\phi(\cdot)$ 表示映射函数，ϕ 为可学习参数。

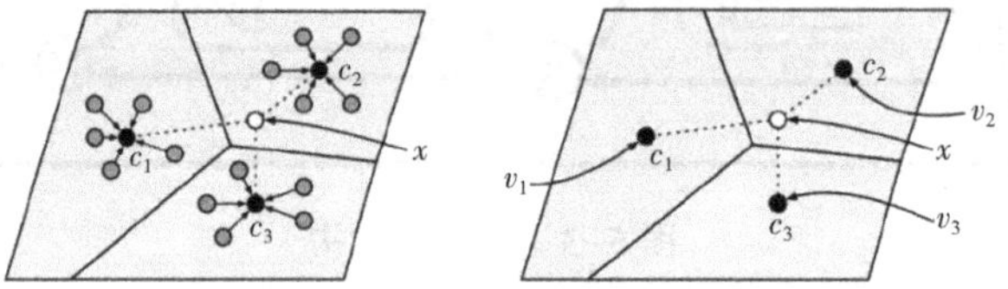

（a）Few-shot （b）Zero-shot

图 5-4 原型网络分类模型

原型网络通过距离函数 $d(\cdot)$ 计算待分类样本 X 的嵌入空间向量到各个原型向量的距离 d，则样本 X 的类别概率表示为式（5-7）：

$$P_\phi(y=k\mid X) = \frac{\exp(-d(f_\phi(X), p_k))}{\sum_{k'=1}^{K}\exp(-d(f_\phi(X), p_k'))} \tag{5-7}$$

式（5-7）中，P_ϕ 表示样本 X 属于第 k 类别的概率，$f_\phi(X)$ 表示在参数 ϕ 下，样本 X 的空间映射向量。

在 few-shot 问题中，传统的原型网络模型没有考虑样本分布差异，选择平均向量作为每个类别的类别原型向量，均值向量中各个分量对均值的影响是一样的。这种算法将极端样本当成正样本进行计算导致模型生成的原型向量缺少准确性。实际情况中不同样本对类原型向量的贡献值不相等，基于度量学习的思想，距离真实原型向量近的样本权重更大，距离真实原型向量远的样本权重越小。因此，每个类别的类原型向量应该是各个样本的加权求和。其中距离类向量越近的样本权重越大，即越接近类向量原型；相反远离原型向量的样本权重系数越小，加权原型向量示意如图 5-5 所示。

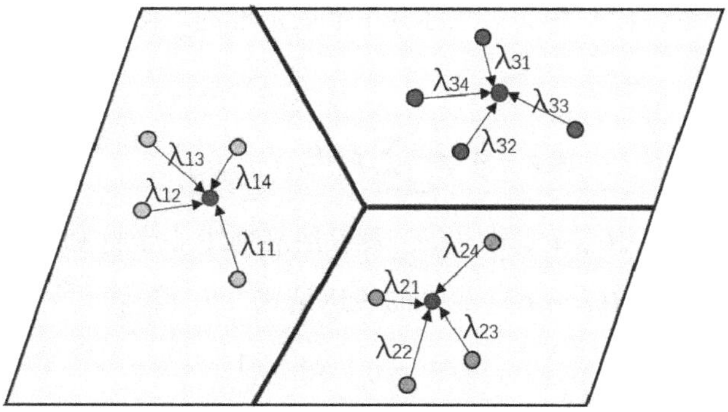

图 5-5　加权原型向量示意

经过加权原型网络后各个类别的原型向量表示为式（5-8）：

$$\hat{p}_i = \frac{\sum_{j=1}^{N} \gamma_{ij} x_{ij}}{\sum_{j=1}^{N} \gamma_{ij}},\ j = 1,\ 2,\ \cdots,\ N;\ i = 1,\ 2,\ \cdots,\ K \tag{5-8}$$

式（5-8）中，$\hat{p}_i$ 表示第 i 个类别的类原型向量，x_{ij} 表示第 i 个类别的第 j 个样本，γ_{ij} 表示该样本的权重。

高斯分布能很好地拟合图像处理中的样本分布，因此鲜维富利用高斯函数对样本权重估计，在此采用高维高斯分布来拟合样本的真实分布，能充分利用样本不同维度的信息。并且对高斯宽度的取值与数据增强进行对齐，使得原型向量更符合数据增强的分布，计算如式（5-9）所示：

$$\lambda_{ij} = \frac{1}{(2\pi)^{D/2} \mid \sum \mid^{1/2}} - \frac{(x_{ij} - u)^T (x_{ij} - u)}{2\sum}\Big],\ j = 1,\ \cdots,\ K;\ i = 1,\ \cdots,\ N \tag{5-9}$$

式（5-9）中，λ_{ij} 表示第 j 个类别的第 i 个支持样本的权重，x_{ij} 表示第 j 个类别的第 i 的样本，D 表示经过原型网络映射后的向量维度。Σ 表示高斯函数宽度在此该值用 *margin* 表示见式（5-15）。

（二）损失函数

在此提出的小样本目标检测算法的损失函数分为三个部分，即分类损失、边框回归损失、图像重构损失，如式（5-10）所示：

$$L = L_{cls} + L_{reg} + L_{rec} \tag{5-10}$$

式（5-10）中，L_{cls} 表示分类损失，见式（5-11）；L_{reg} 表示边框回归损失，见式（5-13）；L_{rec} 表示修复模块的重构损失，见式（5-15）。

$$L_{cls} = \frac{1}{N_{cls}} \sum_i L_{cls}(p_i,\ p_i^*) \tag{5-11}$$

$$L_{cls} = (p_i,\ p_i^*) = -\log[p_i p_i^* + (1 - p)(1 - p_i^*)] \tag{5-12}$$

式（5-11）、式（5-12）中，p_i 表示第 i 个候选框的预测概率，p_i^* 表示候选框的预测类别二值表示。

$$L_{reg} = \lambda \frac{1}{N_{reg}} \sum_i p_i^* L_{reg}(t_i,\ t_i^*) \tag{5-13}$$

式（5-13）中，$t_i = \{t_x,\ t_y,\ t_w,\ t_h\}$ 表示预测框中心坐标和宽高，t_i^* 表示锚框对应标注框的坐标参数，$L_{reg} = R(t_i - t_i^*)$，R 的表达见式（5-14）：

$$R(x) = \begin{cases} 0.5x^2, & if\ |x| < 1 \\ |x| - 0.5, & otherwise \end{cases} \tag{5-14}$$

$$L_{rec} = ||\hat{M} \odot F((1 - \hat{M}) \odot x)||_2^2 - margin \tag{5-15}$$

式（5-14）、式（5-15）中，$\hat{M}$ 表示掩码，x 表示输入样本，F 表示数据增强损失，*margin* 范围参数增加生成样本的多样性。

（三）实验设置

1. 实验环境与参数设置

本实验的设备系统为 Ubuntu 16.04，搭配 CPU 型号为 ES 系列（8 核）12G 内存，GPU 配置为 TITAN X（12G）。算法的特征提取模块采用在 ImageNet 上预训练的 ResNet 50 网络。此外学习率初始化为 1×10^{-5}，衰减率设为 0.9。

2. 实验数据集

实验数据主要基于 Pascal VOC 07+12 数据集完成，Pascal VOC 是目标检测任务中较为常用的数据集。相关的小样本目标检测也基本在 PascalVOC 数据集上进行验证实验，因此选择 Pascal VOC 数据集作为实验数据集更具说服力。Pascal VOC 数据集共有 20 个类别分别涉及 vehicle、household、animal、person 等四个大类，该数据集共有 33043 张图像，79540 个标注框。

3. 评价指标

评价指标是衡量模型性能优劣的重要依据，相同指标下的对比更能直观地反映模型性能。小样本目标检测任务的评价指标与一般目标检测模型评价指标基本相同，但是小样本目标检测还需要对比基类和新类上的准确率。具体指标如下。

（1）混淆矩阵是目标检测任务评价分类结果的一项指标（见表 5-1）。将算法的预测结果和数据集中对应样本标签在笛卡儿空间交叉相乘，得到一个 2×2 的矩阵空间，然后统计对应坐标个数。其中 TP 和 FN 均表示正确预测样本标签，TN 和 FP 均为错误预测分别将正样本预测为负样本、将负样本预测为正样本。

表 5-1 混淆矩阵

	预测正样本	预测负样本
正样本	TP	FP
负样本	TN	FN

（2）Precision（准确率）反映的是目标检测模型的全局准确程度，模型预测正确样本数占所有预测结果比例，如式（5-16）所示：

$$P_{precision} = \frac{TP}{TP + FP} \tag{5-16}$$

（3）IoU 用于表示真实边框和预测边框的交并比，一般 IoU 阈值根据实验内容进行设定，IoU 值的大小反映了预测结果偏差的大小。

（4）AP 和 mAP 是目标检测任务中的主要评价指标，AP（average precision）即平均精度。实验数据集主要采用 Pascal VOC07+12，因此在该数据集中平均精度表示查全率大于设定阈值时的最大查准率时的 PR 曲线下面积的平均值。mAP 计算公式如式（5-17）所示：

$$mAP = \frac{\sum_{i \in N_q} AP_i}{|N_q|} \tag{5-17}$$

式（5-17）中，AP_i 表示类别 i 的平均精度，N_q 表示数据集中的总类别数。

（四）实验结果与分析

在此主要通过实验验证以上提出的小样本目标检测模型的性能，并且针对该模型设计了消融实验。通过消融实验分析 CBAM 掩码修复数据增强模块和加权原型网络对小样本目标检测准确率的效果。针对 CBAM 掩码修复数据增强模块设计了可视化实验，通过可视化结果直观地说明提出的数据增强方法效果。

1. CBAM 掩码修复数据增强模块消融实验

在此设计消融实验验证 CBAM 随机掩码修复模块的准确性和可行性。此外，还设计了掩码覆盖率实验，验证掩码尺寸对数据增强和目标检测效果的影响。最后将方法生成的数据和传统方法生成数据结果进行可视化对比。

（1）CBAM 掩码修复数据增强模块实验。在 Pascal VOC 数据集上基于 $shot=5$ 和 $shot=10$ 分别进行 5 组实验。通过实验验证端到端的数据增强小样本目标检测算法能提升检测效果，并且通过对随机掩码修复模块加入不同的注意力机制来验证 CBAM 注意力机制的高效性。实验结果见表 5-2，其中 augment 表示是否加入随机掩码修复模块，CAB 表示通道注意力机制，SAB 表示空间注意力机制，CABM 表示混合注意力机制。

表 5-2　基于 CBAM 掩码修复数据增强模块实验结果

shot	augment	attention			mAP	
		CAB	SAB	CBAM	base class	novel class
5					14.3	9.8
	√				25.1	19.7
	√	√			23.8	21.0
	√		√		23.1	19.3
	√			√	40.6	23.1
10					55.1	39.2
	√				66.8	42.4
	√	√			73.8	46.3
	√		√		73.4	44.1
	√			√	75	51.4

根据表 5-2 可以看出，当 *shot*=5 且不进行数据扩充时 Meta R-CNN 模型在样本量较少时检测效果较差，加入不同的数据增强模块后检测准确率明显上升。加入不带注意力的掩码修复模块当 *shot*=5 时 base 类准确率上升 11%，新类准确率上升 10%；*shot*=10 时，基类的准确率上升 11.7%，新类准确率上升 3.2%。这说明数据量是决定小样本准确率的重要因素。通过 CBAM 掩码修复数据增强模块能有效实现数据增强的目标。

实验结果如图 5-6 所示，根据实验结果得出结论：利用 CBAM 掩码修复数据增强模块实现数据扩充确实提高了小样本目标检测的准确率，并且采用不同注意力模块对目标检测准确率的提升效果是不同的，表现力从 CAB、SAB、CBAM 依次提高，其中 CBAM 模块融合了 CAB 和 SAB 两种注意力方式，并且有实验证明先进行 CAB 再进行 SAB 效果优于先进行 SAB 再进行 CAB。

图 5-6　不同注意力机制的掩码修复模块的小样本目标算法检测结果对比

（2）随机掩码覆盖率。图像修复模型的能力主要受掩码块大小的影响，当掩码块过大修复模型可利用的像素信息减少，通过修复生成的图像与真实样本分布差异变大，不利于检测模型学习；当掩码块过小，修复后的样本不具有多样性，同样不利于检测模型优化，对此设计关于掩码块尺度的消融实验，掩码尺寸表示掩码面积占标注框面积比例，设置 $shot=10$ 实验结果如表 5-3 所示。

表 5-3　掩码块尺寸消融实验测试结果

mask size	split1		split2		split3	
	base class mAP	novel class mAP	base class mAP	novel class mAP	base class mAP	novel class mAP
5%	65. 8	64. 7	64. 9	64. 5	67. 7	66. 1
8%	61. 2	59. 3	60. 4	54. 7	63. 1	52. 0
15%	31. 9	21. 4	34. 1	21. 4	35. 6	21. 1
30%	35. 1	10. 8	37. 4	9. 07	36. 3	8. 6
45%	21. 4	0	19. 3	0	10. 1	0

表 5-3 显示无论 mask size 过小还是 mask size 过大，都会对目标检测结果产生不好的影响，并且当 mask 尺寸达到标注框的 45%的时候，小样本目标检测在新类上的准确率几乎降为零。对实验数据分析认为：当 mask 尺寸过大，会遮挡住标注框中的主要信息，虽然部分信息被修复，但主要信息还是被 mask 破坏，导致目标检测找不到目标物，使检测结果急剧下降。当 mask 太小，通过修复模块生成的图像和原图差异不大，导致重复数据，使检测模型过拟合，在积累上效果好，新类上效果差。

（3）生成数据分布对比可视化。为了更直观地说明 CBAM 随机掩码修复模块的作用，进行了可视化实验，分别对比了传统方式、基于 GAN 网络、本书方法生成数据的分布情况。实验结果如图 5-7 所示。其中实心圆表示数据的真实分布，方形表示生成的数据分布。

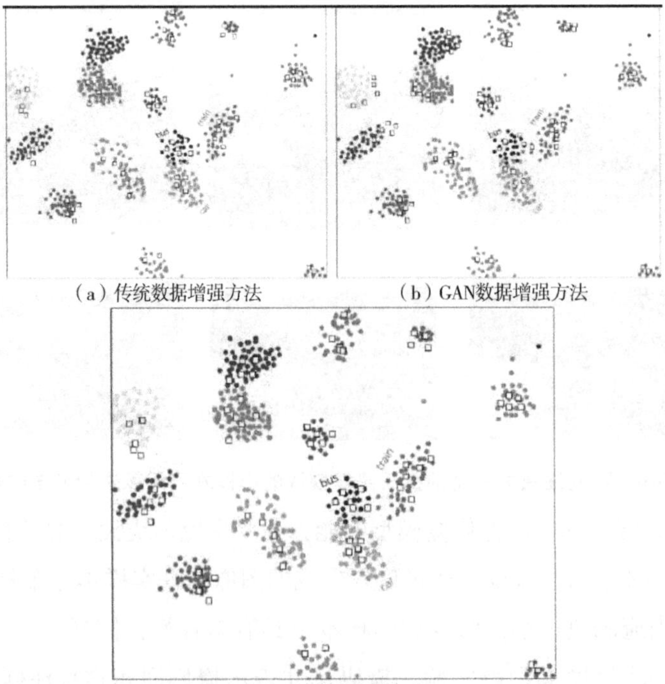

（a）传统数据增强方法　（b）GAN数据增强方法

（c）ours数据增强方法

图 5-7　不同数据增强方式扩充的数据分布 T-SNE 对比结果

图 5-7（a）是采用传统的数据增强方式进行的数据增强结果。可以看出生成的数据和数据样本真实分布较集中，差异性不强生成的数据没有很好地扩展数据的分布，因此传统数据增强方法对目标检测模型性能提升较为有限。图 5-7（b）是采用生成对抗网络生成的数据分布。数据基本可以区分出各个类别的边界线，但是有少量样本分布差异较大。图 5-7（c）是在此提出的基于嵌入方式生成的数据分布。可以看出生成的数据能基本沿着类别边界分布，并且生成的数据较为均衡，因此本书的基于 CBAM 随机掩码修复方法对数据增强的效果较好。

2. 加权原型网络消融实验

在此针对加权原型网络设计消融实验，实验数据集采用 PASCAL VOC 07+12 目标检测数据集，分别进行六组实验。将小样本数设置为 3-*shot*，10-*shot*，15-*shot*，分别对比带权重的原型网络和原始原型网络的小样本目标检测效果，实验结果如表 5-4 所示。

表 5-4　加权网络验证结果

shot	加权原型网络	base class	novel class
3		15. 3	7. 2
	√	16. 2	10. 8
10		21	16. 3
	√	23. 6	19
15		69. 2	32. 2
	√	75	51. 4

表 5-4 结果表明在不同的 *shot* 条件下，基于改进的带权重的原型网络检测结果的准确率得到提升。在 *shot* = 3 时，base 准确率提升 0. 9%，novel 准确率提升 3. 6%；*shot* = 10 时，base 准确率提高 2. 6%，novel 准确率提高 2. 7%；在 *shot* = 15 时，base 准确率提高 5. 8%，novel 准确率提高 19. 2%。当样本较少时样本数量通过加权的方式对类原型向量的表示仍有差异，因此效果提升不明显。但是随着数据量的增加，样本对类原型向量的表达逐渐准确，即先验知识对特征的提取能力变强使检测模型准确率提升。

3. 对比实验与实验结果

为了实现在此所提算法与目前常用的小样本目标检测算法的对比试验。该实验基于 PASCAL VOC 数据集完成，并且该实验遵循元学习的实验设置，随机选择测试类、新类、基类，针对不同的测试类别分别设置不同的样本数量进行多角度对比。实验结果如表 5-5 所示。

表 5-5　小样本目标检测算法对比实验结果

methods	split1			split2			split3		
shot	5	10	15	5	10	15	5	10	15
Meta R-CNN	35.0	45.7	51.5	29.6	34.4	45.3	27.5	41.2	48.1
TFA	44.7	55.7	56.0	23.5	34.1	39.1	34.8	49.5	48.1
MPSR	43.1	55.2	61.8	39.9	39.9	47.8	42.3	48.0	49.7
FSCE	43.8	61.9	63.4	43.5	44.2	50.2	41.9	47.5	54.6
Ours	44.9	54.7	37.4	37.4	37.4	41.2	41.96	51.4	49.6

从表 5-5 可以看出，在数据量极少的情况下在此所提算法与其他算法结果基本一致，随着数据量的增加本书算法达到最优。具体为 *shot* = 5 的设置下在此提出的小样本目标检测算法方法在 split 1 和 split 3 中的结果均优于 Meta R-CNN，在 *shot* = 15 的设置下本书的方法整体上优于其他小样本目标检测方法。

图 5-8 为在 *shot* = 5 的条件下各个模型的检测效果。在不同的类别上各模型的表现各不相同，对于 sheep 这个类的目标各个模型都能识别出，但是各个类别的置信度有所差别，其中 MPSR 方法置信度最高，TFA 置信度最低。但是在沙发和桌子同时出现时其他模型的检测结果并不突出，只有在此所提出的方法能同时检测出桌子和沙发。

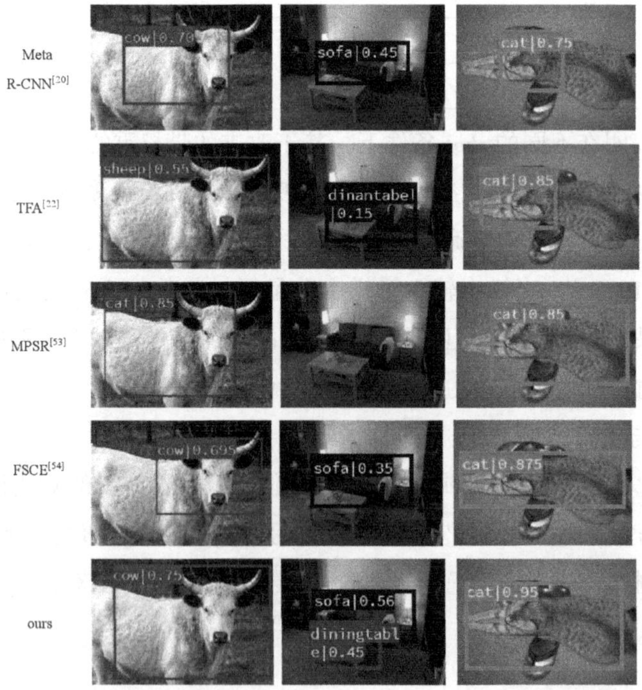

图 5-8　多种小样本目标检测算法对牛、沙发、猫的检测结果对比

二、改进的 Meta R-CNN 小样本目标检测算法

这里主要针对 Meta R-CNN 小样本目标模型的不足提出改进算法。以上提出的数据增强策略，从数据层面提高小样本目标检测准确率，解决传统数据增强技术丰富性低、泛化性能提升不明显等问题。在此将从模型层面对现有的基于 Meta R-CNN 的小样本目标检测算法模型提出改进，主要解决现有算法对支持集样本特征信息利用不充分和样本尺度单一时模型准确率低的问题，提出改进的 Meta-RCNN 小样本目标检测算法。

（一）改进的 Meta R-CNN 小样本目标检测算法

1. 改进的 Meta R-CNN 算法设计

基于 Meta R-CNN 算法提出改进。以上已经对 Faster R-CNN 网络不适用于小样本目标检测任务的原因进行分析，但是 Faster R-CNN 是目标检测的基础，因此提高小样本目标检测任务的准确率首先要解决目标检测模型对有限数据信息的利用率。小样本目标检测模型性能主要体现在对先验知识的获取方面，但单一方式的特征融合使得小样本目标检测模型获取先验知识不全面。因此在 Meta R-CNN 框架基础上引入多尺度类注意力（Multi-scale Class Attention，MSCA）模块解决尺度信息学习困难，然而其又导致小样本目标检测准确率低的问题。由于缺少数据样本训练集多数样本尺度较为单一，所以基于 Faster R-CNN 的小样本目标检测模型无法准确学习尺度信息。因此模型在尺度特征上鲁棒性较差，将同种类别的不同尺度的样本预测出不同结果。故在算法模型中采用混合注意力融合（Mixed Attention Fusion，MAF）提高查询样本对先验知识的获取。

改进后的算法结构如图 5-9 所示。该算法以 Faster R-CNN 作为检测框架，并将支持集信息作为先验知识引入 Faster R-CNN 检测任务中。其中多尺度注意力模块提供了支持集样本的类原型特征，将查询特征输入 RPN 网络之前与支持集样本特征进行多尺度融合。另外，通过融合最大池化特征和平均池化特征提高 Faster R-CNN 网络获取的先验知识。

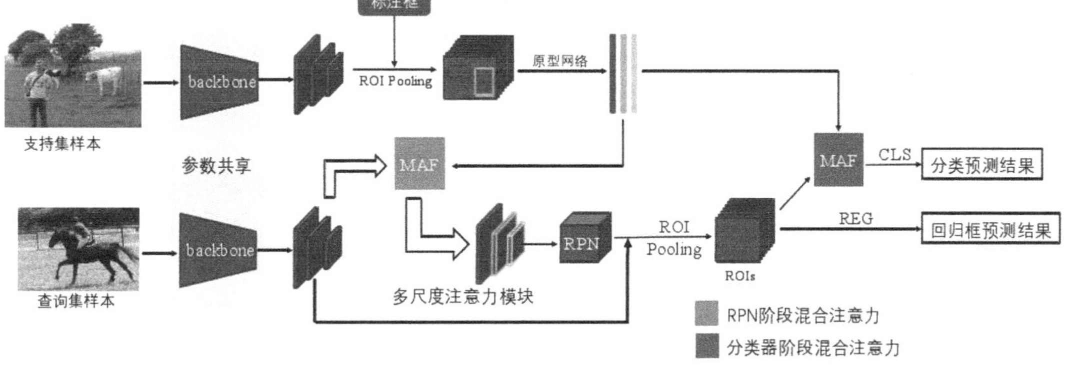

图 5-9　Meta R-CNN 模型结构

基于 Meta R-CNN 的算法遵循了元学习（Meta learning）的训练策略，算法分为两个

阶段：（1）元训练阶段；（2）元测试阶段。元学习是以任务为导向的训练过程，并且元学习要求训练和测试要在同样的场景下进行，这样才能有效地评估和推广元学习算法的性能。对于数据集 D_{meta} 和 D_{test}，其中 D_{meta} 中包含 C_{base} 个类别每个类别有大量的样本，D_{test} 中包含 C_{novel} 个类别每个类别只有少量的样本，且 $C_{base}-C_{novel}=\phi$。Meta R-CNN 算法随机从 C_{base} 中挑选 K 个类别，每个类别有 N 个样本（N 一般较小），$K\times N$ 个样本构成支撑集 S，每个类别再另选择若干个样本作为查询集 Q。元学习数据集划分示意如图 5-10 所示。

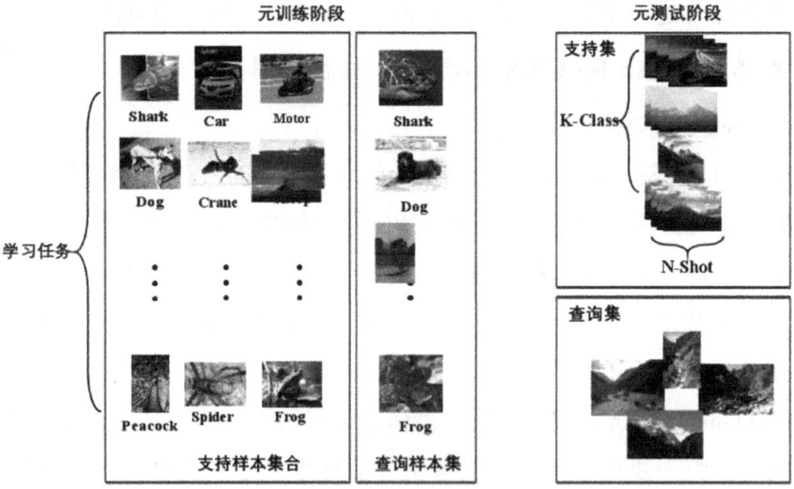

图 5-10 元学习数据集划分示意

2. 注意力特征机制

注意力机制从人类看待事物能特别关注重点区域得到启发，注意力机制旨在通过神经网络模仿人类观察事物的机制，使神经网络学习图像中的关键细节信息。在计算机视觉中，通常情况利用卷积核在特征图上进行卷积操作，引入注意力机制的神经网络对图像信息进行资源加权分配，加强重要信息的权重，弱化次要信息，从而获得较高质量的特征图。通道注意力（Channel Attention）由 Hu 等人①提出，并且设计了 SE-Net 模型结构如图 5-11 所示。

SE-Net 是 Squeeze-and-Excitation Networks 的简称，SE-Net 主要分为压缩（Squeeze）和激励（Excitation）两个部分。

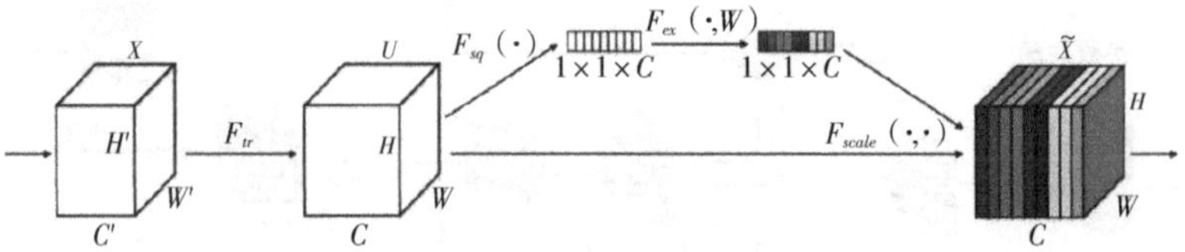

图 5-11 SE-Net 模块结构

① Hu J, Shen L, Sun G. Squeeze-and-excitation networks [C] //Proceedings of the IEEE conference on computer vision and pattern recognition. 2018: 7132-7141.

对于输入特征 U（$C \times H \times W$），SE-Net 网络先进行全局平均池化，得到 $1 \times 1 \times C$ 的权重特征即图 5-11 中 F_{sq}（·），该过程称为压缩过程，计算过程为式（5-18）：

$$z_c = F_{sq}(U_c) = \frac{1}{W \times H}\sum_{i=1}^{W}\sum_{j=1}^{H} u_c(i,\ j) \tag{5-18}$$

式（5-18）中，z_c 为压缩过程的结果特征，W、H 分别为原始特征的宽高。

权重特征经过两层全连接层，经过 Sigmoid 激活层得到各个通道的权重值每个权重均为 0~1，如式（5-19）所示：

$$s = F_{ex} = (z,\ W) = \sigma(g(z,\ W)) = \sigma(W_2\delta(W_1 z)) \tag{5-19}$$

式（5-19）中，s 表示 Re-LU 激活函数。

最后用 $1 \times 1 \times C$ 的权重和 U 特征图相乘，得到带权重的特征图 $\tilde{x}_c$ 特征。

3. 多尺度类注意力机制

针对在小样本场景下尺度信息学习困难导致小样本目标检测准确率低的问题，提出多尺度类注意力模块。

多尺度是目标检测和图像分割常用的特征提取方法，主要解决目标检测中尺寸不平衡的问题。卷积神经网络中通过卷积核对特征进行卷积运算，卷积核尺寸不同，卷积过程中的视野会有所差别，卷积核越大卷积的视野越大，随着卷积层数的增加神经网络学习更多的语义信息，但是对浅层的位置信息丢失也较为严重。此外随着卷积层数的增加特征图的尺寸也随之下降，此时在原图中尺寸较小的物体被卷积和忽视，导致模型对小目标检测不准确或者检测不到小物体目标。图 5-12 中图像原始尺寸 224×224×3，经过多层卷积之后特征图尺寸为 28×28×512，尺寸缩小为原来的 1/8，也就是说原图中小于 8 像素的物体都不会被识别出来。

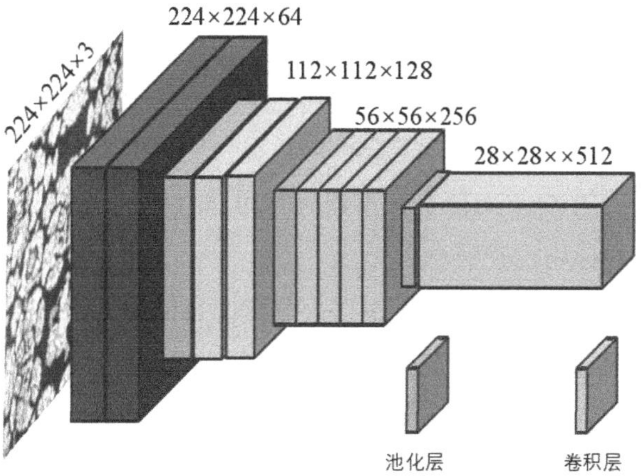

图 5-12　CNN 特征提取流程

对比了现有的多尺度实现方式，如图 5-13 所示。特征提取采用在 Image 数据集上预训练的 VGG16 模型，从左往右依次网络层数逐渐加深，浅层网络目标物轮廓清晰，深层网络更关注目标的显著特征，语义信息更明显。

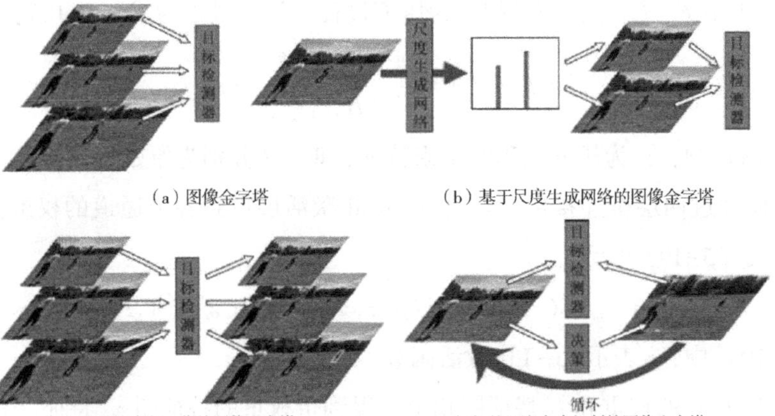

（a）图像金字塔　（b）基于尺度生成网络的图像金字塔

（c）基于尺度归一化的图像金字塔　（d）基于注意力机制的图像金字塔

图 5-13　几种基于图像金字塔的多尺度目标检测结构

Hao 等人①在人脸检测中提出利用多尺度解决人脸多尺度问题，提出 Scale Proposal Network（SPN）旨在实现利用尺度估计网络预测被检测目标的尺度分布，然后在实现各个尺度上的单一目标检测任务，网络流程如图 5-13（b）所示。SPN 预先实现图像中目标物尺寸估计，目标检测阶模块避免对每一个特征层都进行检测，降低冗余操作，节约计算资源。Singh 等人②提出尺度归一化金字塔（SNIP）的训练策略，在一些特定的目标检测数据集中标注框的尺寸非常丰富，目标检测算法在小目标检测准确率明显下降，实验分析认为大尺寸的目标干扰模型对小目标的学习，SNIP 为图像金字塔每一层提供合适的尺寸范围，模型在特定层只关注特征尺度目标，实现目标检测算法性能提升，如图 5-13（c）所示。

在 Meta R-CNN 框架中，支持集和查询集样本通常共享网络参数。当样本尺度不对等时会导致检测效果不佳，最终影响小样本目标检测整体的准确率。同类别的查询样本和支持样本目标的尺寸存在四种情况。

（1）查询集目标尺度大，支持集样本目标尺寸小。查询图像的特征图中的目标信息被融入背景信息中，失去位置信息。

（2）查询集目标尺寸小，支持集样本目标尺寸大。此时支持集样本经过深度卷积之后，支持集样本中的目标物位置信息丢失。

（3）两种样本尺寸都小。这种情况下这个分支的目标物位置信息均丢失。

（4）两种样本尺寸都大。该情况下对目标检测效果影响较小，因此不进行分析。

多尺度 RPN 模块结构如图 5-14 所示。为了提高 RPN 模块生成候选框的效率支持集

① Hao Z，Liu Y，Qin H，et al. Scale-aware face detection ［C］ //Proceedings of the IEEE Conference on Computer Vision and Pattern Recognition. 2017：6186-6195.

② Singh B，Davis L S. An analysis of scale invariance in object detection snip ［C］ //Proceedings of the IEEE conference on computer vision and pattern recognition. 2018：3578-3587.

样本的多尺度特征先与查询集样本特征进行特征融合，这样有利于利用支持集样本特征突出查询集样本中的关键特征。具体为在通过注意力机制实现将支持集中的先验知识提供给目标检测模块，而通过多尺度特征提取使先验知识中既包含高级语义知识，也有低级尺度信息，因此检测模块能获得更丰富的先验知识，对目标物的特征提取效果更好，提高检测结果。

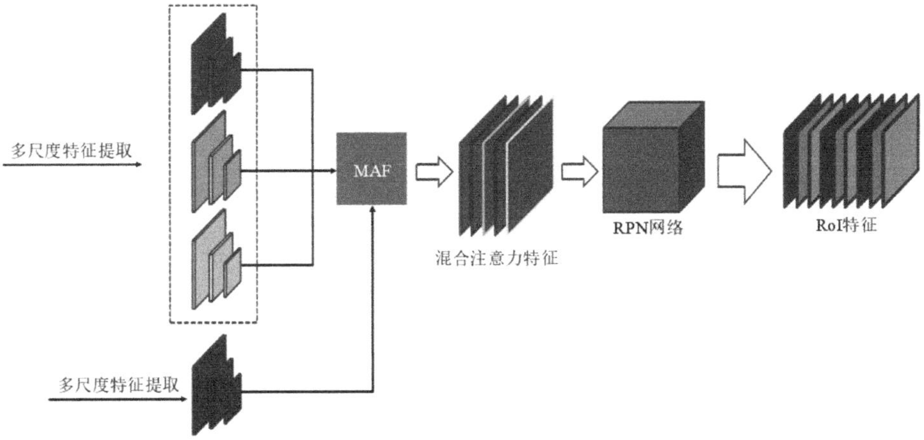

图 5-14　多尺度 RPN 模块结构

4. 混合注意力特征融合

在此，分别在生成候选框和分类器两个阶段采用的混合注意力融合。注意力机制模仿人类对事物的关注方式，在卷积过程中希望神经网络对特定内容有更好的学习。在此提出的算法中的支持集样本的特征是查询集图像在卷积过程中学习的重要内容，即查询集样本中和支持集样本中类别一样的物体应该被学习出来。Fan 等人[①]和 Xu 等人[②]提出的注意力只采用一种方式注意力机制，无法使查询集样本充分学习支持集样本中的先验知识。具体实现如下。

（1）在生成候选框阶段采用混合注意力融合。提出混合注意力融合的 RPN 模块，结构如图 5-15 所示。该模块能让查询集样本充分学习支持集中的目标物不同层面的特征知识。支持集和查询集经过共享特征提取模块后，支持集图像经过 RoI Pooling 得到标注框区域特征 FRoI，生成过程见式（5-20）：

$$F^{a}_{h,w,2c} = concat\left(\sum_{i,j} S^{avg}_{i,j,c} \cdot Q_{h+i-1,w+j-1,c}, \sum_{i,j} S^{\max}_{i,j,c} \cdot Q_{h+i-1,w+j-1,c}\right), i, j \in \{1, \cdots, S\} \tag{5-20}$$

式（5-20）中，$F^{a}_{h,w,2c}$ 表示注意力特征，$S^{avg}_{i,j,c}$ 表示支持集样本平均池化权重，$S^{\max}_{i,j,c}$

① Fan Q, Zhuo W, Tang C K, et al. Few-shot object detection with attention-RPN and multi-relation detector [C] // Proceedings of the IEEE/CVF Conference on Computer Vision and Pattern Recognition. 2020: 4013-4022.

② Xu A, Yan X, Chen Z, et al. Meta r-cnn: Towards general solver for instance-level low-shot learning [C] // Proceedings of the IEEE/CVF International Conference on Computer Vision. 2019: 9577-9586.

表示支持集样本最大池化权重。

$F^{a}_{h,w,2c}$ 特征融合了支持集类别特征，将该特征作为 RPN 网络的输入，输出更多与类别相关候选框，抑制无关背景框的生成。

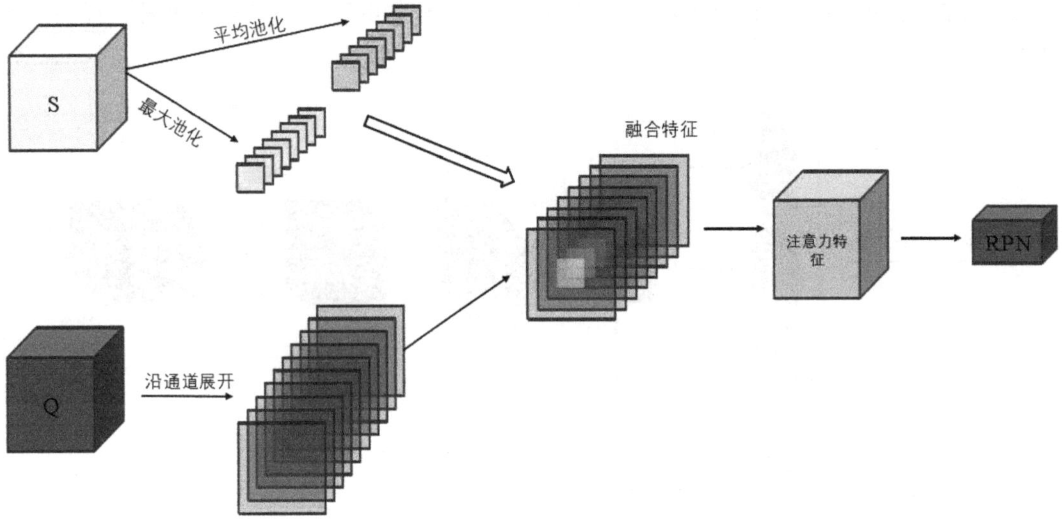

图 5-15 混合注意力 RPN 模块结构

（2）在分类器阶段采用混合注意力，结构如图 5-16 所示。由于 Faster R-CNN 网络采用深度卷积方式实现，其特征提取网络和 RPN 网络参数量一般在万级以上，因此缺少数据很容易导致网络学习不充分产生错误检测结果，所以应该更多地利用已有的知识帮助检测模型提高检测准确率。

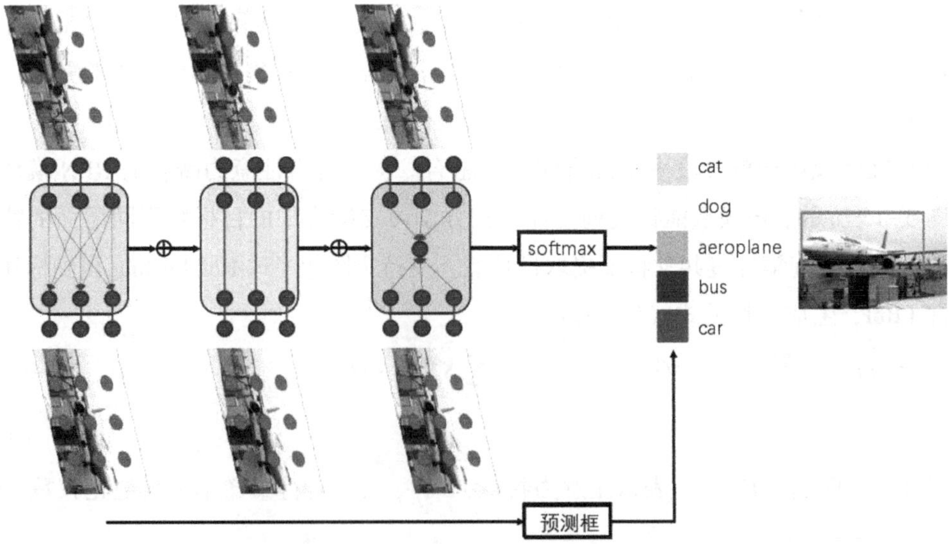

图 5-16 分类器采用多种混合关系匹配策略

一般的 Meta R-CNN 框架直接将支持集的类原型向量检测网络的分类器进行注意力融合，或者没有该操作，导致分类器缺少先验知识造成分类效果不佳的问题。分类器匹配关系可以分为三种：全局匹配、局部匹配和较差匹配。其中全局匹配主要是通过最大池化特征沿通道方向计算候选框类别分数；局部匹配是指查询集与支持集逐像素进行相乘然后进行平均池化得到 $1\times1\times c$ 的特征向量然后进行类别得分计算；交叉匹配则是通过计算不同位置特征乘积然后根据池化为 $1\times1\times c$ 的特征向量计算类别得分，最后根据三种得分均值作为模型分类最终结果。

（二）损失函数

基于多尺度类注意力机制和混合注意力融合的小样本目标检测算法的损失函数分为内层损失和外层损失。内层损失为目标检测损失，是元学习中每个任务迭代优化时的损失。内层损失函数如式（5-21）所示：

$$L_{rpn}^{\theta} = L_{cls}^{\theta} + L_{reg}^{\theta} \tag{5-21}$$

式（5-21）中，θ 表示该任务中元学习器初始化参数，L_{cls}^{θ} 表示分类损失，L_{reg}^{θ} 表示回归损失。

外层损失是元学习器损失，元学习器主要学习内层网络在不同任务中的优化过程。元学习器为新任务提供可靠的初始化参数使新任务尽可能快速收敛。外层损失函数如式（5-22）所示：

$$L_{meta} = \sum_{i=1}^{N} L(\theta_i) \tag{5-22}$$

式（5-22）中，L_{meta} 表示元学习器损失，L（θ_i）表示第 L 个任务的损失，θ_i 表示第 i 个任务的初始化参数。

（三）实验结果与分析

针对以上所提出的改进方法将分别设计消融实验和对比实验，通过这些实验更直观地论证所提方法的有效性和可靠性。消融实验主要包括多尺度类注意力模块消融实验和混合注意力融合消融实验，最后将所提方法与基线方法和其他小样本目标检测算法进行对比验证。

1. 多尺度类注意力模块消融实验

以上提出了多尺度类注意力模块，该模块旨在通过多尺度特征解决小样本中尺度单一样本检测效果不佳的问题。针对该模块设计了 10 组对比试验，实验分别在 $shot=5$ 和 $shot=10$ 的条件下设置了 5 组实验，具体设置如表 5-6 所示。表中第一列 support 表示在支持集特征提取框架使用多尺度特征提取网络，第二列 query 表示在查询集的特征提取阶段使用多尺度特征提取网络。表第四、第五、第六列分别表示支持集和查询集的 pipeline 采用不同的注意力机制，分别验证不同种类注意力机制在小样本目标检测中的效果。

表 5-6 多尺度类注意力 RPN 模块消融实验

shot	support	query	CAB	SAB	CBAM	novel	base
5	√	√	√			49.6	65.0
	√	√		√		50.0	65.3
	√	√			√	51.5	67.7
					√	50.3	66.5
	√				√	50.9	67.0
10	√	√	√			53.0	66.8
	√	√		√		53.5	67.2
	√	√			√	54.7	68.1
					√	53.8	67.7
	√				√	54.6	68.2

由表 5-6 可以看出，在相同条件下首先随着样本数量的增加小样本目标检测算法的准确率无论是在基类上还是在新类上都会提高，即样本数量是提高小样本目标检测准确率的关键因素。其次，在查询集和支持集特征提取过程中采用不同的注意力机制对检测结果产生不同的影响，总体来说采用通道注意力效果优于空间注意力，使用 CBAM 注意力的效果又优于通道注意力效果。通过实验结果可以看出，在此所提出的多尺度类注意力融合明显能提高小样本目标检测准确率。

另外图 5-17 为 *shot* = 10 采用多尺度类注意力的实验结果图。从图 5-17 中能看出当查询样本中有多个样本甚至样本尺度有所差别时该算法仍能准确识别出目标。尤其是不同尺寸的牛采用多尺度类注意力机制的小样本目标检测算法，能准确定位并且给出较高的准确率。

图 5-17 多尺度类注意力小样本目标检测测试结果

2. 混合注意力特征融合验证实验

针对混合注意力特征融合方法在 Pascal VOC 07+12 数据集上进行了验证实验，分别对比了加入不同的池化方式模型的效果，实验采取了 10-*shot* 的实验设置，实验结果如表 5-7 所示。

表 5-7　RPN 阶段混合注意力特征融合实验结果

Average Pooling	Max Pooling	mAP	
		Base class	Novel class
√		67. 1	54. 2
	√	68. 9	56. 1
√	√	68. 92	58. 2

从表 5-7 中可以看出，采用不同的池化层会对小样本目标检测结果产生影响，具体为采用最大池化层进行特征融合效果优于采用平均池化，采用两种方式融合的办法效果最佳，单独采用平均池化进行特征融合效果最差。

针对在分类器阶段采用混合注意力融合，设计了验证实验。分别为只有全局特征、只有局部特征、混合特征以及相互组合共 7 组实验，实验设置 *shot* = 10，实验结果如表 5-8 所示。

表 5-8　分类器阶段混合注意力融合实验测试结果

global	local	patch	mAP	
			Base class	Novel class
√			59. 4	43. 2
	√		60. 9	44. 1
		√	61. 1	44. 2
√	√		60. 3	45. 1
√		√	60. 2	43. 4
	√	√	58. 2	42. 1
√	√	√	61. 3	42. 5

表 5-8 数据显示，单独使用一种注意力特征方案取得的效果大致相同，但是在组合使用 global 的注意力特征时检测结果的准确率往往较高。这是因为样本数量少，全局特征起主要作用，因此在采用该多种混合注意力融合机制时应优先考虑全局注意力机制。

3. 对比试验

针对所提出的基于多尺度类注意力和混合注意力融合的小样本目标检测算法进行实验验证。该实验在 PASCAL VOC 2007+2012 数据集上进行，并且实验分别设置了 *shot* = 5 和 *shot* = 10 的小样本条件，每个任务有 5 个类别，并且将牛、羊、鸟、公交车、自行车作为测试类别。本实验分别与 YOLO-FS、MetaR-CNN、MPSR 三种方法进行对比，其中 Meta

R-CNN 是实验的基线，实验结果如表 5-9 所示。

表 5-9 基于多尺度类注意力和混合注意力的小样本目标检测算法与其他方法对比结果

shot	methods	sheep	cow	bird	bus	bicycle	mAP	
							novel	class
5	YOLO-FS	19.1	22.7	26.1	19.1	20.4	26.7	64.8
	Meta R-CNN201	10.7	20.8	30.1	44.6	38.8	35.0	64.8
	MPSR	23.4	26.6	35.1	60.6	61.5	51.4	67.8
	ours	23.7	27.3	36.0	57.1	63.0	52.1	68.1
10	YOLO-FS	23.6	39.2	30.0	62.7	60.6.	47.2	63.6
	Meta R-CNN	21.6	42.7	52.5	55.9	54.6	51.5	67.9
	MPSR	24.2	48.2	48.3	73.7	70.8	61.8	71.8
	ours	24.4	49.1	50.1	72.0	61.6	52.6	70.5

从表 5-9 的结果可以看出，在具体的任务中所提的方法具有一定的高效性，多尺度注意力特征融合明显使网络获取更多有用的信息，如羊和牛这两个类别提出的方法检测效果明显优于其他方法。另外，当 *shot*=5 时，提出的方法在新类和基类上的 mAP 指标优于其他方法；当 *shot*=10 时，本书方法的指标也与其他方法指标接近。

另外，针对不同的测试类别进行了三组实验，每组又分别针对不同的 *shot* 数量进行实验，实验结果如表 5-10 所示。其中每一个 split 对应一组不同的测试类别。

表 5-10 本书的小样本目标检测算法与其他方法对比结果

methods	split 1				split 2				split 3			
shot	3	5	15	20	3	5	15	20	3	5	15	20
YOLO-FS	6.6	10.7	24.8	38.6	12.5	11.6	16.1	33.9	13.0	15.9	32.2	38.4
Meta R-CNN	25.3	22.8	39.4	53.8	18.3	27.5	34.1	39.5	17.9	22.8	34.3	40.6
TFA	19.9	20.6	35.0	45.7	21.5	23.1	27.8	43.8	14.3	18.2	27.6	41.2
FSOD	13.8	19.6	32.8	41.1	13.4	20.6	28.6	32.4	19.6	20.8	28.7	43.2
ours	13.8	20.1	40.2	59.7	21.6	30.6	38.4	43.0	18.1	33.4	39.5	41.2

从表 5-10 可以看出，在此提出的基于多尺度类注意力和混合注意力的小样本目标检测算法在不同的测试类别中均有较好的表现。当 *shot*=15 时，在此提出的方法指标优于其他方法。可见，在多个实验中在此提出的方法均优于基线方法。

图 5-18 为基于多尺度类注意力和混合注意力的小样本目标检测算法测试结果，从图 5-18 中可以看出本方法对于多种尺度的样本都能准确识别出来，并且分类准确。

图 5-18　基于多尺度类注意力和混合注意力的小样本目标检测算法测试结果

三、小样本目标检测方法在丝绸文物图案上的应用

我国是丝绸的发源地，古代丝绸图案是我国宝贵的非物质文化遗产。丝绸文物图案形态与当时的风俗文化、经济贸易、政治制度等密切相关。古代丝绸文物图案是现代审美艺术来源，对现代艺术设计产生了重要影响。在丝绸文物的研究工作中，丝绸文物图案目标检测是丝绸文物图案检索、丝绸文物图案修复等重要工作中的关键步骤。但是我国丝绸文物图案数量具有这样的特点：总量丰富，单个类别稀缺。因此利用小样本目标检测技术实现丝绸文物图案检测任务。另外，目前国内外缺少公开的丝绸文物图案数据集，影响了目标检测技术在丝绸文物图案上的应用。因此，建立了针对丝绸文物的数据库，用于丝绸图案的在线管理和丝绸文物资源下载。基于该丝绸文物图案数据库采集数据并标注数据，最后该数据集上进行小样本目标检测方法应用的实验。

（一）构建丝绸文物数据库

1. 丝绸文物数据库整体需求分析

（1）日益增长的精神文化层面需求。随着经济水平的不断提升，人们对文化层面的需求有更高层面的要求，古代丝绸图案文化研究对提高精神文化满足有着不可替代的作用，构建丝绸数据库促进对我国优良传统文化继承和弘扬。

（2）丝绸图案数字化是文物保护的重要手段。我国是四大文明古国之一，拥有丰富的历史文化瑰宝，丝织品保存对环境相对较为苛刻，据统计每年我国历史文物因环境问题导致文物损毁现象非常严重，构建丝绸数据库能在文化传播和文物保护起到平衡的作用，近年来我国越来越多的省份推出一系列的数字博物馆。

（3）传统丝绸图案智能检索需求。丝绸图案历经五千年经久不衰，其间与各民族交流融合，从文化、经济、政治各个方面的交流造就了我国丰富的服饰设计图案。当代中国多民族共同繁荣，各民族既有交集，也有差异。从数据量庞大的丝绸数据中检索目标图案不能再简单地依赖人工检索，利用数字化人工智能的技术大大提高丝绸图案检索效率。

2. 丝绸数据库逻辑模型设计

以上对丝绸数据库的需求进行了分析，这里对数据库的各个模块的功能进行构建与实现。

根据以上对丝绸数据库的需求分析，丝绸数据库涉及的实体包含用户、丝绸信息。用户是丝绸数据库的服务对象，根据用户权限将用户分为普通用户、管理员用户和超级管理员用户，用户属性需要能准确刻画用户实体并便于管理，因此对用户设置了用户基本属性，E-R 图如图 5-19 所示。丝绸是数据库的主体，是丝绸数据库提供服务的主要内容，丝绸属性包括名称、编号、年代、出土地、馆藏地、主题、图案、描述、关键词、类型、材质、技术、功能，E-R 图如图 5-20 所示。

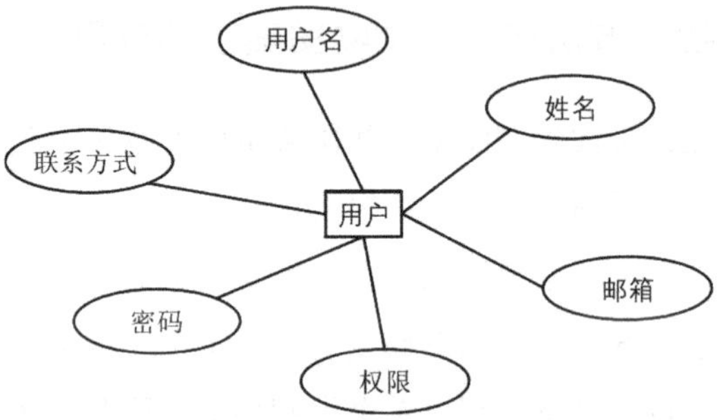

图 5-19　丝绸数据库用户 E-R 图

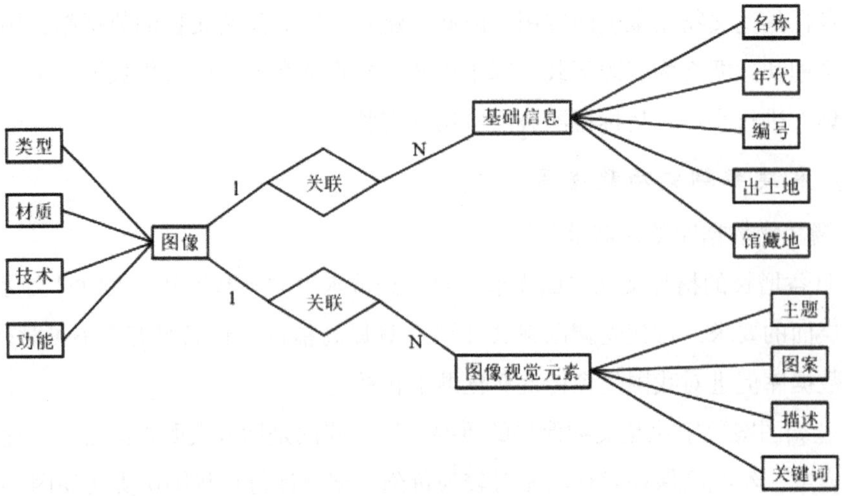

图 5-20　丝绸图案数据库 E-R 图

古代丝绸图案题材一般选择具有美好寓意的动物或者植物，大体上可以归为 5 大类别：花卉类、几何类、人物类、兽类和神话类。由于时代和地域的不同，各种类型图案在表现形态上有不同程度的差异，这些差异大多因为当时的社会文化、社会经济以及社会政治等多方面引起的。根据上述 E-R 图设计丝绸数据库中涉及的表结构。

（1）丝绸数据库基础信息表。丝绸基本信息是各领域研究人员都必须参考的数据，丝绸数据库基本信息为使用者提供了丝绸数据的名称、年代、编号、出土地、馆藏地等基础信息，这些信息也是丝绸检索任务中较为常用的关键字，此外所有的基本信息都有对应的英文版本，丝绸数据基础信息设计如表 5-11 所示。

表 5-11　丝绸数据库基础信息

字段中文名称	字段标识	字段类型	是否主键	是否为空	备注
ID	ID	Int	是	否	外键
名称	Namne	Varchar（20）	否	否	
年代	Code	Varchar（20）	否		
编号	number	Varchar（20）			
出土地	Find place	Varchar（20）			
馆藏地	Collect place	Varchar（20）			

（2）丝绸数据库图像视觉元素表。丝绸图像视觉元素是图像处理相关领域研究人员较为关注的信息，该表反映丝绸图案的具体表述，主要包括丝绸图案的主题，构成图案、图案描述以及关键字。这部分数据都和丝绸图案内容紧密相关，丝绸数据库图像视觉元素数据表的设计如表 5-12 所示。

表 5-12　丝绸数据库图像视觉元素

字段中文名称	字段标识	字段类型	是否主键	是否为空	备注
ID	ID	Int	是	否	外键
主题	Topic	Varchar（20）			
图案	Pattern	Varchar（20）			
描述	Describe	Varchar（20）			
关键词	Keyworks	Varchar（20）			

（3）丝绸数据库用户表。丝绸数据库用户表主要存储用户信息，昵称是丝绸数据库用户对其他展示的名称，名称字段对丝绸数据库管理员展示，该表还包括用户密码和用户联系方式，丝绸数据库用户如表 5-13 所示。

表 5-13 丝绸数据库用户

字段中文名称	字段标识	字段类型	是否主键	是否为空	备注
ID	ID	Int	是	否	
昵称	nickname	Varchar（20）			
姓名	Name	Varchar（20）		否	
邮箱	e-mail	Varchar（20）		否	
联系方式	Phone	Varchar（20）			
密码	Password	Varchar（64）		否	
权限	Limits	Int		否	

3. 丝绸文物数据库设计与实现

（1）丝绸文物数据库整体设计。基于 Django 框架搭建在线的丝绸数据库，数据库整体结构如图 5-21 所示。该数据库提供了丰富的丝绸数据信息，针对不同领域的研究人员，可以自定义下载相关数据。其中数据主要来源于东华大学信息学院与服装学院。目前该数据库仍在不断更新，维护人员可以通过在此所提供的丝绸数据库系统实现在线数据更新。

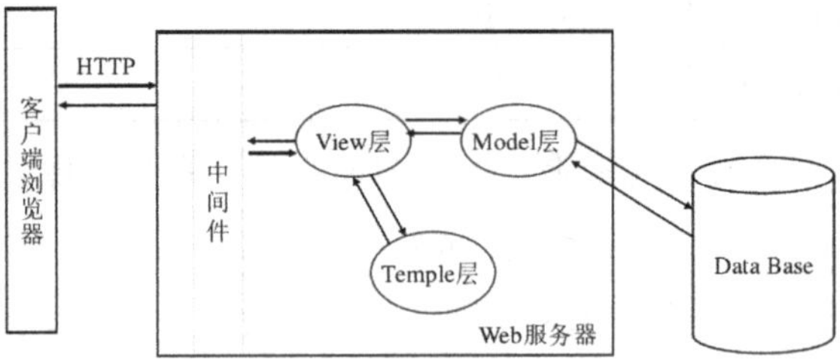

图 5-21 数据库整体结构

Django 是一款基于 Python 语言开发的 Web 框架，Django 框架封装性高、开发模式易懂、降低开发学习成本，可以实现快速开发需求。用户和管理员通过浏览器端向 Django 服务器发起数据请求，Django 的 View 视图层解析请求数据，根据请求内容返回请求内容。Django 的 Temple 层和 Model 层均为 View 层提供服务，其中 Temple 层提供静态页面模板服务；Model 层提供 View 层和数据库交互接口服务。

（2）丝绸文物数据库功能设计与实现。以上介绍了丝绸数据库结构设计及对丝绸数据库的需求分析，针对丝绸数据库的具体用户需求设计丝绸数据库的功能模块，如图 5-22 所示为丝绸数据库主要功能模块。首先丝绸数据库根据是否登录赋予用户不同的权限要求，访客模式拥有的权限最少仅仅可对数据库进行简单的浏览查询。登录用户又可以分为普通用户和管理员用户，登录后的用户实现多种格式数据下载功能；管理员用户通过 Web 页面实现上传、修改数据等功能，管理员功能如图 5-23 所示。此外，该丝绸数据库还包括检索模块、数据统计模块，以下对各个部分功能主要作用进行介绍。

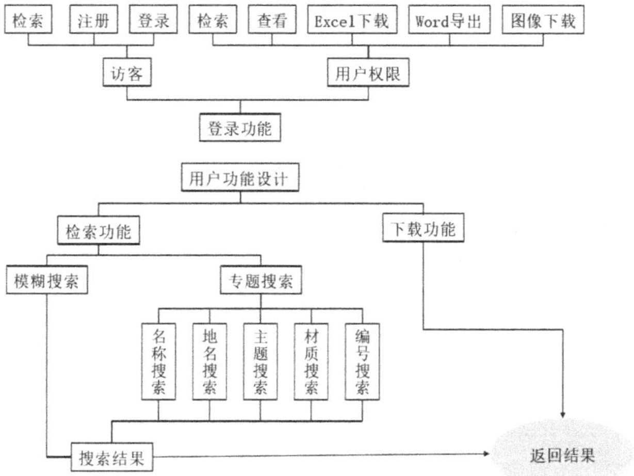

图 5-22　用户功能设计

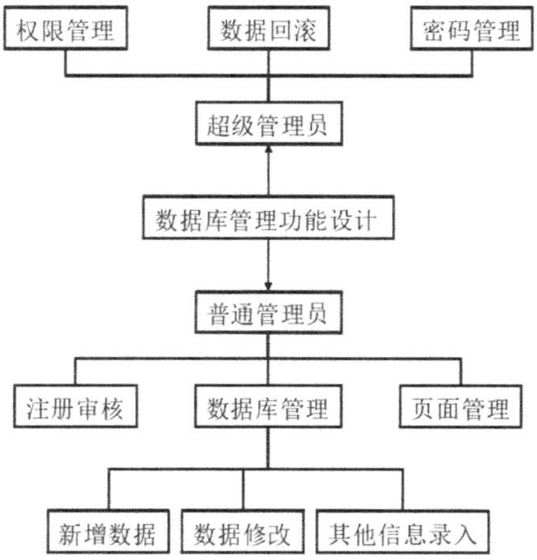

图 5-23　管理员权限结构

用户模块：用户作为丝绸数据库的主体，为用户设计了注册、登录、查询、下载等功能。非登录用户可以对数据库内容进行浏览和查询，但是不能下载数据内容，登录用户可以通过需求自定义下载丝绸数据。具体包括 Word 文档下载、Excel 表格下载、图像下载，其中 Word 表格有单条下载和批量下载两种模式，Excel 表格用户可以自定义选择字段内容。Word 和 Excel 下载都可以选择英文或者中文版本。用户登录界面如图 5-24 所示。

图 5-24　用户登录界面

管理员模块：管理员是数据库的维护人员，管理员分为普通管理员和超级管理员两种身份，其中普通管理员主要负责数据库数据的维护工作。超级管理还需要对用户权限和数据回滚等操作，管理员功能界面如图 5-25 所示。

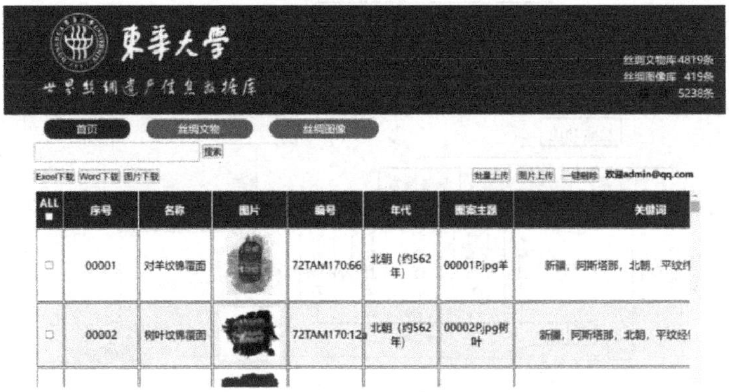

图 5-25　管理员功能界面

数据统计模块：丝绸数据库通过可视化工具制定了适合丝绸数据库的可视化功能，可视化主要包括丝绸数据库概览、丝绸数据年代分布、丝绸发现地分布三种方式，可视化结果如图 5-26 所示。

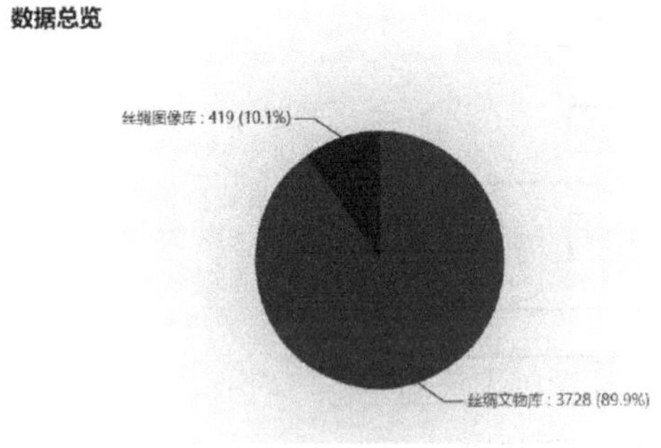

（a）丝绸数据概览可视化

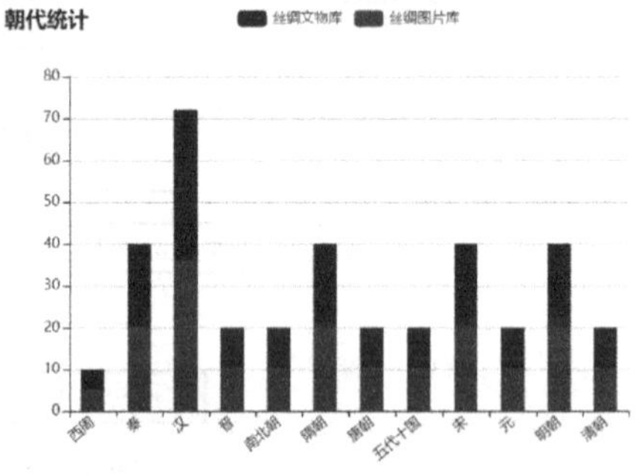

（b）丝绸数据年代分布统计可视化

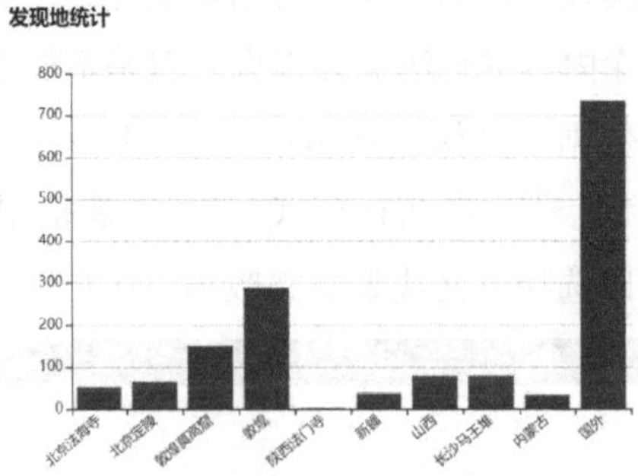

（c）丝绸数据发现地统计可视化

图 5-26　数据统计模块效果

（二）丝绸图案数据集

丝绸数据库的丝绸图案大多拍摄于馆藏地点或者发现地，由于保存和自然腐蚀导致这些丝绸图案无法标注直接作为有效的数据。因此对部分残缺丝绸数据丢弃，对部分残缺图案进行裁剪。用于小样本目标检测的数据集标签结构树如图 5-27 所示，包括五个大类，十五个小类，具体为：神兽（龙、凤凰、麒麟）、动物（狮子、牛、羊、马、鹿、鸟、虎、大象）、祥云、人物、花卉（牡丹、花环、兰花、梅花）。由于我国丝绸图案较为丰富，同种动物有多种表现形态，图 5-27 是不同年代的狮子图案，因此在此提出的丝绸数据集更适合小样本研究，通过训练同种场景不同任务的子任务提升模型在新类上的表现能力针对不同场景中的丝绸织物进行图像采集，其中最主要的丝绸图案是东华大学服装学院提供的原始丝绸图案。

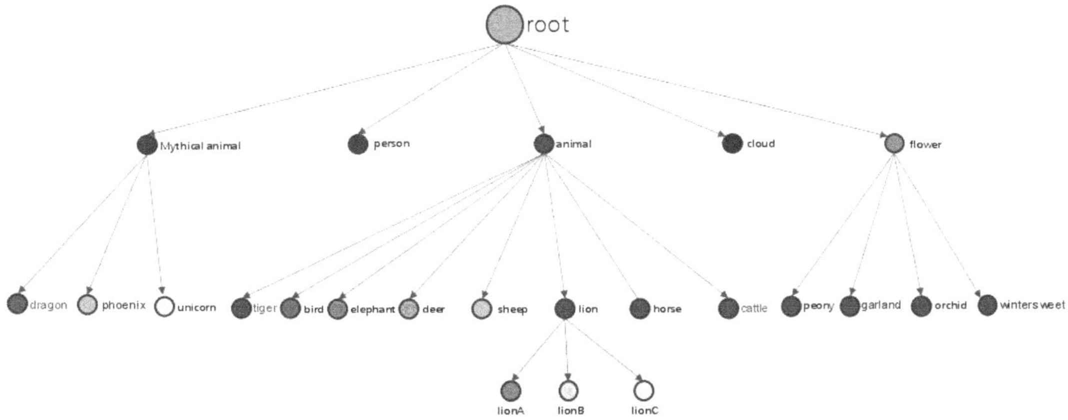

图 5-27　丝绸数据集标签结构树

（三）实验结果与分析

以上实验表明 MSCA Meta R-CNN 在公共数据集 PASCAL VOC 数据集上有着较好的表现，在此将根据实际问题，设计实验论证 MS CA Meta R-CNN 方法能解决实际问题。因为丝绸数据集的特殊性，实验采用 3-shot 5-class 的实验数据结构，并且与 YOLO-FS、Meta R-CNN、TFA、FSOD 等四种算法进行对比实验。

1. CBAM 掩码修复数据增强模块在丝绸文物图案上的消融实验

本实验主要验证基于 CBAM 掩码修复数据增强模块在丝绸文物图案检测任务的每个类别检测准确率，实验直接选择 CBAM 注意力机制，并且分别进行 *shot* = 3、*shot* = 5 和 *shot* = 10 的实验，实验结果如表 5-14 所示。

表 5-14　丝绸图案数据集每一类测试结果

shot	augment	class					mAP	
		lion1	lion2	lion3	lion4	flower	novel	base
3		15.3	9.0	11.7	9.4	15.2	20.8	52.4
	√	19.1	17.1	23.7	15.4	27.1	26.7	51.8
5		17.3	23.3	16.5	19.4	22.5	30.2	52.6
	√	31.3	23.0	18.4	21.34	31.9	42.8	53.4

续表

shot	augment	class					mAP	
		lion1	lion2	lion3	lion4	flower	novel	base
10		32. 3	33. 3	25. 5	22. 8	51. 3	39. 1	63. 9
	√	45. 1	39	21. 4	37. 2	54. 3	43. 1	65. 0

根据表 5-14 实验数据可以看出通过数据 CBAM 掩码修复方式进行数据增强的方法在丝绸数据上能明显提高模型的准确率，并且随着 shot 数量的增加 novel 类的 mAP 指标相较于 base 类的 mAP 指标上升更明显。

另外，该实验验证了基于 CBAM 掩码修复数据增强和加权原型网络的小样本目标检测算法在丝绸数据集上的有效性，在 CBAM 掩码修复模块的特征向量层后面加上了解码器进行修复图像还原，还原结果如图 5-28 所示。图中第一行为加入掩码后的丝绸图片，第二行为原始图片，第三行为加入 CBAM 掩码并修复的效果。扩充的图片与原始图片具有较强的相似性，但是细节方面又与原始图片有所区别，因此通过 CBAM 掩码修复数据增强模块起到了数据扩充的作用。

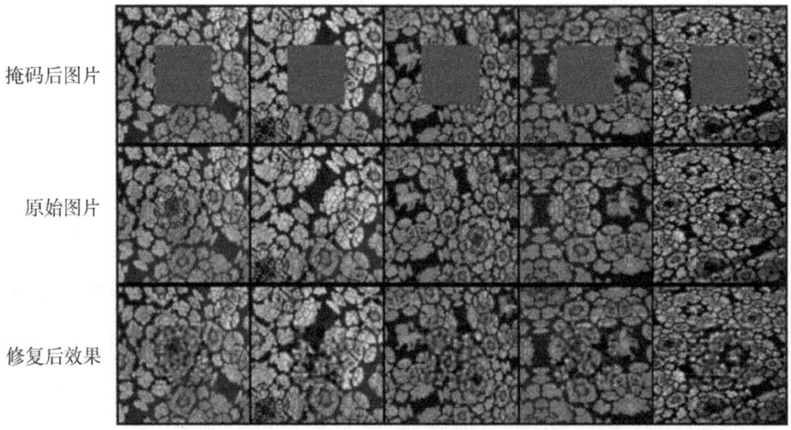

图 5-28　基于 CBAM 掩码修复数据增强模块在丝绸文物图案上的修复结果

2. 多尺度类注意力在丝绸文物图案上的消融实验

由于中国古代传统服饰图案多采用平铺，重复的设计风格，同种图案会以不同的尺寸出现在不同的服饰、刻板、画卷等载体上，所以多尺度问题在丝绸文物图案检测上尤为重要，因此设计了多尺度类注意力在丝绸文物图案上的消融实验，实验结果如表 5-15 所示。

表 5-15　多尺度消融实验在丝绸文物上的结果

shot	multi-scale		mAP	
	support	query	base class	novel class
5	√		23.4	20.1
		√	20.2	19.6
	√	√	24.1	20.3
10	√		35.2	30.1
		√	34.5	29.3
	√	√	38.3	31.2

由表 5-15 数据可以看出在不同的分支上加入多尺度网络对目标检测结果的影响不同。首先可以肯定加入多尺度特征提取网络可以提升目标检测效果，但是在支持集上加入多尺度效果优于在查询集上加入多尺度。这是因为小样本目标检测网络的检测模块主要依据查询样本的特征进行候选框生成，但是缺少先验知识即支持集样本的类别特征检测模块效果提升一般。同时在两个分支上加入多尺度能够提高目标检测的结果，这是因为检测模型能充分学习查询样本特征，也能充分利用丰富的先验知识，实验结果如图 5-29 所示。

图 5-29　基于多尺度类注意力的小样本目标检测算法在丝绸文物图案上的测试结果

3. 混合注意力融合在丝绸文物图案上的消融实验

在丝绸文物图案上进行混合注意力融合的消融实验，通过该实验验证所提方法的通用性。该实验分别进行了 *shot*=3 和 *shot*=5 的两组实验，实验控制在不同阶段加入混合关系匹配，RPN 表示在生成 proposal 之前进行多尺度平均池化和最大池化的混合注意力融合，classifier 表示在分类器前加入不同的匹配方式，实验结果如表 5-16 所示。

表 5-16　混合关系匹配在丝绸文物图案上的测试结果

shot	mixed attention		mAP	
	RPN feature	classifier	base class	novel class
3	√		13.6	9.2
		√	13.5	8.3
	√	√	13.9	10.1
5	√		20.1	19.6
		√	20.0	19.3
	√	√	22.5	19.8

根据表 5-16，当 *shot*=3 时，单独在 RPN 之前加入混合注意力融合效果比单独在分类器上加混合注意力融合结果更好。而同时加入两种混合注意力融合机制检测性能更好。

4. 对比试验和实验结果

在此分别提出了两种针对小样本目标检测解决方案，理论最终要落实在实际任务中，将上述方法应用在丝绸数据集上，和现阶段较常用的小样本目标检测方法进行比较。

（1）关于基于 CBAM 掩码修复模块和加权原型网络的小样本检测算法的对比实验。该算法实现了端到端的数据增强小样本目标检测过程。首先对其他方法无传统数据增强的对照实验并且设置 *shot*=5。其他方法分别进行了不带数据增强的实验和带有数据增强的实验，其他方法的数据增强采用传统的水平翻转、平移、旋转等方式，实验数据如表 5-17 所示。

表 5-17　基于 CBAM 随机掩码修复的数据扩充小样本目标检测对比实验

methods	*shot*	aug	base class	novel class
YOLO-FS	5		9.51	9.5
Meta R-CNN			8.8	6.83
TFA			5.2	3.84
FSOD			8.35	8.9
YOLO-FS	5	√	14.16	9.44
Meta R-CNN			13.31	5.73
TFAL			14.9	12.6
FSOD			16.3	12.9
Ours			15.5	13.3
YOLO-FS	10	√	36.4	20.1
Meta R-CNN			33.1	29.8
TFA			29.8	26.1
FSOD			40.6	37.1
Ours			35.1	27.6

分析认为，首先针对传统方式进行 5-*shot* 的实验，Meta R-CNN 是基于 CBAM 掩码修复数据增强模块和加权原型网络的小样本检测算法的 baseline，从表中数据可以看出 Meta R-CNN 结果不如 YOLO-FS 和 FSOD 方法，但是优于基于迁移学习的 TFA 方法。因为丝绸数据的种类丰富但是单个类别样本数量较少，而 TFA 方法需要在分布相似的数据集上预训练，然后在丝绸数据上进行模型迁移，但是和丝绸图案分布相近的数据集并不多见，因此 TFA 效果较差。然后对其他方法进行传统的数据增强，从表中数据可以看出 FTA 的效果比其他结果较好，而 CBAM 随机掩码修复方法在基类和新类上的结果都优于其他方法。同时从表中数据可以看出随着样本数量的提升，所有的小样本检测结果都有显著的提高，实验结果如图 5-30 所示。

图 5-30 基于 CBAM 掩码修复的小样本目标检测算法对老虎、鸳鸯等图案的测试结果

根据表 5-17 可以看出在此所提出的带数据增强的小样本目标检测模型在丝绸文物图案上具有可行性，同其他模型进行比对的结果显示在此提出的模型效果在基类和新类上的检测结果都优于其他模型。

（2）改进的 Meta R-CNN 算法在丝绸文物图案上的效果，该部分在丝绸数据上同 YOLO-FS、Meta R-CNN、TFA、FSOD 等方法进行对比。实验分别设置 *shot*=3，*shot*=5，*shot*=15，*shot*=20 的实验，实验结果如表 5-18 所示。

表 5-18 MSCA Meta R-CNN 对比实验结果

methods	split 1				split 2				split 3			
	3	5	15	20	3	5	15	20	3	5	15	20
YOLO-FS	6. 37	7. 3	9. 57	3. 67	6. 46	6. 7	9. 37	2. 99	6. 77	6. 9	10. 17	3. 57
Meta R-CNN	6. 07	19. 5	14. 17	10. 3	6. 09	17. 6	13. 97	11. 3	6. 67	17	14. 47	9. 3
TFA	3. 67	17. 6	9. 77	8. 6	3. 66	17. 7	9. 87	8. 6	4. 07	16. 9	10. 07	6. 96
FSOD	3. 57	6. 3	7. 57	8. 33	5. 55	5. 9	6. 57	7. 93	5. 57	5. 7	7. 57	7. 3
ours	6. 1	16. 9	14. 97	11. 6	6. 34	17. 66	14. 27	11. 6	6. 87	17. 8	14. 57	11. 6

通过表 5-18 可以看出 MS CA Meta R-CNN 在性能上比 Meta R-CNN 有所提高，尤其是在 *shot*=5 时，MSCA Meta R-CNN 的效果均优于其他小样本模型，但是随着 shot 的增加小样本模型的性能反而下降，分析认为，当小样本增多的时候，优于丝绸图案的特殊性，虽然是同类别的图案但是风格完全不同，导致模型无法较好地泛化。但是在此提出的方法在合理的范围内评价参数优于其他模型。图 5-31 为 MSCA Meta R-CNN 的检测结果。

图 5-31　MSCA Meta R-CNN 小样本目标检测算法对丝绸图案中狮子的测试结果

第二节　零样本检测算法与应用

一、基于属性的类别相似度的零样本目标检测算法

目标检测作为一项在实际生活中具有广泛的应用场景的技术，在近年来获得了极大的发展。其成功很大程度取决于大规模标记完善的训练数据集，而收集与标注数据集是一件颇为费力的工作，这也是阻碍目标检测进一步发展的一个实际问题。随着零样本学习的逐步发展，零样本目标检测开始出现在研究人员的视野中。相比于监督学习下的目标检测，零样本目标检测需要对未曾在训练数据中出现的未见类物体进行识别与定位，这显然更具挑战性。

在以往的研究中，大多数的零样本分类方法都是基于词向量或属性，即将词向量或属性作为语义嵌入。在研究过程中我们认为词向量不具备“视觉性”，视觉特征无法很好地和词向量保持对齐。换句话说，意思相近的类别的语义向量会比较接近，但其视觉特征并不一定相似，从而导致最终的检测结果不尽如人意。因此，提出了基于属性的类别相似度的零样本目标检测算法（ZSD with attributes based category similarity，ACS-ZSD），选择类别的属性作为语义嵌入与视觉特征进行对齐。具体来说，我们将所有类别的视觉属性总结归纳为一个属性表，通过该属性表计算可见类与未见类之间的相似度，从而提升模型对于未见类目标的识别准确性。

类似于人类的认知系统，属性可以很好地实现可见类到未见类的迁移。例如一个小孩见过狗，但从未见过猫。通过告诉他一些猫和狗之间的共同属性以及特有属性，他可能在第一次见到猫的时候就认出了猫。受此启发，我们提出了基于属性的类别相似度的方式用于模拟上述过程，以实现可见类到未见类的迁移。属性表的标注没有相应的规范，不合理的属性表无法建立可见类和未见类之间的联系，导致无法正确识别未见类目标，故引入一种无监督学习的方法评估属性表的合理性。为了探究可见类和未见类之间的相似性和差异性，利用基于属性表计算的类别相似度来估计未见类的预测分数，然后用于识别未见类。如图 5-32 所示，本方法利用基于属性的类别相似度实现了从可见类到未见类的迁移。尽管训练集数据中没有滑雪板的训练样本，但我们提出的模型 ACS-ZSD（右图）仍可检测到滑雪板这个未见类，而 RetinaNet（左图）仅可检测到人这个可见类。

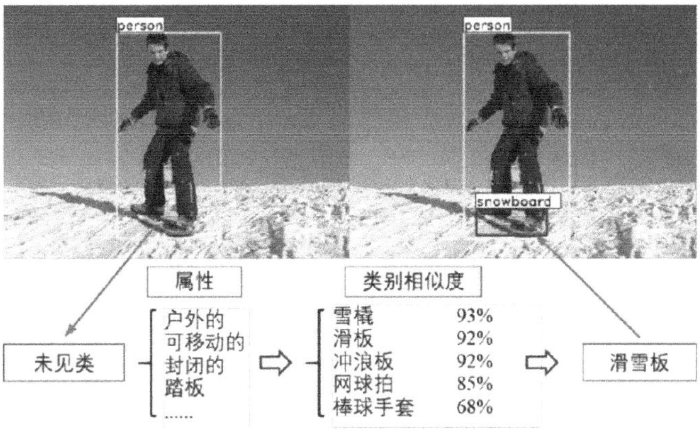

图 5-32　通过基于属性的类别相似度检测未见类的示意

（一）模型框架与算法流程

基于属性的类别相似度的零样本目标检测网络的整体框架如图 5-33 所示。类似于 RetinaNet，首先利用 ResNet 和 FPN 提取输入图像的多尺度视觉特征，然后将视觉特征与属性对齐，其中属性来源于经 K 近邻（K-nearest neighbors，KNN 算法）评估的属性表。接下来，将与属性对齐的视觉特征输入两个分支，分别进行分类和边框回归。此外，在分类分支中引入类别相似度帮助模型正确识别未见类。

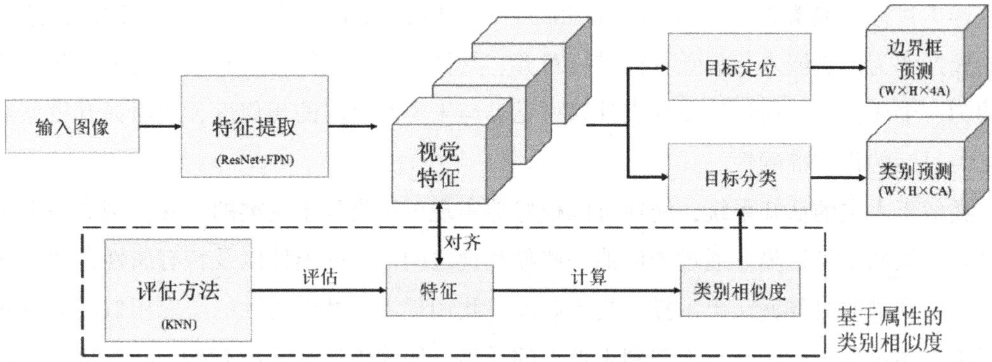

图 5-33 ACS-ZSD 框架概述

在此将对提出的 ACS-ZSD 算法进行详细介绍。首先介绍算法的网络结构，以及如何将传统目标检测框架修改为适合零样本的设置。我们提出的方法可以与任何目标检测网络相结合，在我们的工作中选择 RetinaNet 作为检测框架。稍后提出了利用一种无监督的学习方法来评估提出的属性表。末尾将讨论类别相似度的计算以及如何通过它来识别未见过的类别。

1. 属性学习

在此所提出的 ACS-ZSD 方法旨在视觉属性空间中对图像进行语义表示。在我们的工作中，采用 RetinaNet 框架来构建零样本目标检测网络，因为 RetinaNet 的检测速度可以媲美于一阶段的检测模型，同时检测精度又与当下最先进的两阶段检测模型相当。在此提出的方法亦可以与其他的检测网络相结合。

原始的 RetinaNet 框架无法检测未见类，我们对其进行了些许改动以适应零样本目标检测。原始的目标检测网络往往倾向于将未见类识别为背景，我们借鉴 PL-ZSD 中提出的方法，将 RetinaNet 中的“Focal loss”改为“Polar loss”以解决这一问题。考虑一个二元分类任务，其中 $y \in \{0, 1\}$ 表示标签类别，而 $p \in [0, 1]$ 是正类的预测概率（$y=1$）。“极性损失”（polar loss，PL）的公式表示如下：

$$PL(p, y) = \sum_i \frac{-\alpha_t^i (1 - p_t^i)^\gamma \log p_t^i}{1 + \exp(-\beta(p^i - p^\varphi))} \tag{5-23}$$

式（5-23）中，当 $y^i=1$ 时，$p_t^i = p_i$，否则 $p_t^i = 1 - p_i$。p^φ 代表真实标签类别的预测分数，α 和 $\gamma \in [0, 5]$ 是超参数，γ 决定了交叉熵损失的斜率。

为了检测在训练过程中没有出现过的类别，还需要利用语义信息建立未见类和可见类之间的联系。也就是说，在使用 ResNet 和 FPN 提取输入图像的多尺度视觉特征之后，需要进行适当的视觉语义对齐。与大多数零样本学习算法一样，视觉特征被投影到语义嵌入空间，该语义嵌入空间将视觉特征与对应类的属性向量对齐。未见类与可见类之间的联系根据属性得以建立。图 5-34 中比萨和甜甜圈具有共同属性“圆形的”。通过适当的视觉语义对齐，网络能够学习到圆形的相关特征，可以用圆形的属性向量来表示。

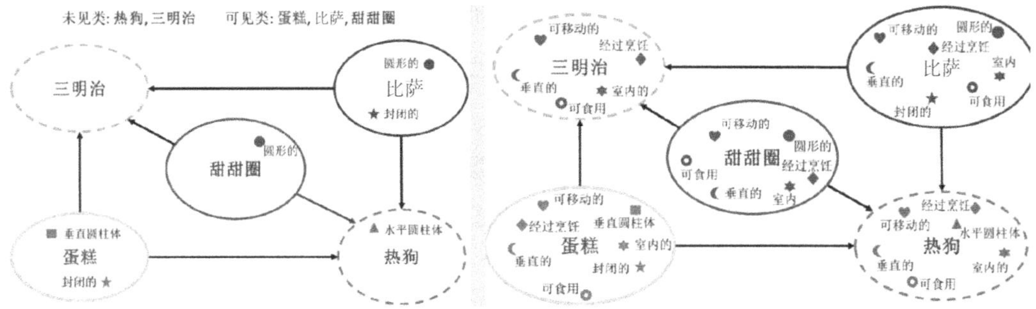

(a)　　　　　　　　　　(b)

图 5-34　属性表的部分示意

2. 属性表评估

良好的语义表示是实现语义信息与视觉信息准确对齐的关键条件。尽管词向量更容易获得，但视觉属性可以更好地表示不同数据集中类别的视觉相似性和差异性。因此我们根据数据集的类别构建并注释了一个属性表 X，属性的设置参考了 a-Pascal 数据集，其中包含 64 个属性，例如鼻子、窗户、毛茸茸、木材等。属性表的每行代表一个类别的属性向量，属性的有无则用 0 和 1 进行表示。属性表 X 如下所示：

$$X_{ij}=\begin{cases}1,\ \text{第 } i \text{ 个类别包含第 } j \text{ 个属性}\\ 0,\quad \text{其他}\end{cases} \tag{5-24}$$

$$Y_i=[X_{i1},X_{i2},\cdots,X_{ij}] \tag{5-25}$$

式（5-24）、式（5-25）中，X_{ij} 是属性表 X 中的值，Y_i 是第 i 个类别的属性向量。该表的行表示类别，而列表示属性。

为了正确识别未见过的类别，既要找到未见类和可见类之间的相似之处，又要避免将未见类识别为可见类，因此我们需要一个可以体现出不同类别之间的相似性和差异性的属性表。由于属性表是人工标注的，带有主观意识，无法知道人工定义的属性表是否合理以及能否适应不同的数据集。故引入一种无监督学习的方法来评估属性表，并据此对属性表进行相应的人工调整。

在此选择了简单而有效的 K 近邻算法（K-nearest neighbor algorithm，KNN）作为属性表的评估方法。在已有一个经过人工标注的属性表的基础上，利用先验知识对数据集中的所有类别进行分类，得到相应的大类标签（如动物、家具、交通工具等）。假设数据集共有 C 类，其中 U 类和 V 类分别为未见类和可见类先将所有 C 类聚成 m 个大类，这些大类可表示为 $\{c_1,c_2,\cdots,c_m\}$。KNN 算法的训练数据 D 和测试数据 T 则表示如下：

$$D=\{(Y_1,Z_1),(Y_2,Z_2),\cdots,(Y_V,Z_V)\} \tag{5-26}$$

$$T=\{Y_{V+1},Y_{V+2},\cdots,Y_C\} \tag{5-27}$$

式（5-26）、式（5-27）中，Y_i 表示第 i 类的属性向量，其中前 V 类是可见类，$Z_i\in\{c_1,c_2,\cdots,c_m\}$ 是对应类别的大类。利用训练数据 D，KNN 能够预测出 $Y_u\in T$ 所属的大类 Z'_u。

根据计算出的 Y_u（$u=V, V+1, \cdots, C$）与训练数据 D 中每个点 Y_v（$v=1, 2, \cdots, V$）之间的欧氏距离，可以找到与 Y_u 最接近的 K 个点。在我们的实验中 K 的值设置为 5。覆盖这 K 个点的领域表示为 $N_k(Y_u)$。那么 $N_k(Y_u)$ 中的大类 Z'_u 就可以通过多数表决算法来预测。具体而言，选择 $N_k(Y_u)$ 中点数最多的大类作为预测出的 Y_u 的大类 Z'_u。计算过程可以描述为：

$$Z'_u = \underset{c_j}{\operatorname{argmax}} \sum_{Y_i \in N_k(Y_u)} I(Z_i = c_j) \tag{5-28}$$

$$I(Z_i = c_j) = \begin{cases} 0, & if\ Z_i = c_j \\ 1, & otherwise \end{cases} \tag{5-29}$$

式（5-28）、式（5-29）中，$i=1, 2, \cdots, V$；$j=1, 2, \cdots, m$。

之后，我们可以预测出测试数据 T 中所有未见类的大类 Z'_u，通过比较预测的大类 Z'_u 和未见类的真实标签 Z_u。当预测的结果全部正确，则在一定程度上可以反映出该属性表是合理的，否则应优化调整属性表。我们通过增加同一大类的共同属性的方式调整属性表。我们发现，在使用 64 维属性时，某些类别可能只包含这 64 个属性中的极少数，就像图 5-34（a）中的甜甜圈和热狗一样，而且三明治甚至没有任何属性，这样的属性表就很难反映出不同类之间的相似性和差异性。因此，在此工作中，将根据类别的特征增添额外的 15 个共同属性并进行标注。如图 5-34（b）显示了增加 15 个新属性的效果。可以看到现在每个类别都可以用密集的属性来描述，即使是未见类中的三明治和热狗这两个类别。最终利用所提出的算法，可以获得一个合理的属性表。

3. 基于属性的相似度计算

获得合理的属性表后，在训练过程中将提取的视觉特征与该属性表中对应类的属性向量对齐。我们使用“Polar loss”对分类分支进行训练，并在边框回归分支使用标准平滑 L1 Loss，训练总损失为两个分支的损失之和。最后，我们训练了一个能够将视觉特征表示为属性的模型。

训练得到一个可以实现从可见类到未见类迁移的模型后，为了提高识别未见类的准确率，提出了类别相似度这个概念。类别相似度的计算也是基于调整后的属性表，在本项工作中使用的相似度度量方法是欧氏距离，与 KNN 算法中使用的距离计算方式相同。根据属性表和相似度度量方法，可以得到相似度矩阵 P：

$$P = \begin{bmatrix} p_{11} & \cdots & p_{1V} \\ \vdots & \ddots & \vdots \\ p_{U1} & \cdots & p_{UV} \end{bmatrix}_{U \times V} \tag{5-30}$$

$$p_{uv} = \frac{1}{|Y_u - Y_v|} \tag{5-31}$$

式（5-30）、式（5-31）中，p_{uv} 是矩阵 P 中的元素，代表未见类 u 和可见类 v 之间的类别相似度，Y_u 和 Y_v 分别代表类别 u 和 v 的属性向量。

在测试阶段，每个边界框都有可见类的预测分数。当它的最大值大于预设的阈值时，这个边界框中的目标则被认为属于可见类，否则这个边界框中可能包含一个未见类的目标，这就需要利用类别相似度去计算未见类的预测分数。

为了计算未见类的预测分数，首先将这些边界框的可见类预测分数从大到小排序。然后，选取前 N 个分数，其余的分数设置为 0。本项工作中 N 的值设置为 5，与 KNN 算法中使用的 K 值相同。处理后的预测分数用向量 s 表示：

$$s = [s_1, s_2, \cdots, s_v]^T \tag{5-32}$$

式（5-32）中，s_v 为第 v 个可见类的预测分数。

其次，利用向量 s 和相似度矩阵 P 可以计算出未见类预测分数 q：

$$q = s^T \times P^T = [q_1, q_2, \cdots, q_u] \tag{5-33}$$

$$q' = \sigma(q) \tag{5-34}$$

式（5-33）、式（5-34）中，q_u 为第 u 个未见类的预测分数，q'为归一化后的未见类预测分数。计算后所有低于可见类阈值的边界框都有了未见类预测分数。

最后，以最大的未见类预测分数的类作为边界框的分类。如果该边界框的未见类预测分数高于预先设定的阈值，则认为该边界框中含有未见类物体，否则，将作为背景处理。

（二）实验结果与分析

为了验证上述算法的性能和方法的有效性，本项工作在 MS COCO 数据集上进行实验评估。结果表明，我们的方法优于同期的国内外同类算法。

1. 实验配置

实验所用的数据集为 MS COCO，我们将所提出的 ACS-ZSD 算法在 MSCOCO 2014 数据集上进行评估，该数据集总共包括 80 个类别。在以往的零样本目标检测文献中，有两种不同类型的可见类与不可见类的划分设置，Bansal 等人①和 Rahman 等人②分别提出的 48/17 和 65/15（可见类/不可见类）。为了充分利用数据集的 80 个类别，我们选择了 Rahman 等人的划分，因为这个划分使未见类与可见类可以拥有共享的属性，以便模型能够将可见类的信息迁移到未见类。由于对于零样本目标检测来说，只有未见类的检测性能才是被关注的，所以需要对 MS COCO 2014 数据集进行预处理，即将数据集中的可见类数据作为训练集，未见类数据作为测试集，其中可见类有 65 个，未见类有 15 个。在忽略训练集中包含任何未见类实例的图像后，选择了 62300 张图像作为训练集。测试集使用了

---

① Bansal A, Sikka K, Sharma G, et al. Zero-shot object detection [C] // European Conference on Computer Vision. 2018: 397-414.

② Rahman S, Khan S, Barnes N. Improved visual-semantic alignment for zero-shot object detection [C] //AAAI Conference on Artificial Intelligence. 2020: 11932-11939.

10098 张图像，每张图像至少包含一个未见类的实例。为了公平比较，这些设置与 PL-ZSD 的完全相同。

在此选择了属性作为语义嵌入。属性表的构建使用了 a-Pascal 数据集的全部 64 个属性。此外，我们还增加了 15 个新属性（“垂直”“白色”“电动”“水平”“可移动”“可食用”“陶瓷”“长尾巴”“长颈”“长腿”“熟食”“室外”“室内”“把手”“空中”）。

在训练阶段，我们对每张图片进行缩放，使其最小边为 800 像素。我们在 Keras 深度学习框架实现了所提算法，模型训练方面，用 RetinaNet 提取特征部分的预训练参数对检测模型的主干网络进行初始化，总共训练了 30 个周期（epoch）。使用 Adam 作为网络的优化器，设置初始学习率为 10^{-5}，$\beta_1=0.9$，$\beta_2=0.999$。为了评估所提算法的性能，我们分别使用召回率（recall）和平均精度均值（mAP）作为评价指标。

2. MS COCO 数据集实验与分析

为评估所提 ACS-ZSD 算法在零样本目标检测任务中的性能，将其与以下现有的零样本目标检测算法进行比较：(1) SB 和 DSES：将词向量作为语义嵌入，他们使用从 EdgeBox 中提取的候选框来解决零样本目标检测问题。(2) RetinaNet：训练一个能够适应零样本设置的 RetinaNet 模型，在训练过程中不使用任何语义嵌入。(3) PL-ZSD：使用用词向量与词汇度量学习以及利用“Polar loss”训练模型。(4) PL-ZSD+CS：是 PL-ZSD 算法的改进版本，在原算法的基础上结合了我们提出的类别相似度。该方法在训练阶段仍然使用词向量与词汇度量学习，但在测试阶段使用了由我们的属性表获得的类别相似度，将其用于计算未见类的预测分数。(5) TL-ZSD：该方法使用了动态伪标签，属于直推式零样本目标检测算法。

表 5-19 展示了不同对比方法在零样本目标检测任务上的整体性能。可以看到我们的 ACS-ZSD 和改进的 PL-ZSD 算法的结果明显优于 RetinaNet 和 PL-ZSD 算法。而且与同期性能最好的 TL-ZSD 算法相比，所提出的 ACS-ZSD 算法也获得了更高的 mAP，召回率基本持平。虽然 SB 和 DSES 算法在数据集上的划分与我们不同，但是 PL-ZSD 算法在同样的划分中获得了更高的 mAP，而我们提出的 ACS-ZSD 算法在 65/15 的划分中取得了比 PL-ZSD 更好的结果。此外，改进的 PL-ZSD 算法的 mAP 比原来的 PL-ZSD 算法高 1.2%，这证明了利用合理的属性表计算的类别相似度有助于正确识别未见类。另外，ACS-ZSD 算法的结果又优于改进的 PL-ZSD 算法，这证明了属性和视觉特征的对齐方式要优于词向量。如图 5-35 所示，展示了提出的 ACS-ZSD 算法在零样本目标检测任务上一些示例，框出部分分别代表可见类和未见类。

表 5-19 MS COCO 数据集上的零样本目标检测结果对比

方法	划分（可见类/未见类）	mAP（%）	Recall（%）
SB	48/17	0.70	24.39
DSES	48/17	0.54	27.19
RetinaNet	65/15	8.48	20.44
PL-ZSD	48/17	10.01	43.56
PL-ZSD	65/15	12.40	37.72
PL -ZSD+CS	65/15	13.60	44.33
TL-ZSD	65/15	14.57	48.15
ACS-ZSD（本书）	65/15	15.34	47.83.

图 5-35 MS COCO 数据集可视化检测结果

表 5-20 还展示了 MS COCO 数据集上单个类别的性能。如表 5-20 所示，我们提出的算法中大多数未见类的 AP 都高于其他方法。其中猫（cat）的 AP 是 PL-ZSD 算法的 1.4 倍，而熊（bear）竟高达近 4 倍。这两个类别检测性能的大幅提升可能是由于 65 个可见类中包含了 8 个动物类别，训练集中存在大量与猫和熊相似类别的样本数据，这使得卷积神经网络可以较好学习到动物这一大类的泛化特征，从而检测模型更易迁移到未训练的动物类别上。因此，在训练中可以通过可见类的视觉特征来学习它们之间的共同特征，然后通过可见类和未见类的类别相似度达到识别未见类的目的。但火车（train）的结果比 PL-ZSD 差，可能是由于火车的外观与公交车（bus）、卡车（truck）、汽车（car）这些可见类过于相似，从而导致假阳性率较高。因此其 AP 值较低，但召回率却非常高。同时可以看出，无论是提出的算法 ACS-ZSD 还是同期最新的研究成果 TL-ZSD 算法，吹风机（hair drier）的 AP 都为 0，我们猜测是由于可见类中没有与之视觉相似的类别，而且其形状非常特殊。因此，很难利用训练的模型检测出吹风机。

表 5-20 MS COCO 数据集上单个类别的性能对比

	airplane	train	parking meter	cat	bear	suitcase	frisbee	snow board	fork	sand wich	hot dog	toilet	mouse	toaster	hair drier	mAP
RetinaNet	4.0	29	0.3	18	0.0	13	11	24	14	9.6	2.0	1.1	0.2	0.7	0.0	8.48
PL-ZSD	20	48	0.6	28	14	12	22	15	8.9	8.5	0.9	5.7	0.0	1.7	0.0	12.4
PL-ZSD+CS	4.6	19	4.0	42	54	11	13	19	13	9.9	2.6	4.6	6.3	1.3	0.0	13.6

续表

	airplane	train	parking meter	cat	bear	suitcase	frisbee	snow board	fork	sand wich	hot dog	toilet	mouse	toaster	hair drier	mAP
TL-ZSD	20	63	3.7	43	3.7	14	13	24	13	9.7	6.0	1.5	2.3	2.0	0.0	14.6
ACS-ZSD	8.7	26	6.6	41	54	9.6	11	27	16	11	5.0	7.8	6.2	1.3	0.0	15.3

二、基于伪标签质量控制的零样本目标检测算法

过去的两年中，研究学者对归纳式零样本目标检测方法做了诸多工作，但他们的主要贡献还是在于构建视觉信息与语义信息的映射关系上。实际上，可见类和未见类通常具有不同的数据分布，这就导致了领域漂移问题。上述的归纳式零样本目标检测方法虽然也针对这一问题做出了诸多的努力，但由于未见类样本的真实分布仍然是未知的，所以提升的性能有限。解决此问题的最佳方式实则为直推式学习，也就是让未标记的未见类数据也参与到模型的训练过程中。在此提出一种将直推式学习和零样本目标检测相结合的新算法。通过使用标记的可见类数据和未标记的未见类数据共同训练模型，使模型获得更好的未见类检测性能。Rahman 等人①在 2019 年的 ICCV 会议上首次提出了一种直推式的零样本目标检测解决方案。尽管其在解决领域漂移问题上取得了很大的进展，但仍然存在一些问题，例如该方法不能轻易扩展到其他归纳式算法上，这严重限制了其使用。此外该方法中使用了动态伪标签技术，这就使得模型倾向于将可见类识别为未见类。在这种情况下，未见类的检测结果虽然获得了提升，但降低了可见类的检测性能。

在此提出一种基于伪标签质量控制的零样本目标检测（pseudo-labelquality control for ZSD，PQL-ZSD）算法，如图 5-36 所示。通过训练一个归纳式零样本目标检测网络，或者直接利用现有的归纳式模型来为未标记数据中检测到的未见类目标分配伪标签。鉴于直接生成的伪标签的正确率并不高，因此提出了一种策略来保证伪标签生成的质量和数量。此外，我们还需要对归纳式零样本目标检测网络进行修改，以构建一个适应于有监督设置下的直推式零样本目标检测网络。在此基础上设计了一个新的损失函数，以帮助网络更有效地利用生成的伪标签。用归纳式模型得到的伪标签来训练直推式零样本目标检测网络，这个过程就像教小孩子认识新事物一样。例如，如果一个小孩子见过公交车但从未见过火车。通过告诉他一些关于火车的描述，或者火车和公交车有一点相似，他可能会在第一次见到火车时猜测这是一列火车。这时，需要有人来证实他的猜测，否则当他下次遇到火车时仍然不确定这是不是火车。伪标签的作用相当于肯定了小孩子的猜测，因此我们认为，就像人类的认知系统一样，通过预测一些正确的结果并加以确认，就有可能预测出更多正确的结果。为了验证我们想法的有效性，将我们的方法扩展到两种归纳式零样本目标检测

① Rahman S, Khan S, Barnes N. Transductive learning for zero-shot object detection [C] //International Conference on Computer Vision. 2019: 6081-6090.

方法上，并在两个流行的数据集上进行了广泛的实验。结果表明，我们的方法可以很容易地集成到归纳式零样本目标检测模型中，并显著提高检测性能。

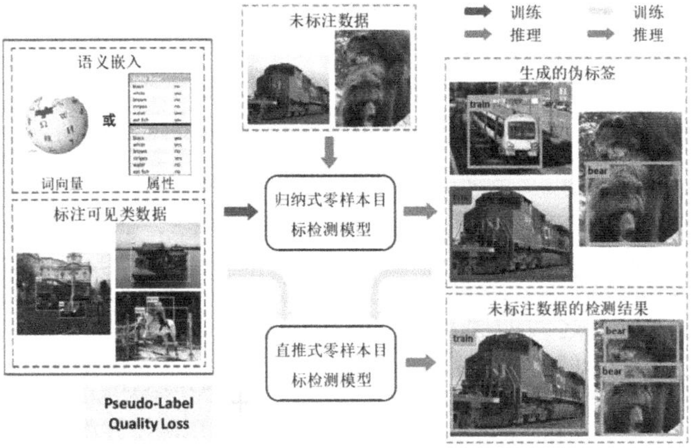

图 5-36　基于伪标签质量控制的零样本目标检测方案

（一）模型框架与算法流程

在此，将详细介绍所提出的 PQL-ZSD 算法。首先介绍了利用归纳式零样本目标检测模型生成伪标签，用于之后训练直推式零样本目标检测模型，并详细阐述了提出的确保伪标签质量的一种策略。值得一提的是，我们的方法可以与任何一个归纳式零样本目标检测网络结合使用。由于归纳式算法主要利用属性和词向量作为语义嵌入，因此分别选择基于属性的 ACS-ZSD 方法和基于词向量的 PL-ZSD 方法作为归纳式零样本目标检测网络。末尾将讨论我们提出的一个损失函数，该函数可以更有效地发挥伪标签的作用。

1. 直推式零样本目标检测

所提出的 PQL-ZSD 算法的整体框架如图 5-37 所示，其中包括两个训练阶段和两个推理阶段。两个训练阶段使用的数据及网络都有所不同，其中训练阶段一使用标记的可见类数据和语义嵌入训练归纳式零样本目标检测网络（例如 PL-ZSD、ACS-ZSD）。训练阶段二中，训练数据还加入了带有伪标签的未见类数据，用于训练直推式零样本目标检测网络。该网络与阶段一的归纳式 ZSD 网络在模型的分类分支以及相应的分类损失函数部分存在不同。

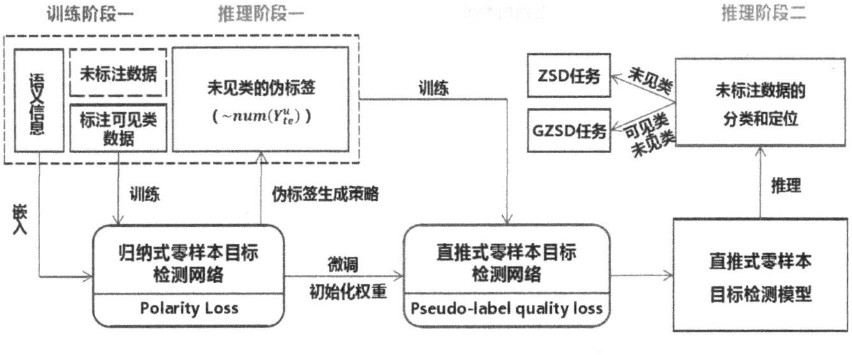

图 5-37　基于伪标签质量控制的零样本目标检测框架概述

推理阶段一中，常规的归纳式零样本目标检测方法采用两步策略，首先将视觉特征投射到语义空间，然后根据视觉特征与语义空间中相应类之间的关系进行识别。即将视觉特征 f 投影到语义嵌入空间，检测器的分类分支由此产生的可见类和未见类的预测分数 p^s 和 p^u 的过程可以描述为：

$$p^s = \sigma(f \times W \times M_s) \tag{5-35}$$

$$p^u = \sigma(f \times W \times M_s) \times cs(M_s, M_u) \tag{5-36}$$

式（5-35）、式（5-36）中，W 为可训练的参数矩阵，σ 表示 Sigmoid 激活函数，× 代表矩阵乘法。未见类的预测分数 p^u 需要由可见类的预测分数 p^s 间接计算得到，cs（M_s，M_u）代表可见类和未见类之间的关系式，例如在 ICS-ZSD 中关系式定义为类别相似度。用于训练阶段二的伪标签就是在该推理阶段中利用未标记的数据生成的。

在原始的归纳式零样本目标检测网络中，未见类的预测分数需要由可见类的预测分数和类别相似度计算得到，这是由于缺少未见类的真实标签所致。而在获得未见类的伪标签后，零样本目标检测任务实际上简化为有监督目标检测任务，不再需要通过可见类和未见类之间的关系式预测未见类分数。因此在训练阶段二中，直接使用可见类和未见类的语义嵌入 $M=\{M_s, M_u\}$。类似地，在推理阶段二中也不再需要可见类和未见类之间的关系式 cs（M_s，M_u）。检测器的分类分支产生预测分数 p 的过程为：

$$p = \sigma(f \times W \times M) \tag{5-37}$$

尽管扩展的 ZSD 网络和归纳式 ZSD 网络结构存在上述差异，但为了最大限度发挥伪标签的作用，在训练阶段一和训练阶段二中仍采用了不同的分类损失函数，分别是"Polarity loss"和在此提出的"Pseudo-label quality loss"。

2. 伪标签生成策略

从图 5-37 中可以看出，伪标签在直推式零样本目标检测中起着关键作用，即伪标签的质量将直接影响最终的检测效果。然而需要注意的是，零样本目标检测任务相比零样本识别任务更具挑战性，一张图像不再只包含一个目标，而可能包含多个可见类以及未见类的目标。例如，MS COCO 2014 数据集中每个图像大约有 7~8 个对象实例。因此，零样本目标检测模型很难生成高质量的伪标签（包含边界框坐标和类别）。

由于归纳式模型可以正确地检测到一些未见类的目标，因此可以使用在训练阶段一获得的归纳式模型对未标记的测试集图像 X_{te} 进行推理，由此获得未见类的伪标签集合，表示为：

$$\tilde{Y}_u^{te} = I(X_{te}, p^u > \hat{p}) \tag{5-38}$$

式（5-38）中，I 代表归纳式零样本目标检测模型，p^u 为未见类的预测分数，$\hat{p}$ 为预设的阈值。

由于零样本目标检测在很大程度上一直是一个未被充分开发的领域，其检测精度与监督学习下的目标检测仍有很大差距。因此，归纳式模型生成的伪标签中有很大一部分是错误的，这将导致由伪标签训练出来的直推式模型性能较差。为了解决这个问题，我们提出了一种简单而有效的策略来保证伪标签的质量。

由于我们认为生成的可见类的伪标签不够准确，当将它们一起用于训练直推式模型时，反而会增加噪声，从而影响可见类的识别。因此，我们只生成未见类的伪标签，而生成的伪标签将直接决定后续由其训练的直推式模型对未见类的检测效果。那么，如何设置生成伪标签的预设阈值 $\hat{p}$ 就尤为至关重要。当 $\hat{p}$ 设置得过高时，许多得分低但预测正确的伪标签将不会被包含在伪标签的集合 $\tilde{Y}_u^{te}$ 中。而当 $\hat{p}$ 设置得过低时，$\tilde{Y}_u^{te}$ 将包含大量错误的标签。因此，提出了一种通过控制生成伪标签的数量来确定阈值 $\hat{p}$ 的方法。

根据训练集中的图像数量和真实标签的数量可以计算出训练集中每幅图像的平均目标数量，由此合理估计出测试集中的目标数量，即真实标签数量。通常情况下，当生成的伪标签数量与真实标签数量大致相同时，生成伪标签是合理的。此外，由于只为未见类生成伪标签，那么其数量显然与所有真实标签的数量不一致。我们估计未见类的真实标签数量为所有类别的真实标签数的 u/c，则测试集中未见类的真实标签数近似为：

$$num(Y_{te}^{u}) = \frac{num(Y_{tr})}{N_{tr}} \times N_{te} \times \frac{u}{c} \tag{5-39}$$

式（5-39）中，num（·）表示标签的数量。因此我们要生成的伪标签的数量 $num(\tilde{Y}_{te}^{u})$ 应尽可能地接近 $num(Y_{te}^{u})$。然后根据 $num(\tilde{Y}_{te}^{u})$ 设置阈值 $\hat{p}$，我们认为此时获得的伪标签具有较好的质量。

3. 直推式零样本目标检测网络的损失函数

“Polar loss”（PL）和在此提出的“Pseudo-label quality loss”（PQL）分别被用作训练阶段一和训练阶段二的分类损失函数。PL 是基于“Focal loss”（FL）的，由于 FL 是为传统的可见目标检测而设计的，所以在零样本目标检测网络中使用 FL 会存在倾向于将未见类识别为背景的问题，而 PL 可以有效地改善这一缺点。考虑一个二元分类任务，其中 $y \in \{0, 1\}$ 表示真实类别，$p \in [0, 1]$ 是正类的预测概率（$y=1$）。具有单调惩罚函数序的“Polar loss”（PL）可由“Focal loss”（FL）表示为：

$$PL(p, y) = \sum_{i} f_p(p^i - p^{\varphi}) FL(p^i, y^i) \tag{5-40}$$

式（5-40）中，p^{φ} 表示真实类别的预测概率。对于任何预测概率 p^i（$\varphi \neq i$），差值 $p^i - p^{\varphi}$ 表示真实类别预测概率与负类预测概率之间的差距。单调的惩罚函数 f_p 强行将预测概率 p^i 和 p^{φ} 推得更远。

因此，使用 PL 作为归纳式零样本目标检测网络的分类损失函数非常合适，但并不适用于直推式零样本目标检测场景，这是因为生成的伪标签并不总是正确的。即伪标签错误时，p^{φ} 无法代表真实类别的预测概率，那么 PL 中的函数 f_p（$p^i - p^{\varphi}$）不仅毫无意义，而且可能导致真实类别的预测概率降低，显然这不符合我们的期望。所以当作为分类损失函数来训练零样本目标检测网络时，需要去除 PL 中的单调惩罚函数f_p。

受“Focal loss”的启发，通过改变损失函数使网络更加关注困难、错分的样本。在直推式零样本目标检测的设置中，与未见类相比，可见类的样本多且准确，更易训练。因此我们希望在训练过程中让网络更加关注未见类的伪样本，以达到有效利用伪标签的目的。我们通过引入参数θ来实现这一目标，设计了一个新的损失函数，称之为“Pseudo-label quality loss”（PQL）：

$$PQL(p, y) = -\theta^i \alpha_t^i (1 - p_t^i) \log p_t^i \tag{5-41}$$

$$\theta^i = \begin{cases} 0, & if i \in U \\ 1, & otherwise \end{cases} \tag{5-42}$$

式（5-41）、式（5-42）中，U代表未见类的集合，且$\theta>1$。当$y^i=1$时，$p_t^i = p^i$，否则$p_t^i = 1 - p^i$。α和$\gamma \in [0, 5]$是超参数，γ决定了交叉熵损失的斜率。

最后，使用有标签的可见类数据X_{tr}，Y_{tr}，和无标签的数据X_{te}以及伪标签$\tilde{Y}_{te}^u$通过“Pseudo-label quality loss”（PQL）训练直推式零样本目标检测网络，以获得一个可以同时检测可见类和未见类的直推式模型。

（二）实验结果与分析

主要通过在 Pascal VOC 和 MS COCO 两个数据集上的实验结果评估基于伪标签质量控制的零样本目标检测（general transductive zero-shot objectdetection，PQL-ZSD）算法的性能，设计了一系列消融实验证明算法的有效性。

1. 实验配置

实验所用的数据集为 PASCAL VOC 2007/2012 和 MS COCO 2014，我们将所提出的 PQL-ZSD 算法在这两个数据集上进行评估，分别包括 20 个类别和 80 个类别。对于 PASCAL VOC 2007/2012 数据集，我们遵循 Demirel 等人①的划分，将 20 个类别分为 16 个可见类和 4 个未见类。将 PASCAL VOC 2007 和 PASCAL VOC 2012 的训练集用于训练，PASCAL VOC 2007 的验证+测试集用于测试，其中 5981 张训练图像不包含未见类实例，1402 张测试图像至少包含一个未见类实例。对于 MS COCO 2014 数据集，我们遵循 Rahman 等人②的划分，将 80 个类别分为 65 个可见类和 15 个未见类。为了符合零样本的设置，对 MSCOCO 2014 数据集进行预处理，最终训练集中有 62300 张图像且不包含任何未见类的实例，测试集中有 10098 张至少包含一个未见类实例的图像。为了公平比较，

---

① Demirel B, Cinbis R G, Ikizler-Cinbis N. Zero-shot object detection by hybrid region embedding [C] //British Machine Vision Conference. 2018: 56-69.

② Rahman S, Khan S, Barnes N. Improved visual-semantic alignment for zero-shot object detection [C] //AAAI Conference on Artificial Intelligence. 2020: 11932-11939.

PASCAL VOC 和 MS COCO 上的这些设置分别与 Demirel 等人和 Rahman 等人的完全相同。

在此采用的数据处理方式、模型训练的细节与以上介绍的基本相同。对于评估指标，和 ACS-ZSD、PL-ZSD 一样分别使用平均精度均值（mAP）和召回率（recall）来衡量检测性能。此外，为了了解算法在不同未见类上的效果差异，我们还列出了每个未见类的平均精度（AP）。

2. PASCAL VOC 数据集实验与分析

为评估所提方法在零样本目标检测任务中的性能，PQL-ACS 是我们提出的 PQL-ZSD 方法在归纳式零样本目标检测 ACS-ZSD 算法上的实现，将其与以下现有的零样本目标检测算法进行比较：（1）HRE：提出了一种语义嵌入的凸组合与检测框架相结合的方法。（2）MS-Zero++：代表了一种添加了相关损失的多空间方法。（3）ACS-ZSD：将基于属性的类别相似度用于检测未见类所提出的算法。

表 5-21 展示了不同对比方法在零样本目标检测任务上的整体性能。可以看到与 ACS-ZSD 算法的结果相比，在 mAP 这个指标上只是有所提升，但召回率却提升非常大。我们猜测其原因是未见类中的“汽车”和“火车”过于相似，所以使用归纳式 ACS-ZSD 方法获得的伪标签无法很好地区分这两个类别。因此，当使用这种伪标签训练出来的直推式零样本目标检测模型进行推理时，在一个“汽车”或“火车”目标上可能会检测到两个不同的边界框，并且分别被预测为“汽车”和“火车”。这种情况将导致这两个未见类的 AP 较低而召回率较高。

表 5-21　PASCAL VOC 数据集上的零样本目标检测结果对比

方法	划分（可见类/未见类）	mAP（%）	Recall（%）
HRE	16/4	54.2	—
MS-Zero++	16/4	57.07	—
ACS-ZSD	16/4	55.59	63.78
PQL-ACS（本书）	16/4	59.75	83.75

3. MS COCO 数据集实验与分析

为评估所提方法在零样本目标检测任务中的性能，PQL-ACS 和 PQL-PL 分别是我们提出的 PQL-ZSD 方法在归纳式零样本目标检测 ACS-ZSD 和 PL-ZSD 算法上的实现，将它们与以下现有的零样本目标检测算法进行比较。（1）SB 和 DSES：将词向量作为语义嵌入，他们使用从 EdgeBox 中提取的候选框来解决零样本目标检测问题。（2）PL-ZSD：使用用词向量与词汇度量学习以及利用“Polar loss”训练模型。（3）ACS-ZSD：将基于属性的类别相似度用于检测未见类所提出的算法。（4）TL-ZSD：该方法使用了动态伪标签，属于直推式零样本目标检测算法。（5）SU-ZSD：提出一种生成模型，该模型利用类别语义生成未见类的视觉特征。

表 5-22 列出了在 MS COCO 数据集上不同对比方法在零样本目标检测任务上的整体性能，其中平均精度均值（mAP）和召回率（recall）的值越大，表示性能越好。在相同的直推设置下，我们的方法也优于 TL-ZSD，这主要是因为我们提出的方案更适合直推式的场景，并且值得一提的是，它可以与任何一种归纳式零样本目标检测方法灵活结合。与最新的研究成果 SU-ZSD 算法的结果相比，所提出的 PQL-ACS 算法虽然召回率略低，但却能达到更高的 mAP。虽然 SB 和 DSES 算法在数据集上的划分有所不同，但 PL-ZSD 算法在同样的划分中获得了更高的 mAP，同时我们提出的 PQL-PL 算法在 65/15 的划分中取得了比 PL-ZSD 更好的结果。

表 5-22　MS COCO 数据集上的零样本目标检测结果对比

方法	类型	划分（可见类/未见类）	mAP（%）	Recall（%）
SB	归纳式	48/17	0.70	24.39
DSES	归纳式	48/17	0.54	27.19
PL-ZSD	归纳式	48/17	10.01	43.56
PL-ZSD	归纳式	65/15	12.40	37.72
TL-ZSD	直推式	65/15	14.57	48.15
ACS-ZSD	归纳式	65/15	15.34	47.83
SU-ZSD	归纳式	65/15	19.00	54.00
PQLPL（本书）	直推式	65/15	21.67	48.60
PQL-ACS（本书）	直推式	65/15	27.03	50.49

与归纳式算法 ACS-ZSD 的结果相比，提出的直推式算法 PQL-ACS 的检测性能有显著的提升，mAP 由 15.34%提高到 27.03%。同样地，提出的 PQL-PL 算法将 mAP 从原来 PL-ZSD 算法的 12.40%提高到 21.67%，在未见类上的检测性能仅次于 PQL-ACS 算法。这证明了所提出的 PQL-ZSD 方法可以与任何归纳式零样本目标检测算法相结合，并且未见类的检测性能可以实现质的飞跃。即我们提出的方法最大限度地发挥了直推式学习的作用，从而使模型能成功地学习视觉域中的未见类目标，这有助于识别未见类。

各个方法在 MS COCO 数据集上单个类别的性能如表 5-23 所示，我们的方法 PQL-ACS 和 PQL-PL 在大多数未见类上的 AP 都高于其他方法，这进一步验证了我们的方法在零样本目标检测任务中的优越性能。如表 5-23 所示，在此所提算法 PQL-ACS 在火车（train）、行李箱（suitcase）和马桶（toilet）这几个未见类上的 AP 是 ACS-ZSD 算法的 3 倍左右，而热狗（hot dog）竟高达 5 倍以上。可以看出，除了飞机（airplane）和滑雪板（snow board），以及略有变化的烤面包机（toaster）以外，其他未见类的 AP 均高于原归纳式算法ACS-ZSD。飞机和滑雪板这两个类别的检测性能下降的原因可能是由于这两个类别在归纳式零样本目标检测模型中的召回率较高而 AP 较低，因此错误的伪标签过多，导致检测效果不佳。

表 5-23　MS COCO 数据集上单个类别的性能对比

	airplane	train	parking meter	cat	bear	suitcase	frisbee	snow board	fork	sand wich	hot dog	toilet	mouse	toaster	hair drier	mAP
PL-ZSD	20	48	0.6	28	14	12	22	15	8.9	8.5	0.9	5.7	0.0	1.7	0.0	12.4
ACS-ZSD	8.7	26	6.6	41	54	9.6	11	27	16	11	5.0	7.8	6.2	1.3	0.0	15.3
TL-ZSD	20	63	3.7	43	3.7	14	13	24	13	9.7	6.0	1.5	2.3	2.0	0.0	14.6
SU-ZSD	10	49	1.2	64	64	12	0.7	28	16	19	0.1	19	1.2	0.5	0.2	19.0
PQL-PL	51	68	2.8	56	4.2	19	53	13	21	8.7	4.6	24	1.0	0.5	0.0	21.7
PQL-ACS	0.0	73	8.6	77	87	28	23	7.4	25	13	28	24	14	0.2	0.0	27.0

另外，从单个类别的 AP 可以发现，相比原归纳式模型难以正确检测的未见类（如三明治），我们提出的 PQL-ZSD 方法在原归纳式模型容易正确检测的未见类（如熊）上的性能提升效果要明显很多。即如果一个类别的目标本身在归纳式模型中就容易被正确检测到，归纳式模型生成该类别的伪标签的正确率就相对高一些，那么由此伪标签训练得到的直推式模型就更容易检测到这个类别的目标。这种现象表明，如果一个实例的预测是可靠的，那么它是容易预测的。

本工作还进行了额外的泛化零样本目标检测（generalized zero-shot detection，GZSD）实验来验证我们的方法，其评估过程是在所有类别上进行的，包括可见类与未见类。相对来说，GZSD 更具有实际意义，因为对一张图片进行检测之前，并不能确定图片中的目标是否属于不可见类。即使在如此具有挑战性的设置下，所提出的方法仍可以比所有对比方法获得更好的结果，这进一步证明了我们方法的优越性。

表 5-24 中，与其他方法相比，我们的方法在可见类上的性能最佳，导致这种结果的一个可能性是，可见类是在直推式的场景中训练的，这与有监督目标检测的训练方式相同，所以可见类的检测性能不会像归纳式算法 ACS-ZSD 和 PL-ZSD 那样变差。与相同的直推设置的 TL-ZSD 算法相比，我们不仅在未见类中的检测结果更好，在可见类上也能达到更佳的性能。这有极大的可能性是因为我们只使用了未见类的伪标签，因此并没有使得可见类的检测效果变差。表中 PQL-ACS 的可见类召回率相比 ACS-ZSD 提升了很多，而未见类召回率却下降了一点，我们认为发生这种情况可能是因为在同时检测可见类和未见类时，模型更容易检测出可见类，因此有一部分未见类目标被识别为可见类。总体来说，在此所提出的 PQL-ACS 算法在 GZSD 任务上取得了最优的性能。

表 5-24　MS COCO 数据集上泛化零样本目标检测的实验结果

方法	可见类		未见类	
	mAP	Recall	mAP	Recall
PI-ZSD	34.07	36.38	12.40	37.16
ACS-ZSD	34.02	37.86	15.34	47.83
TL-ZSD	28.79	54.14	14.05	37.16

续表

方法	可见类		未见类	
	mAP	Recall	mAP	Recall
PQL-PL（本书）	39.06	57.34	21.35	43.71
PQL-ACS（本书）	36.52	57.49	2633	44.00

4. 消融实验

我们研究了伪标签生成策略和损失函数对所提算法的影响，设计了一系列消融实验证明算法的有效性。

为了研究所提出的伪标签生成策略的有效性，选择了所提出的 PQL-PL 方法进行实验。表 5-25 展示了分别使用了不同的预设阈值获得的伪标签的最终结果，其中使用我们提出的伪标签生成策略得出的阈值是 0.2。结果表明，我们提出的伪标签生成策略可以进一步提高算法的性能。

表 5-25　MS COCO 数据集上由不同阈值获得的伪标签的实验结果

方法	阈值	mAP	Recall
PQL-PL（本书）	0.1	20.17	48.72
	0.2	21.67	48.60
	0.3	20.12	23.94
	0.4	16.94	17.21

为了研究不同损失函数对算法性能的影响，选择了所提出的 PQL-ACS 方法进行实验。我们首先只使用了 Polar loss 作为网络的损失函数，然后又在损失函数中加入了参数 θ，并且分别测试了不同的 θ 值（2 和 5）。同样地，对 Focal loss 也进行了相同的实验。表 5-26 中，只使用 Focal loss 的结果要优于 Polar loss，由于伪标签并不一定正确，Polar loss 中的函数 $f_p(p^i - p^\varphi)$ 不仅没有办法发挥它的优势，并且可能导致结果更糟。显而易见，添加的参数 θ 确实起到了它的作用，其中 Focal loss+（$\theta=5$）就是我们提出的 Pseudo-label quality loss。

表 5-26　MS COCO 数据集上不同损失函数的实验结果

方法	损失函数	mAP
PQL-ACS（本书）	Polar loss	25.74
	Polar loss+（$\theta=2$）	26.26
	Polar loss+（$\theta=5$）	26.55
	Focal loss	26.09
	Focal loss+（$\theta=2$）	26.60
	Focal loss+（$\theta=5$）	27.03

参考文献

[1] Cheng J, Hao F, Liu L, et al. Imposing semantic consistency of local descriptors for few-shot learning [J] . IEEE Transactions on Image Processing, 2022, 31: 1587-1600.

[2] Zhang B, Li X, Ye Y, et al. Prototype completion with primitive knowledge for few-shot learning [C] //Proceedings of the IEEE/CVF Conference on Computer Vision and Pattern Recognition. 2021: 3754-3762.

[3] Lampert C H, Nickisch H, Harmeling S. Learning to detect unseen object classes by between-class attribute transfer [C] . Proceedings of the 2009 Conference on Computer Vision and Pattern Recognition. Miami, Florida, USA. 2009: 951-958.

[4] Kodirov E, Xiang T, Gong S. Semantic autoencoder for zero-shot learning [C] . Proceedings of the 2017 IEEE Conference on Computer Vision and Pattern Recognition. Honolulu, HI, USA. 2017: 4447-4456.

[5] Jayaraman D, Kristen G. Zero-shot recognition with unreliable attributes [C] . Proceedings of the Advances in Neural Information Processing Systems 27: Annual Conference on Neural Information Processing Systems 2014. Montreal, Quebec, Canada. 2014: 3464-3472.

[6] Fu Y W, Hospedales T M, Xiang T, et al. Learning multimodal latent attributes [J] . IEEE Trans Pattern Anal Mach Intell, 2014, 36 (2): 303-316.

[7] Jayaraman D, ha F, Grauman K. Decorrelating semantic visual attributes by resisting the urge to share [C] . Proceedings of the 2014 IEEE Conference on Computer Vision and Pattern Recognition. Columbus, OH, USA. 2014: 1629-1636.

[8] Huang S, Elhoseiny M, Elgammal A, et al. Learning hypergraph-regularized attribute predictors [C] . Proceedings of the IEEE Conference on Computer Vision and Pattern Recognition. Boston, MA, USA. 2015: 409-417.

[9] Socher R, Ganjoo M, Manning C D, et al. Zero-shot learning through cross-modal transfer [C] . Proceedings of the Advances in Neural Information Processing Systems 26: 27th Annual Conference on Neural Information Processing Systems 2013. Lake Tahoe, Nevada, United States. 2013: 935-943.

[10] Huynh D, Elhamifar E. A shared multi-attention frame-work for multi-label zero-shot

learning [C] Proceedings of the 2020 IEEE/CVF Conference on Computer Vision and Pattern Recognition. Seattle, WA, USA. 2020: 8773-8783.

[11] Song X, Zeng H, Zhang S, et al. Generalized Zero-shot learning with multi-source semantic embeddings for scene recognition [C]. Proceedings of the 28th ACM International Conference on Multimedia. Seattle, WA, USA. 2020: 3976-3985.

[12] Wang X, Ye Y, Gupta A. Zero-shot recognition via semantic embeddings and knowledge graphs [C]. Proceedings of the IEEE conference on computer vision and pattern recognition. Salt Lake City, UT, USA. 2018: 6857-6866.

[13] Liu L, Zhou T, Long G, et al. Attribute Propagation Network for Graph Zero-Shot Learning [C]. Proceedings of the Thirty-Fourth AAAI Conference on Artificial Intelligence. New York, NY, USA. 2020: 4868-4875.

[14] Kampffmeyer M, Chen Y, Liang X, et al. Rethinking knowledge graph propagation for zero-shot learning [C]. Proceedings of the IEEE Conference on Computer Vision and Pattern Recognition. Long Beach, CA, USA. 2019: 11487-11496.

[15] Li Y, Zhang J, Zhang J, et al. Discriminative learning of latent features for zero-shot recognition [C]. Proceedings of the 2018 IEEE Conference on Computer Vision and Pattern Recognition. Salt Lake City, UT, USA. 2018: 7463-7471.

[16] Wan Z, Li Y, Yang M, et al. Transductive zero-shot learning via visual center adaptation [C]. Proceedings of the Thirty-Third AAAI Conference on Artificial Intelligence. Honolulu, Hawaii, USA. 2019: 10059-10060.

[17] Demirel B, Cinbis R G, Ikizler-Cinbis N. Learning visually consistent label embeddings for zero-shot learning [C]. Proceedings of the 2019 IEEE International Conference on Image Processing. Taipei, Taiwan, China. 2019: 3656-3660.

[18] Zhang L, Xiang T, Gong S. Learning a deep embedding model for zero-shot learning [C]. Proceedings of the 2017 IEEE Conference on Computer Vision and Pattern Recognition. Honolulu, HI, USA. 2017: 2021-2030.

[19] Yu Y L, Ji Z, Li X, et al. Transductive zero-shot learning with a self-training dictionary approach [J]. IEEE Transactions on Cybernetics, 2018, 48 (10): 1-12.

[20] Wang X S, Pang S, Zhu J H, et al. Visual space optimization for zero-shot learning [J]. CoRR, 2019.

[21] Liu Y, Gao X, Gao Q, et al. Label-activating framework for zero-shot learning [J]. Neural Networks, 2020, 121: 1-9.

[22] Min S, Yao H, Xie H, et al. Domain-specific embedding network for zero-shot

recognition [C]. Proceedings of the 27th ACM International Conference on Multimedia. Nice, France. 2019: 2070-2078.

[23] Xian Y, Lorenz T, Schiele B, et al. Feature generating networks for zero-shot learning [C]. Proceedings of the 2018 IEEE conference on computer vision and pattern recognition. Salt Lake City, UT, USA. 2018: 5542-5551.

[24] Verma V K, Brahma D, Rai P. A meta-learning framework for generalized zero-shot learning [C]. Proceedings of the AAAI Conference on Artificial Intelligence. USA. 2020: 6062-6069.

[25] Ma Y, Xu X, Shen F, et al. Similarity preserving feature generating networks for zero-shot earning [J]. Neurocomputing, 2020, 406: 333-342.

[26] Liu H, Yao L, Zheng Q, et al. Dual-stream generative adversarial neworks for distributionally robust zero-shot learning [J]. Information Sciences, 2020, 519: 407-422.

[27] Snell J, Swersky K, Zemel R S. Prototypical networks for few-shot learning [J]. arXiv preprint arXiv, 2017: 1703.

[28] Sung F, Yang Y, Zhang L, et al. Learning to compare: Relation network for few-shot learning [C]. Proceedings of the IEEE conference on compLiter vision and pattern recognition, 2018: 1199-1208.

[29] Finn C, Abbeel P, Levine S. Model-agnostic meta-learning for fast adaptation of deep networks [C]. International Conference on Machine Learning. PMLR, 2017: 1126-1135.

[30] Oreshkin B N, Rodriguez P, Lacoste A. TADAM: Task dependent adaptive metric for improved few-shot learning [J]. Conference and Workshop on Neural Information Processing Systems, 2018: 719-729.

[31] Yu Z, Chen L, Cheng Z, et al. Transmatch: A transfer-learning scheme for semi-supervised few-shot learning [C]. Proceedings of the IEEE/CVF Conference on Computer Vision and Pattern Recognition, 2020: 12856-12864.

[32] Sun Q, Liu Y, Chua T S, et al. Meta-transfer learning for few-shot learning [C]. Proceedings of the IEEE/CVF Conference on Computer Vision and Pattern Recognition, 2019: 403-412.

[33] Lian D, Zheng Y, XLi Y, et al. Towards fast adaptation of neLiral architectLires with meta learning [C]. Proceedings of the International Conference on Learning Representations, 2020.

[34] Mangla P, Kumari N, Sinha A, et al. Charting the right manifold: Manifold mixup for

few-shot learning [C]. Proceedings of the IEEE/CVF Winter Conference on Applications of Computer Vision. , 2020: 2218-2227.

[35] Xie Y, XLi H, Li J, et al. HeterogeneoLis graph neLiral networks for noisy few-shot relation classification [J]. Knowledge-Based Systems, 2020, 194: 105548.

[36] Yang K, Zheng N, Dai X, et al. Enhance Prototypical Network with Text Descriptions for Few-shot Relation Classification [C]. Proceedings of the 29th ACM International Conference on Information&Knowledge Management, 2020: 2273-2276.

[37] Gao T, Han X, Liu Z, et al. Hybrid attention-based prototypical networks for noisy few-shot relation classification [C]. Proceedings of the AAAI Conference on Artificial Intelligence, 2019, 33 (1): 6407-6414.

[38] Ren H, Cai Y, Chen X, et al. A Two-phase Prototypical Network Model for Incremental Few-shot Relation Classification [C]. Proceedings of the 28th International Conference on Computational Linguistics, 2020: 1618-1629.

[39] Ye Z X, Ling Z H. Multi-Level Matching and Aggregation Network for Few-Shot Relation Classification [J]. Proceedings of the 57th Annual Meeting of the Association for Computational Linguistics, 2019: 2872-2881.

[40] Xie Y, XLi H, Li J, et al. HeterogeneoLis graph neLiral networks for noisy few-shot relation classification [J]. Knowledge-Based Systems, 2020, 194: 105548.

[41] Dong B, Yao Y, Xie R, et al. Meta-Information Guided Meta-Learning for Few-Shot Relation Classification [C]. Proceedings of the 28th International Conference on Computational Linguistics, 2020: 1594-1605.

[42] Girshick R, Donahue J, Darrell T, et al. Rich feature hierarchies for accurate object detection and semantic segmentation [C] //Proceedings of the IEEE conference on computer vision and pattern recognition. 2014: 580-587.

[43] Girshick R. Fast r-cnn [C] //Proceedings of the IEEE international conference on computer vision. 2015: 1440-1448.

[44] Dwibedi D, Misra I, Hebert M. Cut, paste and learn: Surprisingly easy synthesis for instance detection [C] //Proceedings of the IEEE International Conference on Computer Vision. 2017: 1301-1310.

[45] Xu A, Yan X, Chen Z, et al. Meta r-cnn: Towards general solver for instance-level low-shot learning [C] //Proceedings of the IEEE/CVF International Conference on Computer Vision. 2019: 9577-9586.

[46] Yan X, Xu A, Chen Z, et al. Meta r-cnn: Towards general solver for instance-level low-

shot learning [C] //Proceedings of the IEEE/CVF International Conference on Computer Vision. 2019: 9577-9586.

[47] Wu X, Sahoo D, Hoi S. Meta - RCNN: Meta learning for few - shot object detection [C] //Proceedings of the 28th ACM International Conference on Multimedia. 2020: 1679-1687.

[48] Yan X, Xu A, Chen Z, et al. Meta r-cnn: Towards general solver for instance-level low-shot learning [C] //Proceedings of the IEEE/CVF International Conference on Computer Vision. 2019: 9577-9586.

[49] Zhang G, Luo Z, Cui K, et al. Meta-detr: Few-shot object detection via unified image-level meta-learning [J] . arXiv preprint arXiv, 2021 (2): 2103.

[50] Girshick R, Donahue J, Darrell T, et al. Rich feature hierarchies for accurate object detection and semantic segmentation [C] //IEEE Computer Society Conference on Computer Vision&Pattern Recognition. 2014: 580-587.

[51] He K, Zhang X, Ren S, et al. Spatial pyramid pooling in deep convolutional networks for visual Recognition [J] . IEEE Transactions on Pattern Analysis&Machine Intelligence, 2014, 37 (9): 1904.

[52] Ren S, He K, Girshick R, et al. Faster R-CNN: towards real-time object detection with region proposal networks [J] . IEEE Transactions on Pattern Analysis & Machine Intelligence, 2017, 39 (6): 1137-1149.

[53] Redmon J, Divvala S, Girshick R, et al. You only look once: unified, real-time object detection [C] // IEEE Computer Society Conference on Computer Vision & Pattern Recognition. 2016: 779-788.

[54] Redmon J, Farhadi A. YOLOv3: An incremental improvement [J] . arXiv, abs/1804. 2018: 2767.

[55] Liu W, Anguelov D, Erhan D, et al. SSD: single shot multibox detector [C] // European Conference on Computer Vision. 2016: 21-37.

[56] Fu C Y, Liu W, Ranga A, et al. DSSD: deconvolutional single shot detector [J] . arXiv, abs/1701. 2017: 6659.

[57] Lin T Y, Goyal P, Girshick R, et al. Focal loss for dense object detection [J] . IEEE Transactions on Pattern Analysis&Machine Intelligence, 2020, 42 (2): 318-327.

[58] Zhang B, Li X, Feng S, et al. MetaNODE: Prototype optimization as a neural ODE for few - shot learning [C] //Proceedings of the AAAI Conference on Artificial Intelligence. 2022, 36 (8): 9014-9021.

[59] Luo X, Wei L, Wen L, et al. Rectifying the shortcut learning of background for few-shot learning [J]. Advances in Neural Information Processing Systems, 2021, 34: 13073-13085.

[60] Gan C, Yang T B, Gong B Q. Learning attributes equals multi-source domain generalization [C]. Proceedings of the 2016 IEEE Conference on Computer Vision and Pattern Recognition. Las Vegas, NM USA. 2016: 87-97.

[61] Xu X, Hospedales T M, Gong S G. Multi-task zero-shot action recognition with prioritised data augmentation [J]. Springer, 9906: 343-359.

[62] Jain M, Gemert J C, Mensink T, et al. Objects2action: Classifying and localizing actions without any video example [C]. Proceedings of the 2015 IEEE International Conference on Computer Vision. Santiago, Chile. 2015: 4588-4594.

[63] Gao J Y, Zhang T Z, Xu C S. I know the relationships: Zero-shot action recognition via two-stream graph convolutional networks and knowledge graphs [C]. Proceedings of the Thirty-First Innovative Applications of Artificial Intelligence Conference. Honolulu, Hawaii, USA. 2019: 8303-8311.

[64] Zhang W M, Huang Y, Yu W T, et al. Multimodal attribute and feature embedding for activity recognition [C]. Proceedings of the MMAsia'19: ACM Multimedia Asia. Beijing, China. 2019: 1-7.

[65] Kipf T N, Welling M. Semi-supervised classification with graph convolutional networks [C]. Proceedings of the 5th International Conference on Learning Representations. Toulon, France. 2017: 1-6.

[66] Jing Y, Hao J S, Li P. Learning spatiotemporal features of CSI for indoor localization with dual-stream 3D convolutional neural networks [J]. IEEE Access, 2019, 7: 147571-147585.

[67] Gao J Y, Zhang T Z, Xu C S. I know the relationships: Zero-shot action recognition via two-stream graph convolutional networks and knowledge graphs [C]. Proceedings of the Thirty-First Innovative Applications of Artificial Intelligence Conference. Honolulu, Hawaii, USA. 2019: 8303-8311.

[68] Marino K, Salakhutdinov R, Gupta A. The more you know: Using knowledge graphs for image classification [C]. Proceedings of the 2017 IEEE Conference on Computer Vision and Pattern Recognition. Honolulu, HI, USA. 2017: 2028.

[69] Xu X, Hospedales T M, Gong S G. Transductive zero-shot action recognition by word-vector embedding [J]. International Journal of Computer Vision, 2017, 123 (3):

309-333.

［70］ Wang X，Ye Y，Gupta A. Zero-shot recognition via semantic embeddings and knowledge graphs［C］. Proceedings of the IEEE conference on computer vision and pattern recognition. Salt Lake City，UT，USA. 2018：6857-6866.

［71］ Abadi M，Barham P，Chen J M，et al. Tensorflow：A system for large-scale machine learning［C］. Proceedings of the 12th USENIX Symposium on Operating Systems Design and Implementation. Savannah，GA，USA. 2016：265-283.

［72］ Kingma D P，Ba J. Adam：A method for stochastic optimization［C］. Proceedings of the 3rd International Conference on Learning Representations. San Diego，CA，USA. 2015.

［73］ Xu W，Xian Y，Wang J，et al. Attribute prototype network for zero-shot learning［J］. Advances in Neural Information Processing Systems，2020，33：21969-21980.

［74］ Hou X，hang L. Saliency detection：A spectral residual approach［C］//2007 IEEE Conference on computer vision and pattern recognition. Ieee，2007：1-8.

［75］ Fu Y，Fu Y，Jung Y G. Meta-fdmixup：Cross-domain few-shot learning guided by labeled target data［C］//Proceedings of the 29th ACM International Conference on Multimedia. 2021：5320-5334.

［76］ Chen Y，Zheng Y，Xu 2，et al. Cross-domain few-shot classification based on lightweight res2net and flexible gnn［J］. Knowledge-Based Systems，2022，247：108623.

［77］ Sun J，Lapuschkin S，Samek W，et al. Explanation-guided training for cross-domain few-shot classification［C］//2020 25th International Conference on Pattern Recognition（ICPR）. IEEE，2021：7009-7010.

［78］ 陈宇. 基于层级多尺度网络和灵活图神经网络的跨域小样本算法研究［D］. 成都：四川大学，2022.

［79］ Kampffmeyer M，Chen Y，Liang X，et al. Rethinking knowledge graph propagation for zero-shot learning［C］//Proceedings of the IEEE/CVF Conference on Computer Vision and Pattern Recognition. 2019：11487-11496.

［80］ Wang X，Ye Y，Gupta A. Zero-shot recognition via semantic embeddings and knowledge graphs［C］//Proceedings of the IEEE conference on computer vision and pattern recognition. 2018：6857-6866.

［81］ Li Q，Han Z，Wu X M. Deeper insights into graph convolutional networks for semi-supervised learning［C］//Thirty-Second AAAI conference on artificial intelligence. 2018.

［82］ Park J，Woo S，Lee J Y，et al. Cbam：Convolutional block attention module［C］//Proceedings of the European conference on computer vision（ECCV）. 2018：3-19.

［83］鲜维富．基于深度学习的小样本图像分类与检测算法研究与实现［D］．成都：电子科技大学，2021.

［84］Hu J，Shen L，Sun G. Squeeze-and-excitation networks［C］//Proceedings of the IEEE conference on computer vision and pattern recognition. 2018：7132-7141.

［85］Hao Z，Liu Y，Qin H，et al. Scale-aware face detection［C］//Proceedings of the IEEE Conference on Computer Vision and Pattern Recognition. 2017：6186-6195.

［86］Singh B，Davis L S. An analysis of scale invariance in object detection snip［C］//Proceedings of the IEEE conference on computer vision and pattern recognition. 2018：3578-3587.

［87］Fan Q，Zhuo W，Tang C K，et al. Few-shot object detection with attention-RPN and multi-relation detector［C］//Proceedings of the IEEE/CVF Conference on Computer Vision and Pattern Recognition. 2020：4013-4022.

［88］Xu A，Yan X，Chen Z，et al. Meta r-cnn：Towards general solver for instance-level low-shot learning［C］//Proceedings of the IEEE/CVF International Conference on Computer Vision. 2019：9577-9586.

［89］Bansal A，Sikka K，Sharma G，et al. Zero-shot object detection［C］// European Conference on Computer Vision. 2018：397-414.

［90］Rahman S，Khan S，Barnes N. Improved visual-semantic alignment for zero-shot object detection［C］//AAAI Conference on Artificial Intelligence. 2020：11932-11939.

［91］Rahman S，Khan S，Barnes N. Transductive learning for zero-shot object detection［C］//International Conference on Computer Vision. 2019：6081-6090.

［92］Demirel B，Cinbis R G，Ikizler-Cinbis N. Zero-shot object detection by hybrid region embedding［C］//British Machine Vision Conference. 2018：56-69.

［93］Rahman S，Khan S，Barnes N. Improved visual-semantic alignment for zero-shot object detection［C］//AAAI Conference on Artificial Intelligence. 2020：11932-11939.

［94］蔡安平．基于属性的小样本分类算法及在医学图像上的应用［D］．成都：电子科技大学，2023.

［95］蔡季冰，宋海龄，陈永．小样本参数估计算法及其应用［J］．北京理工大学学报，1989（1）：92-98.

［96］常邵淯．基于小样本的牛脸识别算法研究及系统实现［D］．银川：北方民族大学，2021.

［97］陈祥凤，陈雯柏．度量学习改进语义自编码零样本分类算法［J］．北京邮电大学学报，2018，41（4）：69-75.

［98］葛亮．小样本目标检测算法研究及在丝绸文物图案上的应用［D］．上海：东华大学，2022.
［99］郝小慧．小样本算法及其在关系抽取中的应用研究［D］．西安：西安电子科技大学，2021.
［100］胡燕芳．基于小样本学习的图像分类方法研究与应用［D］．赣州：江西理工大学，2022.
［101］黄振文，谢凯，文畅，等．迁移学习模型下的小样本人脸识别算法［J］．长江大学学报（自然科学版），2019，16（7）：88-94.
［102］姜钧舰，刘达维，刘逸凡，任西贵，赵志滨．基于孪生网络的小样本目标检测算法［J］．计算机应用，2023，43（8）：2325-2329.
［103］孔垂涵．基于图神经网络的零样本行为识别算法研究［D］．北京：北京交通大学，2022.
［104］刘春磊，陈天恩，王聪，等．小样本目标检测研究综述［J］．计算机科学与探索，2023，17（1）：53-73.
［105］刘露露，贺占庄，马钟，等．多阶段特征重分布算法的小样本目标检测［J］．电子科技大学学报，2023，52（1）：116-124.
［106］刘越．基于零样本学习的目标识别算法研究及应用［D］．成都：电子科技大学，2022.
［107］卢玉锐．基于知识图谱的零样本学习算法研究及应用［D］．成都：电子科技大学，2023.
［108］吕露露．零样本分类算法研究与应用［D］．郑州：郑州大学，2021.
［109］马兵．基于度量学习与数据增强的小样本识别算法的研究与实现［D］．北京：北京邮电大学，2021.
［110］毛乔梅．零样本目标检测算法研究［D］．宁波：宁波大学，2021.
［111］帕克扎木·努尔阿迪力．基于小样本数据集的人脸识别算法比较研究［D］．伊宁：伊犁师范大学，2020.
［112］彭云聪，秦小林，张力戈，等．面向图像分类的小样本学习算法综述［J］．计算机科学，2022，49（5）：1-9.
［113］邱超．特征加权 FCM 算法在洪水样本分类中的应用［J］．水文，2007（5）:49-51.
［114］汪禄．基于领域自适应的零样本识别算法研究［D］．南京：南京邮电大学，2018.
［115］王波．基于数据增强的小样本图像分类算法及其应用研究［D］．扬州：扬州大学，2023.
［116］王阳．零样本学习方法及其应用研究［D］．南京：南京理工大学，2019.

[117] 王祎．基于度量学习的小样本图像识别算法研究及应用［D］．成都：四川大学，2023.

[118] 王紫沁．基于深度学习的零样本学习算法研究［D］．北京：北京交通大学，2020.

[119] 吴晨，王宏伟，袁昱纬，等．基于图像特征融合的遥感场景零样本分类算法［J］．光学学报，2019，39（6）：98-110.

[120] 吴永飞，王彦博，杨璇，等．量子 SVM 算法在小样本学习智能风控领域的应用［J］．银行家，2023（2）：116-119.

[121] 吴紫阳．基于度量学习的小样本学习算法研究［D］．广州：华南理工大学，2020.

[122] 辛宪会，叶秋果，滕惠忠，等．小样本机器学习算法的特性分析与应用［J］．海洋测绘，2007（3）：16-19.

[123] 徐惠灵，尚政国，董胜波，等．面向深度神经网络应用的小样本学习技术研究［J］．南京航空航天大学学报，2022，54（S1）：80-86.

[124] 易未，郑沫利，赵艳轲，等．基于小样本 SVR 的迁移学习及其应用［J］．计算机技术与发展，2020，30（2）：47-51.

[125] 于帆，李纪鑫．免疫算法在近红外光谱奇异样本识别中的应用［J］．西安工业大学学报，2014，34（1）：38-43.

[126] 钟小容，胡晓，丁嘉昱．基于潜层向量对齐的持续零样本学习算法［J］．模式识别与人工智能，2021，34（12）：1152-1159.

[127] 钟小容．基于特征嵌入和生成的零样本学习算法研究［D］．广州：广州大学，2023.

[128] 朱克凡，王杰贵，刘有军．小样本条件下基于数据增强和 WACGAN 的雷达目标识别算法［J］．电子学报，2020，48（6）：1124-1131.